U0828460

钛

（第 2 版）

［德］G. Lütjering　［美］J. C. Williams　著
雷　霆　杨晓源　方树铭　译
华一新　校

北　京
冶金工业出版社
2011

北京市版权局著作权合同登记号　图字：01-2010-4501 号

Translation from the English language edition：
Titanium by Gerd Lütjering and James C. Williams，
Copyright © Springer-Verlag Berlin Heidelberg 2003，2007
Springer is a part of Springer Science + Business Media
All Rights Reserved

图书在版编目（CIP）数据

钛/雷霆等译．—2 版．—北京：冶金工业出版社，2011.12
ISBN 978-7-5024-5774-7

Ⅰ．①钛…　Ⅱ．①雷…　Ⅲ．①钛—基本知识　②钛—轻金属冶金—基本知识　Ⅳ．①O614.41　②TF823

中国版本图书馆 CIP 数据核字（2011）第 239748 号

出 版 人　曹胜利
地　　址　北京北河沿大街嵩祝院北巷 39 号，邮编 100009
电　　话　（010）64027926　电子信箱　yjcbs@cnmip.com.cn
责任编辑　杨盈园　美术编辑　彭子赫　版式设计　孙跃红
责任校对　王贺兰　责任印制　张祺鑫
ISBN 978-7-5024-5774-7
北京鑫正大印刷有限公司印刷；冶金工业出版社发行；各地新华书店经销
2011 年 12 月第 1 版，2011 年 12 月第 1 次印刷
155mm×235mm；26 印张；476 千字；399 页
48.00 元

冶金工业出版社投稿电话：（010）64027932　投稿信箱：tougao@cnmip.com.cn
冶金工业出版社发行部　电话：（010）64044283　传真：（010）64027893
冶金书店　地址：北京东四西大街 46 号（100010）　电话：（010）65289081（兼传真）
（本书如有印装质量问题，本社发行部负责退换）

序

钛在地壳中的含量约为0.63%，居地球各种元素的第9位，按金属元素计为第7位，而按金属结构材料计，则仅次于铝、铁、镁而居第4位。

高强度、低密度和优异的抗腐蚀性能是钛的主要特性。钛及钛合金的比强度、比刚度高，抗腐蚀性能、接合性能、高温力学性能、抗疲劳和蠕变性能都很好，具有优良的综合性能，是一种新型的、很有发展潜力和应用前景的结构材料。目前，钛及其合金主要用于航天、航空、军事、化工、石油、冶金、电力、日用品等工业生产中，被誉为现代金属。

我国是钛资源大国，储量居世界首位。2006年，我国海绵钛和钛材的年产量均双双超过万吨，进入了世界产钛大国的行列，并且形成了持续发展的态势，但与美国、日本、俄罗斯等产钛大国相比，我国钛产业的技术水平仍有很大的差距，要成为世界钛业强国仍有很长的路要走，借鉴国外的研究成果，无疑是加快我国钛工业发展的重要途径。

译者曾有机会到美国进修，重点关注了国外在钛方面的有关论著，感觉到由施普林格（Springer）出版社出版的《Titanium》（第2版），很好地反映了目前世界在钛及钛合金方面研究的最新成果，于是产生了翻译该书的念头，经多方联系并得到国外学者和冶金工业出版社相关领导和专家的支持、鼓励和帮助，故翻译了此书，期望该书能对我国钛工业的发展有所裨益。

在本书的成稿过程中，单鹏、裴崇、尚青亮及博士研究生黄世弘、李红梅、韩丰霞，硕士研究生宫伟、赵长青参与了翻译工作，对他们的辛勤劳动，译者深表谢意！同时，译者也对在美国工作的各位同仁好友对本书出版给予的帮助表示深深的感谢！

本书的翻译较为仓促，加之译者学识水平有限，译著中若存有不当之处，恳请广大读者不吝赐教。

译　者

2011 年 5 月于昆明

第 2 版序言

当邀请《钛》一书的作者准备出该书第 2 版时，首先碰到的问题便是出书时机。经约定，新版应在日本京都召开第 11 届世界钛业大会（Ti-2007 年）之前出版。本书的第 1 版是 4 年前在德国汉堡召开的 Ti-2003 大会上出版的，因此，除了修正一些明显的错误之外，作者决定完全保留第 1 版的结构和内容。在第 1 版的序言中，作者说明了写作此书的动机和目的，这在第 2 版中仍然未变。在第 2 版中，所有新增内容均以简短的二级目录编排在相关各章的后面，并以本书“第 1 版以来的新进展”为节名。这样，本书第 1 版的读者及第 2 版的新读者都能很容易了解到最近 4 年来该领域的新进展。

本书新增内容有技术层面上的，如第 3 章中：“钛生产的新方法”，“摩擦搅拌工艺”，“低塑性抛光”，“聚焦离子束仪的应用”以及“结构/性能相关性的神经网络”；也有材料层面上的，如第 6 章中：“镍杂质对蠕变强度的影响”，第 8 章中：“伽玛低压涡轮叶片”以及第 10 章中的“生物医学材料”，第 7 章中有新增的一节介绍 β 合金（钛-6246，钛-5553，β21S）。“静态疲劳强度”一节则归入第 6 章（高温合金），因为，这种现象在这类合金中最为常见。此外，作者认为本书应当有一节讨论“市场动态”并把它放在绪论（第 1 章）中。最后，值得用一节专门讨论用于建筑物外部的钛片的变色情况，这种情况很不乐观，该节冠以“相关的外观问题”并放入第 10 章中。作者在本书第 2 版中所增加的新内容并不能囊括该领域的所有新进展，这主要受限于出版商所限定的出版篇幅。

我们要感谢以下对本书第 2 版的出版做出贡献的人们，他们审阅了一节或多节新增内容并进行了大有裨益的评价。他们是：R. G. Broadwell，H. L. Fraser，M. J. Mills，A. L. Pilchak，S. R. Seagle，M. J. Weimer；特别感谢 S. Neft 女士，她花了大量时间审阅所有新增内容并提出了许多宝贵的修改意见。

S. Knütel 先生打印并排版了第 2 版文本，L. Wang 女士绘制了所有的附图，最终的排版印刷和第 1 版一样是由“外行的”排版专家 F. Reinarts 先生完成的。我们感谢以上三位同仁，没有他们的鼎力相助本书就不能按时出版。

最后，衷心感谢我们的夫人，Heide 和 Joanne，感谢她们在我们为再版努力工作期间的宽容和支持。

Gerd Lütjering
James C. Williams

第1版序言

作者写作此书的目的是因为目前缺乏全面介绍钛的新书。本书旨在为读者介绍最新的关于钛的物理冶金及应用的概况。迄今为止，介绍此方面内容的唯一书籍是在大约30年前由Zwicker用德文撰写并出版的。本书第1章是绪论，主要介绍钛的发展历史；第2章概括了钛的基本性质；第3章总结了钛的技术发展；第4章~第9章，概述了从商品钛到钛基复合材料的各类钛材；最后，在第10章中，论述了钛的“特殊”特性和应用。

我们希望从概念上论述主题而不是提供类似能从手册中查找到的大量数据。我们的目的是本书能为对钛的应用感兴趣的材料专家和工程师提供帮助，并为学生提供阅读资料或教材。我们试图尽可能地收录有代表性的资料，以便能为对钛的特殊应用感兴趣的读者提供更多的详情。由于钛技术重要性的与日俱增，因而出现了大量关于钛的文献。虽然我们的参考资料尽量涵盖这些文献，但要提及每一篇文献是不可能的。

感谢以下各位，他们审阅了本书1章或多章内容，提出了使本书表述更加明晰和内容更加完善的修改建议。他们是：J. Albrecht，R. G. Baggerly，M. J. Blackburn，J. P. Blank，R. R. Boyer，J. A. Hall，D. Helm，M. C. Juhas，J. M. Larsen，H. A. Lipsitt，S. Lütjering，J. O. Peters，S. R. Seagle，R. A. Sprague。

Zimmermann女士打印并排版了本书，Wang女士辛勤绘制了有关附图。没有他们的鼎力帮助，本书很难完成。我们对他们的大力支持表示感谢。

最后，衷心感谢我们的夫人，Heide 和 Joanne，感谢她们在我们编写此书期间的宽容和鼓励。

Gerd Lütjering
James C. Williams

目　　录

1 绪　论

1.1 本书的目的

高强度，低密度和优异的抗腐蚀性能是钛的主要特性，这些特性使钛在许多领域的应用极具吸引力。例如，飞机（高强度与低密度的结合），航空发动机（高强度，低密度和高达约550℃时的良好抗蠕变性能），生物医学器件（抗蚀性和高强度）以及化学处理设备的组件（耐蚀性）等。

钛相对较高的成本限制了其更广泛的应用，例如，在汽车工业中的应用。为了使钛固有的成本问题最小化，具备竞争力，获得成功应用，就必须分析钛的特殊性能，找出其有别于其他工程材料的优势。同时，还需要更深入地研究和比较钛合金和其他廉价材料，包括成本、加工方法和性能之间的相互影响。

写作本书的目的是想提供有关钛的各个方面的最新信息并试图推动钛在未来的有效应用。本书内容涵盖钛的基本特性，从矿石到最终产品的完整生产过程，不同产品的固有特性，其优异性能的有效应用。同时，还讨论了钛合金在一些应用中的选择标准。

钛合金的冶炼和应用一直是众多国际钛学术会议的主题。这些会议都出版了论文集并且每 4 年召开一次，仅有一次例外。1968 年在伦敦[1.1]，1972 年在波士顿[1.2]，1976 在莫斯科[1.3]，1980 在京都[1.4]，1984 年在慕尼黑[1.5]，1988 年在戛纳[1.6]，1992 年在圣地亚哥[1.7]，1995 年在伯明翰[1.8]，1999 年在圣彼得堡[1.9]，2003 年在汉堡[1.10]，2007 年在京都[1.11]。本书尝试集成这些论文集中的信息并将其简明扼要地表述，对更多细节感兴趣的读者应当参阅这些论文集。

希望本书能引起所有目前和潜在的钛产品用户、钛生产厂商、高性能钛产品研发团队以及材料科学与工程的学生们的极大兴趣。

1.2 钛的历史

钛在地壳中约占 0.6%，是继铝、铁、镁之后丰度第 4 的结构金属。钛的最重要矿物是钛铁矿（$FeTiO_3$）和金红石（TiO_2）。

1791 年矿物学业余爱好者 Gregor 牧师首先提出猜测：一种新的未知元

素存在于康沃尔郡(Cornwall)(英国)的黑色磁铁砂（钛铁矿）中。1795年，德国化学家 Klaproth 分析了来自匈牙利的金红石并且鉴别出一种与 Gregor 报道一致的未知元素的氧化物。Klaproth 根据希腊神话中曾统治世界的古老神族的名字泰坦（Titans），将此元素命名为钛（titanium）。

为了从钛矿中分离出金属钛，人们用四氯化钛（$TiCl_4$）作为一个中间步骤做了许多尝试。由于钛与氧和氮反应的趋势强烈，实践证明，很难生产出这种具有延展性的高纯钛。早期的实践表明，用 Na 或 Mg 还原四氯化钛（$TiCl_4$）可产出小批量的脆性金属钛。直到进入 20 世纪（1937 ~ 1940），才由克劳尔（Kroll）在卢森堡开发出了一种具有商业吸引力的钛生产工艺。该工艺是用镁在惰性气氛中还原四氯化钛，所得到的钛因多孔且具有海绵外观而被称为“海绵钛”。著名的克罗尔法至今仍保持不变，是占主导地位的钛生产工艺。

值得注意的是，在关注金属钛的开发之前，四氯化钛的工业生产已经存在了，这是因为四氯化钛是生产涂料用高纯二氧化钛的原料。时至今日，仍然只有 5% 的四氯化钛用于生产金属钛。

更多的关于钛历史的详细资料可参见由 Bomberger、Froes 和 Morton 的综述性文章“钛的历史展望”[1.12]。

1.3 商业应用的开端

在第二次世界大战之后的 20 世纪 40 年代后期和 50 年代初期，钛的特性开始引起了人们的关注，特别是在美国，主要由政府资助的一些项目推动了大规模海绵钛生产厂的建设，例如，TIMET 公司（1951 年）和 RMI 公司（1958 年）。在欧洲，大规模海绵钛的生产始于 1951 年的英国化学工业公司金属部（就是后来的汽车工业学会和 Deeside 钛厂），该厂后来成为欧洲主要的钛生产商。在法国，海绵钛生产几年后，于 1963 年停产。在日本，海绵钛的生产始于 1952 年。到 1954 年，两家公司——大阪钛公司和 Toho 钛公司已有相当的生产能力。苏联于 1954 年开始生产海绵钛，其海绵钛产能的增加令人关注，到 1979 年，苏联已变成世界上最大的海绵钛生产国，这可从表 1.1 世界主要海绵钛生产国产量比较中看出。

表 1.1 世界主要海绵钛生产国产量[1.12,1.14] (t)

年 份	美 国	日 本	英 国	苏 联	中 国	总 数
1979	20800	16200	2200	39000	1800	80000
1980	25400	23200	1800	42600	1800	94800
1982	27600	27300	1400	44400	2300	103000

续表 1.1

年份	美国	日本	英国	苏联	中国	总数
1984	30400	34000	5000	47200	2700	119300
1987	25400	23100	5000	49900	2700	106100
1990	30400	28800	5000	52200	2700	119100

在美国，大约在1950年，由于认识到添加铝能增加材料的强度，极大地促进了合金材料的发展。诞生了添加锡在高温条件下应用的早期α合金Ti-5Al-2.5Sn，（除非特殊说明，本书中合金组成都以质量分数表示），添加钼作为β稳定元素在高强度下应用的α+β合金Ti-7Al-4Mo。一个重要的突破是Ti-6Al-4V合金于1954年在美国的诞生，很快，这种集优异性能和良好生产性能于一身的合金成为了最重要的α+β合金，今天，Ti-6Al-4V仍然是应用最广泛的合金。

在英国，合金的开发思路略有不同，其着重于航空发动机在高温下的应用，1956年，诞生了Ti-4Al-4Mo-2Sn-0.5Si合金（即后来的IMI550）。这标志着硅作为一种合金元素可改善材料的抗蠕变能力。

第一种β钛合金B120VCA（Ti-13V-11Cr-3Al）是20世纪50年代中期在美国作为板材合金而开发利用的。从20世纪60年代开始，这种高强度、可时效硬化的板材合金被用作奇妙的间谍侦察机SR-71的机壳。

除了以上持续的合金开发和钛合金在宇宙航天领域的使用不断增加外，在民用上，纯钛（CP钛）的使用量也在稳定增长，主要作为非宇宙航空领域的耐蚀材料。除美国之外，日本的纯钛生产也引人注目，由于日本国内缺乏宇宙航天工业，故其主要用于制造和出口纯钛产品。

1.4 钛工业现状

世界钛工业的发展可分为两个阶段。第一阶段的主流始于20世纪50年代，一直持续到80年代中期的技术进步。在1985年发表的综述性文章[1.12]中，对这一阶段的情况有详细介绍，本章1.2节亦有概述。第二阶段的特征是过渡到钛的工业生产（目前仍在继续），虽然技术仍很重要，但是经济成为主导因素。这一阶段的文献较少，但在新近发表的综述文献[1.13]中有评述。

从1980~1990年，世界海绵钛的总产量几乎是稳定增长的（见表1.1），仅在1987年有10%的波动。传统上，钛市场“上下起伏”的原因是对宇宙航天工业的过度依赖，特别是对军工市场的依赖。以美国为例，从表1.2[1.14]中可以很好地看出，海绵钛实际产量占总产能的波动比例在

41.6% ~86.9%之间。

表 1.2 美国海绵钛产量（t）及占产能的百分比

年 份	1983	1984	1985	1986	1987	1988	1989	1990
产 量	12600	22000	21000	15800	17900	22300	25200	25000
占产能的比率/%	41.6	72.7	71.5	57.0	70.4	84.6	86.9	81.2

从 1990 ~ 1995 年，世界海绵钛的总产量锐减 25%（见表 1.3）[1.15]，主要原因是较低的需求使美国和前苏联（独联体）减少了国防预算，从而导致了 RMI 海绵钛厂和 Deeside 钛厂（英国）的关闭。在美国，由于 RMI 的关闭所造成的产量下降，在 TIMET 公司在内华达州的亨德森（Henderson）新建的海绵钛厂（生产能力约为每年 5000t）投产后很快得到部分恢复。应当指出的是，表 1.1 和表 1.3 中，1990 年的海绵钛产量有很大的不同，事实上，真正的原因是在独联体成立之后，真实产量数据才得以公开。在苏联时期，苏联的产量数据是根据西方专家估计得出的。实际结果证明，表 1.1 中的估计数据太低。这一解释由过去 10 年间 3 个独联体国家、日本和北美的实际海绵钛生产数据（见图 1.1）所证实。可以看出，在表 1.3 中，苏联 1990 年的产量是正确的，在那个时期，苏联实际的海绵钛产量接近其产能的 100%。在 1994 年的低谷（见图 1.1）之后，世界范围内海绵钛产量的增加主要是商用飞机销售量增长的结果。

表 1.3 海绵钛生产量[1.15] (t)

年 份	美 国	日 本	英 国	苏联（独联体）	中 国	总 数
1990	30000	29000	5000	91000	2700	157700
1995	15000	26000	—	73000	2700	116700

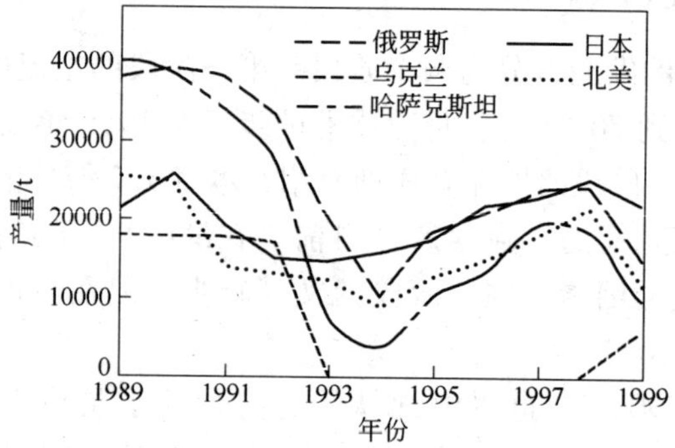

图 1.1 海绵钛生产量
（资料来源：《材料每月公告》2000 年 3 月号）

图 1.2 所示为海绵钛价格的变化曲线，从图 1.2 中可以看出，多年来，海绵钛价格的变化也是“上下起伏”波动的，其原因取决于航空航天市场的需求变化。1977 ~ 1981 年间，商用飞机订单迅速增多，引起海绵钛价格升高，而随后的 1982 ~ 1984 年间，飞机销量猛跌，海绵钛价格降低。1985 ~ 1995 年间，海绵钛价格波动较小，也反映出商用飞机销售的情况。

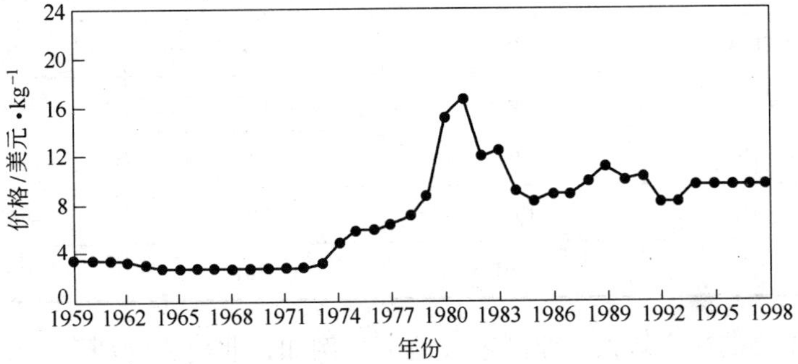

图 1.2 1959 ~ 1998 年间海绵钛的价格变化情况

Ti-6Al-4V 的熔炼及后续加工所增加的成本可粗略估算如下：海绵钛的初始价格是约 10 美元/kg，二次熔炼铸锭后，成本增加 4 美元/kg。也可以单凭经验粗略地估计每一个后续加工步骤都使成本翻番，结果轧制阶段后的价格大致是 28 美元/kg，而成品的价格是约 56 美元/kg。

为了减少钛工业的这种周期性变化，人们进行了很大努力来开发钛在其他非航空航天领域的应用。前苏联的情况也是如此，这可从戈里林（Gorynin）在圣地亚哥世界钛业大会上所作的报告中得到佐证，表 1.4[1.16] 是其引用的部分数据。1995 年，Yamada 给出了日本国内纯钛轧制品使用情况变化的详细资料，见表 1.5[1.17]。从表 1.5 中可以看出，在 1988 ~ 1994 年间，市政工程和生活消费品的纯钛轧制品使用量迅速增加。应当指出的是，在日本，纯钛的轧制品占到近 90%，而合金级产品仅为 10%[1.17]。

表 1.4 苏联钛消费份额[1.16] （%）

时 间	1967 年前	70 年代	90 年代（预计）
军事工业	95	60	45
化学工业和重工业	—	28	20
国内工业	5	12	35

表 1.5 日本国内使用的纯钛轧制品[1.17] (t)

时 间	1988 年	1991 年	1994 年
化学工业	1399	1338	1261
能源工业	611	957	754
航空航天工业	19	23	9
市政工程	21	141	320
汽车工业	0	14	6
生活消费品	0	187	456
医 用	0	9	4
其 他	1011	712	963
总 计	3061	3381	3773

在主要的航空航天工业国家或地区，例如，北美或欧洲，使用纯钛和钛合金之间的比率是不同的，这从 1998 年绘制的图 1.3 中可看出[1.13]。与日本形成鲜明对比的是：在美国，纯钛仅占市场总额的 26%，在 74% 的钛合金市场份额中，56% 的市场为 α + β 合金 Ti-6Al-4V，而所有 β 合金总量仅占市场 4% 的份额。

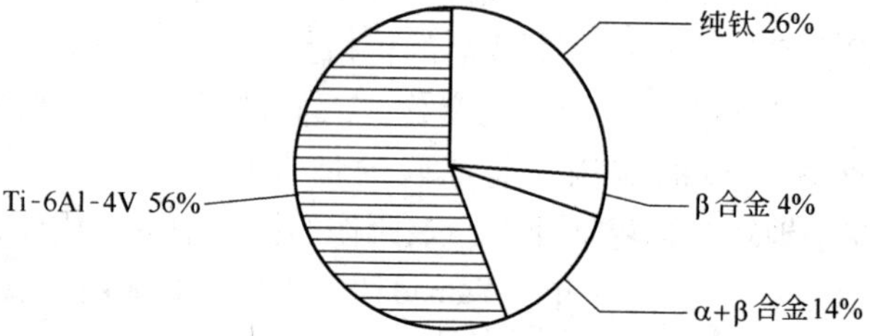

图 1.3 1998 年美国合金市场分布近似图[1.13]

美国在 1990 年和 1994 年间，钛轧制品的市场份额列于表 1.6[1.15]。从表中可以看出，在此期间，非航空航天产品的份额仅下降了 12%，而航空航天领域产品份额的下降要高得多。这表明，近年来，钛制品在非航空航天的其他重要领域的用量相对增加了，这与前面提到的世界钛工业第二阶段的发展相吻合，即经济对钛在非航空航天领域的应用有较大的影响，图 1.4[1.13]表明了其应用持续增长的情况。钛产品市场的变化，有利于通过多元化的产品稳定市场，减少对众所周知的周期性的航空航天工业的依赖。

表 1.6 美国钛轧制品的市场份额[1.15] (t)

市场部门	1990 年	1994 年	变化/%
军事航天	6500	3200	-51
民用航空	12000	7700	-36
非航空领域	5400	4800	-12
总 量	23900	15700	-35

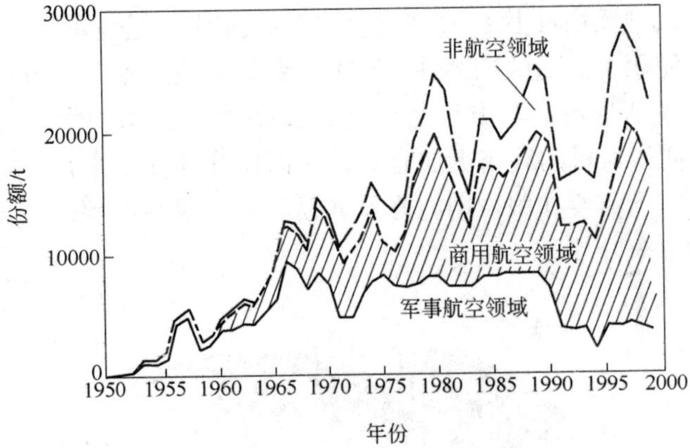

图 1.4 美国钛轧制品市场份额[1.13]

1.5 传统和新兴应用

钛合金有两个典型的应用领域：飞机机身和飞机引擎。这些在后面将作详细论述，这都是应用了钛合金优越的结构强度。历史上波音飞机机身使用钛量的增长见图 1.5[1.18]。波音 777 的机身质量约 10% 是钛，并且它

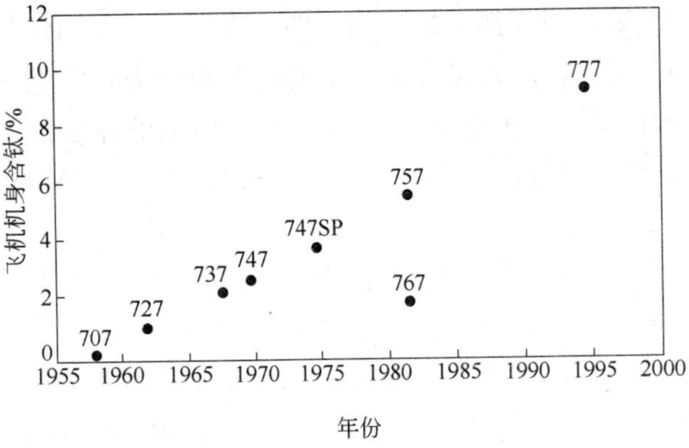

图 1.5 波音飞机机身上钛的使用情况[1.18]

是第一架β钛合金的质量超过了传统的Ti-6Al-4V合金质量的商用飞机，这主要是因为飞机的大部分起落装置是由高强度β钛合金Ti-10-2-3制成的[1.18]。相比之下，空中客车飞机家族中钛的使用量介于4%～5%之间[1.19]，并且几乎没有β型合金。

在现代飞机发动机中，钛约占总质量的25%，钛主要用于制造风扇圆盘和压缩机的压气机叶片，两者的工作温度高达约500℃。在最近的一款用于波音777飞机的GE-90航空发动机（见图1.6）中，通常由Ti-6Al-4V合金制作的大型风扇叶片被聚合物复合叶片取代，但是正如图1.6所示，该发动机仍使用了大量的钛部件。MTU（戴姆勒克莱斯勒）在叶片环技术领域取得了最新进展，其方法是用线性摩擦焊接技术使涡轮盘上系上叶片[1.20]。这使得材料的利用更加有效，从而使叶片环技术在经济上具有吸引力。此外，当需要在服役期内修复其损坏时，线性摩擦焊接也可用于更换涡轮上的单个叶片。

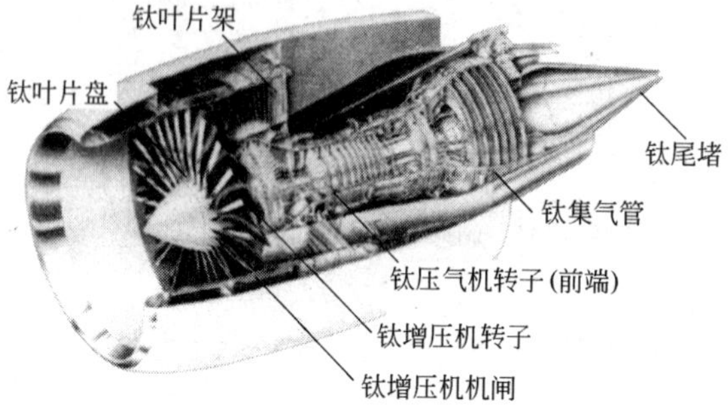

图1.6　钛在GE-90航空发动机上的应用

钛在传统化学工业和能源工业领域主要用作耐蚀材料，最近几年，钛在海洋建筑物上的应用变得更加普遍。图1.7所示为使用钛作为钻探冒口连接的一个例子[1.21]。钛能在海上应用的主要吸引力是它的高强度，低密度，低模量（高弹性），抗海水、钻探泥浆、传输液体腐蚀，在海水中抗疲劳。由于高强度和高抗疲劳的要求，目前，Ti-6Al-4V合金已取代了纯钛。

除以上领域，作为一个新兴市场，钛在建筑业也获得广泛应用，如：作为外墙和屋顶材料。在日本，用纯钛作为建筑材料已经变得非常流行[1.22]。例如，建于1993年的福冈圆顶（Fukuoka Dome），采用钛材屋顶，能自如伸缩，满足多功能、全天候的要求（见图1.8）[1.22]。这些建筑项目每一项都大量使用纯钛，这也是日本民用工程上钛用量增加的原因（见表1.5）。

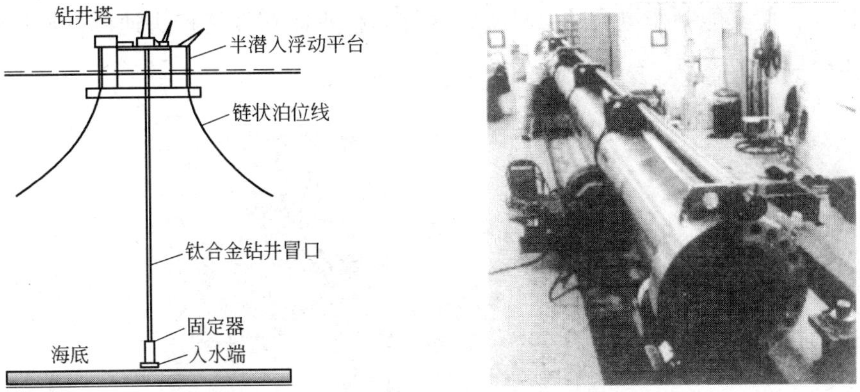

(a)　(b)

图 1.7　钛合金钻探冒口[1.21]

（a）示意图；（b）冒口连接（RMI 友情提供）

图 1.8　能自如伸缩的钛屋顶——福冈圆顶

（神户制钢有限公司 Y. Kubota 友情提供）

另一个使用钛越来越多的“新领域”是消费品领域，如眼镜框，照相机，手表，珠宝和各种体育用品。体育用品市场中应用最多的是高尔夫球杆头，此外，还有网球拍，自行车架，田径选手跑鞋的鞋钉等[1.23]。英国罗利实业有限公司协同汽车工业协会钛分会在自行车配件上做了很大的改进[1.24]，目前，β 合金 Ti-15-3 正被用于山地自行车的把手和坐垫杆[1.25]，作为自行车的把手，其先进性体现在使用了低弹性模量的 β 钛合金。

钛制高尔夫球杆头的优点已广为人知，1997 年，约 4500t 的 Ti-6Al-4V

合金被用于铸造高尔夫球杆头，如图 1.9 所示。钛合金高强度和低密度的特点，使其能制作更大的球杆头，这种球杆头能在保持杆头速度的同时使击球面积更大[1.26]。

图 1.9　铸造的 Ti-6Al-4V 高尔夫球杆头
（Howmet，N. E. Paton 提供）

再一个更确定的钛应用领域是生物医学领域。过去纯钛和 Ti-6Al-4V 主要被用做植入材料。由于质疑钒对人体的危害，开发了 Ti-6Al-7Nb 和 Ti-5Al-2.5Fe 等不含钒的钛合金。近年来，尝试用无毒的元素，如铌、钽、锆和钼作为合金添加剂来开发 β 钛合金[1.27]，这些 β 合金与传统的 Ti-6Al-4V 合金相比，其优势在于较高的疲劳强度，较低的弹性模量，且改善了生物相容性。

在本章中要介绍的最后一个钛应用领域是巨大的汽车工业领域。由于成本原因，这一领域也极具挑战性。在汽车工业领域，可使用钛材的一些部件已被确认，如发动机中的阀门、阀门弹簧、连杆，车身上的悬挂弹簧、螺栓、紧固件及排气系统等。多年来，钛已用于一些高性能车辆，如 F1 方程式赛车或越野赛车、卡车[1.25]，但是，如在家用汽车中应用，则应解决钛部件的低成本问题。这里的成本主要包括原料成本和配件的制造费用。要成功地把钛应用于家用轿车，将取决于是否能显著降低这些要件成本。例如，当今，仅海绵钛的价格就已接近汽车工业愿意支付的成形钛部件的最高价格了[1.23]。只有全新的观念，或许从现有的钛铁矿提取 TiO_2 工艺开始革新，或许从现有的 $TiCl_4$ 生产工艺开始创新，或许彻底放弃这种 $TiCl_4$ 生产方式，才有可能解决这一具有挑战性的问题，当然，高燃油经济的政策改变也能创造出一个虽然价格昂贵但具有轻质材料（比如钛）的汽车市场。

1.6 第1版以来的新进展——市场动态

从2004年末或2005年初开始，钛的供应成为限制其消费的一个因素。从钛的需求看，历史上从来都是繁荣与萧条交替循环的状况，这主要是因为钛最大的消耗方为航空航天部门（见1.4节，图1.4）。这个强烈相互依赖的关系，把钛产业的命运与航空航天产业的命运紧密联系在一起。图1.4也表明，在过去的15～20年间，商务飞机使用钛量占钛的总使用量的百分比相对于军工使用量是持续增长的。与此同时，在军事和商用飞机中为加强结构强度而添加的聚合物基碳纤维强化复合材料占飞机自重的百分比急剧增加。例如，新的波音787将使用比迄今所生产的任何商用飞机更多的复合物主结构。乍看起来，这似乎会使钛合金使用减少。事实上，聚合物正大量取代铝合金。再者，铝合金和碳纤维聚合物复合材料在电化学上是不兼容的，假如把它们放在一起就会造成电耦合现象。因此，需要用钛来阻断这种接触，结果，钛在波音787上的使用量也是有史以来所有商用飞机中最高的（约占20%）。这种高钛用量以及对新型飞机的高要求是近来钛短缺的主要因素。

钛短缺还由其他更微妙的因素引起。其中一个因素是20多年前前苏联（独联体）向西方钛消费者和生产者开放其钛资源。从历史上看，独联体的海绵钛生产能力在世界上任何国家或组织中都是最大的。在利用俄罗斯、哈萨克斯坦和乌克兰海绵钛的同时，西方海绵钛厂的经营在环境方面和经济方面均处于收益仅够支出的境地。由于做出了可利用独联体的低成本海绵钛的商业决策，这些赞成使用从独联体新购进海绵钛的西方国家的钛厂一个接一个关闭了。起先，人们还担忧无法得知独联体海绵钛的详细成本构成，原因在于不了解生产海绵钛的那个社会经济体系。这使得诸如反倾销等问题很难证实。目前，根据全球市场情况和优化成本数据比较，应当说独联体海绵钛的价格基本上与西方国家和日本生产海绵钛的价格是持平的。2006年，美国仅有一个海绵钛厂在生产，但是很快实现了新的产能。由于一些工厂的关闭，世界海绵钛的产能比1990年减少约1/3（见1.4节，表1.3）。事后才明白：宁可购买海绵钛而不生产海绵钛的决策是错误的。

目前，美国正在新建若干海绵钛生产设施，日本正在扩大其产能。此外，印度和中国已经开始生产海绵钛并宣称想要成为主要生产国。看来只要稍微减少对钛的需求，就不可避免地导致全球的钛产能过剩。从历史上看，这种供求关系的循环一直是钛工业的关键问题。

加剧当前钛轧制产品短缺的另一个原因是航空航天工业供应链的全球

化。这场全球化的结果之一是：诸如将锻件加工成最终部件的工作正变为印度和中国等国的外包工作，尤其是后者，其拥有技术能力、机械加工能力和大量的廉价劳动力。这些国家也存在大量的航空航天市场，因而他们涉足航空航天工业是有重要意义的。可以预料，这种涉足的结果是可以远离钛产地所产生大量的钛碎屑，钛生产厂家通常将这些碎屑加入到头熔电极中或作为坩埚熔炼的炉料。这种加工会产生大量的碎屑，因为最终部件的质量仅为初始锻件质量的5%（见3.4.1节）。至于运输成本，尽管不是决定因素，但它是再次阻碍用传统方法再利用这些加工碎屑的因素，因为这些碎屑的加工地太远，边际成本太低。另外一个复杂的因素是中国对钢材需求量的增加，这使得就地使用这些钛碎屑用于钢的脱氧更具有吸引力。因此，一个典型的合金锭，10年前在其加工过程中会产生25%～35%的碎屑，而今却一点也没有了。加工碎屑的减少无疑加大了当前海绵钛产能不足的问题。

部分受到钛短缺的刺激，同时也受到对廉价钛期望的刺激，近年来，对除了克劳尔法以外的钛新生产方法的研发有了复苏。目前，在世界范围内有多达20个项目正在开发新的、低成本的钛生产工艺。这些方法将在3.10.1节中进行更广泛的讨论。提及这些新的、潜在的钛生产工艺的目的仅仅是要引起对这样一种可能性的重视，即：如果这些新方法中有一个或多个证明在商业上可行，那么，在未来的5年之内将会提高钛生产能力。如果为这些新方法所设定的成本目标被证明可行的话，那么，相关的附加产能就会被新的应用所消化；这些新应用在先前不具有吸引力是因为用传统方法从海绵钛生产钛的成本高。实现这个目标会提高钛产业的稳定性，但不能解决在生产海绵钛过程中出现的任何产能过剩问题。受持续升温的油价和对环境担忧的影响，对更节油型汽车和卡车的要求日益迫切，这就产生了一种新机会，在汽车工业中选择性地引入钛，即便钛的成本是基于传统材料生产方法的，这样，就有可能解决这种潜在的产能过剩。看来汽车工业正在接受钛合金阀门用于汽车引擎，2005年生产了400万套钛质发动机阀门。但是，很重要的一点是要认识到钛轧制产品的价格由于工艺创新而降低很多，新工艺，比如：炉膛熔炼，可以进行扁坯浇铸，可以提高返料利用率。当前，由于钛短缺引起了价格陡然升高，完全掩盖了降低成本给使用者带来的益处。以当前用传统方法生产轧制产品的价格来实现这些重要的新市场看来是不大可能的。当前供应短缺，只会导致在做出产品中是否要包含钛的决策时更加小心谨慎。在汽车和卡车应用领域使用钛是一个有吸引力的选择，但并不是唯一的选择，因此，人们唯有寄希望于能及时回归钛市场的合理性，从而既在技术上又在经济上给这些新应用一个公正的成功机会。人们有理由担心，在钛的常规应用方面，延长其高端市场地位将会维持当前的定价，而且将会使钛对新的价格驱动的应用不具吸引力。从长远看，这样会对钛产业产生负面影响。用于诸如轿车和卡车之类新的、非航空航天领域的额外用量能有效地抑制由航空航天产业因需求不稳定而造成的市场激烈振荡。不论钛的价格如何，燃料的价格都将驱动轿车和卡车的价格变化，因为两者关系是极其辩证的。如果错失这样一个能给钛工业带来长期稳定需求的巨大机会将是非常不幸的。

钛合金的一个新兴用途是用作装甲，主要用于军用车辆，但并非只用于军工车辆。很明显，钛具有良好的弹道性能[1.28]。用钛作为装甲的讨论（见5.3节）已经有相当一段时间了，但是直到近来，价格一直是主要障碍。世界冲突的发生，迫切需要有更强的移动作战能力，从结果看，装甲车的质量引起前所未有的重视是因为现在运送它们必须通过空运。针对这一新的要求，已经开始研究使用单一熔融技术来生产成本更低的铠装级材料[1.29]。其他用作装甲的特殊合金也正在研制中[1.30]。很显然，如果（见3.10.1节）所讨论的任何新的、低成本钛生产方法实现了成本降低目标，这将极大地推动钛更广泛地用作装甲。即使没有这种成本问题，这种新的质量要求也会迫使钛铠甲用于一些极其重要的用途。公开文献中没有详细估算数量，但使用者和生产者一致认为，很快地，每年装甲材料的需要都将达到在500～1000t之间。

2 基础知识

2.1 基本性质

钛和钛合金的一些基本性质见表2.1。为了比较，表2.1中也列出了铁、镍、铝等金属结构材料的相关性质。尽管钛具有最高的比强度，但由于其价格昂贵，故仅在某些特定的应用领域才选择钛。造成钛价格高的主要原因是钛和氧非常容易起反应，在从四氯化钛生产海绵钛以及钛的熔炼过程中都需要使用惰性气体保护或在真空条件下熔炼。其他的主要成本要素还包括能源和高的初始四氯化钛成本。另外，由于钛易与氧反应，当钛暴露于空气中时，立即在表面生成一层稳定的氧化物附着层，这使得钛在各种腐蚀性的环境中，尤其是在酸性水溶液环境中，具有优越的抗腐蚀性能。铝是钛在轻质结构材料应用方面的主要竞争对象，由于钛的熔点比铝的高得多，这就使得钛在约150℃的使用温度时比铝具有明显的优势。由于钛极易与氧反应，这限制了钛合金的最高使用温度约为600℃，超过这个温度，氧通过表面氧化层的扩散速度变得太快，会导致氧化层过度增长以及紧邻的钛合金富氧层的脆化（见2.9.3节）。

表2.1 钛和钛合金的一些重要性质以及与铁、镍、铝等金属结构材料性质的比较

项　目	Ti	Fe	Ni	Al
熔点/℃	1670	1538	1455	660
相变温度/℃	$\beta \xrightarrow{882} \alpha$	$\gamma \xrightarrow{912} \alpha$	—	—
晶体结构	体心立方→六方晶系	面心立方→体心立方	面心立方	面心立方
室温 E/GPa	115	215	200	72
屈服强度/MPa	1000	1000	1000	500
密度/g · cm^{-3}	4.5	7.9	8.9	2.7
相对抗蚀性	极高	低	中	高
与氧的相对化学反应性	极快	低	低	快
相对价格	极高	低	高	中

2.2 晶体结构

在882℃时，纯钛发生同素异构转变，由较高温度下的体心立方晶体结构（β相）转变为较低温度下的密排六方晶体结构（α相）。间隙元素和代位元素对转变温度影响很大，因此，准确的转变温度取决于金属的纯度。α相的密排六方晶胞如图2.1所示，图2.1中同时给出了室温下的晶格常数 a（0.295nm）和 c（0.468nm），α纯钛的 c/a 比是1.587，小于密排六方晶体结构的理想比例1.633。图2.1还表示出3个最密集排列的晶面类型：(0002)面，也称为基面；3个$\{10\bar{1}0\}$面之一，也称为棱柱面；6个$\{10\bar{1}1\}$面之一，也称为棱锥面。a_1，a_2 和 a_3 3个轴是指数为$\langle 11\bar{2}0\rangle$的密排方向。β相的体心立方晶胞（bcc）如图2.2所示，该图也表示出了一种6个最密集排列$\{110\}$的晶格面类型，给出了纯β钛在900℃时的晶格常数（a = 0.332nm）。密排的方向是4个$\langle 111\rangle$的方向。

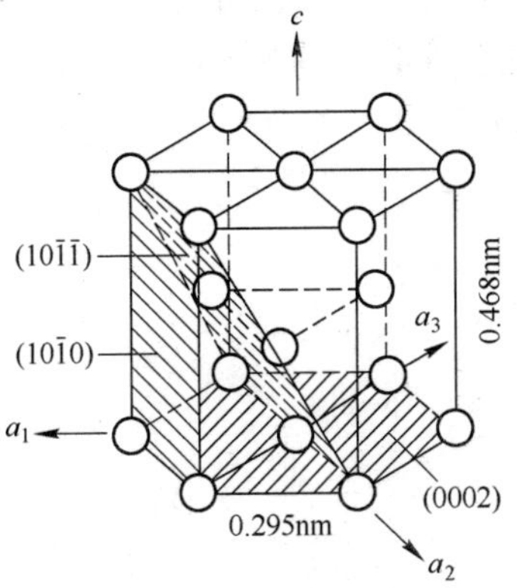

图2.1 α相晶胞

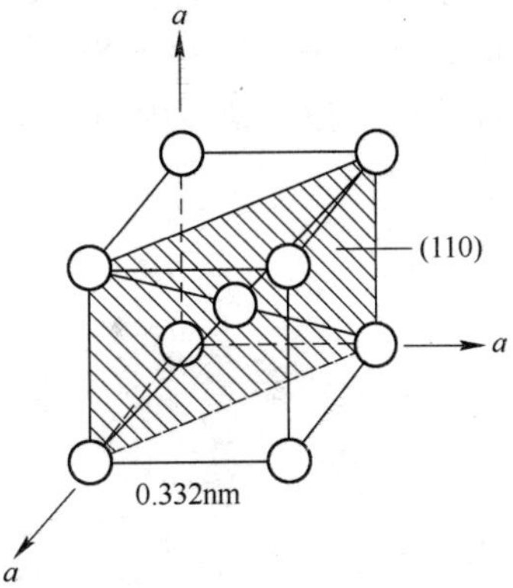

图2.2 β相晶胞

2.3 弹性特征

α相的密排晶体结构固有的各向异性特征对钛及其合金的弹性有重要的影响。室温下，纯α钛单个晶体的弹性模量 E 随晶胞 c 轴与应力轴之间的偏角 γ 变化的关系如图2.3所示[2.1]，从图2.3中可以看出，弹性模量 E 在145GPa（应力轴与 c 轴平行）和100GPa（应力轴与 c 轴垂直）之间变化。类似的，当在$\langle 11\bar{2}0\rangle$方向的(0002)或$\{10\bar{1}0\}$面施加剪切应力时，单个晶体的剪切模量 G 发生强烈变化，数值在34GPa至46GPa之间，而具有结晶组织的多晶α钛，其弹性特征的变化则没有那么明显。弹性模

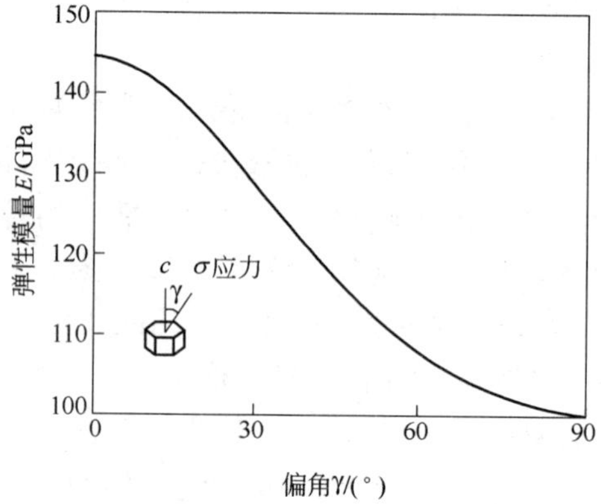

图 2.3　α 钛单晶体的弹性模量 E 随偏角 γ 的变化关系

量的实际变化取决于组织的性质和强度。

对于多晶无组织 α 钛而言[2.2]，随着温度的升高，其弹性模量 E 和剪切模量 G 几乎呈直线下降，如图 2.4 所示。从图 2.4 中也可看出，其弹性模量 E 由室温时的约 115GPa 下降到 β 转变温度时的约 85GPa，而剪切模量 G 在同一温度范围内由约 42GPa 下降到 20GPa。

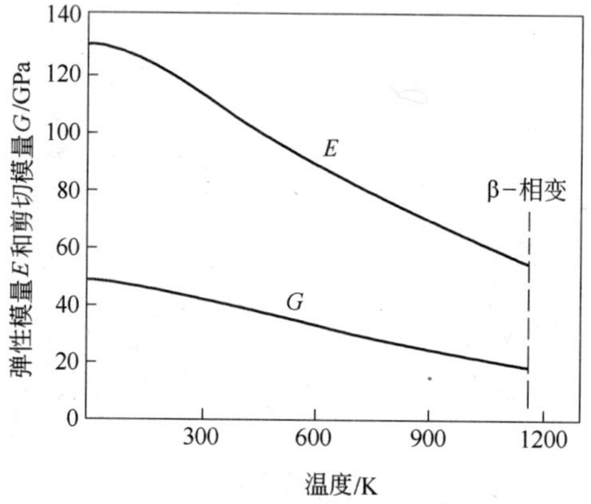

图 2.4　α 钛多晶体的弹性模量 E 和剪切模量 G 随温度的变化关系[2.2]

由于 β 相不稳定，故在室温下，无法测定纯钛 β 相的弹性模量。对于含充裕的 β 相稳定元素的二元钛合金，如含钒 20% 的 Ti-V 合金，通过急冷方式可以使介稳态的 β 相在室温下存在（见 2.5 节）。在水淬条件下，Ti-V 合金弹性模量 E 的数据见图 2.3。弹性模量与成分的关系可以在含钒 0～10%、10%～20% 和 20%～50% 三种不同情况下进行讨论。从图 2.5

中可以看出，当含钒量在20% ~50%之间时，β相的弹性模量E值随含钒量的增加而升高，在含钒20%时的值最小，为85GPa。从图2.5中也可看出，β相的弹性模量通常比α相低。例外的是，当含15%的钒时，弹性模量E最大，这与被称为非热ω相的形成有关（见2.6.1节）。对于含有β相稳定元素的钛马氏体，当含钒量从零增至10%时，弹性模量E急剧降低。含量的最大与最小值都跟（α+β）相退火导致的弹性模量E消失有关（见图2.5的虚线），弹性模量E沿着（α+β）边界区域间的连线移动，其走向可根据混合原理推测。同样的，对于Ti-Mo，Ti-Nb和其他含有β相稳定元素的二元合金，其含量与弹性模量E也有相类似的关系[2.3]。对于含有β相稳定元素（见图2.5中，含量范围0~10%）的马氏体，其模量值急剧下降的常规解释是：在载荷应力诱变马氏体过程中，因残留亚稳态β相的改变，从而导致了低弹性模量物质的出现[2.4]，但最近的研究表明[2.5]，Ti-7Mo在弹性模量E只有72GPa时，其组织为100%马氏体，并不含任何的残留亚稳态β相，因此，弹性模量的急剧下降似乎直接是受β稳定元素严重影响的，并降低了晶格间的结合力。值得注意的是，一些该类合金的马氏体还显示出螺旋分解趋势（见2.6.1节），相反的，最常见的α稳定元素（铝）可增加α相的弹性模量[2.6]。对固溶体来说，其含量与弹性模量E的关系无规律性。如在Ti-Al系中，它似乎表现出规则排列的趋势（见2.5节），同时共价键在增加。

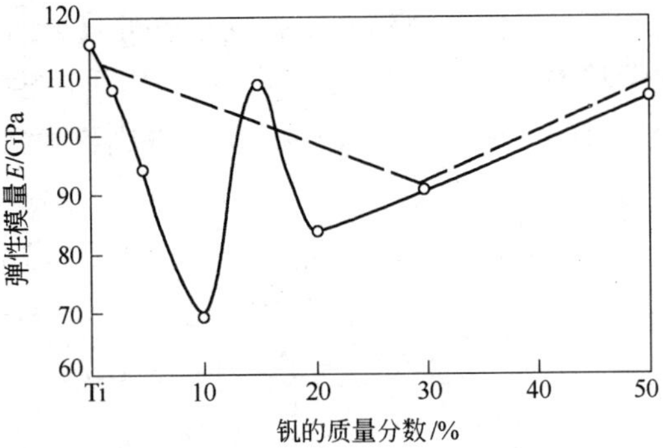

图2.5 Ti-V合金的弹性模量[2.3]

—○—24h，900℃，水淬火；— —600℃，退火

一般情况下，商用β钛合金的弹性模量E值比α钛合金和α+β钛合金的低，在淬火条件下，标准值为70~90GPa。退火条件下，商用β钛合金的弹性模量E值为100~105GPa；纯钛为105GPa；商用α+β钛合金大约为115GPa[2.7]。

2.4 形变模式

密排六方 α 钛合金的延展性，尤其在低温下，除受常规的位错滑移影响外，还受孪晶畸变活化的影响。这些孪晶模式对于纯钛和一些 α 钛合金的畸变很重要。尽管在两相 α + β 钛合金中，由于微晶、高掺杂物和析出 Ti_3Al，孪晶几乎被抑制，但在低温下，因微晶的存在，这些合金具有很好的延展性。

体心立方的 β 钛合金除受位错滑移影响外，还受孪晶的影响，但在 β 钛合金中，孪晶只发生在单一相中，并且随掺杂物的增加而减少。将 β 钛合金充分热处理后，β 钛合金会因 α 粒子的析出而变硬，同时孪晶被完全抑制。这些合金在成形加工过程中，可能出现孪晶。一些商用 β 钛合金也可形成畸形诱变马氏体，它可强化 β 钛合金的成形性（见 2.6.1 节）。畸形诱变马氏体的形成对合金成分非常敏感。

2.4.1 滑移模式

图 2.6 示出了密排六方晶胞 α 钛的不同滑移面和滑移方向。主要滑移方向是沿 $\langle 11\bar{2}0\rangle$ 的三个密排方向。含 ***a*** 伯格斯（Burgers）矢量型的滑移面为（0002）晶面，三个 $\{10\bar{1}0\}$ 晶面和六个 $\{10\bar{1}1\}$ 晶面。这三种不同的滑移面和可能的滑移方向能组成 12 个滑移系（见表 2.2）[2.8,2.9]，实际上，它们可简化为 8 个独立的滑移系，并且，还可减少到仅为 4 个独立的滑移系，因为由滑移系 1 和 2（见表 2.2）相互作用产生的形变实际上与滑移系 3 是完全一致的，因此，如果 von Mises 准则正确，那么一个多晶体

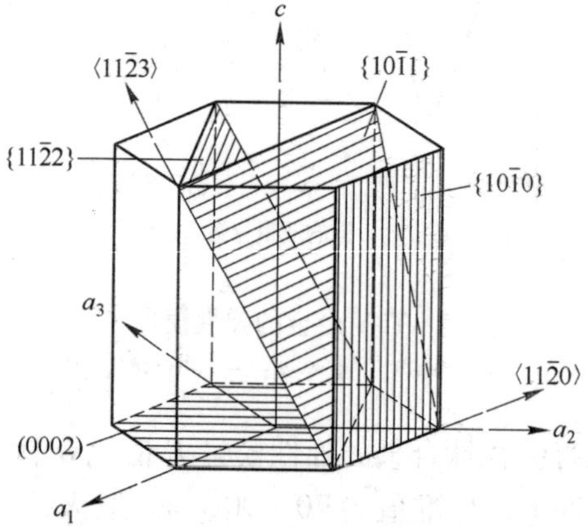

图 2.6 密排六方 α 相中的滑移面和滑移方向

的纯塑性形变至少需要5个独立的滑移系，一个具有所谓非伯格斯（Burgers）矢量滑移系的激活，或者是［0001］滑移方向的 **c** 型或是〈11$\bar{2}$3〉滑移方向的 **c**＋**a** 型（参见图2.6和表2.2）。**c**＋**a** 型位错的存在已通过TEM在许多钛合金中检测到[2.10,2.11]。如果只是判断这种 **c**＋**a** 位错的存在，那么von Mises准则是否正确不太重要，但是如果对多晶物质中的微粒施加与 *c* 轴同方向的应力，那么，要确定是哪一个滑移系被激活，这就需要借助von Mises准则了。在此情况下，**a** 型伯格斯（Burgers）矢量滑移系和 **c** 型伯格斯（Burgers）矢量位错都不被激活，因为二者的Schmidt因子都为零。从具有 **c**＋**a** 伯格斯（Burgers）矢量位错的可能的滑移面看，{10$\bar{1}$0}滑移面是不能被激活的，因为，它平行于应力轴，对于其他可能的滑移面（见图2.6），{11$\bar{2}$2}面比{10$\bar{1}$1}面更接近45°（具有更高的Schmidt因子）方向，假定两类滑移面的临界分切应力（*CRSS*）都相同，那么对于α钛，具有非伯格斯矢量滑移系中最可能被激活的是〈11$\bar{2}$3〉方向的{11$\bar{2}$2}滑移面。见表2.2中的第4类滑移系。

表2.2 六方α相中的滑移系[2.8,2.9]

滑移系类型	伯格斯（Burgers）矢量类型	滑移方向	滑移面	滑移系数量	
				总数	独立系
1	**a**	〈11$\bar{2}$0〉	(0002)	3	2
2	**a**	〈11$\bar{2}$0〉	{10$\bar{1}$0}	3	2
3	**a**	〈11$\bar{2}$0〉	{10$\bar{1}$1}	6	4
4	**c**＋**a**	〈11$\bar{2}$3〉	{11$\bar{2}$2}	6	5

实际上，在 **c**＋**a** 滑移系和 **a** 滑移系中，临界分切应力（*CRSS*）的差别较大，这已在Ti-6.6Al单晶中测出（见图2.7）[2.12]，在无组织的多晶α钛中，沿 **c**＋**a** 滑移方向形成的微粒百分数是相当低的，因为即便在应力轴与 *c* 轴偏离大约10°的范围内，沿 **a** 滑移方向的激活也更容易。

伯格斯（Burgers）矢量滑移下的温度和临界分切应力（*CRSS*）的关系

临界分切应力（*CRSS*）绝对值的大小基本上取决于合金的组成和测试温度（见图2.7）。室温下，具有基本（**a** 型）伯格斯（Burgers）矢量的三种滑移系的临界分切应力（*CRSS*）差别很小，即为：{10$\bar{1}$0}＜{10$\bar{1}$1}＜(0002)，如温度升高，则这种差异更小（见图2.7）。

正如二元Ti-V合金[2.13]所表示出的，立方体心（bcc）β钛合金的滑移系是{110}，{112}和{123}，它们都具有〈111〉型的伯格斯（Bur-

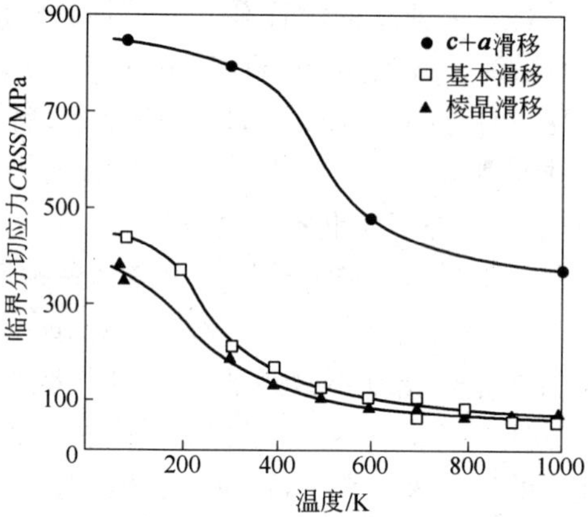

图 2.7 Ti-6.6Al 单晶中，具有 ***a*** 和 ***c*** + ***a***[2.12]

gers）矢量，这与通常观测到的体心立方（bcc）金属的滑移模式相一致。

2.4.2 孪晶形变

在纯 α 钛中观察到的主要孪晶模式为 $\{10\bar{1}2\}$、$\{11\bar{2}1\}$ 和 $\{11\bar{2}2\}$。α 钛三种孪晶系的晶体要素列于表 2.3[2.8]。低温下，如应力轴平行于 c 轴，并且基于伯格斯（Burgers）矢量的位错不发生，那么，孪晶模式对塑性变形和展延性极为重要，此时，形变拉力导致沿 c 轴的拉伸，使 $\{10\bar{1}2\}$ 和 $\{11\bar{2}1\}$ 面的孪晶被激活。最常见的孪晶为 $\{10\bar{1}2\}$ 型，但它们具有最小的孪晶切应力（见表 2.3）。图 2.8 所示的是具有更大孪晶切应力的 $\{11\bar{2}1\}$ 型孪晶的形变[2.8]。施加平行与 c 轴的压力载荷时，沿着 c 轴方向，受压的 $\{11\bar{2}2\}$ 孪晶被激活（见图 2.9）[2.8]。施加压力载荷后，在相对高的形变温度，即 400℃ 以上，也能观测到 $\{10\bar{1}1\}$ 孪晶的形变[2.14]。

表 2.3 α 钛的孪晶要素

孪晶面（第一次未成形面）(K_1)	孪晶切应力方向(η_1)	第二次未成形面(K_2)	$K_2(\eta_2)$下的切应力截面方向	垂直于 K_1 和 K_2 的切应力面	孪晶的切应力等级
$\{10\bar{1}2\}$	$\langle 10\bar{1}\bar{1}\rangle$	$\{\bar{1}012\}$	$\langle 10\bar{1}1\rangle$	$\{1\bar{2}10\}$	0.167
$\{11\bar{2}1\}$	$\langle 11\bar{2}\bar{6}\rangle$	(0002)	$\langle 11\bar{2}0\rangle$	$\{\bar{1}100\}$	0.638
$\{11\bar{2}2\}$	$\langle 11\bar{2}\bar{3}\rangle$	$\{11\bar{2}\bar{4}\}$	$\langle 22\bar{4}3\rangle$	$\{\bar{1}100\}$	0.225

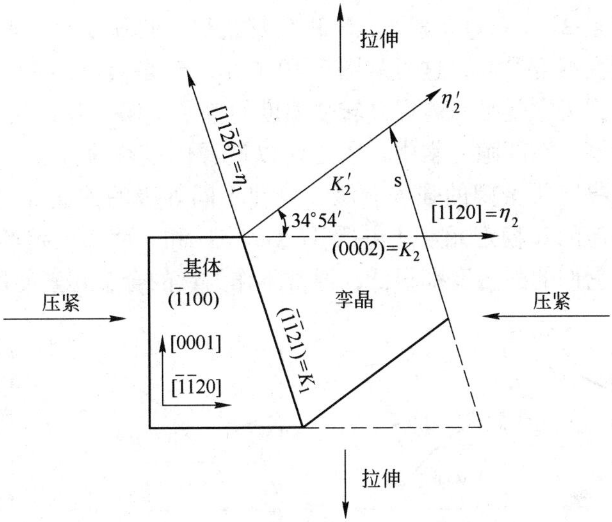

图 2.8 孪晶沿 {11$\bar{2}$1} 的形变[2.8]

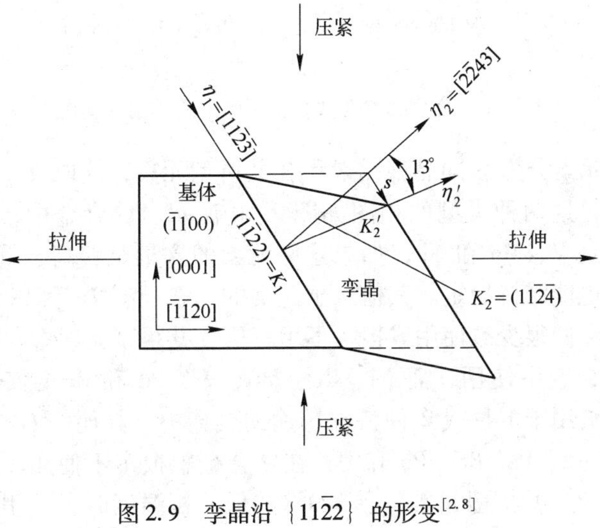

图 2.9 孪晶沿 {11$\bar{2}$2} 的形变[2.8]

α 钛中，掺杂原子浓度的增加，例如氧、铝的增加，可抑制孪晶的生成，因此，在纯钛或在低氧浓度的纯钛（CP 钛）中，孪晶的形变仅在平行于 c 轴的方向发生[2.10]。

2.5 相图

钛的合金元素通常可分为 α 稳定元素或 β 稳定元素，这取决于它们是增加还是降低钛的α/β转变温度，纯钛的α/β转变温度为882.0℃。

代位元素Al和间隙元素O、N和C都是很强的α稳定元素，随其含量的增加，转变温度升高，这可从图2.10看出。铝是钛合金中应用最广泛的合金元素，因为它是唯一能提高转变温度的普通金属，并且在α和β相中都能大量溶解。在间隙元素中，氧之所以被看作是钛的合金元素，是氧的含量通常能决定所希望的强度等级，这在不同等级的纯钛（CP钛）中尤为明显。其他的α稳定元素还包括B、Ga、Ge和一些稀有元素，但与铝和氧相比较，它们的固溶度都很低，通常不作为钛的合金元素使用。

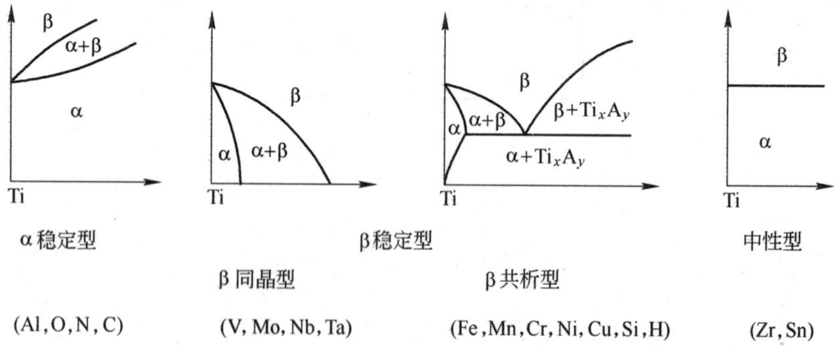

图2.10　合金元素在钛合金相图中的作用（简图）

β稳定元素分为β同晶型元素和β共析型元素，这取决于二元相图中的具体情况，这两种类型的相图如图2.10所示。钛合金中，最常用的β同晶型元素是V、Mo和Nb，如果这些元素的含量足够高，就有可能使β相在室温下也能维持稳定。其他属于此类的元素还有Ta和Re等，考虑到密度因素，它们很少被使用或根本不用。从β共析型元素看，Cr、Fe和Si已在很多钛合金中使用，而Ni、Cu、Mn、W、Pd和Bi的使用却非常有限，它们仅被用于1种或2种特殊用途的合金中。其他的β共析型元素，如Co、Ag、Au、Pt、Be、Pb和U，在钛合金中根本不使用。应该提到的是，氢也属于β共析型元素，在300℃的低共析温度时，利用与高扩散性氢反应的原理，发明了一种微结构提纯的特殊工艺，即所谓的加氢/脱氢（HDH）工艺。HDH工艺将氢作为一种临时的合金元素，详情见3.5.2节。通常，在商业纯钛（CP钛）和钛合金中，因为存在氢脆的问题，故其含量被严格限制在$(125\sim150)\times10^{-6}$之间。

另外，还有一些元素，如Zr、Hf和Sn，它们的行为基本上属中性型（见图2.10），因为，它们降低α/β转变温度的程度非常小，而当其含量增加时，转变温度会再次升高。Zr和Hf属同晶型元素，因此，两者都存在由β向α同素异构相的转变，它们能完全溶于α相和β相的钛中。相反，Sn属于β共析型元素，但基本上对α/β相的转变温度没有影响。许多商用多元合金中都含有Zr和Sn，但在这些合金中，两种元素都被认为是α稳定元素，这是因为Zr和Ti的化学性质相似，而Sn可替代六方排列的Ti_3Al相（α_2）中的Al。当Sn替代Al时，其作用可看作α稳定型。该例表明，基于Ti-X二元系，由于合金元素的相互作用，要完全弄明白钛合金的行为是很困难的。罗森伯格（Rosenberg）[2.15]曾试图表述α稳定元素在多成分钛合金中的作用，并建立了等效铝含量的计算公式：$[Al]_{eq.} = [Al] + 0.17[Zr] + 0.33[Sn] + 10[O]$。

关于不同的合金元素对α相和β相稳定性的影响以及考虑到电子和热力学因素的更多详细资料，可从柯林斯（Collings）的综述性论文中查找[2.6]。

虽然，所有的钛二元平衡相图都已包括在ASM合金相图手册中[2.16]，但在下面的章节中，将以几个最重要的合金相图为例进行简单的讨论。

正如上面已指出的，铝是最重要的α稳定元素，在很多钛合金中获得了应用。从图2.11所示的Ti-Al二元合金相图可以看出，随着铝含量的增加，将生成Ti_3Al（α_2）相，α + Ti_3Al两相大约在含铝5%、温度为500℃时形成。为了避免在α相中局部出现Ti_3Al的聚集，在大部分钛合金中，铝含量被限制在6%。从图2.11中还可看出，当铝含量为6%时，其转变温度已从纯钛的882℃升高到大约1000℃，进入α + β二相区。除常规的钛合金，Ti-Al相图还是研究Ti-Al金属间化合物的基础，最近，基于两种金属间化合物Ti_3Al（α_2合金与斜方变异

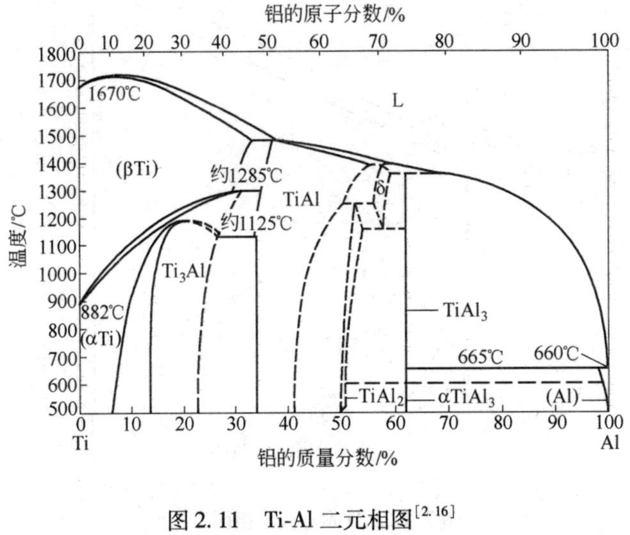

图2.11　Ti-Al二元相图[2.16]

晶，Ti_2AlNb 合金）和 TiAl（γ 合金）的新合金正在研发中，参见第 8 章。

在三种最重要的 β 同晶型元素（V，Mo 和 Nb）中，选择 Ti-Mo 二元相图（见图 2.12）进行讨论，这是因为在多元钛合金（见 2.6.1 节）的所有 β 相稳定元素中，以钼的等效含量最容易计算（与铝的等效含量类似）。图 2.12 所示为一张老版本的相图，摘自汉森（Hansen）1958 年出版的《二元合金结构》一书（第 2 版）[2.17]，新版相图[2.16]显示，在 Mo 含量超过 20% 时，存在一个混溶区，在 α + β 相区以外的该混溶区内，β 相分成了 β′ + β 两个体心立方（bcc）相。目前，在常规钛合金中，钼的最大含量约为 15%，因此，该混溶区的存在，只是增加了讨论的复杂性，无助于了解合金元素含量对合金性能的影响。另外，从图 2.12 中可以看出，当含 Mo15% 时，能够使 β→α + β 的转变温度从纯钛的 882℃ 降低到大约 750℃。从图 2.12 中还可看出，Mo 在 α 相中的固溶度很低（小于 1%）。Ti-V 和 Ti-Nb 相图与图 2.12 很相似，15% 的 V 含量，也大约是常规钛合金中钒的最大含量，此时，β→α + β 的转变温度降低到大约 700℃。在 680℃ 时，V 在 α 相中的最大固溶度约为 3%，这已经比钼的固溶度高多了。常规钛合金中，Nb 的含量保持在 1% ~3% 之间，比 Mo 和 V 的最大量低得多。Nb 对 β→α + β 转变温度的影响与 Mo 相似，含 Nb 15% 时，转变温度可降至大约 750℃。

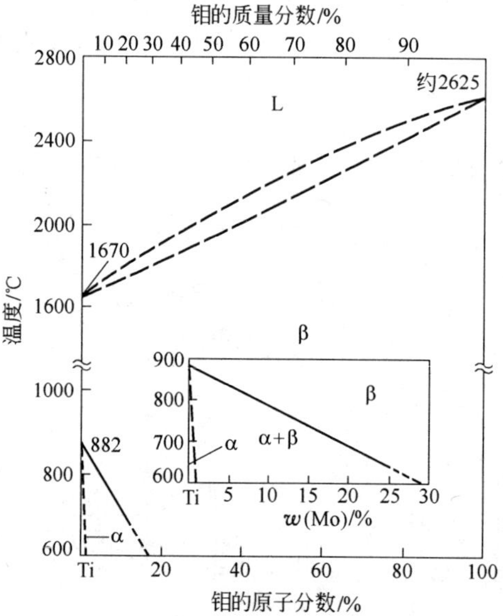

图 2.12 Ti-Mo 二元相图[2.17]

在β共析型元素中，选择Ti-Cr二元相图（见图2.13）进行讨论。从图2.13中可以看出，Cr是一种有效的β稳定元素，在含Cr大约15%的共析点，共析温度为667℃。应注意的是Cr的共析溶解非常缓慢，所以，在常规钛合金中，Cr的含量都低于5%，以避免金属间化合物$TiCr_2$的生成，唯一的例外是在SR-71飞机中（见1.3节），使用的老牌号B120VCA合金中含有11%的Cr。这种合金不稳定，因为长时间在高温下会析出$TiCr_2$，致使其延展性降低，因此，根据经验，希望避免在此类合金中形成共析化合物。所有β共析型元素的特征都是在α相中的固溶度很低，例如，在Ti-Cr系二元相图（见图2.13）中，Cr的最大固溶度只有约0.5%，因此，几乎所有的β共析型元素都进入到β相。第二种常使用的β共析型元素是Fe，它甚至是比Cr更强的β稳定元素，Ti-Fe系中的共析温度大约是600℃。最近研发的TIMET合金“低成本β”（LCB），即Ti-1.5Al-5.5Fe-6.8Mo，证明在商业钛合金中当Fe含量增加到最大值5.5%时，可以避免平衡金属间化合物的生成。例外的是，作为β共析型元素Si，却希望它形成化合物，主要应用在高温钛合金中，此时形成的金属间化合物Ti_5Si_3能改善合金的蠕变性能（见6.2节）。

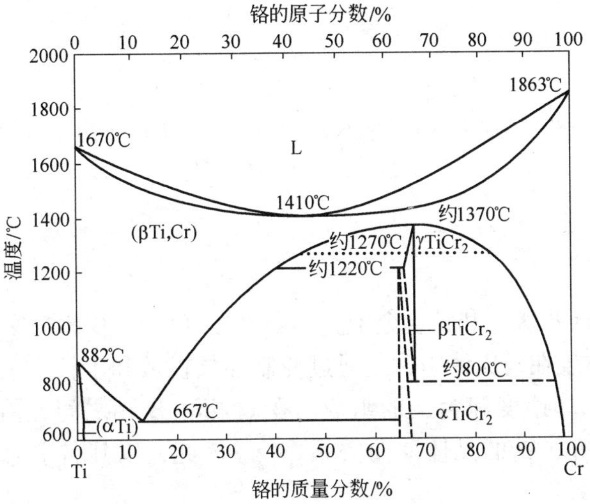

图2.13　Ti-Cr二元相图[2.16]

需要强调的是，大部分的商用钛合金都是多元合金，如前所述的二元相图仅能作定性指导，原则上应使用三元或四元相图。图2.14所示为Ti-Al-V系在高含钛区域，1000℃、900℃和800℃的简略等温截面图[2.6]。实际上，许多需要的多元相图仍未确定，理智地使用二元相图仅是冶金学者的一种选择。

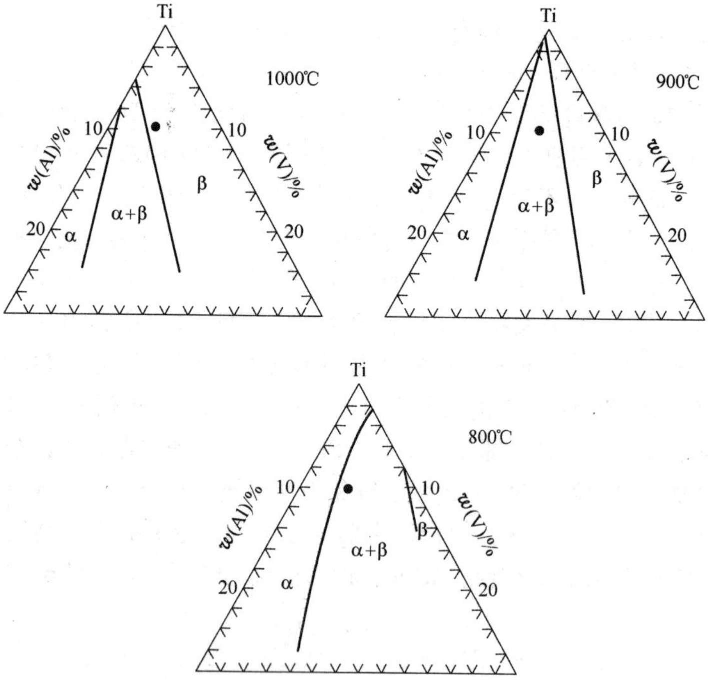

图 2. 14 Ti-Al-V 三元相图在高钛区域，1000℃、900℃和 800℃的等温截面图
（固相点：Ti-6Al-4V）[2.6]

2.6 相变

在纯钛（CP 钛）和钛合金中，体心立方（bcc）β 相向密排六方 α 相的转变，可发生在马氏体中，或通过控制晶核扩散和生长工艺来实现，但这要取决于冷却速度和合金的组成。在 α 相和 β 相之间，伯格斯（Burgers）首先研究了锆的晶体取向关系[2.18]，因此，以其名字命名为伯格斯（Burgers）关系：

$$(110)_{\beta} /\!/ (0002)_{\alpha}$$

$$[1\bar{1}1]_{\beta} /\!/ [11\bar{2}0]_{\alpha}$$

这个关系后来在钛的研究中也得到了证实[2.19]。根据此关系，对于原 β 相晶体，由于有不同的取向，故一种体心立方（bcc）晶体可以转变为 12 种六方变形晶体。伯格斯（Burgers）关系严格遵循马氏体转变和常规的形核和生长规律。

2.6.1 马氏体相变

马氏体相变是因剪切应力使原子发生共同移动而引起的，其结果是在给定的体积内使体心立方晶格（bcc）微观均质转变为六方晶体。体积转变通常为平面移动，对大部分钛合金而言，或从几何角度更好地描述成盘状移动。整个切变过程可简化为如下切变系的激活[2.20]：$[111]_{\beta}(11\bar{2})_{\beta}$ 和 $[111]_{\beta}(\bar{1}01)_{\beta}$ 或在六方晶中标记为：$[2\bar{1}\bar{1}3]_{\alpha}(\bar{2}112)_{\alpha}$ 和 $[2\bar{1}\bar{1}3]_{\alpha}(\bar{1}011)_{\alpha}$。六方晶马氏体标记为 α′，存在两种形态：板状马氏体（又称为条状或块状马氏体）和针状马氏体[2.21]。板状马氏体只能出现在纯钛和低元素含量的合金中，并且在合金中的马氏体转变温度很高。针状马氏体出现在高固溶度的合金中（有较低的马氏体转变温度）。板状马氏体由大量的不规则区域组成（尺寸在 50 ~ 100μm），用光学显微镜观察时看不到任何清楚的内部特征，但在这些区域里，包含大量几乎平行于 α 板状的块状或条状（厚度在 0.5 ~ 1μm）微粒，它们属于相同的伯格斯（Burgers）关系变形体。针状马氏体由单个 α 板状的致密混合体组成，每个致密混合体有不同的伯格斯（Burgers）关系变形体（见图 2.15）。通常，这些板状马氏体有很高的位错密度，有时还有孪晶。六方 α′马氏体在 β 稳定剂中是过饱和的，在 α + β 相区域以上退火时，位错析出的无规则 β 粒子进入 α + β 相或板状边界的 β 相。

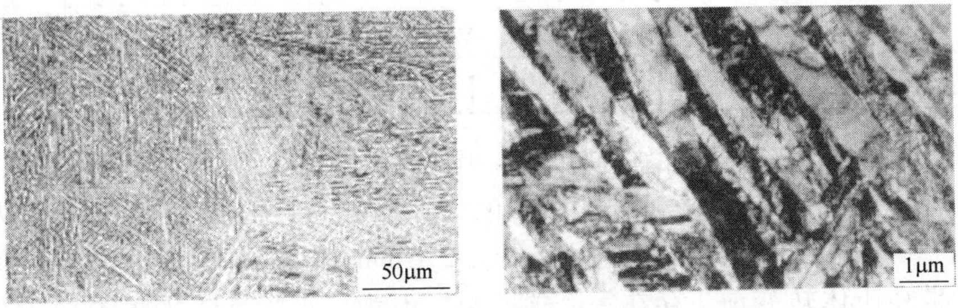

(a)　　(b)

图 2.15　Ti-6Al-4V β 相区域淬火后的针状马氏体

（a）LM；（b）TEM

随固溶度的增加，马氏体的六方结构会变形，从晶体学观点看，晶体结构失去了它的六方对称性，可称为斜方晶系[2.21]。这种斜方晶马氏体被标记为 α″。根据固溶度的大小，一些含转变元素的二元钛系（见表 2.4）中的 α′/α″边界是呈平面形的[2.6]。而对于斜方晶马氏体，在（α + β）相区域以上退火时，初始分解阶段，在固溶度低的 α″和固溶度高的 α″区域，似乎呈曲线似分解，形成一个有特点的可调节微结构[2.22]。最后，析出β相（$\alpha''_{贫}+\alpha''_{富}\rightarrow\alpha+\beta$）。纯钛的马氏体初始温度（$M_s$）取决于氧、铁等杂质的含量，但大约在850℃左右，它随着α稳定型元素，如铝、氧含量的增加而升高；随β稳定型元素含量的增加而降低。表2.5表明，一些转变元素的溶解量可使马氏体初始温度（M_s）低至室温以下[2.6]。采用二元系的这些数值，对多元合金，可以依据Mo等效含量，建立一个描述β相稳定元素单独作用的定量原则，即$[Mo]_{等效}=[Mo]+0.2[Ta]+0.28[Nb]+0.4[W]+0.67[V]+1.25[Cr]+1.25[Ni]+1.7[Mn]+1.7[Co]+2.5[Fe]$。要想量化使用此方程则需谨慎行事。尽管如此，它仍然是一个有用的定性评价工具，与罗森伯格（Rosenberg）导出的铝等效含量[2.15]（见2.5节）一起，人们可以对既定化学组成的某种合金的期望组元做出估算。

表2.4 一些含转变元素的二元钛系α′/α″（六方晶/斜方晶）马氏体边界的组成[2.6]

α′/α″边界	V	Nb	Ta	Mo	W
质量分数/%	9.4	10.5	26.5	4	8
原子分数/%	8.9	5.7	8.7	2.0	2.2

表2.5 二元钛合金中室温下保留β相时的一些转变元素的含量[2.6]

分　类	V	Nb	Ta	Cr	Mo	W	Mn	Fe	Co	Ni
质量分数/%	15	36	50	8	10	25	6	4	6	8
原子分数/%	14.2	22.5	20.9	7.4	5.2	8	5.3	3.4	4.9	6.6

尽管不涉及钛合金的任何实际应用，但应该提及的是，在许多钛合金中，都有马氏体转变受到抑制的问题，β相淬火后，析出一种所谓的非热相——ω相，ω相以极细颗粒（尺寸在2~4nm）均匀分布。人们认为，在发生马氏体转变前，存在一个前驱体，因为，此非热转变在体心立方（bcc）晶格的〈111〉方向存在一个切变位移，见图2.16[2.6]中的体心立方（bcc）晶格（222）面。从晶体学的观点看，非热ω相在富β稳定型合金中呈三角对称，而在斜方晶合金中则呈六方对称（非六方密堆结构）。从六方对称向三角对称的转变是随合金元素含量连续变化的。按体心立方（bcc）β结构位错移动的观点，ω微粒具有一个可扩散的共格界面，其结构是一种可发生弹性变形的体心立方（bcc）晶格，也就是说，β相内的位错移动可以阻断ω粒子的4种形变。在亚稳态（ω+β）相区域以上退火时，非热ω相长大，形成所谓的等温ω相，它与非热ω相具有相同的晶体

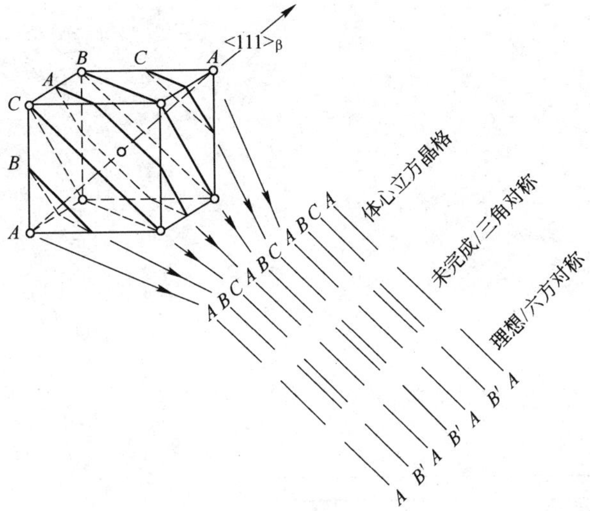

图 2.16 体心立方晶格（222）面发生 β→ω 转变的示意图[2.6]

对称性，但相对于 β 相，其固溶度更小，见 2.8.2 节。

2.6.2 形核与扩散生长

当钛合金以极小的冷却速度从 β 相进入（α + β）相区域时，相对于 β 相而言，不连续的 α 相首先在 β 相晶界上成核，然后沿着 β 相晶界形成连续的 α 相层。在连续的冷却过程中，片状 α 相或是在连续的 α 相层形核，或在 β 相自身晶界上形核并生长到 β 相晶粒内部而形成平行的片状 α 相，它们属于伯格斯（Burgers）关系的相同变体（又称为 α 晶团），它们不断地在 β 相晶粒内部生长，直到与在 β 相晶粒的其他晶界区域上形核并符合另一伯格斯（Burgers）关系变体的其他 α 晶团相遇，这一过程通常被称作交错形核和生长。个别的 α 相片状体会在 α 晶团内部被残留的 β 相基体分离开，这种残留的 β 相基体通常被错误地称为 β 相片状体。α 和 β 相片状体也经常被称作 α 和 β 相层状体，所形成的微结构称为层状微结构。作为一个例子，见图 2.17，针对 Ti-6Al-4V 合金，这些微结构可以从 β 相区域通过慢冷获得。通过此类慢冷得到的材料中，α 晶团的尺寸可以大到 β 晶粒尺寸的一半。

在一个晶团中，α 和 β 片状体之间的晶体学关系如图 2.18 所示。从图 2.18 中可以看出，$(110)_{\beta}//(0002)_{\alpha}$ 和 $[1\bar{1}1]_{\beta}//[11\bar{2}0]_{\alpha}$ 严格遵循伯格斯（Burgers）关系，α 相片状体的平面平行于 α 相的（$\bar{1}100$）平面和 β 相的

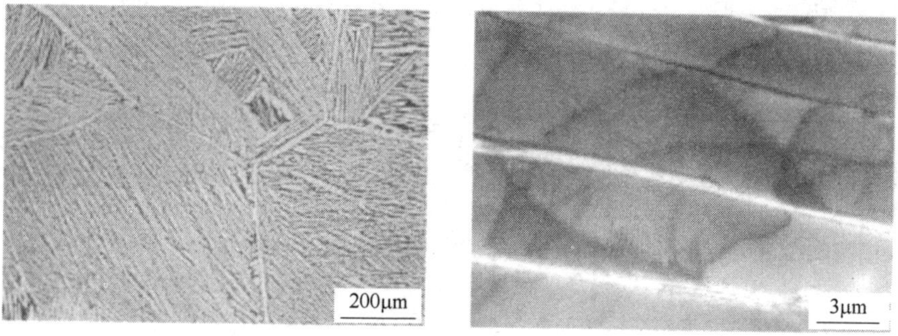

(a) (b)

图 2.17 Ti-6Al-4V 合金从 β 相区域慢冷时得到的层状 α + β 微结构
（a）LM；（b）TEM

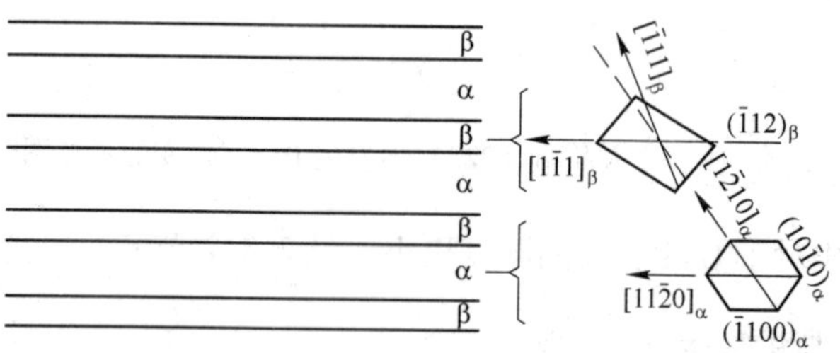

图 2.18 在 α 晶团中 α 片状体和 β 基相之间的晶体学关系简图

$(\bar{1}12)$ 平面。需要再次指出的是，这些平面几乎是等轴成形（环状成形），其直径通常被称为 α 片状体长度。

随着冷却速度的加快，α 晶团的尺寸以及单个 α 片状体的厚度都随之变小。在 β 晶界形核的晶团，无法填满整个晶粒内部，晶团也开始在其他晶团界面形核。为使总的弹性应力最小，新的 α 相片状体是以“点”接触的方式在已存在的片状 α 相表面成核并在与其几乎垂直的方向上生长。这种在晶团中少量的 α 相片状体的选择形核和生长机理，形成了一种较独特的微结构，称为“网篮”状结构或韦德曼士塔滕（Widmanstätten）结构。在确定的冷却速度下，这种“网篮”状结构经常可在含较高 β 相稳定元素，特别是含较低扩散元素的合金中观察到。需要指出的是，在从 β 相区域开始连续的冷却过程中，非连续的 α 相片状体不能通过 β 基相均质形核。

2.7 合金分类

传统上，通过 β 同晶型相图，其简图见图 2.19，根据商业钛合金在伪

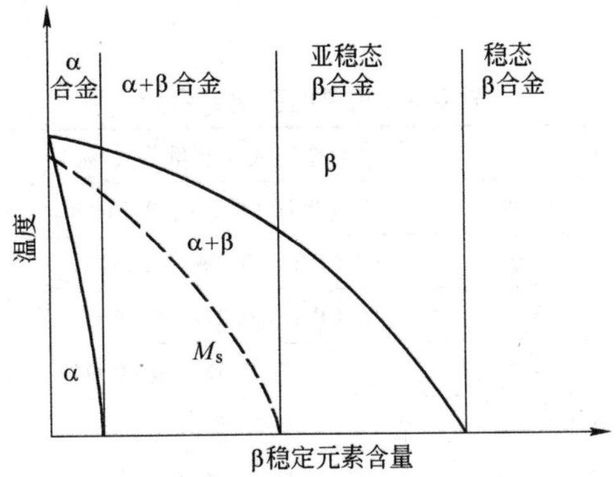

图2.19 β同晶型相图的伪二元相截面图（简图）

二元相截面图中的位置，将其分为三种类型，即α、α+β和β钛合金。表2.16列出了三类合金中的各种重要商用合金。在表2.16中，给出了每一种合金的常用名称、名义成分和名义β相转变温度。

表2.6中所列出的系列α钛合金，包括了各种等级的商业纯钛（CP钛）和在β相转变温度以下，具有良好退火性能的α钛合金，在此类α钛合金中，含有由铁作为稳定元素的少量β相（体积分数为2%～5%）。β相有助于控制再结晶α晶粒的尺寸和改善合金的耐氢性。4种不同等级商业纯钛（CP钛）的区别在于氧含量的不同，其变化从0.18%（1级）到0.40%（4级），含氧量的多少决定了材料屈服应力的等级。两种合金，即Ti-0.2Pd和Ti-0.3Mo-0.8Ni有比商业纯钛（CP钛）更好的耐蚀性能，它们通常被称为7级和12级，其铁和氧的含量以商业纯钛（CP钛）2级为限。Ti-0.2Pd有更好的耐蚀性能，但价格比Ti-0.3Mo-0.8Ni贵。α钛合金Ti-5Al-2.5Sn（含0.20%的氧）比商业纯钛（CP钛）（4级：480MPa）有更高的屈服应力等级（780～820MPa），它可在多种温度下使用，最高使用温度可达480℃，而含有0.12%氧的极低间隙型ELI（Extra Low Interstitial）合金甚至可在低温（-250℃）下使用，它是一种较古老的合金，最早生产于1950年，尽管目前在许多领域它已被Ti-6Al-4V所替代，但在市场上仍有一定份额。

根据钛合金的组织（α、α+β和β），对钛合金进行分类是很方便的，但可能引起误解。例如，正如上面所提到的，并将在第4章4.1.1节详细讨论的，所有的α钛合金基本上都含有少量的β相，或许，对α合金而言，更好的判断标准是经热处理后的状况，根据此标准，Ti-3Al-2.5V合金最好划为α钛合金，见表2.6所示，这种合金经常被称为“半Ti-6-4”，其拥有优异的冷成型性能，主要被制作成无缝管，用于航天工业和体育用具。

表 2.6 重要的商业钛合金

常用名称		合金组成（质量分数/%）	β 相转变温度 T_{β}/℃
α 合金和商业纯钛（CP 钛）	1 级	CP-Ti（0. 2Fe，0. 18O）	890
	2 级	CP-Ti（0. 3Fe，0. 25 O）	915
	3 级	CP-Ti（0. 3Fe，0. 35 O）	920
	4 级	CP-Ti（0. 5Fe，0. 40 O）	950
	7 级	Ti-0. 2Pd	915
	12 级	Ti-0. 3Mo-0. 8Ni	880
	Ti-5-2. 5	Ti-5Al-2. 5Sn	1040
	Ti-3-2. 5	Ti-3Al-2. 5V	935
α+β 合金	Ti-811	Ti-8Al-1V-1Mo	1040
	IMI 685	Ti-6Al-5Zr-0. 5Mo-0. 25Si	1020
	IMI 834	Ti-5. 8Al-4Sn-3. 5Zr-0. 5Mo-0. 7Nb-0. 35Si-0. 06C	1045
	Ti-6242	Ti-6Al-2Sn-4Zr-2Mo-0. 1Si	995
	Ti-6-4	Ti-6Al-4V（0. 20 O）	995
	Ti-6-4 ELI	Ti-6Al-4V（0. 13 O）	975
	Ti-662	Ti-6Al-6V-2Sn	945
	IMI-550	Ti-4Al-2Sn-4Mo-0. 5Si	975
β 合金	Ti-6246	Ti-6Al-2Sn-4Zr-6Mo	940
	Ti-17	Ti-5Al-2Sn-2Zr-4Mo-4Cr	890
	SP-700	Ti-4. 5Al-3V-2Mo-2Fe	900
	β-CEZ	Ti-5Al-2Sn-2Cr-4Mo-4Zr-1Fe	890
	Ti-10-2-3	Ti-10V-2Fe-3Al	800
	β 21S	Ti-15Mo-2. 7Nb-3Al-0. 2Si	810
	Ti-LCB	Ti-4. 5Fe-6. 8Mo-1. 5Al	810
	Ti-15-3	Ti-15V-3Cr-3Al-3Sn	760
	βC	Ti-3Al-8V-6Cr-4Mo-4Zr	730
	B120VCA	Ti-13V-11Cr-3Al	700

表 2.6 中所列出的系列 α+β 合金，在图 2.19 中，有一个从 α/α+β 边界到室温下，与 *M*s 线交叉的范围，因而，当从 β 相区域快速冷却至室温时，α+β 合金会发生马氏体相变。含少量 β 相稳定元素，体积分数

（小于10%）的合金也经常被称作“近α”合金，它们主要用于高温条件下。虽然将它们划归为α+β合金，并以此方式列于表2.6中，但这类高温钛合金的一些特性将在单独的一章（第6章）中讨论，以便于与Ti-6Al-4V合金为代表的常规α+β合金（第5章）区分开来。在800℃时，含β相稳定元素、体积分数为15%的Ti-6Al-4V合金（见图2.14），在强度、延展性、耐疲劳性和抗断裂等方面有很好的综合性能，但最高只能在300℃下使用。这种极受欢迎合金的ELI（极低间隙型）具有非常高的断裂韧性值和优异的抗破坏性能。

表2.6中所列出的系列β合金，实际上都是亚稳态β合金，因为它们都位于相图（图2.19）中的稳定（α+β）相区域。由于在单一的β相区域，稳态β合金作为商业用材料并不存在，因此，通常用β合金表述，本书中，也用亚稳态β合金表述。

β合金的特征在于从β相区域以上快冷时并不发生马氏体相变。列于表2.6中β合金最前面的Ti-6246和Ti-17两种合金，通常可在α+β类合金中找到[2.7,2.24]。最近汉堡-哈堡技术大学（The Technical University Hamburg-Harburg）的研究表明，Ti-6246合金中所出现的马氏体都是由于在常规样本制备期间人工诱导所致，例如，通过光学显微镜或X射线观察，或用透射电镜观察薄片样品，可以发现由机械抛光所致的应力诱导马氏体相变。在钛合金的样品制备过程中，有多种可能形成人工诱导，这将在3.9.1节和3.9.2节中进行详细讨论。当采用电化学抛光除掉受机械抛光影响的表面层时，研究表明，在Ti-6246合金中并未出现马氏体（见3.9.1节中图3.79）。这种材料可从含氧量为0.10%的合金经热处理获得。相反，据报道，当对氧含量为0.15%的合金进行热处理时，从X射线衍射结果看，淬火时会形成α″马氏体，这种α″马氏体呈大块状组织。对Ti-17而言，它较Ti-6246含有更多的β相稳定元素。有充分的证据表明，Ti-17合金不会发生马氏体相变，详见文献［2.25］。通常，对所有的β合金而言，相对于从β相区域的快速冷却，在500～600℃的温度范围内进行时效时，其屈服应力水平可超过1200MPa。这种高屈服应力是由于从亚稳态的前驱相中均匀地析出了细晶粒α片晶ω或β′，它们或在冷却到室温过程或在再次加热到时效温度过程中形成（见2.8.2节）。经过比较可知，对α+β合金而言，采用同样的冷却速度和最佳的时效处理后，其能够获得的最大应力水平仅大约为1000MPa，这是因为在冷却过程中，对于不同的合金，相对粗晶粒的α相片状体，或按晶团分布，或形成单个的片状体，这在前述的2.6.2节中已提到。

虽然在表2.6中，列出的常用β合金的数量不少于α+β合金的数量，但值得注意的是，实际上，β 合金的用量在整个钛市场上的比例是很低的（见 1.4 节），尽管如此，由于 β 合金诱人的性能，特别是其高的屈服应力和低弹性模量，在一些领域（如弹簧）的应用，其使用量正在稳步增长。

2.8 基本硬化机理

对金属材料的 4 种不同硬化机理（固溶体硬化、高位错密度硬化、边界硬化和沉积硬化）中，固溶体硬化和沉积硬化适用于所有商用钛合金，对于 α 相和 β 相将在 2.8.1 节和 2.8.2 节中分别讨论。边界硬化在 α + β 合金从 β 相区域快速冷却过程中起重要作用，它能减小 α 晶团尺寸而变成几个 α 相片状体或者引起马氏体相变。在这两种情况下，高位错密度也有助于硬化。需要指出的是，钛中的马氏体比铁-碳合金中的马氏体软，这是因为间隙氧原子只能引起钛马氏体中的密排六方晶格发生很小的弹性形变，这与碳和氮能引起黑色金属马氏体中的体心立方晶格发生剧烈的四方晶格畸变形成了鲜明的对比。

2.8.1 α 相硬化

间隙氧原子可使 α 相明显硬化，这可从含氧量在 0.18% ~0.40% 间（见表 2.6）的 1 ~4 级商业纯钛（CP 钛）屈服应力值的比较中得到最好的说明。随着氧含量的增加，应力值从 170MPa（1 级）增加到 480MPa（4 级）。商业钛合金根据钛合金的类型，含氧量在 0.08% 和 0.20% 之间变化。α 相的置换固溶硬化主要是由相对于钛具有更大的原子尺寸且在 α 相中具有较大固溶度的铝、锡和锆元素所引起的。

α 相的沉积硬化是由于 Ti_3Al 共格离子的析出而发生的，此时合金中大约含 5% 以上的铝，参见图 2.11 的 Ti-Al 相图。Ti_3Al 和 α_2 粒子以密排六方结构排列，晶体学上称为 DO_{19} 结构。由于它们的结构一致，它们会因位错移动而发生剪切，结果导致了平面滑移和相对于边界的大量位错积聚。随着尺寸的增加，这些 α_2 粒子变成了椭圆形状，长轴平行于密排六方晶格的 c 轴[2.26]，由于氧和锡元素的存在，它们更稳定，如，这些元素可以使（$\alpha + \alpha_2$）相在更高的温度下存在，此时，锡替代了铝，而氧仍为间隙氧原子。

在 α + β 两相区域以上对 α + β 合金进行退火后，重要的合金元素发生分化，α 相中富集了 α 稳定元素（Al，O，Sn）。共格的 α_2 粒子在 α 相中经时效析出，占据大量体积，例如，时效温度为：500℃（Ti-6Al-4V，IMI550），550℃（IMI 685），595℃（Ti-6242）或 700℃（IMI 834）时。从图 2.20，IMI 834 合金的暗场透射电子显微镜照片可以看到均质高密度的 α_2 粒子在 α 相中的分布情况。

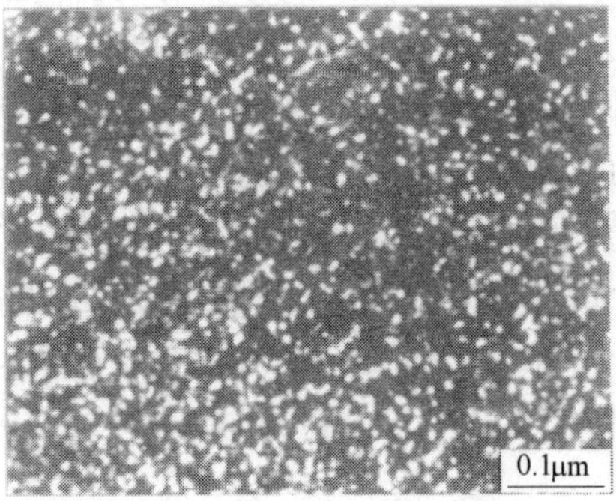

图 2.20 α_2 粒子在 IMI 834 合金中的暗场透射电子显微镜照片
(700℃ 时效 24h)

在纯 α 钛中，随着含氧量的增加，发现其微结构从波纹状滑移变化到平面滑移[2.27]，同时伴随着共格 α_2 粒子的析出。检测表明，氧原子对均质性无影响，但趋向于在短排列方向形成区域，同时也证明，氧和铝原子协同推动了平面滑移。

应该提及的是，对于商用钛合金而言，尽管时效调节微结构的作用有限，但它会使斜方 α″马氏体呈螺旋式分离（见 2.6.1 节），从而导致屈服应力急剧增加[2.5]。这种形变结构可以看作是一系列非常小的密集沉淀，在此状况下进行时效处理，由于其尺寸和不匹配位错增加，无序而溶质富集区对位错移动的阻碍变得更强。由于存在大量的形变微结构区域，宏观上，材料表现得很脆，究其原因，是在滑移带中，形变区域被破坏，微结构发生强烈扭曲，导致最大的 α″马氏体片状体中的第一滑移带也发生强烈扭曲，引起片状体边界的形核破坏。断口机理是微孔的聚合与长大，而不是分离[2.5]。

2.8.2 β 相硬化

传统意义上分析 β 相的固溶强化是很困难的，因为，亚稳态的 β 合金在快冷过程中，亚稳态的前驱体 ω 和 β′不能有效地从溶质中析出，并且，在完全时效后的微结构中，由于 α 相从溶质中有效析出，很难说清楚强化机理，此时，伴随着 α 相的析出，β 相固溶强化的重要性要看合金元素的分配。在二元合金中，评价 β 相稳定元素 Mo、V、Nb、Cr 和 Fe 固溶强化作用的一种方式就是检测晶格常数与溶质中错位晶格常数曲线的倾斜度，这些数据可在泊松（Pearson）手册中找到[2.28]。从这些数据可以看出，倾斜度最大的是 Ti-Fe，接下来为 Cr 和 V，Nb 和 Mo 对晶格常数的影响较小。

β 相的沉积硬化对增加商业 β 钛合金的屈服应力是最有效的方式。在

图 2.21[2.29]的简易相图中可以明显地看出，β 钛合金中有两个亚稳态相，ω 和 β′。在这两种情况下，混溶区都分为两个体心立方相，即 $β_{贫}$和 $β_{富}$，其主要区别在于相对基体的体心立方晶格（$β_{富}$），在同质无序沉淀中被扭曲的体心立方晶格的数量（$β_{贫}$）。在高稳定元素含量合金中，被扭曲的体心立方晶格的数量值很小，亚稳态粒子被称为 β′，它为体心立方晶体结构；在低稳定元素含量合金中，沉淀过程中被扭曲的体心立方晶格的数量值更高，亚稳态粒子被称为等温 ω，从结晶学观点看，为密排六方晶格结构（见 2.6.1 节和图 2.16 对冷 ω 的讨论）。

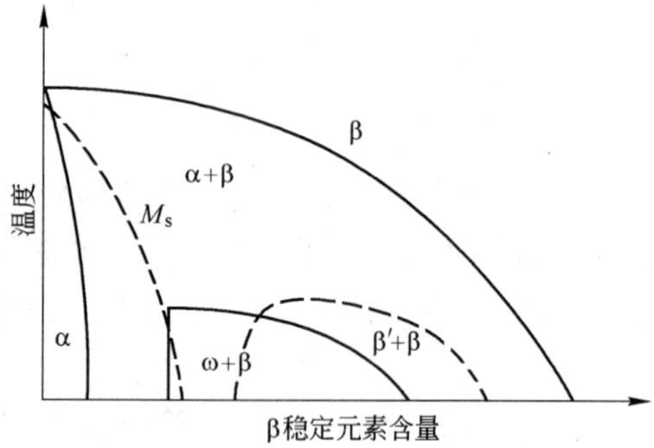

图 2.21 β 同晶型相图（简图）中的亚稳态（ω + β）和（β′ + β）相区域

等温 ω 粒子呈椭圆形还是立方形，取决于沉淀/基体位错[2.30]。低位错时，ω 粒子呈椭圆形，且长轴平行于 4 个〈111〉体心立方晶格的一个方向。作为一个实例，见图 2.22，它是 Ti-16Mo 合金在 450℃ 下，时效处

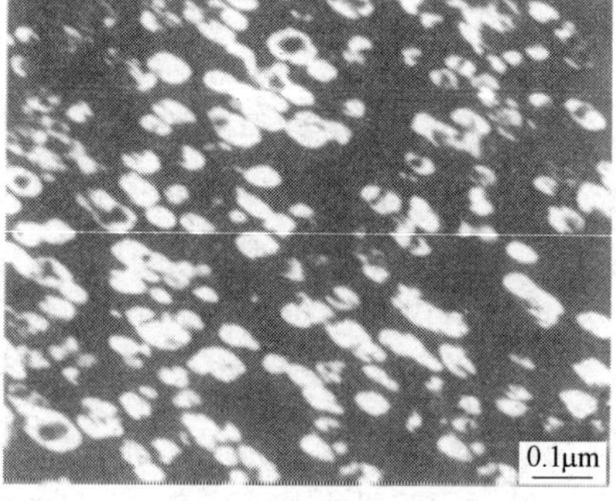

图 2.22 椭圆形 ω 析出的暗场显微镜照片

（Ti-16Mo 450℃ 时效 48h TEM）

理48h后得到的暗场透射电子显微镜照片，从照片中可以看出4种不同的椭圆形ω粒子中一种的分布情况。较高位错时，ω粒子呈表面平滑的立方形，且平行于体心立方晶格的{100}面方向，实例见图2.23，它是Ti-8Fe合金在400℃下，时效处理4h后得到的暗场透射电子显微镜照片。

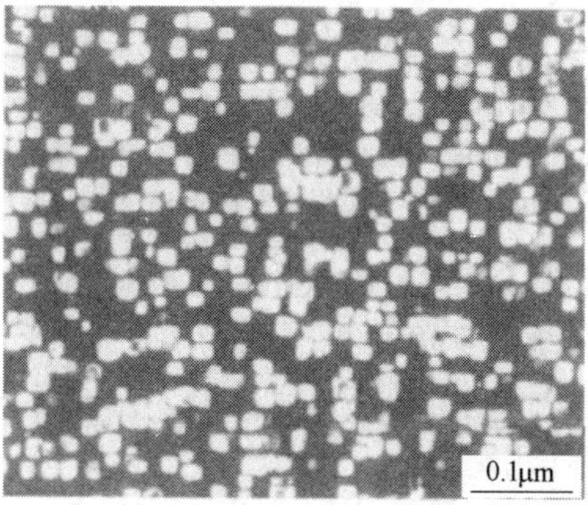

图2.23 立方形ω析出的暗场显微镜照片
(Ti-8Fe 400℃ 时效4h TEM)

β′的析出形态是变化的，它从在Ti-Nb和Ti-V-Zr合金中的球形或立方形转变为在Ti-Cr合金中的片状形[2.30]，同样的，这取决于位错和共格扭曲的数量。作为一个实例，见图2.24，它是Ti-15Zr-20V合金在450℃下，时效处理6h后溶质中贫β′析出的暗场透射电子显微镜照片。

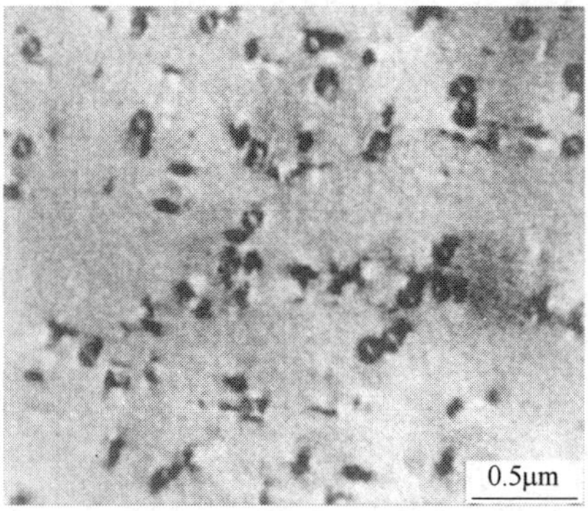

图2.24 在Ti-15Zr-20V中的共格β粒子
(450℃ 时效6h TEM)

ω和β′两相是共格的，受位错移动剪切，形成强烈的局部滑移带，致使早期的形核破裂并降低延展性[2.31]，因此，在商用β钛合金中，通常应避免形成这些微结构，为此，在稍高的温度下对商用 β 钛合金进行时效处理，以便在较合理的时效时间内，利用 ω 或 β′作为前驱体和形核体来析出非共格的稳定 α 相粒子。有时，需要采用一步时效处理，更多细节将在本节末最后讨论。借助这些前驱体，有可能获得均匀分布的同质细晶粒 α 片晶，作为一个实例，见图 2.25，它是 Ti-15.6Mo-6.6Al 在 350℃，时效时间长达 100h 的初期 α 形核的透射电子显微镜照片[2.29]。在商用 β 钛合金中，根据 α 片晶的分布和尺寸，法国的 CEZUS 开发出 β-CEZ 合金，在 580℃时，推荐的时效处理时间是 8h，其透射电子显微镜照片见图 2.26。这些 α 片晶也遵循伯格斯（Burgers）关系，片晶的平滑表面平行于 β 基体 {112} 面之一，这已在 2.6.2 节中叙述，也可参见图 2.18。正如前述和从图 2.26 中可看出，从统计学角度看，并非所有 12 个可能的变量都能形核，因此，为了使所有的弹性应力最小，实际上，在 β 晶粒中，只有两到三个接近垂直的变量相互作用。

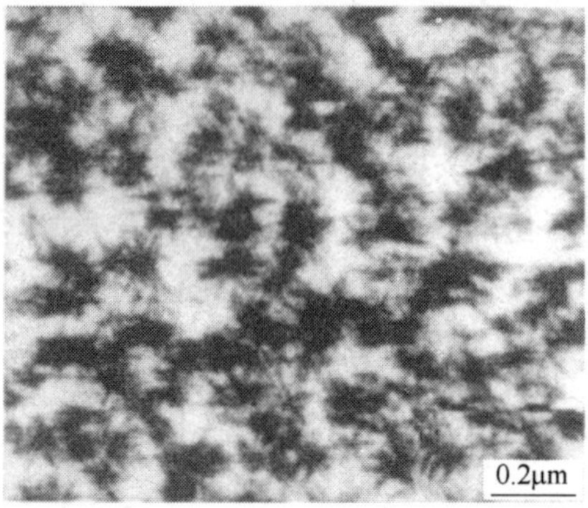

图 2.25 在 Ti-15.6Mo-6.6Al 的 β′粒子中析出的细晶粒 α 片晶
(350℃ 时效 100h TEM)

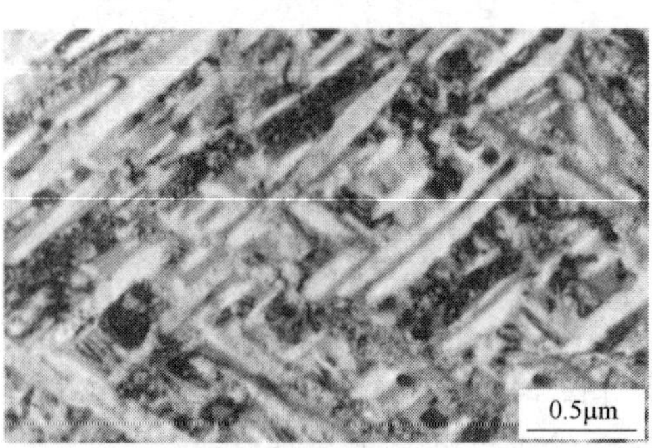

图 2.26 商用 β 钛合金 β-CEZ 中 α 片晶的尺寸和分布
(580℃ 时效 8h TEM)

由于这些非共格的 α 片晶太细小，不会发生塑性变形，它们仅能看作硬的、潜在的可成形粒子，因此，具有此类微结构的 β 钛合金可获得很高的屈服应力，但这类合金的屈服应力也能很容易地降低，例如，通过采用两步热处理，就可以将其调整到所期望的数值。第一步是在（α + β）相区域高温下进行退火，以便析出所希望体积分数的大晶粒 α 片状体；第二步是在较低温度下进行时效处理，以减少细晶粒 α 片晶的体积分数。大晶粒 α 片状体比细晶粒 α 片晶对屈服应力的影响小，因为大晶粒能降低塑性。目前，根据强化机理，大晶粒 α 片状体仅适于边界强化，但对所具有 α 相析出的微结构而言，在 α 相析出过程中，β 基体的位错密度增加了，因此，位错强化对屈服应力也有作用。

在 2.6.2 节中已经指出，α 相总是优先在 β 晶界上形核，并形成连续的 α 相层，尤其是 β 合金，细晶粒 α 片晶的强化提高了屈服应力的量级，这些连续的 α 相层对力学性能有害，作为此类微结构的 1 个例子，见图 2.27 的 β 合金 Ti-10-2-3。β 合金热变形工艺的主要目的就是要消除或降低连续的 α 相层对力学性能的不良影响（见 7.1 节）。

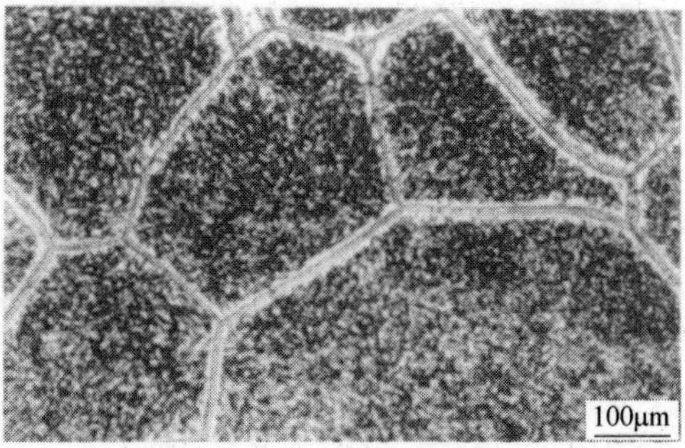

图 2.27 β 合金 Ti-10-2-3 β 晶界上的连续 α 相层（LM）

在含有高含量 β 相稳定元素的 β 合金中，有时，通过常规的时效处理，要使 α 片晶均质分布是很困难的，特别是时效温度在亚稳态两相区域以上时。究其原因，是在热处理温度与时效温度一致时，前驱体（ω 或 β′）的形成或 α 的形核非常缓慢，以至于不能完成，在这种情况下，采用在低温下的预时效处理，有可能使更多的 α 片晶均质分布，见图 2.28 的 β 合金——β（Beta）C 中的 α 片晶分布效果[2.32]。另外一种可能的方法就是在时效前先冷却，通过位错上的形核使更多的 α 片晶均质分布。

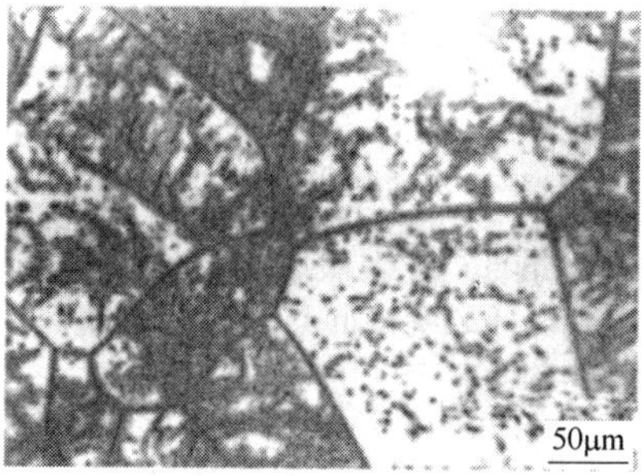

(a)

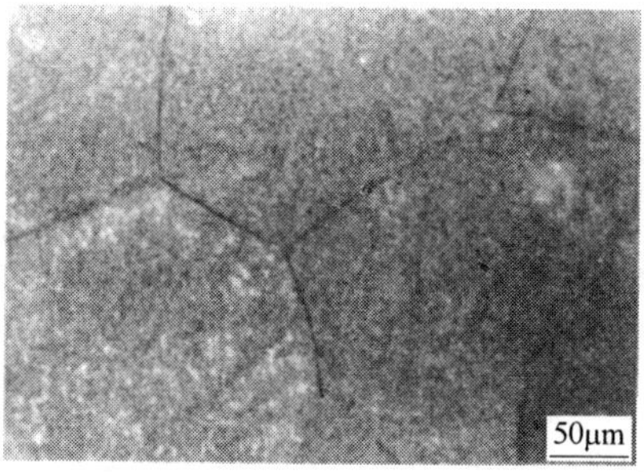

(b)

图 2.28 预时效后 β 合金——β(Beta)C 中的 α 片晶分布效果（LM）
（a）540℃ 时效 16h；（b）440℃ 时效 4h + 560℃时效 16h

2.9 基本的物理化学性能

在大部分应用中，钛物理和化学性能的重要性相对其力学性能而言要小得多。值得一提的是，除其低密度以及形成表面氧化层，从而具有很好的耐蚀性能外，钛的大部分性能将总体概括讨论，仅部分性能详细论述，这包括扩散性（见 2.9.1 节），腐蚀行为（见 2.9.2 节）和氧化性（见 2.9.3 节），弹性模量已在 2.3 节中讨论过。

钛及钛合金的一些基本性能，已列于表 2.1 中，其他选取的一些物理性能列于表 2.7[2.7]，并与其他的金属结构材料进行了对比。列于表 2.7 中高纯 α 钛的数值，与各种等级的商业纯钛（CP 钛）的性质没有明显的区别，这表明即便其含氧量高到 0.40% 时，对其性能也只有轻微的影响。另外，如果将 α + β 合金 Ti-6Al-4V 和 β 合金 Ti-15-3 的物理化学性质与纯钛相比，可以看出它们的热导率和电阻率变化十分明显。这些商用合金的热导率较低而电阻率较高，线膨胀系数和比热容只有轻微影响。热导率和电阻率都取决于导电电子的密度和分散程度。见图 2.29[2.6]，在二元钛合金中，随着溶质含量的增加，电阻率增加。从图 2.29 中还可以看出，有两个互为依存的分支，上面的分支，包括了在 α 钛中趋向于有序排列的元素；下面的分支，包括了趋向于互溶的元素（V，Nb）或完全中性的元素（Zr）。应该指出的是，氧属于上面的分支，因为含氧量为 0.40% 的 4 级商业纯钛（CP 钛）的电阻率为 0.60μΩ · m（热传导率为 17W/(m · K)）。另外，在表 2.7 中也给出了钛合金的电阻率，有的 β 钛合金已表现出了具有超导行为，这将在本书第 10 章（钛的特殊性能和应用）中进行论述。

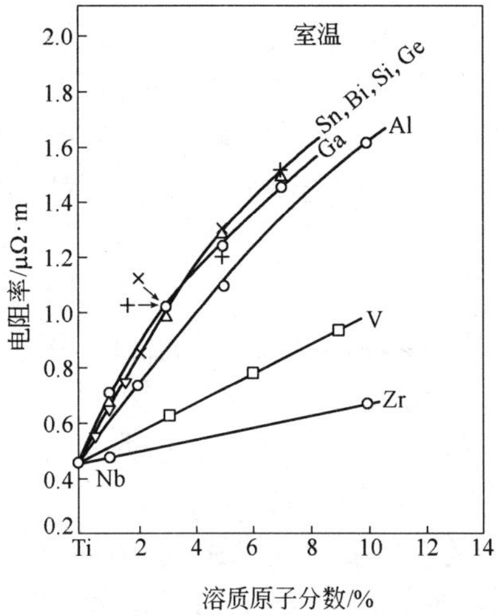

图 2.29 二元钛合金的电阻率[2.6]

表 2.7 钛及钛合金与其他金属结构材料的物理性能比较

分 项	线膨胀系数 /K^{-1}	热导率 /W·(m·K)$^{-1}$	比热容 /J·(kg·K)$^{-1}$	电阻率 /μΩ·m
α 钛	8.4×10^{-6}	20	523	0.42
Ti-6Al-4V	9.0×10^{-6}	7	530	1.67
Ti-15-3	8.5×10^{-6}	8	500	1.4
Fe	11.8×10^{-6}	80	450	0.09
Ni	13.4×10^{-6}	90	440	0.07
Al	23.1×10^{-6}	237	900	0.03

将钛与其他的金属结构材料相比，可以看出，钛的线膨胀系数要低，因此，对于强度与密度比要求高、热膨胀低的应用领域，钛是一种很不错的选择。例如，航空发动机的外壳和汽车发动机的连杆。遗憾的是，由于钛的价格高，钛连杆仅用于高性能、高价格的车辆上。需要指出的是，α 钛的线膨胀系数在 c 轴的平行方向比垂直方向要高 20%，这对高织构的 Ti-6Al-4V 材料用于连杆材料显得很重要。

钛的热导率比 Fe、Ni 和 Al（见表 2.7）要低得多，例如，它对加工工艺的冷却速度、热处理温度及热处理时间等有影响。表 2.7 中，钛与其他金属相比，有高的电阻率，这限制了它作为导电体的应用。从表 2.7 中还可以看出，钛与其他金属相比，其比热容在同一数量级。

与其他金属结构材料相比，钛的比刚度（强度与密度之比）的优势已归纳在表2.1中，如对α+β钛合金，屈服强度为1000MPa，密度为4.5g/cm^3，这一优势对于屈服强度值达1200MPa的高强度β合金并没有太明显的增加，因为大多数的β合金都含有像Mo一样的重金属元素，使得合金密度增加了约5%，如β合金-β(Beta)21S，其密度值高达4.94g/cm^3。

2.9.1 扩散性

间隙合金元素和代位合金元素在钛α相和β相中的扩散速率以及自扩散速率方面的知识很重要。许多生产工艺，如固溶和时效热处理，热加工和再结晶温度等都与扩散有关。在许多应用方面的性能，例如，蠕变，氧化行为和氢脆等，也都与扩散有关。

很多扩散数据都是在钛商业化的最初20年测定的，这些数据很好地被记载于1974年由周卫柯（Zwicker）用德文撰写的钛专著中[2.33]。1987年，刘（Liu）和韦尔斯（Welsch）针对广泛使用的Ti-6Al-4V合金，对α和β钛中氧、铝和钒的扩散系数进行了文献综述[2.34]，指出扩散数据分散的真正原因是由于所采用的测试方法所致。在最近出版的综述文章[2.35]中，尤其是针对α相，介绍了新的扩散数据以及对扩散的新理解。

部分以阿累尼乌斯（Arrhenius）关系形式给出的扩散系数见图2.30。从图2.30中可以看出，β相中钛的自扩散大约比在α相中的自扩散快3个数量级（见图2.30中的β-Ti和α-Ti线）。代位元素在β相中的扩散速度比钛的自扩散速度有可能慢也有可能快[2.33]。Al和Mo是慢扩散元素组中的实例，如图2.30所示。其他属于这一组的重要合金元素，V和Sn与Al相似，而Nb位于Al和Mo之间。在快扩散元素组中，Fe作为实例表示在图2.30中，Ni的扩散速度甚至要稍快，而Cr和Mn的扩散速度介于Fe和β-Ti自扩散之间。根据β钛中测定的氧的不同扩散速度看，参考文献[2.34]中给出了上部曲线，见图2.30所示，但参考文献[2.34]也指出，下部曲线的倾斜度（活化能）似乎太大了。

从α钛的扩散数据看，测得氧的扩散数据几乎一致[2.34]，图2.30中已很好地建立起了氧线变化。铝在α钛中的扩散数据有限[2.34]，只有分散的部分数据，大部分数据的位置与氧线靠近，见图2.30[2.34]。代位元素的扩散速度通常较高，已建立起Fe、Ni和Co等扩散元素的线性关系，它们在α钛中的扩散速度极高（见图2.30中的Fe线），这可用这些元素的间隙扩散机理来解释[2.35]。如果测试材料中的铁杂质含量正常[2.35]，那么这种快速间隙扩散机制也能增加自扩散的空位扩散速度和铝在α钛中的扩散。测

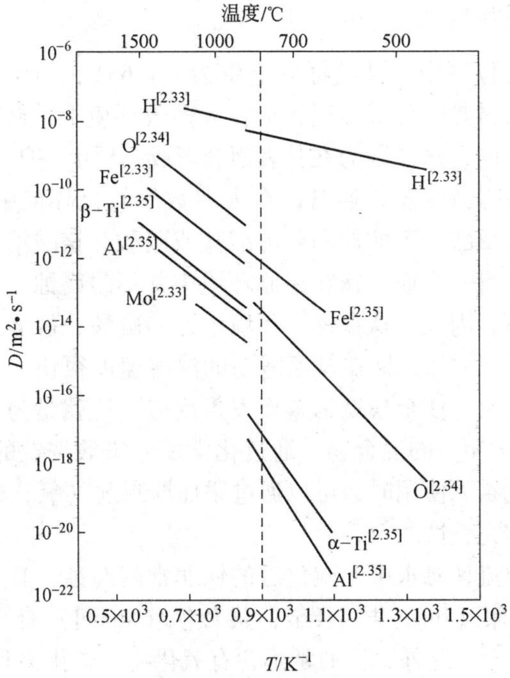

图 2.30 钛的自扩散阿累尼乌斯（Arrhenius）图和
各种合金元素在 β 和 α 钛中的情况
（虚线为 β 相向 α 相的转变温度）

试含 Fe、Ni 和 Co 杂质的超高纯 α 钛时[2.35]，发现自扩散的扩散速度很低，而铝在 α 钛（见图 2.30）中的扩散特点表现为扩散受空位扩散控制。除铝外，Zr、Hf、Au、In 和 Ga 也是常规的扩散元素（适用于空位机理），其扩散变化与图 2.30 中的铝线接近。尽管 Cr 和 Mn 的扩散比 Fe、Ni 和 Co 低两个数量级，但它们或许与 Fe、Ni 和 Co 一样，属快速扩散元素（适用于间隙机理），但根据参考文献［2.35］，如它们依据空位机理，则扩散得更快。

应该再次强调的是，代位元素在 α 钛中的扩散数据，很显然跟材料中铁杂质的含量密切有关。对于商用钛合金，这种作用对于铝在 α 相中的扩散尤为重要。

间隙元素氢在 β 相以及 α 相中都表现出很高的扩散速度（见图 2.30），因为氢脆的作用，氢会对应用于水中或潮湿气体环境，特别是对于高静载荷（应力腐蚀裂纹）或疲劳载荷（疲劳腐蚀）情况下的钛合金造成严重影响。

2.9.2 腐蚀行为

在金属的电位序中，钛的标准电位为 -1.63V，与铝相近，因而，钛本质上不能被看做是一种贵金属，但在大多数环境下，钛有优异的耐蚀性能则是众所周知的，这是因为在其表面会形成一层由 TiO_2 组成的稳定保护膜。只要保护膜保持完整，通常，在大多数的氧化环境中，例如盐溶液，包括氯化物，次氯酸，硫酸盐和亚硫酸盐或硝酸和铬酸溶液中，钛表面都处于钝化状态。另一方面，钛在还原环境中并不耐腐蚀，此时自然形成的氧化膜会被破坏，因此，钛在还原环境中，如硫酸、盐酸、磷酸中的耐腐蚀性并不好[2.36]，例如，钛在氢氟酸中的溶解速度很快，这主要是因为这种酸会破坏氧化层，使金属钛暴露而发生反应，这就是为什么在钛生产过程中，采用 HF-HNO_3 的混合物，通过化学反应来酸洗钛的原因。商业上，钛在许多还原气氛下使用时，可以通过添加抑制剂（氧化剂）来改善钛氧化膜的稳定性和完整性[2.36]。

在室温下的流动海水中，钝化后的钛非常耐腐蚀，其电位与哈氏合金（Hastelloy），因康（Inconel）合金，蒙乃尔（Monel）合金和钝化奥氏体不锈钢相接近[2.37]。此外，钛通常不含有氧化物、碳化物和硫化物，因此，钛比上述提到的这些材料都具有更好的抗腐蚀性。

（α+β）钛合金和β钛合金也具有非合金钛的优异耐腐蚀性能。从经济角度出发（成本，成形性，可焊性），在不要求较高强度的情况下，各个等级的商业纯钛（CP 钛）是首选。在还原性酸中，2 级商业纯钛（CP 钛）的耐蚀性可通过添加少量的贵金属而明显改善，例如，添加 0.2% Pd，变为 7 级商业纯钛（见表 2.6），或少量添加 0.3% Mo+0.8% Ni，变为 12 级商业纯钛（见表 2.6）。从表 2.8 中可看出，2 级商业纯钛（CP 钛）与 7 级和 12 级合金相比，在有限的酸浓度下，腐蚀率大约为 125μm/a[2.38]。表 2.8 中摘录的数据来自于柯维顿（Covington）和斯楚兹（Schutz）发表在《TIMET》上的文章，更详细的数据可从金属手册《Metals Handbook》中查找[2.36]。表 2.8 的数据还表明，在三种酸的最高极限浓度下，其耐蚀性排名分别为含 0.2% Pd 的 7 级，之后为 12 级，最后为商业纯钛（CP 钛）2 级。加入 0.2% Pd 可以使酸的腐蚀电位升高（正极），使表面保护氧化层更稳定，在稀浓度还原酸中完全钝化[2.39]。

斯楚兹（Schutz）对还原酸环境中的高强度（α+β）和β钛合金的常规耐蚀性能进行了研究[2.40]。其结果表明，含有大于 3% Mo 和 8% Zr 的合金有极优异的耐蚀性能，V 的重要性很小，但含 Al 量超过 3% 时就会变得有害。表 2.9 表示出了（α+β）合金 Ti-6Al-4V 和各种β合金在沸腾的

HCl 中，腐蚀率为 125μm/a 时，发生由激活向钝化转变的酸浓度。从表 2.9 中也可看出，含有 15% Mo 的 β 合金 β（Beta）21S 在还原酸气氛下表现出最优异的耐腐蚀性，但如果在高强度的时效条件下使用，它的一些优势也就丧失了。

表 2.8 还原酸中腐蚀速率为 125μm/a 时 2 级商业纯钛（CP 钛）与 7 级和 12 级合金的酸浓度极限值[2.38] （质量分数/%）

酸	温度	2 级	7 级	12 级
HCl	24℃	6	25	9
	沸腾	0.6	4.6	1.3
H_2SO_4	24℃	5	48	10
	沸腾	0.5	7	1.5
H_3PO_4	24℃	30	80	40
	沸腾	0.7	3.5	2

表 2.9 在沸腾的 HCl 中 Ti-6Al-4V 和各种 β 合金腐蚀速率为 125μm/a 时发生由激活向钝化转变的酸浓度[2.40]

合 金	退火条件(HCl)/%	时效条件(HCl)/%
Ti-10-2-3		0.08
B120VCA	0.10	
Ti-15-3	0.12	0.08
Ti-6-4	0.12	0.13
β-C	1.1	0.87
β-21S	5.0	1.5

如上所述，在不掺杂的条件下，钛因有表面保护氧化膜，通常其耐点蚀的能力很强。耐点蚀的情况可以通过电化学的阳极击穿电位或再钝化电位测定[2.36]。用再钝化电位（也称临界点电位 $E_{点蚀}$）比较商业纯钛（CP 钛）和各种钛合金在沸腾的 5% NaCl 溶液中的情况见表 2.10[2.40]。从表 2.10 中可以看出，商业纯钛（CP 钛）有最高的电位值（6.2V），因此，通过比较，认为它的耐点蚀能力最强。尽管表 2.10 中所列合金的电位值较低，但钛合金仍然被认为能抗点蚀，因为其再钝化电位值高于 1V[2.36]。表 2.10 中的数值也表明，一些 β 合金（包括 β-C 和 β-21S）要比（α + β）合金 Ti-6Al-4V 具有更好的抗点蚀性能。

表 2.10 商业纯钛（CP 钛）、Ti-6Al-4V 和各种 β 合金退火条件下在沸腾的 5%NaCl 溶液中的再钝化电位（也称临界点电位 $E_{点蚀}$）[2.40]

分 类	2 级 CP-Ti	Ti-6-4	Ti-15-3	B120VCA	β-21S	β-C
再钝化电位 Ag/Ag/Cl/V	6.2	1.8	2.0	2.7	2.8	3.0

当温度超过 75℃时，钛在氯化物、氟化物，或含硫酸的溶液中经常发生腐蚀，这种腐蚀称为裂隙腐蚀。在裂隙腐蚀中，还原酸性条件下，由于氧的溶解量很小和受溶液体积的限制，耗氧量随着 pH 值降低至 1 或 1 以下时而增加。图 2.31 所示为在 NaCl 富盐溶液中[2.36]，不同等级的钛（见表 2.6）在不同 pH 值和温度下的裂隙腐蚀情况。从图 2.31 中可以看出，通过增加 0.3Mo + 0.8 Ni（12 级）或者增加 Pd（7 级），2 级商业纯钛（CP 钛）的抗裂隙腐蚀性能能够得到改善。Ti-6Al-4V 的抗裂隙腐蚀性能类似于 2 级商业纯钛（CP 钛），而 β 钛合金中的 β-C 和 β-21S 在大部分腐蚀环境下表现出了更好的抗裂隙腐蚀性能[2.40]。在特殊应用领域中，更深入的关于环境影响和合金性能的关系讨论将在“商业纯钛（CP）和 α 合金”的 4.2 节中详细展开。

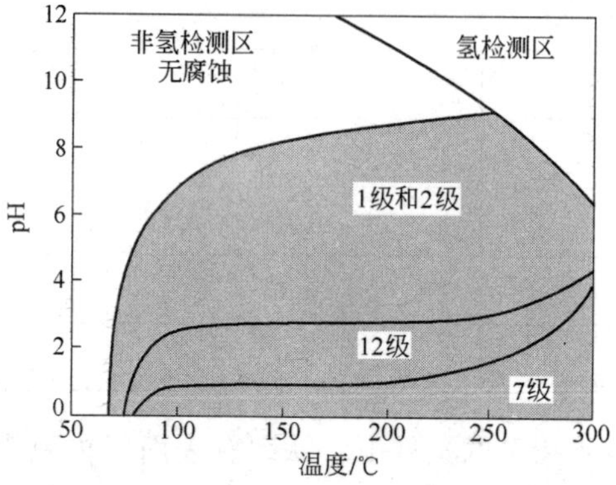

图 2.31 温度和一定 pH 值下在 NaCl 富盐溶液中不同等级钛的裂隙腐蚀（在阴影区的腐蚀）[2.36]

腐蚀环境和施加的应力可能会引起一些重要力学性能的降低。如果形核破裂延伸到试样表面，那么，拉伸力肯定会减少，延伸到表面的裂纹会传递到一定的载荷条件下（应力腐蚀裂纹）。疲劳载荷时，相对于中性环境，表面裂纹能扩散和在低应力下广泛传递（腐蚀疲劳），其影响程度将会在本书相关章节中说明和讨论，如第 5 章将讨论（α + β）合金。目前讨论的仅局限于上面提到的、对基本机理影响的简略描述。

氢是扩散最快的元素（见图 2.30），也是对应力作用环境最有害的物质（氢脆）。通常，氢有两种可能的来源，即材料的内部含氢和从环境的外部吸氢。钛内部含氢的影响可通过严格限制含氢量而得到很好的控制，如商业纯钛（CP 钛）和钛合金中，最大含氢量可控制在（125 ~ 150）$\times 10^{-6}$，然而，目前牵涉到与氢相关的问题仍会发生在材料的尖锐断口处，这将在第 4 章中专门讨论。

如果表面的滑移梯度高于氧化膜保护层的厚度，那么，外部环境下的氢可通过位错移动迅速进入材料内部，此时，滑移带内的氢浓度能达到很高的水平，致使滑移带内的应力断口被还原，导致早期形核破裂和裂纹扩展。对于密排六方 α 相，这种由氢诱导的裂纹在基面上发生是很明显的，而对于（α + β）钛合金，由于其对晶体织构的明显影响，致使相关的力学性能呈数量级显著降低（见 5.2.6）也是很明显的。裂纹为何完全沿基面发生的原因尚不清楚，相对于 α 和（α + β）合金而言，β 钛合金对氢脆则不那么敏感，尤其是在退火条件下，这可能得益于时效条件下较高的 α 相体积分数的减少。与 α 相相比，β 合金的高耐氢性，还得益于 β 基体的体心立方晶体结构和氢在 β 相的较高固溶度。

2.9.3 氧化性

钛暴露于空气中形成氧化物 TiO_2，它是四方晶系的金红石晶体结构。氧化层经常被称为“膜”，它是一种多类型的阴离子缺陷氧化物，通过氧化层，氧离子能够扩散。反应前沿位于金属/氧化物界面，“膜”不断长大，进入钛基体材料。钛快速氧化的驱动力是钛对氧有很高的化学亲和力，此亲和力比钛对氮的化学亲和力高。在氧化反应过程中，钛对氧的高亲和力和氧在钛中的高固溶度（大约 14.5%），促使了“膜”和临近基体富氧层的同时形成。由于富氧层是连续稳定 α 相的氧化层，故它被称为 α-块。正如在 2.8.1 节中提到的，增加的氧含量强化了 α 相，改变了 α 钛的形变行为，使其从波纹状滑移到平面滑移模式转变，因此，硬的、较小延展性的 α-块在拉伸载荷下易形成表面裂纹。在疲劳载荷条件下，表面局部的低延展性和大的滑移相互作用，引起整体延展性的降低或早期形核裂纹，因此，传统钛合金的高温应用范围被限制到低于大约 550℃。在 550℃以下，通过“膜”（氧化层）的扩散速度是很慢的，这足以阻止过量的氧溶解在大块材料中，避免了毫无意义的 α-块的形成。

为了减小氧通过“膜”的扩散速度，研究了不同的合金添加元素[2.33]，结果发现，添加 Al、Si、Cr（大于 10%）、Nb、Ta、W 和 Mo 等都能改善其特性。这些元素或者形成热力学稳定氧化物（Al、Si、Cr）或具有大于4的化合价，如 Nb^{5+}。通过置换 TiO_2 结构中的 Ti^{4+}，铌减少了阴离子所占空位的数量，因此也就降低了氧的扩散速度。基于这种情况，发明出了一种成分为 Ti-15Mo-2.7Nb-3Al-0.2Si（见表 2.6）的 β 钛合金薄板（β-21 S）[2.41]。这种 β 合金有很高的抗氧化性，但与（α+β）高温合金 Ti-6242 和 IMI 834 相比，它的高温强度和抗蠕变性都较低，但可在较低扩散速度下，通过增加铝的含量改善其性能，因为铝能形成一个致密的、热力学上稳定的 α-Al_2O_3氧化物，结果在 TiO_2 表面氧化层下方，“膜”由 TiO_2、Al_2O_3等多种不同的混合物组成，其简图见图 2.32[2.42]。

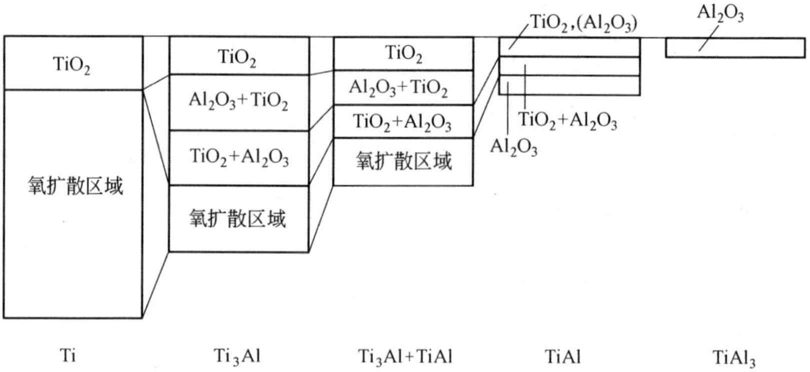

图 2.32 钛和钛—铝化合物中通过氧化层和氧扩散区域层的截面简图[2.42]

在“膜”中增加 Al_2O_3的体积分数，能够提高钛—铝化合物（例如：Ti_3Al 或 γ-TiAl 基合金）的抗氧化性（见图 2.32）。Al_2O_3的数量随铝浓度的增加而增加，大约在 Al 摩尔分数 40% 时，Al_2O_3层变成连续的。其结果是 γ-TiAl 表现出比 Ti_3Al 基合金具有更好的抗氧化性，这是因为，高温下 TiO_2 在钛合金表面并不稳定；Al_2O_3层在 Ti_3Al 表面并不连续（见图 2.32），而 Al_2O_3层在 γ-TiAl 表面是连续的，且在更高温度下是稳定的。这种抗氧化性的改善可用于开发传统的表面涂层钛合金，如 IMI834，它在 550℃以上仍可应用。已研究了许多不同的涂层，如 Pt、NiCr、Si、Si_3N_4、Al、MCrAlY、硅酸盐、SiO_2、Nb[2.43]，但最理想的还是 Ti-Al 涂层。图 2.33 表示出了高温合金 Ti-1100 的情况[2.44]。尽管 TIMET 公司不再生产这种合金，但结论仍是有价值的，因为，Ti-1100 在 700℃时，表现出了与 IMI834 类似的氧化行为[2.45]。从图 2.33 可以看出，Ti-Al 涂层比 Si、Pt 涂层表现出了更好的抗氧化性，甚至 Ti-Al 涂层材料在 750℃时的抗氧化性比 600℃时未涂层材料的抗氧化性更好。

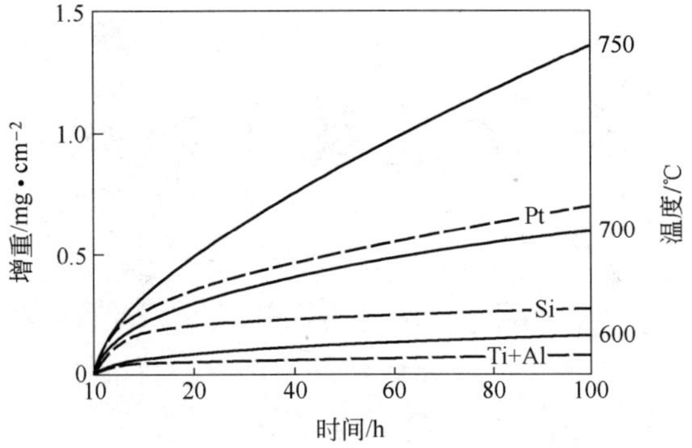

图 2.33 相对于 750℃（长画线）的涂层 Ti-1100 材料在不同温度下的氧化行为[2.44]

抗氧化性的一个特殊例子就是抗着火性和抗燃烧性。在正常的大气空气环境下，所有钛合金都能抗着火和抗燃烧，但在特殊条件下，例如，在飞机发动机的汽轮压缩机（高压、高速气体）情况下，许多钛合金都可能着火和燃烧[2.39]，这种特殊的例子将在第 10 章（钛的特殊性质和应用）中详细讨论，同时还将会探讨一些用于解决这个问题的合金配制方法。

3 工艺技术知识

本章重点介绍商业钛材生产的各方面知识（因此称之为“工艺技术知识”）。在简短讨论金属钛（海绵钛）的生产后，将继续讨论钛生产的各个方面，范围从熔炼，包括合金化（3.2 节）到加工成坯材、棒材、板材和薄材等各种使用产品的各工序（3.3 节）；3.4 节介绍了各种元件制造的成形工艺；3.5 节的重点是介绍各种近净成形加工工艺，因为，这些工艺是降低使用钛合金成本的有效途径，成本是限制钛合金大量使用的主要原因；3.6 节强调了常用钛及钛合金的连接方法，3.7 节则介绍了不同的表面处理工艺；3.8 节阐述了钛轧制产品和钛元件生产中的检测方法，尤其是对高性能用途钛材的检测方法。最后，在 3.9 节讨论钛合金的各种表征方法。

3.1 海绵钛生产

从原矿中制得的金属钛，因多孔和有海绵状的外观而被称为海绵钛。钛作为化学元素是非常丰富的，在地壳中丰度最高的几种金属元素中，钛位居第四位（仅次于 Al、Fe 和 Mg）。最先用于生产钛的矿物是金红石（TiO_2）或钛铁矿（$FeTiO_3$），从这些矿物中制取金属钛分为以下 5 个不同的步骤或工序，即：

（1）矿物经氯化生成 $TiCl_4$；

（2）$TiCl_4$ 的蒸馏提纯；

（3）还原 $TiCl_4$ 生产金属钛［克劳尔（Kroll）工艺］；

（4）除去还原工艺的副产品，以提纯金属钛（海绵钛）；

（5）金属钛的破碎和分级，以便得到适合下一步商业纯钛（CP 钛）和钛合金熔炼的产品。

氯化工艺对金红石的纯度要求不高，如果采用钛铁矿代替金红石，其原料为富含 TiO_2 的钛渣，钛渣为用碳在电炉中熔炼钛铁矿生产铁时的副产品。氯化反应发生在含 TiO_2，随金红石一起进入氯化器的杂质和碳（焦炭）的沸腾炉内，见图 3.1。Cl_2（气态）从氯化器底部引入，在反应器中与含杂质的 TiO_2 和碳接触反应，反应产物为金属氯化物（MCl_x）、CO_2、CO 和气态 $TiCl_4$（$TiCl_4$ 的沸点为 136°C），这些反应产物从反应器顶端导管排出并直接进入分馏单元（见图3.2）。

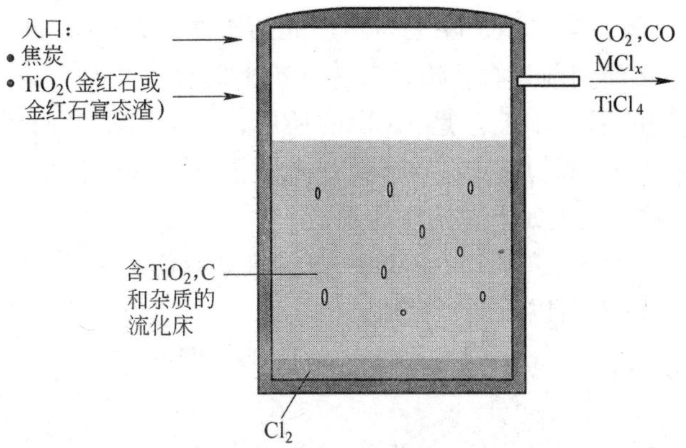

图3.1 用于生产$TiCl_4$的沸腾氯化床示意图
（经J. A. Hall许可）

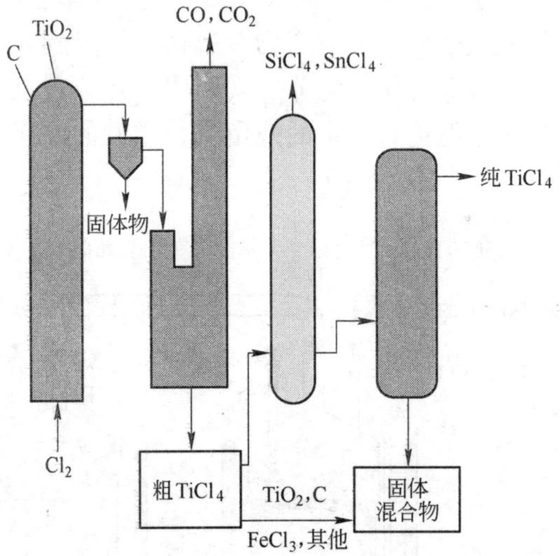

图3.2 氯化器简图
（左侧为给料分馏单元（中间有双塔），右侧为承接容器（经J. A. Hall许可））

基本的氯化反应式如下：

$$TiO_2 + 2Cl_2 + C \longrightarrow TiCl_4 + CO_2$$

和

$$TiO_2 + 2Cl_2 + 2C \longrightarrow TiCl_4 + 2CO$$

生产过程的第二步为蒸馏工序，这是因为来自氯化工序的初级$TiCl_4$

需要进一步提纯。提纯是由如图 3.2 所示的 $TiCl_4$ 的分馏来完成的，从图 3.2 中可见，采用了两步蒸馏提纯工艺。第一步是除去低沸点的杂质物，如 CO 和 CO_2 等，第二步是除去高沸点的杂质物，如 $SiCl_4$ 和 $SnCl_4$ 等。净化后的 $TiCl_4$ 在使用前一直在惰性气体保护下储存。

生产过程的下一步工艺是 $TiCl_4$ 的还原，即克劳尔（Kroll）工艺。净化后的 $TiCl_4$ 加入到已加入了金属镁并充满惰性气体的反应器中，加热到 800～850°C 时，发生如下总的还原反应：

$$TiCl_4 + 2Mg \longrightarrow Ti + 2MgCl_2$$

该反应实际上由以下两步完成：

$$TiCl_4 + Mg \longrightarrow TiCl_2 + MgCl_2$$

紧接着

$$TiCl_2 + Mg \longrightarrow Ti + MgCl_2$$

克劳尔（Kroll）还原反应器的简图见图 3.3，左边的还原反应器与右边的真空蒸馏器耦合连接。还原反应首先是由克劳尔（Kroll）[3.1] 于 20 世纪 30 年代后期研究的，用 Mg 还原 $TiCl_4$ 的工艺仍然称为克劳尔（Kroll）工艺。通过上述反应式还原的最后产物金属钛本身是相当纯净的，但纯金属钛会与 $MgCl_2$ 发生混合，随着克劳尔（Kroll）还原过程的进行，大部分的 $MgCl_2$ 被不断除去，但仍有一定的残留量，它们的去除将在后续的金属钛提纯阶段讨论。

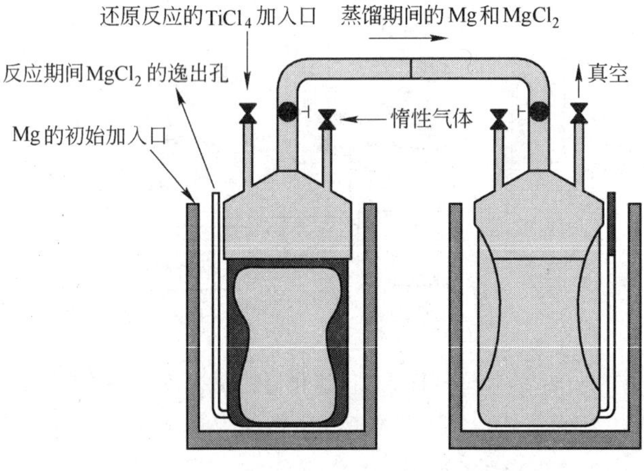

图 3.3 克劳尔（Kroll）反应器简图
（左侧的反应器与右侧的用以收集真空蒸馏过程中去除的 Mg 和 $MgCl_2$ 的收集器耦合连接（经 J. A. Hall 许可））

由于还原反应是放热反应，故加入含 Mg 反应器中的 $TiCl_4$ 的速度要在可控的温度之下，这对防止生成致密的固体反应物，以至于阻碍其他生成物的挥发是必要的。此反应的产物是金属钛和 $MgCl_2$ 的混合物，称之为“海绵钛块”，为克劳尔（Kroll）工艺的产物。

早在 1910 年，亨特（Hunter）[3.2] 就证实，采用熔融 Na 能还原 $TiCl_4$，这种制备海绵钛的方法被称为亨特（Hunter）法。在 1960～1995 年间，使用该方法生产了大量的海绵钛。目前，已经没有利用该方法大规模生产海绵钛的工厂了，其主要原因是从经济上考虑，使用镁作还原剂比使用钠更具有吸引力。

生产过程的下一步工序是金属钛的提纯，即从海绵钛块中除去残留的 $MgCl_2$。可以采用以下几种方法中的一种分离 $MgCl_2$：酸浸、惰性气体吹扫或者真空蒸馏。第一种方法利用了 $MgCl_2$ 在酸性溶液中的优先溶解性，通过一种分离浸出方法，可以将 $MgCl_2$ 从经破碎的海绵钛块中除去，该法现已不再广泛使用了。其他方法具有在克劳尔（Kroll）反应器内直接除去 $MgCl_2$ 的优势，这些方法利用了 $MgCl_2$ 的高蒸汽压，通过蒸发选择性地除去 $MgCl_2$，然后再冷凝，实现从海绵钛中回收 Mg 和 Cl_2，而惰性气体法则是使用氩气作为载体输送 $MgCl_2$ 蒸汽。

图 3.3 是真空蒸馏工艺（VDP）简图，在该工艺中，海绵钛块在左侧的克劳尔（Kroll）反应器内真空下加热，此时，挥发性的 $MgCl_2$ 和过量的金属 Mg 因蒸气压而被抽走，并在另一个容器内冷凝（见图 3.3 中的右侧容器），该容器在新添加 Mg 后，用作下一次还原期的克劳尔（Kroll）反应器，而图 3.3 中左侧装有海绵钛块的容器用一空罐替换，该工艺是具有经济优势的半连续工艺。在三种海绵钛提纯工艺中，真空蒸馏工艺（VDP）处理过的海绵钛块中，挥发性物质含量最低。由于在高温（700～850℃）条件下，真空蒸馏工艺（VDP）下的反应器会传质，即海绵钛的确会从不锈钢反应器中吸收少量的 Fe 和 Ni。在高温合金中，Ni 尤其不受欢迎，因为 Ni 含量超过极限值后会降低其蠕变强度，这在海绵钛块的烧结中也是如此。

在两种工艺（惰性气体吹扫和 VDP）中，Mg 和 Cl_2 都得以回收和循环利用。目前，Mg 还原生产海绵钛已基本实现批量闭路循环生产，只是批次与批次之间需要“配入”适量的 Mg 和 Cl_2。

生产过程的最后一步是海绵钛的破碎和分级。在除去过量的 Mg 和 $MgCl_2$ 后，块状海绵钛被破碎为粒状金属钛。在破碎和分级后，较粗粒级的海绵钛经剪切进一步减小其尺寸。破碎和剪切操作在空气中进行，但需小心，因为钛是潜在的自燃物，操作中出现的任何火源，都会产生富氮区而污染海绵钛，导致后续熔炼缺陷的产生。较高的 VDP 工艺操作温度会使海绵钛块分割变得困难。除非有特别要求，海绵钛厂商都不会去追求生产实际平均粒度小于3～5cm的产品，这既消除了进一步破碎和剪切的操作成本，又避免了在这些操作中使海绵钛起火的危险。所期望的或者特定的海绵钛粒度取决于拟生产的最终产品，粗粒级（大到2.5cm）海绵钛可用于生产商业纯钛（CP钛）和大部分标准等级的钛合金，但应用于高性能领域时，如飞机发动机叶片等，则需要更小粒级（最大1cm）的海绵钛，这主要是基于熔炼产品，在叶片级材料应用中间隙稳定缺陷的考虑，此类海绵钛颗粒尺寸如图3.4所示。

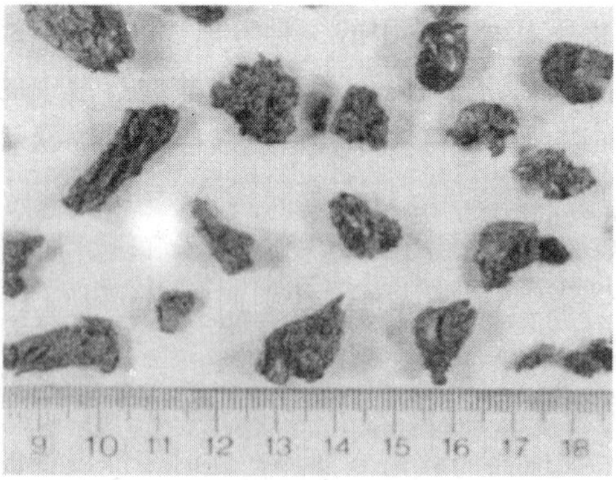

图3.4 单个海绵钛颗粒的低倍图片

（经J. A. Hall许可）

海绵钛的生产成本可以很容易地分为5部分，或者说5项成本要素，即：人工费、设备维护费、公用设施费和两种主要原料（Mg和$TiCl_4$）的费用。图3.5的饼图表明了这些要素在总成本中的比例关系。从图3.5中可以看出，$TiCl_4$的原料费用占到了总成本的50%以上，所以要降低海绵

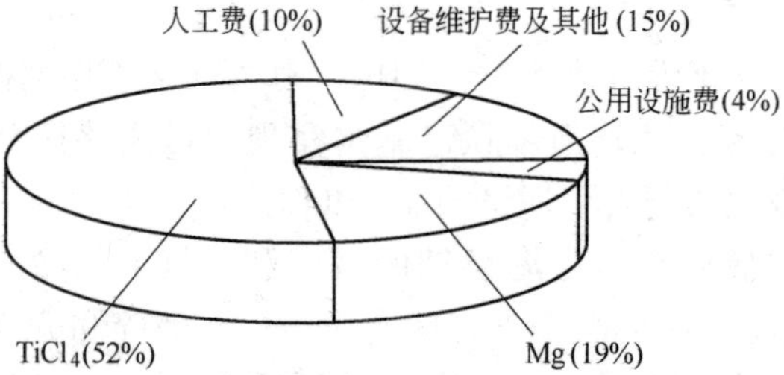

图3.5 海绵钛产品主要成本要素构成比例

（经J. A. Hall许可）

钛的生产成本必须在物料上下工夫。

对其他金属钛的生产工艺，已经进行了多年的研究，绝大多数的研究都致力于降低海绵钛的生产成本，但总的说来都不成功。钛的电解（也称电积）生产是一个比较有吸引力的例子，在1975~1985年间，道-侯迈特(Dow-Howmet)成功地在美国建成了一个中试规模的示范厂[3.3]，由于当时钛市场的低迷，导致无法进行规模化生产，因此，可以说，实际上，一个足够可靠的、能承担规模化电解还原的体系并未得到实现，有待验证的问题是密封大电解槽的能力能否维持纯净的操作环境和电极的长期稳定性。

此外，最近通过电解精炼生产高纯钛的努力，在技术上和经济上都是非常成功的[3.4]。电解精炼首先将不纯的钛溶解于电解质中，然后以高纯钛再沉积出来。通过精心控制沉积条件和电解质的纯度，可以得到高纯产品，这种高纯金属可以被制成溅射靶材用于生产电子器件。电解精炼钛在经济上的可行性是因为使用高纯钛材的用户，使用这种高附加值产品的数量相对较小，在经济性上，完全不同于结构材料的应用。

目前，正深入研究一种制备海绵钛的新工艺，该工艺被称为电解-还原(Electro-Deoxidation)工艺(EDO)™[3.5]。EDO工艺应用熔融$CaCl_2$熔池和石墨电极，通过电解，从含氧化钛离子中分离氧，从而将压实或烧结的TiO_2阴极转化为钛，反应后在原始阴极上析出多孔金属钛。从原理上讲，如果所希望合金元素的含氧量与阴极氧混合，并且随TiO_2一起被电解还原，那么，该工艺也具有制备预合金化海绵钛的能力，但采用该工艺取得的效果非常有限，并且规模化生产的可能性仍需分析和论证，尽管如此，该工艺令人振奋，这主要基于几个原因。首先，它能够制备预合金化海绵钛，这将省略海绵钛制备、合金化元素混合、机械压密等步骤，这些步骤都是为了制备初始熔炼电极，以便熔炼金属铸锭，这样将极大地降低制造成本，详见3.2.1节的介绍；其次，该工艺具有在钛中加入合金化元素(如W，Cu等)的能力，这对于传统的金属铸锭，实践起来是很困难的，这将在稍后讨论。新工艺开辟了可同时选择多种合金元素的路子，这在以前，由于熔炼的局限性，是不可能设想的。EDO工艺在技术上的可行性已得到证实，但放大后的许多细节，从重现性到生产成本等方面还需要深入的研究和分析。尽管EDO工艺将来是否能商业化应用现在尚不清楚，但由于其革命性的变革，故在此提及该工艺。

3.2 熔炼

本节介绍钛合金制备的工艺流程和钛锭生产的熔炼技术。钛锭是钛轧制产品和重熔钛铸件的坯料，该工艺虽然通常称为“熔炼”，但是熔融金属的再凝固是获得均质、高质量钛锭，从而得到优质轧制品的关键。

本节用大量篇幅来讨论和表征与熔炼相关的缺陷，因为要使钛产品真正品质优异，必须使其缺陷最小，也正是因为可能形成这些缺陷以及它们存在的严重后果，人们才采用各种精心设计的、昂贵的方法熔炼钛和生产钛锭。尽管防止这些缺陷的成本很高，但如果不能消除它们，那么这种高强、轻质的材料就不可能应用于大部分需求的领域。这些缺陷的特性将在稍后的3.2.3节中论述，但在此处概述这些可能存在的缺陷，以解释所采用钛熔炼技术的原因还是很有必要的。钛主要有5种类型的缺陷，其主要来源皆为熔炼过程，具体为：间隙稳定缺陷，称为Ⅰ型缺陷或高间隙缺陷（HIDs）；高钨夹杂，称为高密度夹杂或HDIs；α稳定型富集区缺陷，称为Ⅱ型缺陷；β稳定型富集区缺陷，称为“β斑”或钛锭凝固过程中出现的孔洞。对其他类型的金属材料而言，熔炼是消除缺陷，但钛的熔炼则带来缺陷，并且这些缺陷一旦形成，在所有后续加工步骤（包括重熔）中都难以消除。对于这些缺陷，其成因尚不完全清楚，它们导致材料性能下降的严重程度各不相同，这将在本节稍后部分讨论。表3.1概括了钛中已知的缺陷类型和可能产生缺陷的原因。

表3.1 钛中与熔炼相关的已知缺陷和可能产生缺陷的原因

缺陷类型	可能产生的原因
类型Ⅰ（“硬α型”），也称高间隙缺陷（HID）	海绵钛生产过程： -处理或剪切时起火 初始熔炼电极生产： -压实时起火 -不适宜的废料 -主要合金元素的污染 -焊接时污染 熔炼和重熔过程： -少量水泄漏 -空气泄漏 -铸锭精整过程中的过度摩擦
大密度杂质（HDIs）	废料加入： -钨焊接电极 -刀具混入车屑
β斑	熔炼偏析 转变点太靠近转变温度 （包括绝热效应）
类型Ⅱ（α稳定型）	非正常的最终熔炼相（过多的孔洞形成） 不正常的浇铸顶盖撤除 EBM熔炼期间的富铝“进入”
孔洞	转变时收缩孔洞的合并 非正常的转换操作

熔融钛反应性极强，因此，生产非合金钛锭（CP 钛）和各种不同的钛合金锭需要采用特殊的装备。钛及钛合金或者在真空电弧重熔炉（VAR）中熔炼，或者在冷床熔炼炉（CHM）中熔炼。无论采用何种方式，熔炼都要防止熔融钛与熔炼炉的耐火材料接触（如真空感应熔炼炉的耐火材料）或避免暴露于空气中。自从钛成为一种商业产品以来，钛和钛合金一直用真空电弧熔炼法生产，而冷床熔炼技术是在约 1985 年后，为生产“转子级”钛制品才获得商业应用的。

3.2.1 真空电弧重熔

实际上，使用真空电弧重熔（VAR）这一名称是一种误称，因为它是用于钛金属生产的初始熔炼工艺，之所以沿用这一名称，是为了与镍基合金和特殊钢的生产进行比较，它们的初始熔炼工艺都采用了真空感应熔炼，接下来是真空电弧重熔。真空电弧重熔是生产钛金属的最常用工艺，但正如稍后所述，冷床熔炼工艺正处于上升阶段。在这以前，真空电弧重熔工艺已成功地被应用来制造越来越大的钛锭。对于商业纯钛级（CP 钛级）和合金（如 Ti-6Al-4V），由于熔炼较大直径钛锭能力的改善，钛锭的尺寸（直径和质量）正不断加大。浇铸较大尺寸的铸锭更经济，这是因为在将铸锭加工成最终产品的过程中，损失更小以及包括物料重新装炉的熔炼时间更短，以上两个因素再加上生产所需 VAR 炉数量的减少，使产品成本降低。现在，通常熔炼铸锭的尺寸，大约为直径 100cm，质量 10000 ~ 15000kg。其他钛合金的熔炼要困难得多，其原因是凝固过程中，合金元素具有较高的偏析倾向，这导致了既有 β 斑又有Ⅱ型缺陷的形成。如果生产具有偏析倾向的钛合金时浇铸成较小钛锭，会使 β 斑最小化，但这又会影响材料生产的成本。采用消除或最小化铸锭顶部收缩孔道的熔炼操作可避免Ⅱ型缺陷的产生。

真空电弧熔炼从初始熔炼电极开始，初始熔炼电极由机械压实的海绵钛块和合金元素组成，每一个海绵钛块中都具有所要求的标准合金组成。海绵钛和合金元素在双锥鼓式搅拌机中混合，然后将混合物放在模具中，在室温下使用液压机将其机械压实成块。压实块具有适宜的“未加工强度”，可保持在操作和熔炼时不受损坏。这些压实块在一个惰性气体焊接舱内被焊接在一起，作为初始熔炼电极或称为“条棒”。由于获得钛的成本很高，在熔铸钛锭过程中，钛废料的循环利用和回收利用（经常称为回用）具有很高的经济价值。回收利用既包括非合金化等级的废料，也包括非转子级合金废料。回收方法是在电极焊接操作中将同样组分的废料加入到电极。对这些废料应小心控制其原始成分和保持洁净，例如，通常不允许使用火焰切割的废料，因为经验证明，使用熔炼火焰切割边缘富含 N 和 C 区域的废料时，杂质不易除去，使最终产品中留下间隙稳定缺陷。机械加工钛部件中产生的车削也可用于电极制备，不过它们也需要特殊控制，车削必须清洗以去除任何切割残物，还需用 X 射线检测，确保其不含切割工具损坏的 WC 或其他高致密停留在铸锭中的杂质。回收物料的使用量有一定限度，在不同应用领域有不同的规范要求。图 3.6 所示为初始熔炼电极的照片，从图 3.6 中可以看出，呈砖形的压实海绵钛和主合金成分以及钛废料被焊接在一起形成第一次真空电弧熔炼的电极，该电极由电极杆送入 VAR 炉中。电极杆的构造见图 3.6 的左侧，当第一次熔炼操作完成后，铸锭从铜模中取出。图 3.7 所示的是 VAR 工艺完成后，生产出的一个很大的合金钛锭，钛锭的右边是 VAR 炉的真空套，其直径大约为 125cm，铸锭取出后，再次熔炼。对转子级的 VAR 材料，需经过三次熔炼，所以铸锭取出后，需倒置再重复一次熔炼工序。

图 3.6 焊接后的单个砖型第一次熔炼 VAR 电极和左侧电极杆
（经 RMI 许可）

采用 VAR 来生产均质、无瑕疵的钛合金锭，需精心操作，具体的熔炼工艺条件取决于实际生产的合金类型。在过去的 30 年中，对该工艺进行了大大小小数十次的改进，所有这些改进，其目的都是为了直接减少铸锭中可能产生的缺陷和保持铸锭的均匀性。图 3.8 所示为二次熔炼过程中的 VAR 炉和铸锭简图，图 3.8 中表示出了 VAR 炉，熔炼用电极和水冷铜坩埚，坩埚上部包括熔体熔池和新铸锭。从图 3.8 中也可看出，新铸锭顶部的熔体熔池位于固相线内部并延伸到新铸锭的顶部。在最后的熔炼操作中，需要监测和控制许多参数，这是获得均质、无瑕疵铸锭的保证。熔炼期间需要重视和经常监测的重要参数包括如下方面：

（1）连续监测炉内真空度，这是为了保证无空气或少量水泄漏，避免

图 3.7　第一次熔炼后的 VAR 铸锭（左边）
（经 J. A. Hall 许可）

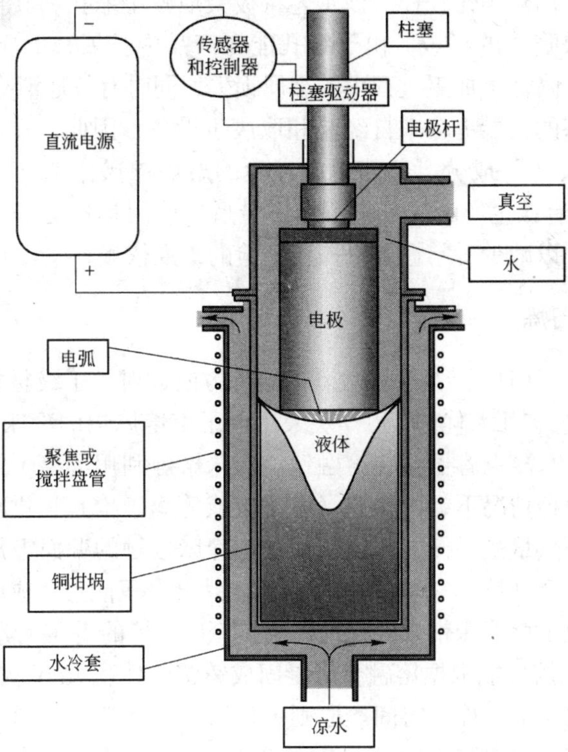

图 3.8　二次熔炼过程中的 VAR 炉和铸锭简图
（电极在顶部重熔，新铸锭在底部形成（经 J. A. Hall 许可））

氮或氧污染熔体（大量水的泄漏会引起严重的爆炸事故）。

（2）连续调整熔化速度，以便控制铸锭顶部熔池的尺寸大小（见图3.8）。凝固偏析的倾向会引起合金类型的改变，因而控制熔化速度和熔池深度，这在很大程度上取决于经验。易于偏析的合金，如Ti-17或Ti-10V-2Fe-3Al，通常将铸锭的直径减小到75cm，并且以较低速度熔化（5～6kg/min和8～10kg/min）。经实践改进的熔炼工艺为：铸锭顶部保持一个更小、更浅的熔池，更低的熔炼速度，相应配置较低的电力（200～275kV·A和400～500kV·A）。

（3）大部分的VAR炉在铸锭模顶部安装了电子线圈，以便产生电磁场来搅拌熔融金属，这对改善铸锭的均质性是有效的。搅拌强度取决于不同的钛生产厂家和生产不同的合金，从经济利益讲，工艺上没有统一的规定，甚至是否必要也没有达成共识。

（4）在接近铸锭的末端部位（25%～35%）时，通过分步降低功率来降低熔化速度，在VAR工艺中，这和常规的Ni基或Fe基合金铸锭，冶金熔炼时的顶部加热操作一样。该工艺将极大地减小缩孔和其他缺陷（如铸锭顶部Ⅱ型缺陷）的形成。由于缩孔能在产品中扩展，形成缺陷，因此，缩孔的减少，降低了加工过程中的金属损失，同时有效地消除了缺陷。

控制熔炼的技能更多来自经验和取决于设备，因此，在熔炼操作中有很明显的“技巧”成分，这使得有经验的熔炼炉操作工（通常称“熔炼工”）成为所有钛生产商的宝贵资源。最后，使用具备更好系统知识的工艺控制系统可以减少对掌握大量操作经验的个人依赖。

3.2.2 冷床熔炼

冷床熔炼（CHM）是一种较新的熔炼方法，对转子级材料而言，它似乎较VAR工艺有几大优势[3.6,3.7]。采用电子束熔炼炉的冷床见图3.9。该法利用了一个水冷铜容器盛装熔融钛。冷床熔炼利用等离子弧或电子束熔炼炉传热。两种情况下，由热源（电子束或等离子枪）提供输入的热量与被冷床吸收的热量是平衡的，这使得在与冷床接触的壁面上形成了一层很薄的固体钛合金（称为“壳”），所以熔融钛合金只能与形成的固体钛合金接触，这避免了由冷床带来的任何污染。冷床熔炼的潜在优势如下：

（1）冷床熔炼能根据熔融金属凝固成铸锭的体积大小，独立地控制钛合金在熔融状态下的停留时间。原则上创造了一个机会，通过精炼消除了合金的富氮和富氧缺陷。而对于VAR工艺而言，要达到此目的，则需形成一个又大、又深的金属熔体熔池，否则易引起溶质的偏析。

（2）冷床熔炼能依据重力作用，将密度大的杂质自动分离，如工具屑

图 3.9　采用电子束熔炼炉的冷床简图
（经 THT-TIMET 许可）

中的 WC 或电极焊接屑中的钨等，它们都是熔炼物料中带入的。这些大密度的杂质进入到炉壁薄壳层区域内，而进入不到铸锭中。这与 VAR 工艺完全相反，在 VAR 工艺中，电极中的所有组分都进入铸锭。

（3）冷床熔炼可直接浇铸非对称轴形状的铸件，如扁坯或棒坯等，它们较大型圆锭更适宜常规的板材轧制加工，如厚板、薄板或板带的加工，并且加工过程中的损失率更低，产品在价格上的竞争力更强。实践证明，用冷床熔炼来生产未经重新加热的合金轧卷有显著的优点。表 2.6 列出了许多不同纯度金属钛的特殊作用。上述能力证明，在实际中，该法在制备冷合金卷板和合金带材时是具有吸引力的方法。其特殊意义体现在表 2.6 中列出的所有不同等级的商业纯钛（CP 钛）。

（4）正如早期所强调的，钛的成本是拓展其应用领域的障碍。冷床熔炼是回收所有钛废料的最有效方法。

（5）与 VAR 炉腔的物理环境相比，冷床熔炼更易实现在线传感器控制，因此，该工艺更容易实现工艺控制，能做到真正意义上的对熔炼过程变化的监测。

目前，冷床熔炼中，使用的有两种技术，一种是等离子熔炼（PAM）技术，另一种是电子束熔炼（EBM）技术。这两种熔炼技术最显著的区别在于使用的热源（等离子枪和电子束枪），此外，电子束熔炼炉在真空下操作，而等离子熔炼炉在一定的氩气压力下操作，除以上差异外，两种熔炼炉在设备布置方面十分相似。生产中使用的冷床熔炼炉是很庞大的，图 3.10 所示的是电子束冷床熔炼炉的尺寸规模，该炉具有年熔炼约 1×10^6kg

图 3.10 电子束冷床炉的尺寸规模
（经 Teledyne Allvac 许可）

金属钛的能力。

冷床熔炼炉通常由几个炉室组成，见图 3.9。从图 3.9 中可看出，入炉物料被加入到第一炉室（熔化床）中，在这里来自于热源的能量将物料熔化。热源在熔池表面连续移动或扫描移动，在等离子熔炼炉中，等离子火焰通过机械手来改变方向，而在电子束熔炼炉中，则是通过电磁感应线圈来间接控制电子束的方向。计算机对热源的扫描进行控制，使熔池表面温度保持一致，例如，它能补偿熔池一隅的水冷铜床失去的热量。电子枪和等离子枪的数量、热量输入及扫描方式取决于合金的种类和炉子的类型。钛合金一经熔化便流过挡墙进入第一精炼床，在精炼床内也有热源使熔体保持熔融状态，之后，熔融合金又流过第二道挡墙进入第二精炼床，在这里仍有另外的热源使熔体保持熔融状态并完成进一步的精炼，最后，熔融合金从第二精炼床的出口端流出，流入铸锭模。图 3.9 所示的是圆模，但如前所述，也可直接浇铸成方形铸坯。图 3.11 所示的是通过电子束冷床熔炼炉浇铸的大型方坯，该方坯重达约 12000kg。与 VAR 工艺相比，冷床熔炼的主要缺点是在熔融合金倒入铸模中时，其过热度相对较小，此处所指的过热度 ΔT 是指熔融合金温度与合金熔点的差值，过热度较小会导致铸锭表面粗糙（也称为表面质量），表面质量差将增加处理工序，从而比 VAR 工艺增加了成本。在浇铸方坯时，由于铸锭表面质量的影响，为保证其几何形状的优势，需对其进行平整处理。

在熔炼过程中，熔融金属经过两次冷床精炼，这为分离熔融钛合金

图3.11　冷床熔炼炉直接浇铸的大型钛方坯
（经 Teledyne Allvac 许可）

（也即合金精炼）的杂质并消除间隙稳定杂质提供了极好的机会。从热力学角度讲，这种分离杂质的驱动力是存在的，但从动力学角度看，反应速度显得相对较慢，因此，想要通过冷床精炼将间隙稳定杂质全部去除并不现实。很清楚，如果要通过合金精炼的方式将这些杂质全部除净，就需要延长熔体在炉内的停留时间，这会使冷床熔炼工艺在成本上不具有吸引力。毫无疑问，冷床熔炼将可完全除去密度大的杂质（HDIs），这也是冷床熔炼转子级材料的主要优势。实际上，在钛供应短缺期间，真实的情况是大量回收使用废钛料作为原料，废钛料使用量的增加，增大了大密度杂质（HDIs）在冷床熔炼中产生的可能性，即便使用转子级废钛料也是如此。经模铸生产后续产品的检测表明，冷床熔炼时，大密度的杂质（HDIs）并没有流过挡墙进入锭坯，这是由于钛和 HDIs 杂质密度的差异使密度大的杂质不断下沉，黏附于凝固壳与熔融合金的炉壁薄壳层区域内。

目前，在用冷床熔炼生产转子级合金时，生产出的铸锭最后还需再经过 VAR 工艺处理[3.8]。这是因为无论采用电子束冷床熔炼或等离子冷床熔炼，所生产的铸锭都会产生与工艺相关的缺陷，在转子级高品质材料中必须消除这些缺陷。采用电子束熔炼工艺，从熔体中挥发的铝会沉积在冷床顶部和真空炉室的四周炉壁上，之后随各阶段熔炼进入熔体，形成富铝区域，在金属液凝固前，它们很难在熔体中均匀分布，最后的 VAR 工艺就是为了使合金再均质化。采用等离子熔炼工艺，氩离子等离子体会在熔体中形成微小的惰性气体气泡残留在铸锭中，由于氩气在钛中并不溶解，导致这些气泡最终成为气孔，通过最后的 VAR 工艺可以清除这些气泡。有两个因素可考虑不采用最后的 VAR 工艺，其一是成本，其二是如果发生真空泄漏或漏水以及其他熔炼炉故障，那么该步骤会增加再次产生间隙稳定杂质物的机会。最有希望消除相关熔炼缺陷的方法是分压等离子熔炼工艺，在该工艺的熔炼条件下，能做到铝的挥发和冷凝量最小，且分压可消除氩气带来的气孔。人们对该工艺的认识已有许多年了，这是建立在“仅通过冷床熔炼”工艺信心基础上的，然而，这需要对生产的材料作统计性的定量检测。转子级材料许可证制度的建立，促使那些非许可熔炼工艺生产的材料必须仅使用于非转子领域。对于一些合金如 Ti-6Al-4V 和非合金类材料如 Ti-17 或 Ti-6246，它们可以用于许多非许可领域，因此，Ti-6Al-4V 的生产许可证是很容易获得的，在许可的非转子领域，该材料能生产和销售，这能降低所有许可生产产品的重复成本，但在许可证制度下，不包括通过冷床熔炼（CHM）回收已制造销售产品增加的费用，这对 Ti-17 或 Ti-6246 而言，新的冷床工艺从经济上讲是不利的，今后需修改和完善许可证制度。

3.2.3 与熔炼相关的缺陷

在钛合金中，经常出现的与熔炼相关的缺陷已列于表 3.1 中。试验证明，这些缺陷一旦形成就很难消除，并且会严重影响材料的性能，因此，有必要专门用一节来讨论与熔炼相关的缺陷。

与熔炼相关的缺陷可分为内部缺陷和外部缺陷两类，这取决于它们的来源。外部缺陷是在电极准备期间或熔炼期间由无意中带入的杂质引起的；内部缺陷是在铸锭凝固过程中不适宜的操作而产生的。采用 VAR 工艺熔炼的材料中，与熔炼相关的缺陷和性质在文献［3.9］中有过讨论。

如前所述，钛锭凝固时必须通过控制以保证其均质性，要达到均匀凝固的难度主要取决于合金成分。这些合金成分含形成 β 共析型的元素，如 Fe、Cr、Mn、Ni 和 Cu，很显然，降低凝固温度，会使凝固点上有一个很大的温度范围，这种状态将导致铸锭凝固期间的溶质偏析。凝固温度降低的最常规反应是相图中的共析反应（液 + 固），如 Ti-Fe、Ti-Mn 和 Ti-Cu 系。以 Ti-Fe 相图作为例子示于图 3.12。共析反应拓展了合金的凝固范围，引起凝固的最终液体富集溶质，使铸锭凝固期间，发生较大范围溶质偏析的可能性增大。如果合金成分中只含有 β 同晶型元素，如 Mo、V 和 Nb，

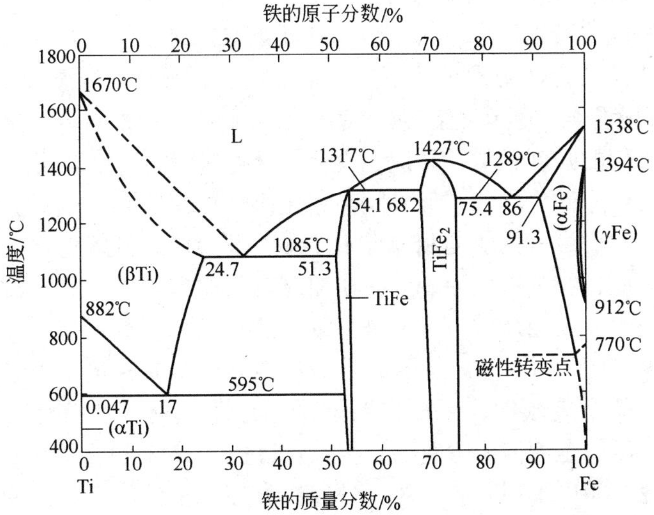

图 3.12　Ti-Fe 二元相图[2.16]

则合金不会发生类似凝固温度降低的情况，在凝固偏析中，合金有较少的孔洞（见第 2 章，图 2.12 的 Ti-Mo 相图）。冷凝时，Fe 或 Cr 的偏析会导致该区域 β 相转变温度的降低，在最终产品中，这些区域显示了有不同的微结构，有时在低于热处理温度，但又接近正常的 β 相转变温度处理后，这些溶质富集区在材料中清晰可见，它们一般被称为 β 斑。在合金 Ti-10V-2Fe-3Al 中 β 斑的例子见图 3.13[3.10]，图 3.13 中，β 斑内，大的 β 晶粒和

图 3.13　Ti-10V-2Fe-3Al 合金中 Fe 的富集区，称为 β 斑（LM）
（经 R. R. Boyer，Boeing 许可）

最小体积分数的 α 沉淀物清晰可见。β 斑是合金中有元素凝固偏析的直接结果，偏析区域通常发生在几百微米到几毫米的范围，这些与凝固相关的缺陷能在任何钛合金中发生，不过，正如前所述，含有共析型元素如 Cr、Fe 或者 Ni 的合金，通常更容易形成 β 斑，图 3.13 中的 β 斑对疲劳强度有害，因为它们的强度较低，易优先变形，导致早期的形核裂纹。

钛的易反应性也增加了形成间隙稳定杂质的可能性，这些杂质被称为 I 型缺陷，它们最常见的是氮富集化合物，即 TiN。氮的稳定型 I 杂质很硬且脆，因此，经常被称为硬 α，在相对较低的应力下，其裂纹将导致材料的早期断裂。I 型杂质也可能是高浓度的富氧和（或）富碳聚集区，但这很不常见。图 3.14（a）所示的是锻造中的一个氮稳定 I 型杂质，由于在低应力下的断裂倾向，I 型夹杂能严重地降低材料的抗疲劳能力，然而，更应关注的是如何减少它的发生。在过去的 25 年里，为了最大限度地减少钛合金产品中 I 型杂质，对入炉原料和熔炼工艺作了许多限制，使这些缺陷出现的概率降低了 10 ~ 100 倍。现在，在转子级钛合金中检测出 I 型缺陷的概率已减少到每年 5×10^5kg 熔炼材料中少于一个缺陷。由于飞机发动机工业使用的钛合金每年超过 1×10^6kg，这意味着熔炼后的缺陷检测和消除仍然是很重要的。最有效的检验方法为超声波检测，这将在后续的 3.8 节中作更详细的介绍。需要重点说明的是，超声波检测 I 型缺陷时，其基体上有孔洞，它们经常与缺陷共存，这从图 3.14（a）中能看出，这些孔洞存在的原因是基体与硬 I 型杂质间的应变不匹配。另外，由于与基体邻近的富氮区域杂质的存在，降低了其延展性也可能是一个因素，这取

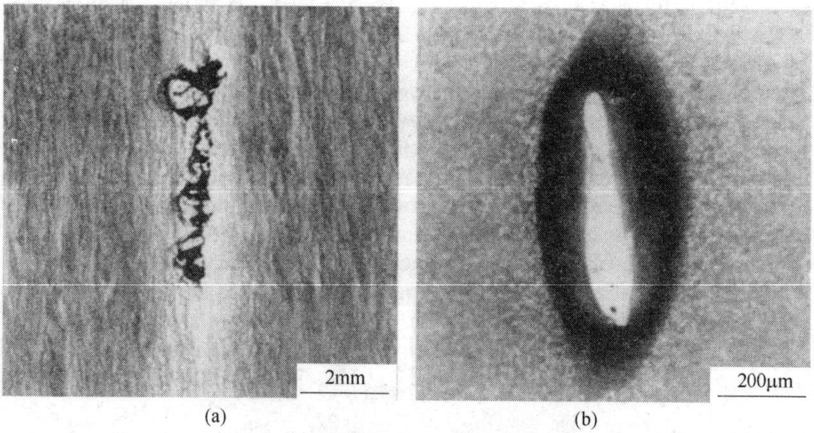

图 3.14 Ti-6Al-4V 锻件中与熔炼相关的缺陷（LM）

（a） I 型氮稳定杂质；（b）大密度的钨富集杂质

（经 C. E. Shamblen 许可，GE 飞机发动机）

决于应变产生时的温度。从理论上讲，TiN 应该是可检测到的，因为它的模量比钛合金基体的平均值高约 30%，但实际上，该模量的差值与 α 钛的弹性各向异性值大约是一致的，因此，任何灵敏到足以检测这些差异的超声波技术也只能检测到其织构区域或起源方向，这导致了在超声波检测时发生许多“误报”，误报的原因将在 3.8.1 节中讨论。处理误报花去的时间和资源是转子级高质量材料生产时成本增加的一个重要因素。

另一种与熔炼相关的缺陷是 Al 富集，它通常是由靠近铸锭顶部缩孔内的 Al 富集区域进入产品后造成的。这些 Al 富集区域常称为Ⅱ型缺陷。Ⅱ型缺陷对性能的影响比Ⅰ型缺陷小，但在高强度合金，如在 Ti-17 中，热处理（时效）时，这些缺陷不像周围基体一样发生变化而依然很软，因此，在疲劳状态下，它们将首先变形，引起早期的裂纹形核。Ⅱ型缺陷可通过适宜的熔炼工艺和截去含缩孔的部分来消除，所以，它并不会出现在产品中。合金偏析（β 斑和Ⅱ型缺陷）也可以通过铸锭的均质化来达到最小化。

前已提及，钛屑的利用，是钛资源循环利用的常用方式，它降低了产品的成本，增加了可用钛资源的数量，尤其是相对于钛的生产能力，在钛需求量很大的时期特别有用。另外一类废料是钛生产中产生的轧制废料，它们也可回收，如钛设备制造过程中产生的薄片和废板，再者，如热交换器也可通过分选后回收。在实际回收过程中，产生的一个问题就是可能导致钨的富集，使大密度的杂质（HDIs）进入产品。这些钨富集杂质有两个主要的来源，即钨惰性气体（TIG）焊接时带入的电极和损坏的工具碎片中带入的 WC。高熔点的钨和 WC 杂质在真空电弧炉熔炼和随后的重熔中相对稳定，因此，它们以细粒状或非凝固态混入铸锭。图 3.14（b）是钛合金锻件中 WC 杂质的分布实例，β 相中，杂质附近的黑色侵蚀基体上有微细的 α 相沉淀颗粒，这是因为扩散造成 β 相的 W 富集。

正如经常提到的，在使用或回收废料时，废料在不同合金、材料等级、不同用户的使用量是广泛变化的。不同的发动机制造商，对用于转子级的材料，对废料的使用量有不同的允许值，其范围从不含到允许含 50% 的废料。其他（非转子级）材料对废料的限制不严，商业纯钛（CP 钛）则没有限制。采用冷床熔炼加入和回收钛屑被认为更容易和更经济，因为它们不需要先固结，可直接加入到冷床熔炼炉中。

对钛合金熔炼工艺的讨论表明，为使其达到高性能，从化学反应制备初始材料到轧制生产出批量商用产品是极其复杂的。在过去的 40 ~ 50 年间，钛合金作为商业产品已经存在，其制备技术已有了很大进步，不过，这些技术仍然可以改进，通过实际熔炼结果，钛合金成分的可靠性得到很大程度的提高，这些改进是有效的，并且这种不断改进的价值应该被用户和制造商所认识。

3.3 主要工艺

一旦铸锭熔炼成形，通常在使用前，需在 β 相区域进行一次均质化退火，然而，并非所有的钛生产厂商皆应用均质化处理工艺，也并非对所有的合金都采用该工艺。当合金采用均质化工艺处理时，时间和温度取决于合金种类，典型的温度是高于 β 相转变温度 200～450℃，时间是 20～30h。需要重点强调的是，均质化并不能除去 HDIs 杂质和 I 型（硬 α）缺陷。

不考虑熔炼过程，在最终熔炼工艺完成后和热处理前，铸锭需平整，平整使铸锭表面光滑，这可消除铸锭在粗轧和变形操作中由于应力集中可能诱导的裂纹。对于圆锭，平整可通过打磨或车床车削完成，而方坯则通过打磨完成。打磨通常由手工完成，打磨过程中，必须注意控制表面温度的升高，如操作不当心，温度可能会升得很高而导致产生稳定的间缝区域，随后进入到最终产品中。

粗加工在锻压机上完成，此时的温度高于 β 相转变温度 150℃，在操作时，最初铸锭转变为方形或者四角为方形的圆形。在第一次再加热前初始应力的大小和合金相关，这取决于铸锭是否已进行过均质化处理，不过通常的变形量为 28%～38%（即从 90cm 的直径减少到 63～68cm 的方形）。在粗加工完成后，加工件采用风扇吹风冷却，然后加工件再次被加热到 β 相转变温度以下 35～50℃，发生约 30%～40% 的再结晶并细化组织，为连续的热加工做准备。对于（α+β）相合金，粗加工完成后，采用空冷，然后，加工件再次被加热到 β 相转变温度以上 50℃，采用快速冷却（Ti-6Al-4V 为水冷，其他合金如 Ti-17 或 Ti-10-2-3 多为风冷），发生约 30%～40% 的再结晶。初始加热、加工、冷却，再加热、加工、冷却的基本意图是使合金成分均匀，从而改善合金组织的均匀性，进而改善后续的机械热处理工艺。随后的热加工处理通常全在（α+β）相区域内完成，一般最小 65% 的额外加工量还可获得均匀的结构，这在锻造和热处理中可反映出来，更能通过超声波检测出来。在（α+β）相区域的加工，对于均化微结构是必要的，它有利于微观组织的控制和检测。在有孔洞偏析的合金中，孔洞在初始铸锭中的尺寸是很小的，可以采用镦锻操作来生产足够大直径的工件，这些工件将用于生产大直径的坯件，而坯件仍可保留较早的轮廓，此时，接下来的加工步骤主要由产品的形状所决定，也即铸锭被指定为生产何种产品（坯，板，片或棒）。在连续加工前，工件也需检验，主要检测表面裂纹或裂缝以及任何在连续加工过程中可能引起的尖角缺陷，如果出现这些情况，它们将返回平整阶段处理。

钛合金的轧制产品基本上可分为四类：坯、可卷板（板和片），棒和铸造电极。坯通常是圆形的，为锻造和辊环的原料；片材为最大厚度约为25mm的可卷板；板材为厚度大于25mm的可卷板；棒材可以是圆形的、方形的，或者在压延中成形以满足特殊需要的；铸造电极要由铸件厂商重熔，所以在形状上更像坯，但它需按所要求的直径和截断长度成形，不能因为它要被重熔而出现实际的其他微结构。图3.15表示出了这些产品中每一种的相对百分比。从图3.15中可以看出，坯材和可卷板材约占市场份额的84%，坯材和大直径的棒材用普通旋锻机（称为GFM）或锻压机生产。由于坯料是用于制造锻造模具的半成品，故制成的坯料表面必须满足高灵敏度的超声波检测，根据合金和坯料的锻造温度，可能需要粗磨或机械打磨。另外，棒材是终成品，同样的，它总是需要打磨或车削来达到可接受的表面质量，在要求的长度和形状上有相同的直径。采用GFM制造棒材，其产品的表面质量和同心度要比用锻压机锻造的好，制造成本也更经济，该设备的另外一个优点是生产的产品均匀，如需再加热，则需要的次数较少。图3.16所示为一种制造圆形产品的旋锻机，钛合金的旋锻较经济，其工艺相对容易控制，生产的产品均匀且适宜热加工，这在以坯料为原料，采用锻造方法开发所希望的微结构材料时具有优势。小直径棒材在棒式轧机上生产，棒式轧机有一系列连续小开口的轧辊［科克斯（Kocks）轧机是此种轧机的一个例子］。上述两种情况下，在（$\alpha+\beta$）相区域，其工作温度一般低于β相转变温度50~70℃。在所有（$\alpha+\beta$）相的工作温度下，钛合金都有相对较低的热传导性和相对较高的应力传导性。在大的变形率下，导热性太低会使工件在工作期间产生的热量不能很好地扩散，因为钛合金在工作过程中是绝热升温的。绝热升温可能导致工作的剪切带局部软化，从而形成局部应力（这在控制论中可以被认为是正反馈），这些强应

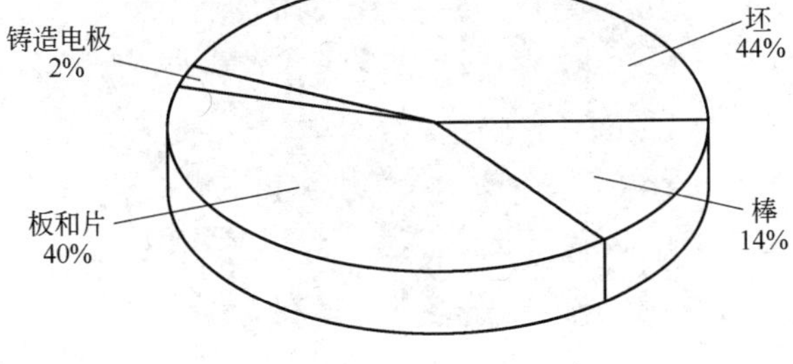

图3.15 钛产品类型分布情况

（经RMI许可）

图 3.16 用于减小圆坯直径的普通旋锻机（GFM）
（由 Teledyne Allvac 提供）

力的剪切带在最终产品中再结晶后引起非均质应力分布和非均匀的微结构，这种影响在低温工作期间更为明显，因为此时在工作剪切带上传导的应力更高，产生的热量更多。类似的，大变形率使热产生率增大，在极端情况下，塑性断裂的临界应力会在局部超过剪切带应力从而形成小孔。这些小孔被称为应力诱导孔洞（SIP）。图 3.17 所示为 Ti-6Al-4V 中应力诱导孔洞的实例，一旦这种孔洞在锻坯中形成，在随后的锻造处理中它们将永远不会消除，因此，它将作为一种缺陷一直保留到最终成品中，成为早期疲劳断裂的裂纹源。实际上，如果工作温度允许降低，应力诱导孔洞也能

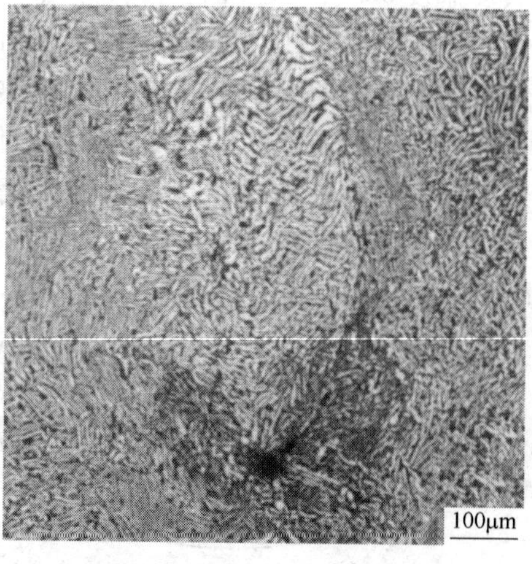

图 3.17 Ti-6Al-4V 锭坯中在 β 晶界处的应力诱导孔洞（LM）
（由 P. Wayte，GE 飞机发动机公司提供）

在板材中产生。此外，如果绝热升温热处理得当，那么，在再加热过程中，能够延长工作时间和变形程度，在这种情况下，绝热升温是有益的。在合金中，如果有形成β斑的倾向，那么绝热升温时应小心控制，以避免工作区间的溶质富集区域温度超过β相转变温度。

见图3.15，板材和片材在钛产品中占40%。板材、片材、小直径棒材（包括杆）都是轧制而成的，轧辊包括平辊和槽辊。图3.18所示为用于热轧钛合金片和板的大型、“四高”轧机（每个工作辊被第二个辊反向，含4个轧辊叠加，因此称作“四高”）。轧制板材和片材的初始材料是铸锭经处理后的中间锻造坯，锻造坯热轧成方坯，然后进行进一步的多次热变形，直到最后形成所希望的厚度产品，板坯在进行表面打磨或酸洗前需退火处理。热轧操作通常也是在（α+β）相区域，在低于β相转变温度50～100℃下进行。轧制生产的板材经常需更多的再加热处理，因为轧制增加了平板边角的裂纹应力，相对于通常的退火而言，最终的退火处理，通常更多的是采用去应力退火，例如，用户对Ti-6Al-4V产品提货时，经常要求在所谓的轧制-退火状态，轧制-退火状态是指板材在大约700℃时，短为1h或长到8h，已经被处理过许多次的状态。在更高的退火温度下，屈服应力可能比初始残余应力更低，这会引起退火处理期间，内部残余应力的释放，使板材产生严重的塑性变形从而失去平整度，由于蠕变平整的作用，较长的保温时间将导致其平整度的恢复。产品的质量对其平整度的改善有影响，当温度足够高时，蠕变平整才会发生，并且需要的时间取决于塑形变形的程度，因此，退火后的产品平整度是退火时间和退火温度的函数，这将在第5章中讨论。由于微结构条件不易控制，故板材的轧制-退火

图3.18 轧制约4m长大型板材的“四高”板材轧机

（由RMI提供）

特性变化很大。图 3.19 所示的是一些已生产好的板材，它们正等待装货，这些板材经常更多的是被用于飞机的机械零件。

图 3.19 热轧、退回和表面处理后的 Ti-6Al-4V 板材
（由 J. A. Hall 提供）

为防止表面氧化，钛合金片材通常采用叠轧。叠轧时，将一组薄板坯密封入钢罐中，作为一组同时轧制。为了防止在轧制过程中片材之间互相黏接，每块薄板之间要使用惰性的“脱模剂”将其隔开。热轧完成后，钢罐被切开，已完成轧制的片材被取出，然后进行酸洗、蠕变平整或整固退火，这取决于所要求的平整度。为了满足特殊的精度或平整度要求，有时还需要进行最终的冷轧。为了加宽片材的宽度，叠轧时经常采用横轧，横轧也能减少最终产品的织构强度（优先的晶体学方向）和组织对称性。织构对片材的成形很重要，特别是在（α + β）合金中，如 Ti-6Al-4V 和 Ti-8Al-1V-1Mo 等。在任何情况下，热加工期间，片材在纵向和横向上产生的应力比都大于轧制板材，此外，在基体/横向织构产生的工作温度区间也扩展了（见 5.1.2 节和图 5.8），因此，这些产品总是具有明晰的织构，这使得材料的一些特性（如屈服应力和弹性模量等）呈各向异性。如果在产品设计时已认识和考虑到这些因素，那就不会有什么问题。

带材是类似片材的产品，但带材通常比片材窄并且非常长。带材基本上是单向轧制并在最后轧制后成卷。主要的带材产品为商业级纯钛（CP 钛）或 Ti-3Al-2.5V 合金。带材在化学工业中用于商业纯钛管（CP 钛管）焊接时是很经济的。带材的前段生产工艺与片材和板材的大体一致，但到了锭坯时，带材的后续生产工艺是热轧、退火、酸洗，表面打磨和热成卷，中间工艺也可能采用冷轧。图3.20所示为最后精整而准备冷轧的退火后的热轧卷，冷轧精整常在多机架轧机，如斯特克尔（Steckel）或森吉米尔（Sendzimir）轧机上完成，这些轧机使用了几组直径不断减小，能往返轧制的轧辊，以确保冷轧薄带产品的平整性。森吉米尔轧机的简图见图3.21。冷轧后，带材被再次退火然后成卷。由于带材的单向轧制，它总是具有非常明显的织构，但由于大部分生产带材的材料为商业纯钛（CP钛），故一般不作为限制条件。

图3.20 准备在斯特克尔（Steckel）或森吉米尔（Sendzimir）轧机上为最后成卷带材冷轧的热轧纯钛（CP钛）卷
（由J. A. Hall提供）

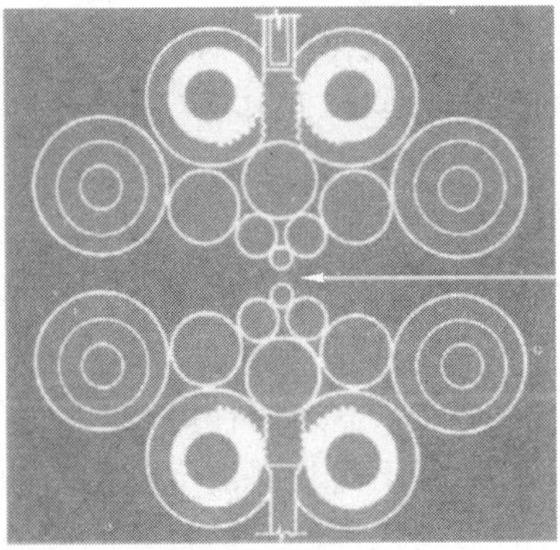

图3.21 用于冷轧高精度带材的森吉米尔（Sendzimir）轧机简图
箭头为小直径工作轧辊
（由J. A. Hall提供）

3.4 部件成形

钛轧制品到实际零部件的成形是通过机械变形来实现的，机械变形的例子如锻造或为了生产出所希望初始形状的环状轧制。成形通过为提高形状精度和减少最终部件质量的机加工中金属的切削（铣削、车削、钻削）来完成。本节将描述这些操作。

3.4.1 锻造

锻造是用于制造钛合金部件的主要成形工艺[3.11,3.12]，这也符合钛合金坯料占每年销售量最大比例的情况（见图 3.15）。在过去的 20 年间，钛锻造技术取得了引人注目的进步，主要表现在两个方面。首先，达到接近所希望部件（近净成形）形状的能力显著提高；第二，操作和控制微结构以满足其特性的能力已成为公认的标准。近净成形的程度影响着锻造部件的成本，而微结构的控制又影响着部件的性能。锻造成本总是限制了它的应用，并变成了锻造件和铸造件竞争的核心问题。钛的铸造将在本章的 3.5 节中介绍。

钛合金利用锻锤锻造，锻锤分为自由落锤或蒸汽动力锤，大的压力是由机械螺杆传动或液压传动装置驱动。对高性能应用领域的材料有采用锻压的趋势，而对合金，需要严格控制锻造参数（应力、应变速率和温度）。在锻造过程中，钛合金比铝合金和合金钢有更大的流变应力，故需要的锻造压力更大。这限制了许多现有设备对大型钛锻件的锻造。目前，美国有两种大型锻压机，欧洲有一种。这些锻压机的最大压力为 50kt。前苏联的上萨达冶金厂［Verkhnyaya Salda Metallurgical Productuon Operation（VSMPO）］还有一个 75kt 的锻压机（世界上最大）。由于这些锻压机形状巨大、成本昂贵，所以数量很少。图 3.22 所示为一种大型锻压机以及正在生产的大型钛锻件。

钛合金的锻造采用开口模具或封闭模具方法。在开口模具锻造中，锻造模中的工件侧面不像封闭模锻造那样承受压力。很明显，两种锻造工艺的模具需要不同的边界条件。封闭模具工艺的成模更困难，但是一旦成模，它就更容易控制。原则上，首选何种锻造方法取决于所需控制微结构的程度，而这又是受所希望应用的临界值支配的，但实际上，锻造方法的选择也受其他经济因素的影响，也许，最重要的是要估算锻造的道次，因为，这决定了采用封闭模锻造时，制造更复杂和昂贵模具所需的每个部件的成本。典型的飞机机身或涡轮发动机的锻造需要几个步骤，这些步骤已在第一次锻造前经用户许可并已在锻造厂家制定出来。第一步是封装或粗

图 3.22 锻压机（50kt）和大型飞机舱壁锻件照片
（由 R. G. Broadwell，Wyman Gordon 提供）

锻处理，将工件制成所希望的形状和满足第一次粗锻的尺寸比，此时的工件经常被称为毛坯。封装是将小直径的锭坯锻粗为较大直径工件的简单操作，出于对材料微结构控制的原因，该过程中，需对小直径的锭坯采取适宜的热加工。在形状非常不规则的情况下，需要采用较大的、能局部形成均匀横截面的毛坯来生产非均匀横截面的产品，如飞机发动机风扇叶片的底部和中部翼罩区域，它是通过许多粗锻步骤和一个终锻步骤才形成最终产品的形状。锻造的次数是由锻件的尺寸、最终产品形状的复杂性、合金锻造的可加工性决定的。所有情况下，在每一个工艺步骤后，工件都需要再加热处理。大部分的（α+β）合金，如 Ti-6Al-4V，是在（α+β）相区域内锻造的，但对 β 合金，所采用的工艺应考虑在一些情况下，对所设计材料特性破坏可忍受的极限，工艺对性能的影响将在第 5 章中详细讨论。

今天，对于要求高性能领域应用的所有锻件，生产厂家都建立了计算机建模辅助设计。这些模型记录了每个锻造步骤的应力、应变速率和工作温度的变化。这样做的目的是保证锻造后的锻件有均匀的微结构，包括所含的残余物能满足最后热处理的需要。模型的使用，增加了较大范围的锻件形状快速、精确成形的能力，并且在锻造和热处理后，锻件有所希望的微结构，当然，相对于反映其内在本质的外部变量（应力、应变速率、温度）和微结构变化而言，这种模型仍然是经验性的，因此，模型的应用在热加工—机械工艺中是先进的，但是如何应用基本原理来建模仍需要进一步的研究。实际上，固体力学的建模是相当复杂的，但已标准化了，用户喜欢用的软件包，如 DEFORM 和 ABAQUS 现在已经广泛应用，这些程序可以在高端台式电脑上运行，因此，从计算的角度讲，这种建模的成本和复杂性是微不足道的了。

热模锻压成形的能力是相当大的，这些复杂的锻件同样需要满足要求的微结构，以确保其达到设计的力学性能和物理性能，如强度、模量和超声波检测的要求等。在过去 30 ~ 35 年内，这些锻件的尺寸也是不断增加的。图 3.23 所示为波音 747 飞机机械加工前的起落架锻件，这种锻件重约 950kg，是目前生产的最大钛合金锻件之一。航空应用的钛锻件被广泛机加工制作成复杂、质轻的零部件，机加工的目的就是去除原锻件多余的部分。在用锻件生产复杂形状的航空零件时，最终机加工后的零部件质量不到初始锻件质量的 10%，这种情况是相当普遍的，以至于实际中，人们普遍将初始锻件质量和机加工后的零部件质量之比称为“买飞”比。需要这种机加工的原因是不具备采用近净成形制备所希望微结构锻件的能力，在一些情况下，为了准确的超声波检测，需要制造一个呈直线形的锻件，这种直线形锻件经常被称为“声波形状”。这种需求极大地增加了从锻件到制作最终零部件的成本。附加的成本来源于两部分；第一是开始要用较重的锻件；第二是采用机加工去除多余的材料，其单位质量的成本要比初始锻件单位质量的成本高。

图 3.23 Ti-6Al-4V 用于波音 747 飞机起落架锻件的照片

（由 R. G. Broadwell，Wyman Gordon 提供）

大量去除多余材料的原因有两点。第一，强调减轻质量，就需要多次的包覆机加工和在锻造中对锻件的多次掏空，而这在锻造工艺中并不能实现；第二，对于关键锻件，如实际上已经被应用于涡轮发动机的锻件，需要进行详细、精确的超声波检测，这种检测，正如上面提到的，最好的方法是在直线形零件上进行，这种要求实际上限制了包括锻造封装复杂形状产品的等级，目前相对于锻造工艺制备固有形状的能力，这种限制经常还需考虑。图 3.24 所示为大型涡轮发动机的机加工风扇叶片，这种已完成的叶片重约 170 kg，它由质量约 1000kg 的初始锻件机加工而成。从锻件机加工成大型飞机零部件的利用率是很低的，从质量讲，通常仅为初始锻件的一小部分（有时小于 5%）。作为一个例子，图 3.25 所示为用于双发动机军用飞机的舱壁锻件，从图 3.25 中可以看出，锻造中机加工了深部凹槽，这就需要切除大量的材料。

图 3.24　锻造后机加工的大型商用飞机发动机风扇叶片
（由 GE 飞机发动机提供）

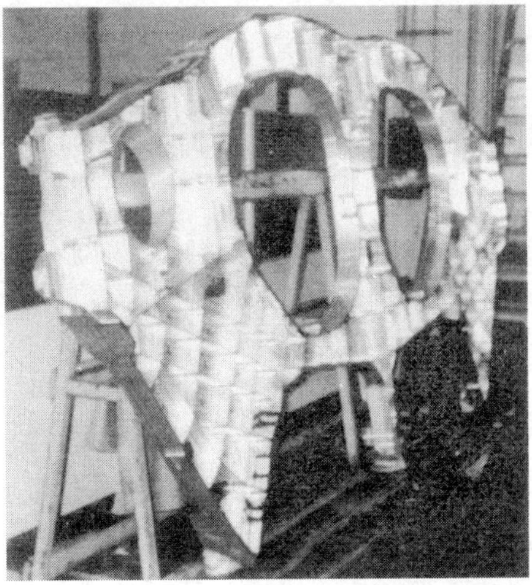

图 3.25　用如图 3.22 的大型锻件机加工的双发动机军用飞机的舱壁
（由 R. G. Broadwell，Wyman Gordon 提供）

尽管制造和机加工锻件的成本很高，但它们是高性能领域应用最广泛的产品形式，这是由于锻件有最好的性能，热加工—机加工工艺是锻造生产中不可分割的部分，它们为满足特殊应用中的关键特性创造了机会。

3.4.2 环形轧制

圆形产品的生产最容易的方法是环形轧制工艺，环形轧制被用于生产圆环和圆筒形产品，两种产品的区别在于其直径和轴向高度的比例，圆环具有更大的比率。轧制圆环时，在锭坯中心穿孔从而形成一个厚壁圆筒，圆筒加热后被置于由两个轧辊组成的环形轧机中，轧辊通过向圆壁施压促使圆筒转动，从而使圆筒直径增加而壁厚减薄。图 3.26 所示为环形轧机制作圆筒产品的照片，环形轧制中，由于利用了轧辊的侧向强制力，故圆筒的轴向尺寸得以改变并可以控制。

图 3.26　用于制造大型无缝圆筒的环形轧机
（由 D. Furrer, Ladish Co. 提供）

轧制圆环要求具有更精确的圆度，并且无缝，同时沿圆周方向应具有良好的性能，它们可以通过熔焊或摩擦（惰性）焊接连接在一起形成圆筒，应用于喷气式发动机和火箭发动机的罩壳或其他领域。图 3.27 所示为无缝轧制圆环，机加工后用于飞机发动机风扇罩。虽然 50～100cm 是最常见的尺寸，但轧制圆环能被制作得更大，其直径甚至超过 300cm。用于压力容器的大型圆筒，通常轴向高度为 150cm，图 3.28 所示的是用商业纯钛（CP 钛）制作的大型环状轧制圆筒。

图 3.27 Ti-6Al-4V 无缝轧制圆环机加工后用于飞机发动机风扇罩的照片
（由 D. Furrer，Ladish Co. 提供）

图 3.28 待装运的用商业纯钛（CP 钛）制作的
大型环状轧制圆筒，右端显著位置处为用于制作圆筒的初始锭坯
（由 D. Furrer，Ladish Co. 提供）

3.4.3 金属切削（机加工）

在所有传统的机加工方法中[3.13,3.14]，与钢或铝合金相比，一般认为钛和钛合金的机加工是困难的。这些机加工方法主要包括铣削、车削、端部铣削、钻削和刀削。钛合金的热传导性低，这使得工具/工件表面产生的热量扩散速率降低，从而极大地降低了工具的寿命，当以较高的速度切削工具/工件表面金属时，这个问题变得更为严重。钛合金机加工时，通常采用慢速和较深的切口。采用较深切口切削，一方面可补偿慢速切削，另外可保证连续切削的切口在工件硬层原切口的基础上更深。另外，钛内在

的反应活性容易引起新的暴露面与工具的反应，从而加速工具损坏的速度。改进切削工具的材料，如使用硬质合金和陶瓷，可以改善工具的损坏程度，但这些工具比较昂贵，因此，当计算成本时，如包括工具成本的话，虽使用新材料延长了工具寿命，但并不能降低切削单位体积材料的成本。在机加工零件中，其表面受限于大量的疲劳应力，这种由机加工诱导的残余应力状态是很重要的，此时，不允许经常将工具起吊、拆开或者改变，因而，使用长寿命的工具更经济和受欢迎。在铣削和车削等机加工过程中，采用改性的润滑剂和使用大量的润滑剂对散热很有帮助。钻削时，很难将大量的润滑剂加入到钻头深孔的底部，特殊的钻头，称为带润滑剂钻头，沿轴上有润滑剂加入通道，能供给一些改性的润滑剂，但与铣削或车削相比，供给润滑剂的数量和循环速度仍然是很低的。在疲劳应力限制面上，通常采用3个步骤钻孔：首先是钻削，然后是刀削绞边，最后是磨孔，这些过程花费都很高，但它是获得高比率深孔（深度超过孔径5倍）的可靠方法，这些深孔不易损坏，因而可能有最好的疲劳特性。允许采用的进料速度取决于特殊的机加工工艺和机加工的钛合金。商业纯钛（CP钛）大约可以比较高强度合金，如Ti-6Al-4V高两倍的机加工速度，与Ni基合金或钢铁相比，钛合金的硬度更低（低于50%的弹性模量），所以加工时如果没有适宜的工具支撑，可能引起工件的偏移。在最后的机加工工艺中，特别是当公差要求很严格时，认识和强调这个问题非常重要。对于大件的反复加工，工件增加的成本可能并不重要，但对小尺寸零件的加工，工件的成本则是很大的成本增加项了。

除了工具固有的成本外，也许，对工具寿命最严重的问题是，如果机加工时使用的是钝的或者是已损坏的工具，那么将会对材料表面造成潜在的损坏。众所周知，对碳钢和低合金钢的不适宜打磨，会引起未回火马氏体的形成，这些未回火马氏体很脆，从而大大缩短钢材的疲劳寿命。钛合金的表面损坏即便不明显，也仍会产生诸如疲劳等严重后果。钛表面损伤的检测更困难，因此，消除关键零部件关键断裂点可能的损伤是通过工艺过程控制来完成的。这些控制方法包括在钻削或铣削时监测机床摆锤的扭矩，一旦扭矩升高到一定水平，被认为将产生危险或损坏工具时，将会报警。另外一种控制方法是严格限制工具的使用，如每个工具最多的钻孔数。采用限制扭矩和工具的使用次数等来保证安全很大程度上是建立在经验基础上的，机加工工艺参数的优化控制势在必行。金属切削过程中，对采用详细工艺的基本掌握将更大地增加信心，更快地建立起所需的限制条件。

由于机加工损坏对零部件的性能带来一系列的后果，因此开发了确保无损坏的一些检测方法。这些检测方法将在稍后的3.8节中详细讨论，但值得一提的是，蓝光刻蚀阳极电镀（BEA）检测是目前被认为检测表面损伤最可靠的方法。采用涡流损耗检测，也正越来越引起人们的兴趣，但目前该法仍不成熟。

3.5 近净成形工艺

钛合金的成本是决定是否应用此种材料的重要因素，由于钛合金很昂贵，所以怎样最有效地使用钛合金极为重要。一种已开发出的能实现材料高效利用的方法为近净成形工艺，该工艺在生产钛合金零部件过程中，每一步都实现了最少材料的浪费。接下来的各节描述了4种工艺，这些工艺已被验证，可生产近净成形零部件。

3.5.1 铸造

用铸造制备的钛零配件的使用量，在过去10~15年间是不断增加的，这种增加是基于铸造成本的降低和钛合金铸造质量和产能的提高[3.15,3.16]，这使得铸件可用于更广的零部件范围，做到依据设计意图，用于更多的领域。铸件使用的增长导致了装配件的减少，装配就是将许多小零件装配成零部件，即装配零部件。在一些情况下，铸件可替代由原锻造机加工或由厚板或锭坯机加工的零件。铸件能替代由其他方法制作的零配件使得下面三种情况成为可能。第一，改进了净成形铸造技术；第二，由于使用热等静压（HIP），消除了可能引起初始态断裂的内部孔隙率，使铸件的疲劳特性得到改善；第三，减少了金属—铸模的反应。图3.29所示为飞机发动机

图3.29 飞机发动机的熔模铸造机架
（由GE飞机发动机公司提供）

熔模铸造的两个机架实例。其中一个铸件替代了需焊接的装配架和机械紧固件。每一个这种机架，当采用装配件时，要使用含紧固件在内的100多个零件。

钛合金的铸造有两种方法，实际生产时采用其中的一种。第一种是传统的铸造法，它使用捣固石墨作为铸模材料（相反的是采用砂—铁模和砂—青铜模铸造）。捣固石墨与熔融钛反应的可能性很小，这使得铸件有很好的表面质量。用捣固石墨制作的钛铸件可以有很复杂的形状，在常规的加工条件，如翻砂清洗和化学磨光后，它们有很好的表面质量。图3.30所示为一对用捣固石墨作为铸模铸造的物件。第二种是熔模铸造法，它是制造钛合金铸件使用更广泛的方法，采用该法成本较高，但它制作各种产品形状的能力使得铸件经济而具有吸引力，因为这些铸件能替代非常昂贵的锻件和机加工件或装配零件。熔模铸造法具有生产很复杂但又可净成形产品的能力，此种铸件的例子见图3.29。该法中，首先制作零件图形，然后用蜡做成模型。这些模型是用标准的喷射模塑机通过喷射蜡到模板中形成的。蜡模型从模板中取出后，用表面不发生反应的涂层包裹，铸造时，要求涂层在陶瓷壳和熔融金属间发生反应的趋势最小。在使用表面涂层后，蜡模型反复地滴入到陶瓷容器中，液滴滴尽后，形成了一个外壳，它成为熔融钛合金注入铸造时的容器。与图3.29类似的图3.31，为铸造框架壳的例子。保持壳的均匀壁厚十分重要，它有利于保证在凝固过程中的机械强度和热传输。采用自控仪控制形壳，有利于均匀壳的形成。一旦壳达到一定厚度满足所需的机械强度，则将其放入一个低温炉中通过熔化去除蜡，然后，壳在较高的温度下烧制以改善其强度。所有未干的（未烧制

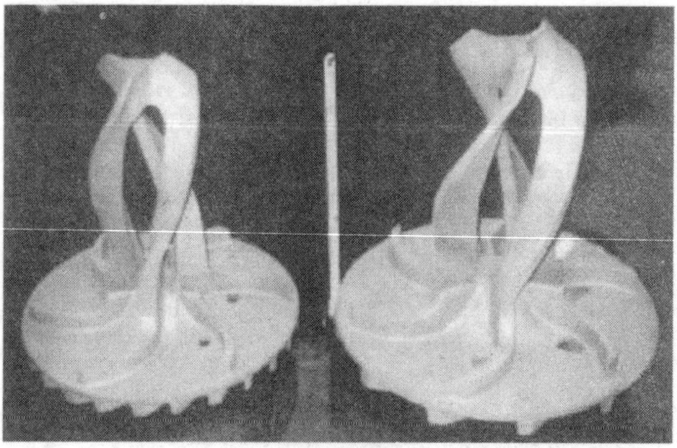

图3.30 商业二级纯钛（CP钛）捣固石墨铸件

（由J. A. Hall提供）

图 3.31 正准备置于铸造炉的大型结构熔模铸件壳
（由 N. E. Paton，Howmet 提供）

的）和已烧制的壳都相当脆，自控仪的使用改善了壳的坚固性，减少了在铸造过程中由于人工操作带来的壳损失。熔模铸件需有一些内部通道，它们可以在壳中插入“型心”来实现，以便在铸造时，使其得到支撑而避免任何的移动。这些“型心”在铸造后通过化学溶解或者浸出除去，因此，从铸件表面到芯部，需要有通道，以便于化学品的加入和反应溶液的流出。熔融钛合金在真空下注入壳中，壳以可控的方式冷却，最大限度地避免缩孔的形成。钛合金的真空铸造炉简图见图 3.32。钛的反应活性要求其使用非反应熔炼技术，这些技术可能包括非自耗电极、自耗电极 VAR 和冷床以及分离式坩埚感应熔炼技术。与前述的冷床熔炼相比，这些方法仅具有达到熔融钛有限过热度的能力，例如对超级合金的真空感应熔炼。铸造中，有限过热度的转变限制了填满狭窄通道的能力。

对于如何设计熔融金属进入壳的注入口，有许多来自于实践经验的技术诀窍。注入口的位置必须确保在快速凝固前，壳的空腔被填满，上升管的使用为熔融金属的充填起到了辅助作用，实际上，由于熔融金属的较低过热度，这对钛的铸造是很重要的。这些注入口和上升管被撤出和循环使

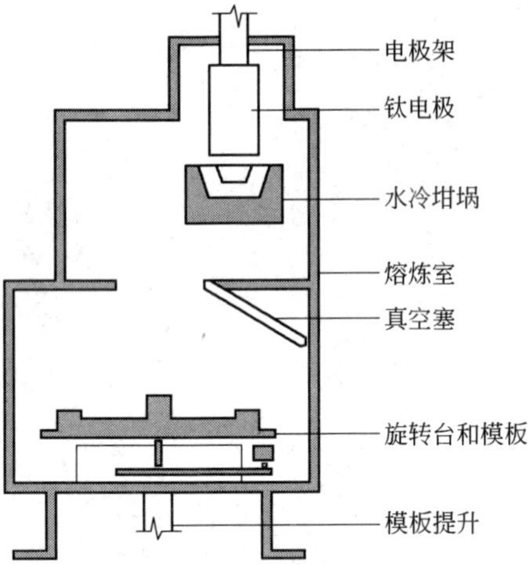

图 3.32 用于制造钛铸件的真空铸造炉简图
（由 N. E. Paton，Howmet 提供）

用，极大地节约了成本，使得冷床和分离式坩埚感应炉在熔炼钛方面的使用增加。正如名字所暗指的，这种炉子在坩埚中并不能连续地产生感应电流，它只是在加热和熔炼过程中产生，在其他应用中，它对返回钛料的重熔和直接回收十分有效。传热和流体流动模型被用于辅助确定注入口和上升管的位置，但目前，直觉经验仍不可替代，铸件与铸件之间空腔填充状况的重现性仍是个难题。幸运的是，空腔填充不完全的区域，通常可以通过熔断焊接补充材料来修复。由于焊接修复必须手工完成，并且为了焊接需清整铸件表面，所以它是一种劳动密集型的手段，事实上，在复杂结构铸件产品的成本中，焊接修复的成本是很大的成本支出项。

熔模铸造钛零部件对实质性的净成形具有很大的优势，铸件在热等静压、化学抛光、焊接修复后，如果需要，再进行热处理以消除应力，此时，对终产品进行简单的化学抛光处理后，就可以准备投入使用。热等静压后的化学抛光是为了消除铸模和熔融钛合金之间存在的区域可能发生的任何反应，而热等静压处理是为了阻止内部收缩。钛铸造时热等静压（HIP）工艺的采用，使其疲劳特性得到双重改善，这也是对疲劳有要求的领域，铸件使用量不断增加的主要原因之一。更多复杂的如图 3.29 所示的铸件，经常包括了由于缩孔而产生的相关表面缺陷、热裂缝或者并不能通过热等静压消除的不完全充填缺陷，在这些情况下，通常在热等静压（HIP）工序后，采用焊接修复来消除这些粗糙面。尽管高价值铸件的焊接零部件修复，允许使用碎屑替代，但焊接修复的成本仍然是很高的。焊接修复通常采用钨惰性气体（TIG）焊接工艺，根据铸件缺陷的尺寸，采用不同的焊接金属填充线来修复缺陷。从所有高性能的合金，包括 Ti-6Al-4V 来生产焊接线是很昂贵的。一些合金，如片材，窄带可以被切割后用作填充物。正如上面所提到的，焊接修复也是劳动密集型工艺。两个因素极大地增加了结构铸件的成本，因此，改进铸件工艺将会减少钛铸件的成本，并且增加市场份额。

目前，正在积极发展和改进的铸造方法是钛的永久模铸造。永久模铸造现已被用于铸造低熔点材料，如 Al 和 Mg 以及较低活性的高熔点材料——钢。使用钛铸造永久铸模的挑战性在于当获得适宜的过热度来满足很好的充填性时，要使熔融金属与铸模间的相互作用最小。目前，采用钛铸造永久铸模能生产铸件的最大极限尺寸约为 200mm。

3.5.2 粉末冶金

粉末冶金（PM）法已用于制造许多金属和合金的净成形零部件。传统的低成本、净成形粉末冶金法用于制造零部件时需压制和烧结，该法用于生产钢和铜基合金零部件时，其产品范围较广，相反，对于钛的粉末冶金零部件（PM 零部件），由于粉末的成本，限制了其潜在的应用范围，这是因为钛的内在活性，如果不采用昂贵的设备来防止雾化污染的话，就不可能生产出气体雾化粉和进行烧结。目前，类似于 Fe，Ni 和 Cu 基合金的雾化工艺还不能大规模地直接用于熔融钛的气体雾化。几家机构已开发出小型的、试验室规模的雾化装置，并已成功地应用于钛合金的雾化。这些装置单条生产线生产粉末数量的能力一般小于 100kg，这些气体雾化粉看起来像用气体雾化工艺生产出的 Ni 和 Fe 合金粉，即粉末颗粒相对较小，通常为球形，同时存在较小的球形第二相，称为伴生相，这些伴生相在雾化过程中依附在较大的粉末粒子上，气体雾化 Ti-6Al-4V 粉末的例子见图 3.33（a）。

制备预合金钛粉最普遍和唯一可行的工艺称为所谓的旋转电极工艺（REP），该工序中，钛棒在惰性气体保护腔内以 18000r/min 的速度旋转，相似的简图见图 3.34。热源（可由电弧或者等离子枪提供）熔化了旋转钛棒的顶部表面。当热源为电弧时，制得的粉末称为 REP 粉；当热源为等离子枪时，制得的粉末称为 PREP 粉。钛棒顶部表面熔化的钛合金，由于离心力的作用，与旋转电极分离并向外飞溅，在表面张力的作用下，形成球形液滴并在飞溅中凝固，以该方式形成的凝固球状预合金粉，其颗粒尺寸的大小取决于电极的旋转速度，一般在 18000r/min 转速下，粉末颗粒的平均直径在 300 ~ 500μm 之间，图 3.33（b）表示的正是这些球形粉末颗粒，

(a)　　　　　(b)

图 3.33　不同工艺制备的球状预合金钛粉

（a）通过气体雾化工艺制备；（b）通过旋转电极工艺制备（SEM）

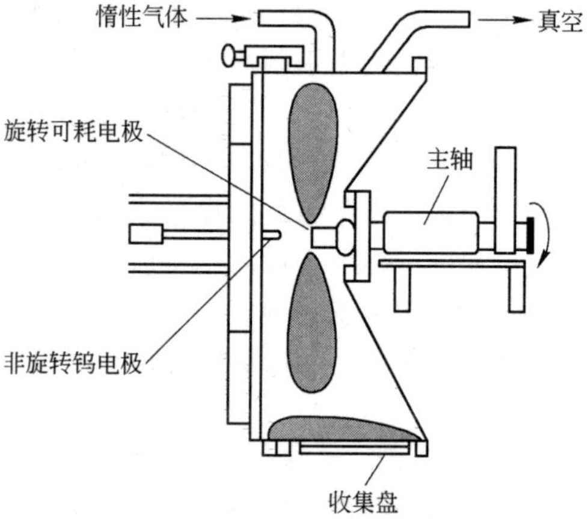

图 3.34　用于制造离心雾化钛粉的 REP 设备简图

（由 F. H. Froes 提供）

与图 3.33（a）气体雾化工艺生产的粉末相比，相对而言，这些球状粉末中没有通常在气态雾化球形粉中常见的伴生相，REP 粉末也比气体雾化粉末具有更大的平均尺寸。

对于 REP 粉末，在雾化过程中，一些钨电极可能会被侵蚀，作为反应活性杂质混入粉末中；PREP 粉末消除了钨杂质的来源，但等离子枪会产生许多非常细小的颗粒（几乎像烟雾一样），在粉末凝固前，它们必须被过滤掉，这增加了一些成本。在筛分获得颗粒均匀尺寸分布前，此类 REP 粉末易于处理，获得较高的压实密度（大约 70%），但是，所有的粉末处理需在真空或者惰性气体保护下完成，以保证粉末的洁净，这也增加了成本。用包套和热等静压（HIP）手段使粉末固结，以保证形成高密度的块体。采用热等静压（HIP）工艺时，要达到合金理论密度的99.99%相对来说是容易的，因为，与 Ni 和 Fe 气体雾化粉末不同，这些粉末粒子几乎没有空洞并充满惰性气体，这是旋转电极雾化工艺的一大优势。

在粉末冶金（PM）钛合金零部件在更多领域被广泛接受以前，需要解决的问题包括粉末的成本和采用热等静压（HIP）在材料中可能存在的缺陷。在高性能应用领域，近净成形工艺具有最大的吸引力，但存在的反应活性杂质，大部分为钨杂质，会限制其疲劳特性。PREP 粉末的出现，减少了杂质的产生，但仍不能最终消除这些缺陷。对于静载荷零件，如果其售价更具有吸引力的话，那么粉末冶金（PM）钛合金是适宜的，对于一些相当复杂的几何尺寸，粉末冶金（PM）法也具有吸引力。对于粉末的成本问题并没有明显的解决方法，因此，未来用预合金粉末生产粉末冶金（PM）钛部件似乎仍不能确定。

用元素混合粉末法来制备钛合金零部件也是可能的，而且该法在经济上更具吸引力。元素混合粉末冶金零部件的制备工艺见图 3.35。从图 3.35 中可以看出，单一的细粒未合金化的钛粉与相应比例的合金化元素混合（一般单一细粒钛粉量控制合金元素数量），混合在双锥鼓式搅拌机中完

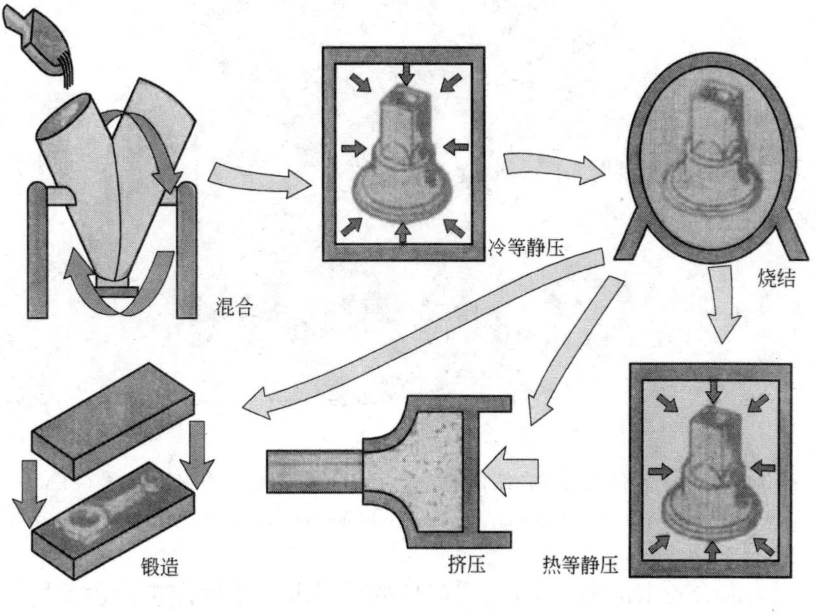

图 3.35　用混合元素粉末法制备钛粉末冶金（PM）零部件的流程

（由 S. Abkowitz，Dynamet Technologies，Inc. 提供）

成，混合物在一定的弹性模中进行冷等静压（CIP）处理，生成固体形状物，其致密度大于80%，然后真空烧结，进行近净成形处理，此时致密度大于94%，但仍含有一些非表面连接空隙。这些烧结产品可以进行热等静压（HIP）处理，热等静压中如果不需真空罐的话，将会使该工序的成本更低，这是因为真空罐本身很贵，并且在热等静压工艺处理后还需将它移除，这也增加了很大的成本。另外，烧结品也可以在封闭模具中挤压或锻造来生产其他形状的产品，见图3.35。

未合金化的细粒钛颗粒要么直接来源于还原反应的最小颗粒（称为海绵钛微粒）或为海绵钛破碎后的细微颗粒。在后者情况下，氢化/脱氢（HDH）工艺被用来使海绵钛脆化而使之更有效地破碎。另一种情况就是使用的这些原材料与预合金化的REP或PREP粉末相比相对较便宜。一般而言，基本的钛颗粒有更高的氧含量，这限制了此种材料在允许较高氧含量领域的应用。图3.36表示的是细粒海绵钛形态的实例。相对于克劳尔（Kroll）工艺，在亨特（Hunter）工艺中，海绵钛的细粒是钠在较低温度还原反应和钛饼在较低温度烧结下产生的。早在1990年，当还在用钠还原法生产海绵钛时，海绵钛细粒即便作为低成本的副产品已出现并已很充裕了。

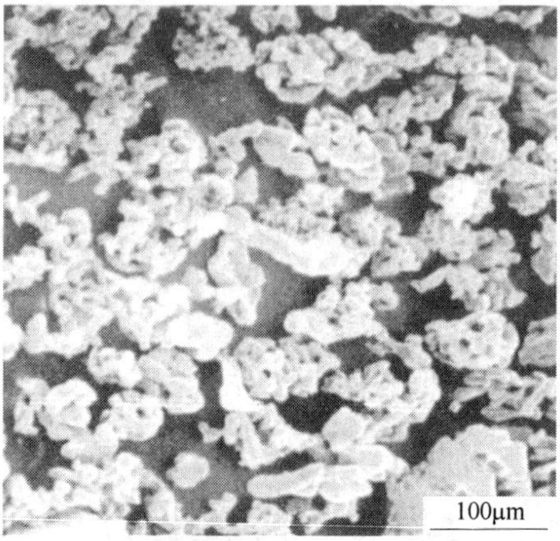

图3.36 用于制备元素混合钛粉末冶金（PM）零部件的海绵钛微粒（SEM）
（由S. Abkowitz, Dynamet Technologies, Inc. 提供）

元素混合粉末冶金（PM）零部件的质量取决于固态扩散达到均匀组分和微结构的状态。这表明使用原材料的尺寸取决定作用，但这并没有很大局限性。该工艺被用于制造静载荷下有限尺寸的零部件或有限寿命的航空零件和用于运动器件，实验性的汽车也可用该法生产和检测。在后者情况下，零件中包含了一个陶瓷第二相，改相的存在，有利于增加硬度和保持适宜的断裂抗力，此时，增加的陶瓷相一般为 TiC 或 TiB_2。在元素混合工艺中，由于颗粒在工艺步骤中已与粉末充分混合，故该工艺非常适宜采用颗粒增强。图 3.37 的相片表示的是自动连接杆颗粒增强的实例。该零件先经冷等静压处理，然后烧结，再经锻造形成高致密的产品。

图 3.37 由粉末冶金（PM）方法制造的颗粒增强钛连接杆
（由 S. Abkowitz，Dynamet Technologies，Inc. 提供）

上述的简单讨论基本上涵盖了钛粉末生产和固结成形的主要方面。钛粉末冶金最有希望获得应用的领域是市场的稀缺领域。还有许多制造钛粉末和固结成形的方法，它们在一些参考文献中大量地被介绍，详见文献[3.17，3.18]。

3.5.3 激光成形

激光成形（也称为激光沉积）是一种制造钛部件相对较新的近净成形技术，该法利用聚焦的激光束在希望的位置熔化（沉积）钛粉末。通过放置由许多控制面制作的部件来控制沉积点，不断操作激光聚焦点在 X、Y、Z 坐标轴中的位置，使之与希望的钛粉熔化点相一致，这样就能形成一个三维形状。该工艺允许使用几何描述，包括使用目前在机械零部件设计中常规应用的数字化文件来直接形成近净成形钛零部件，图 3.38 所示为其简图。与锻造相比，通常，激光沉积在制作复杂形状产品时有优势，它能更接近最终产品的尺寸，图 3.39 给出了这种零部件的一个例子。实际的比较表明，机加工因锻件质量多出的成本可用前面讨论过的（见 3.5.2 节）钛粉的成本补偿，更具体地讲，由于钛粉在沉积过程中被熔化，所谓的沉积材料有一个完全的叠层微结构，而由于更高的冷却速率，一般比在铸件中可看到更细粒的结构。在预测所缺的市场产品中，至少有限度地需要一些激光沉积零部件，几种大型机械已经被建成，图 3.40 所示即为其中的一个例子。

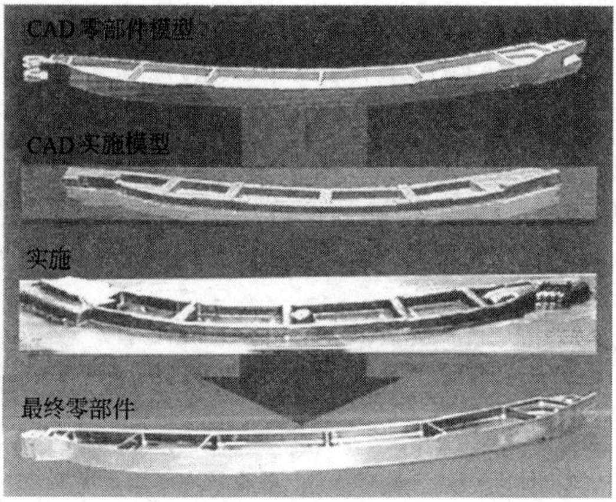

图 3.38 用于生产近净成形钛部件的顺序

图 3.39 沉积的 Ti-6Al-4V 部件
（由 F. Arcella，Aeromet Corp. 提供）

图 3.40 大型激光沉积设备照片
（由 F. Arcella，Aeromet Corp. 提供）

尽管这些部件复杂和昂贵，但它们的成本相对于锻压或熔模翻砂而言还是很低的，因此，在没有铸造或锻造能力的地区，制作新部件可以通过采用激光沉积设备来实现，当然，前提是要能提供可靠的、高质量纯净的钛粉或者预合金钛粉。目前，也有用含有合金元素的粉末（细粒海绵钛和主合金元素颗粒）进行试验的例子，但毕竟时间太短，仍无法判断该法的效果。

从长远的观点看，未来钛激光沉积的前景还不太明朗，但现实是，至少在一些特定的市场，该技术还是被肯定的，这些市场需要生产周期短而生产的数量少，此时，直接按 CAD 文件，而不用铸模、锻压机或铸造件来生产零部件就具有竞争优势。

3.5.4 传统片材的成形

广义上讲，钛合金的成形被认为是困难的，部分原因是因为它们的高屈服应力和相对较低的弹性模量。将这些特性结合起来，就导致其在成形中，载荷消除后，大量的弹性应力被恢复，这种弹性应力被称为“弹回”。“弹回”会在成形工艺后对达到所希望的最终外形或形状产生困难，这通常可通过一个二次热成形工艺来克服，该工艺中，已形成的片材被加入到一个成形的铸模中，在适宜的温度和允许的“回复”条件下，通过一定时间的变形（蠕变成形）来达到所希望的形状。这必然要花费时间，因此，也必然增加最终零部件的成本，另外，如果所需零部件的体积很大，那么所需热成形铸模的次数增加，这也增加了成本。已有一个有效的标准公式，即利用无量纲的参数来反映钛片材的特点，该参数称为最小弯曲半径 T_R，其定义如下：

$$T_R = R/H$$

式中 H——片材的厚度；

R——铸模的半径。

T_R 值越小，相应的可成形性越好。该参数的数值在合金之间是变化的，其范围可从商业纯钛（CP 钛）的 1.5～2 到 Ti-6Al-4V 的 4.5。片成形的 β 合金，如 Ti-15-3，其 T_R 值比 Ti-6Al-4V 更接近于商业纯钛（CP 钛），一般在 2 左右。升高温度能改善 Ti-6Al-4V 的成形，见图 3.41。此处虽然明显地表示出了热成形的好处，但该工艺也增加了成本。增加的成本主要包括需要耐热铸模或器械和为加热这些铸模需要的热源及成形的时间。此外，在成形后，如果表面存在任何的 α 态或富氧态，需要对零件进行酸洗（化学清洗表面）。从经验来看，上述考虑会与钛片材的成形应用产生矛盾，如选择改变片材结构方式，但这也是很昂贵的，并且这种方式还需要增加一些连接件，在任何系统中都增加了零件的数量，从而导致成本的增加。目前，出现的第三种选择是钛片材的超塑成形，该法已被发明出来，其工艺将在下节中讨论。

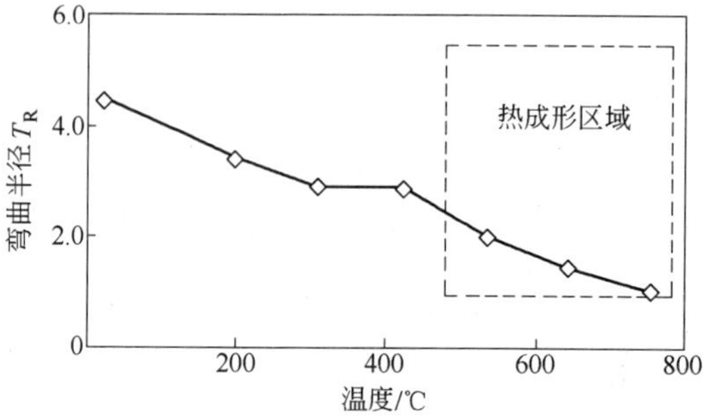

图 3.41 Ti-6Al-4V 片材成形指标与温度的关系
（由 RMI 提供）

3.5.5 超塑成形和扩散黏接

钛具有超塑成形和扩散黏接的能力，这两种特性已被单独使用或结合起来使用用于制造钛元件。在会议论文集[3.19]中，能够找到论述超塑成形（SPF）和扩散黏接（DB）在不同领域应用的论文，两工艺更多的最新概括也可在文献［3.20］中找到。

钛合金（特别是 Ti-6Al-4V）传统片材成形的困难，使超塑成形在商业应用中获得了发展[3.21]。在相当长的时间内[3.22]，钛合金，如 Ti-6Al-4V，表现出的超塑行为是众所周知的。根据下面流变应力与应变速率灵敏度的关系式，超塑行为在运算上定义为应变速率灵敏度指数 m 为 0.5 或更高的数值：

$$\sigma = \sigma_0(\mathrm{d}\varepsilon/\mathrm{d}t)^m$$

式中 σ_0——极低应力速率时的临界流变应力。

由于流变应力的应力速率灵敏度增加，材料成形的断面收缩或其他局部收缩的抵抗力就会增大。流变应力和应变速率灵敏度指数 m 的数值取决于材料的微结构、应力速率和温度。图 3.42 表示的是在超塑成形的温度范围内[3.23]，流变应力与温度的关系。对于如 Ti-6Al-4V 的合金，m 的最大值约为 0.7，一般发生在温度大约为 875℃，应变速率为 $10^{-4}\mathrm{s}^{-1}$或更小时。超塑成形后，对材料的微结构进行详细观察，没有位移密度增加的证据，这可能对这些合金在相应的温度和应力速率范围内，产生新的塑性流动机

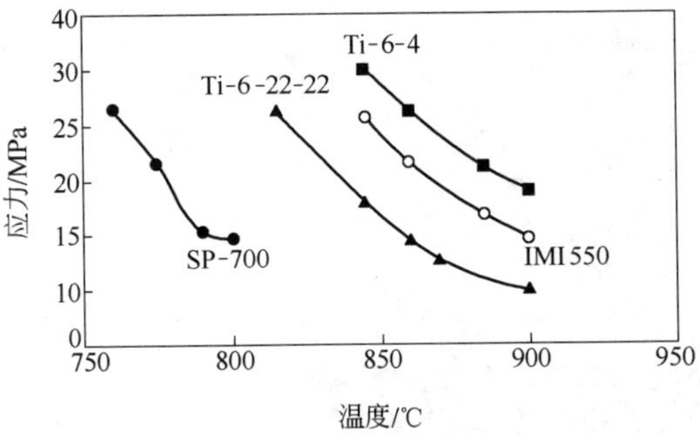

图 3.42 四种钛合金在应变速率为 $5\times10^{-4}s^{-1}$ 时应力与温度的变化关系[3.23]

理的假设。阿希拜（Ashby）和魏勒尔（Verrall）假设了一种机理，他们将超塑流动机理描述为“晶粒转换”扩散，因此，微结构的长度规格必须满足扩散经过这些距离所需的时间。在温度大约为875℃，应变速率为 $10^{-4}s^{-1}$ 时，其长度大约为20μm，这是在常规处理工艺（叠层轧制）后，合金片材产品的正常微结构尺寸规格，该温度和应变速率下应力是很低的，因此，超塑成形（SPF）可以在0.2MPa的气体压力下，使片材形成单个的模槽，工艺过程中通常采用氩气保护，以避免钛片材表面的氧化，这可用图3.43简单概述。由于流变应力很低，故在超塑成形工艺完成后，不会产生反弹，即便应变速率很低和成形时间很长，超塑成形工艺（SPF）步骤也是很简单和成本低廉的，因此，很多机构能在管理成本范围内进行开发。图3.44（a）表示的是采用超塑成形工艺（SPF）来制造有较深容积面的常规模具；图3.44（b）表示的是使用该模具制作的

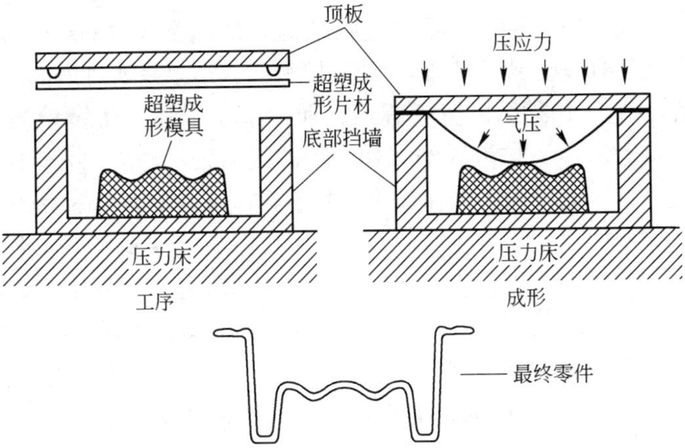

图 3.43 钛片材超塑成形简图（由 RMI 提供）

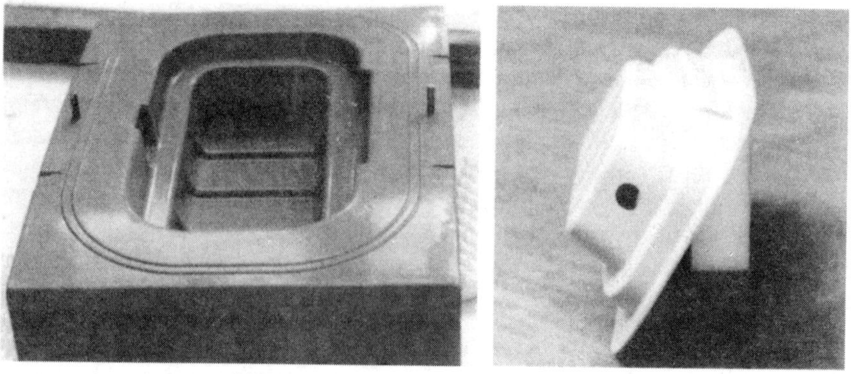

(a) (b)

图 3.44 超塑成形的钛片材零件
(a) 单片模具；(b) 成形的金属片材零件
(由 W. Beck 提供，来源于成形技术)

实际部件。初期，超塑成形工艺（SPF）制作的部件成本被认为是很高的，但随着经验的增多，其成本已经降低了。现在，最初生产超塑成形工艺（SPF）零部件的设备商（OEMs），如波音（Boeing）和空中客车(Airbus)，能像他们购买锻件、铸件和其他零部件一样地采购超塑成形工艺生产的零部件了。

钛具有扩散黏结的能力是它的另一个内在特性，利用此特性可开发新的生产工艺。在真空或高纯惰性气体保护（即无氧化气氛）下，当加热到550℃及以上温度时，钛具有熔解其自身表面氧化层的倾向。考虑到当把两钛合金片材无间隙地完全接触放置在一起时，施加适度压力后，它们能更高程度地接触。假如将这种“三明治层状结构”加热到大约600℃或更高，那么片材表面的 TiO_2 就会熔解，露出纯钛接触面，结果是通过内部扩散，两个片材黏结在一起，其黏结的紧密程度，即便采用金相显微镜检测也不易察觉，这种连接方法称为扩散黏结（DB）。扩散黏结一般在（$\alpha+\beta$）相区域的温度下完成，因此，该工艺在连接中并不会破坏片状的等轴微结构，这与熔焊或摩擦焊不同，它们将在本章稍后介绍。图 3.45（a）表示的是 Ti-6Al-4V 扩散黏结连接的宏观结构图，从照片中可以看出，两个片材间没有黏结连接的痕迹。图 3.45（b）显示出了该区域的微结构，从图 3.45 中也可看出没有黏结线的痕迹。这张显微图清晰地表明，在黏结区域仍保持了等轴($\alpha+\beta$)微结构，这对零件的性能很重要，其原因是 β 工艺的材料和（$\alpha+\beta$）工艺的材料，其性能不同，详情将在 5.2 节中讨论。

理论上，扩散黏结（DB）工艺可用于大型截面片材之间的连接，例

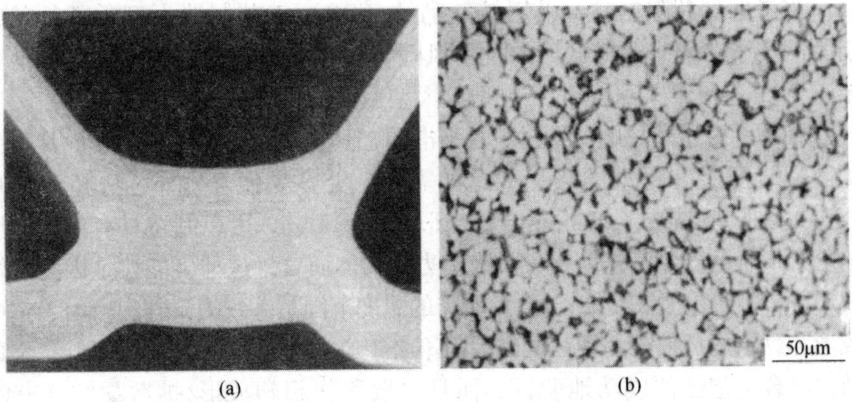

图3.45 在超塑成形/扩散黏结（SPF/DB）零部件中两个片材的扩散黏结（DB）连接
（a）低放大倍数下的完全黏结；（b）该区域高放大倍数下无痕迹连接
（由 W. Beck 提供，来源于成形技术）

如图3.46所示的大型军用飞机机翼箱的连接，但实际上，根据表面的平滑度和表面需完成黏结的实际区域，准备连接时，有必要相当精确地确认，以保证其高质量的黏结，此外还需进一步检测扩散黏结（DB）连接的情况，这种检测既耗时又面临技术的挑战，因此，该工艺的经济性变得很少有吸引力了，这将在稍后讨论。图3.46所示的机翼箱部件辅助模型是扩散黏结（DB）工艺早期开发阶段制作的，当对其进行疲劳测试时，发现其循环使用寿命低于期望值。在评估报告的分析中，能找出采用扩散黏结（DB）连接时，有几处未黏结的区域，且这些缺陷是初始裂纹发生的区域。详细分析后得出的结论是：造成上述结果的原因，是黏结区域表面的平滑度不够，但却默认了其在整个连接表面是完全接触。要实现完全连接，其准备过程的花费是非常高的，并且其费用随部件尺寸的增大而增

图3.46 用扩散黏结（DB）方法制造的备用大型军用飞机的机翼箱
（由 R. G. Broadwell，Wyman Gordon 提供）

高。当考虑到此限制时，采用扩散黏结（DB）工艺制造大型零部件的吸引力减小了，但未黏结区域的技术风险仍然存在，基于这种考虑，扩散黏结（DB）从未被采用来生产重型、大型截面的零部件。

相反，由于片材的初始材料是平滑的、其连接点已经过检测，故片材的扩散黏结可能有更大的吸引力，如需要，更容易做。另外，将超塑成形（SPF）和扩散黏结（DB）结合起来形成单一工艺，可以制造具有整体坚固的复杂形状的产品，这变得极具吸引力，具体而言，这种可能性是因为超塑成形（SPF）和扩散黏结（DB）所需的温度范围是一致的，其次，由于整个成形和黏结的截面是超塑性的，因而不必担心周边材料在大型截面上完全黏结。联合工艺已被成功地验证，而且一般称作超塑成形/扩散黏结（SPF/DB）。填塞层的使用使片材能选择一定的黏结区域，如果黏结是通过加压的方式来分离未黏结的片材（也称为选择性膨胀），那么，用三块片材就可制作出一个复杂的格状结构产品，简图见图3.47，另外，这种膨胀法的优势就是它能提供测试黏结力的位置。格状结构有高的截面模量，在低质量、高硬度构造材料中，结构有效性好。图3.48所示的是超塑成形和扩散黏结

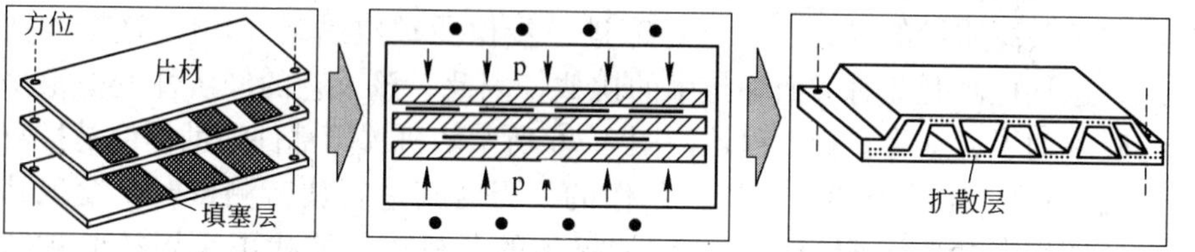

图3.47 用超塑成形/扩散黏结（SPF/DB）工艺制作格状结构产品简图
（由W. Beck，Form Tech 提供）

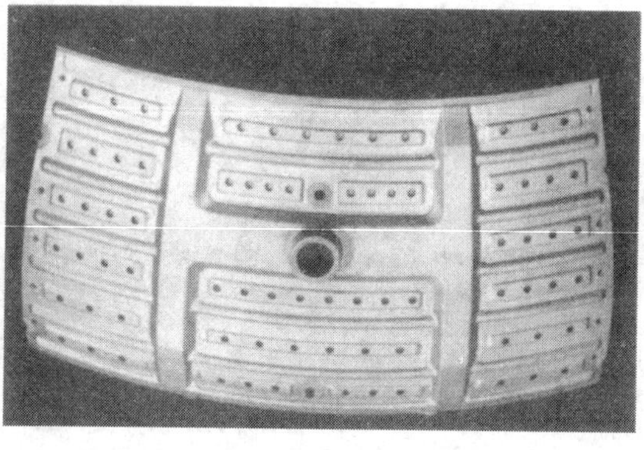

图3.48 超塑成形和扩散黏结（SPF/DB）制造的接合管
（由GE飞机发动机公司提供）

(SPF/DB) 工艺制造部件的例子。它是一个接合管，用于涡轮飞机发动机低压湍流状况下，对不同的清洁控制系统的冷空气分布。这种单一件可替代一簇黄铜管。另一个重要例子是应用超塑成形和扩散黏结（SPF/DB）工艺制造大推力、高绕速的涡轮飞机发动机的大型、宽翼，凹形的钛风扇叶片。

在工程师的创造性设计下，超塑成形/扩散黏结（SPF/DB）工艺能够制造复杂的、高硬构造的轻质零部件。这些零部件，当包括扣件（如铆钉）时，由于其单一部件能够替代数百计的零部件而在经济上极具吸引力，此外，由于不使用扣件，也相应地消除了与扣件相关的集中应力，这也有效地改善了结构。另外，在故障保险结构里，超塑成形/扩散黏结(SPF/DB) 零部件在结构集成分析中，其连续的裂缝线将被记录。幸运的是，超塑成形/扩散黏结（SPF/DB）的替补结构很少是临界荷载支撑结构，这最大限度地减少了应用超塑成形/扩散黏结（SPF/DB）零部件可能暴露的安全寿命设计。今天，对超塑成形/扩散黏结（SPF/DB）的接受正逐渐增加，但用该法制造的部件仍然被认为是昂贵的，有利于其应用的领域还是成本的竞争。对一类超塑成形/扩散黏结（SPF/DB）部件的成本分析表明，其主要的成本要素是 Ti-6Al-4V 片材的价格和长时间在 900 ~ 950℃下使用的工具消耗，因此，使用较低成本的合金制造片材以及能在较低温度下成形是减少超塑成形/扩散黏结（SPF/DB）零部件成本的潜在因素，这也增加了该成型方法使用的机会。

日本的 NKK（Nippon Kokan）公司开发了一种合金片材，专门用于超塑成形/扩散黏结（SPF/DB）工艺。这种被称为 SP-700（见表 2.6）的合金更容易制作成片材，在 775℃时有很高的 m 值，经超塑成形/扩散黏结(SPF/DB) 加工后，该合金也可以经热处理得到很高的强度，因此从结构有效性的观点看，它是很有吸引力的。SP-700 在 775℃时与 Ti-6Al-4V 在 900℃时的超塑成形相比，前者有更低的含氧量，在成形工艺中，也减少了热成形后的酸洗成本。目前，SP-700 在美国已得到许可正进行生产，由于其显见的低成本，用其替代 Ti-6Al-4V，用于超塑成形/扩散黏结（SPF/DB)，正越来越被人们所接受。

3.6 常规的连接方法

此处所讲的常规连接方法，包括了除扩散黏接以外的所有连接方法，扩散黏接已在前节中讨论超塑成形连接时作了较系统的描述。最常用的连接方法是熔焊和摩擦焊，钛铜焊也在一定程度上使用，这是基于一些特殊的工艺，如果钛合金的熔焊长时间暴露在大气中，则操作时需要对熔池甚至固体钛进行保护。

3.6.1 熔焊

通常认为许多钛合金是可焊接的，如果应用这个定义，那么熔焊可以焊得很坚固并且无裂缝。一般而言，当合金强度增加时，要制作焊接构件或产品更困难，这是因为焊接性能并不能与基体金属相匹配，还因为一些高强度合金含有共析合金元素，这些元素削弱了焊接的凝固性、完整性和焊接性。另外一个问题就是填充焊丝与基体金属成分匹配的有效性，这将在后续讨论。钛合金的熔焊更多的是经常用于片材构件的连接。大型压力容器和其他重载荷构件因其尺寸的原因也通过焊接制作，例如，约 30 年前，美国海军针对苏联的 α 级（Alpha Class）钛壳体潜水艇，变得对潜艇的焊接承压力壳体感兴趣了，这种兴趣延续了大约 5 年，在这期间，对大截面中等强度（屈服应力在 700 ~ 750MPa）高韧性合金的焊接进行了大量卓有成效的研究，这种努力终止于 20 世纪 80 年代初期，当时，已清楚地认识到，焊接钛壳体潜水艇的载压是不能达到要求的。目前，在制作化工和石油化学工业的容器时，主要的大型截面焊接都采用纯钛（CP 钛）材料完成。图 3. 49 所示的是此种大型容器的一个例子。

图 3. 49　通过手工熔焊的用纯钛（CP 钛）制作的大型压力容器实例
（箭头所指为焊接处，由 J. A. Hall 提供）

钛（或其他任何金属材料）的熔焊包括了基体金属的熔化和重新凝固，被融化的焊接部分通常称为熔化区，熔焊凝固从熔化区边缘开始，固/液界面向焊缝中心线靠拢。由于在钛合金中杂质的浓度相当低，产生裂纹的原因是由于杂质的富集，在有色金属焊接中，这不是真正的问题，但是，如果基体金属中含有加入的一些共析合金元素，如铁或铬，则这些元素最后会从液态中析出凝结，这种液态溶质的富集，由于热应力的作用，能沿着焊缝中心线形成收缩孔隙或熔析裂纹。这些缺陷，能够并必须避免，这是因为，实际上它们影响了材料的性能，如疲劳寿命等。预热基体金属可以降低重新凝固的速率，这有助于减少或消除这种孔隙和裂缝。

邻近焊接熔化区域还有一个区域，该区域经历了以固态热循环改变其微观结构的过程。这一焊接区域称为热影响区域，该区域中的部分区域，热漂移已超过了 β 相的转变温度，从而熔化区和一些热影响区表现出了 β 相的转变微结构和特性，因此，(α + β) 工艺材料的焊接生成了一种微结构，造成力学行为的突变。由熔焊所导致的微结构变化归纳于图 3.50 中，图 3.50 中表示出的是沿焊接中心线距离变化的一组温度函数，图中也表示出了相对应的熔化温度和 β 相转变温度以及熔化区域（HZ）和热影响区域（HAZ）的位置。很清楚，熔化区域的边界处于固相线温度（T_S）的位置，要定义热影响区域的延伸位置是困难的，但在热影响区域里，β 相转变的位置是很好定义的。图 3.51 所示为一张表示所有这些区域和基体金属

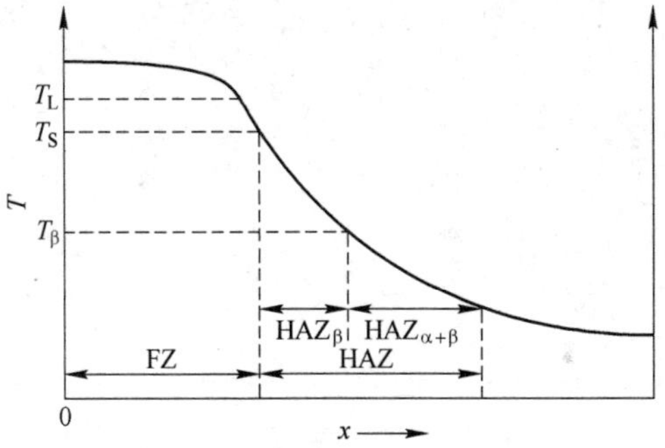

图 3.50 沿熔焊中心线距离的温度函数简图

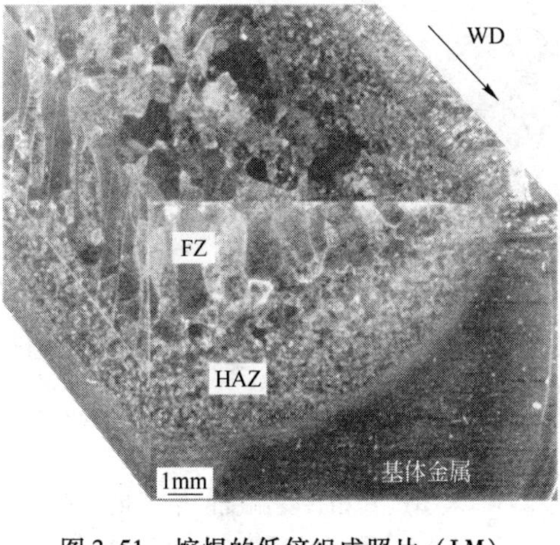

图 3.51 熔焊的低倍组成照片（LM）

组成的低倍照片，在此例子中，可以看出，β 晶粒较大并且在熔化区域呈柱状。图 3.52 和图 3.53 是在热影响区域不同位置的微结构较高倍相片。图 3.52 所示为热影响区域中超过 β 相转变温度位置的状况，在该区域中，所有的层状微结构与熔化区相同，但 β 晶粒尺寸更小。图 3.53 所示为热影响区域中，未超过 β 相转变温度位置的状况，但此时的温度已上升到足以增加层状区域体积分数的状况，相应的基体金属的情况见图 3.54，它是一种常规的未完全再结晶热工作板材的轧制—退火微结构。对于小型截面材料，其冷却速度能达到足够高，以至于在（α + β）合金中产生了高强度的微结构或在 β 合金中导致了 β 结构的保留。通常在大约 700℃时可减小焊接应力，对于已完成表面制作零部件的应力消除，即便在真空热处理情况下，为了避免表面污染，其温度一般限制在大约 550℃。了解此种热处理对熔化区域和热影响区域的结构影响是很重要的，例如，应避免导致高

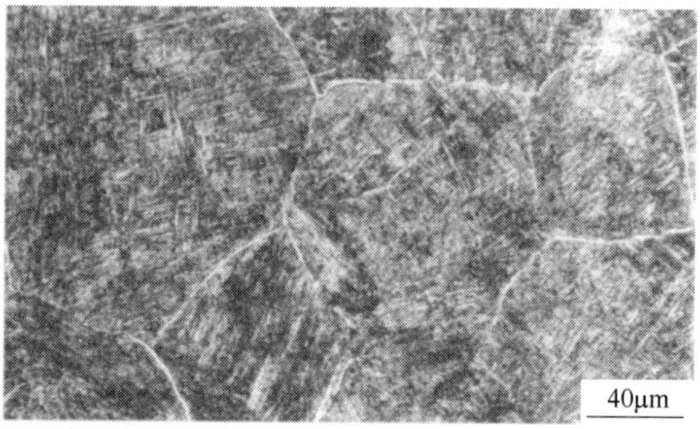

图 3.52 高于 β 相转变温度的熔焊热影响区域（HAZ）的全片状微结构（LM）

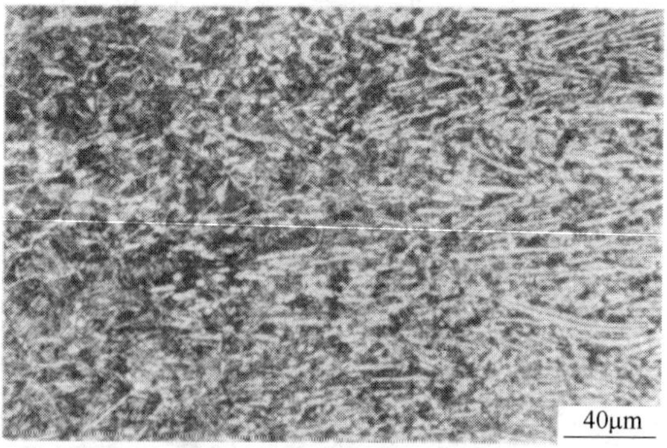

图 3.53 未超过 β 相转变温度的熔焊热影响区域（HAZ）的双模型微结构（LM）

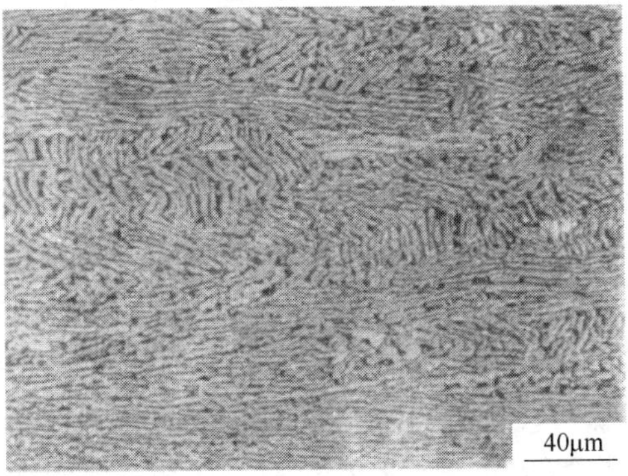

图3.54 基体材料轧制—退火微结构（LM）

强度、低延性结构的分解反应发生。这些情况在纯钛（CP钛）和低强度钛合金，如Ti-3Al-2.5V中很少或不存在，这就是为什么这些等级的钛被认为可焊接而较高强度的合金被认为焊接困难的重要原因。当合金的强度增加到最大值时，保留在母体金属的特性，尤其是延展性，在热影响区域和熔化区域变得更困难了。

钛的熔焊有5种基本方法，它们是：气体钨弧焊（GTAW）；气体金属弧焊（GMAW）；电子束焊（EBW）；等离子弧焊（PAW）和激光焊接（LW）。对于大型的钛材截面，曾试图采用电渣焊接，但这仅仅取得有限的成功，并且至少在西方世界，从未用于商业性的应用。这些方法中，每一种方法在特殊的应用领域都有其优势，这将在本节下面的各段落中叙述。

气体钨弧焊（GTAW），也称为钨惰性气体（TIG）焊接，该法可能是用于钛和钛合金最常用的焊接方法，部分原因是因为在化学和石油化工工业，主要的焊接结构是与其大型零部件和设备的制作紧密相连的。在这些应用中，还包括了许多相对较小截面的焊接，此时，气体钨弧焊法是相当适宜的。对钛及钛合金的任何一种焊接方法，都需要对熔融焊液进行保护，以避免其与大气接触。主要的污染物是来自大气中的氧、氮和来自潮湿空气中的氢。在气态钨弧焊中，惰性气体分布于焊枪周围，避免了熔融金属的污染。在焊枪掠过，冷却时，高速的自动焊接也需要后续的气体保护，以便于使热态焊接最小化地暴露在空气中。在整个焊层中，对内部工作面（称为焊道）的气体保护也是需要的，这主要是为了防止工作面底部表面热态焊接时的污染。焊道保护经常采用惰性气体，惰性气体从用于保证工作面性能的焊接织构孔洞中流过。为避免焊接污染，焊接钛合金比焊接其他许多结构合金需要采取预防措施，这更为复杂和昂贵。对于重复焊接操作，制作一个含有惰性气体并在其中完成焊接的焊腔往往更容易，这方面的一个例子就是在钛熔炼车间，用于焊接初次熔炼电极的干燥箱（见图3.6），这大概可以看成是生产焊接纯钛（CP钛）管了。冷却时，管道里充满了流动的氩气，氩气将焊管、焊枪以及焊管延伸的区域完全覆盖，焊枪是固定的，条带在管中形成，当焊管在焊枪下沿着充满气体的管道方向移动时，连接点被熔化。目前，制造焊接钛管的工艺，自动化程度已经很高了。纯钛（CP钛）带被展开，根据磨具大小，制成一系列卷取的圆筒卷，这种圆筒卷被焊接在已完成焊接的焊管的另一末端，焊管生产完成后，它被从长度方向切断准备装运或安装。气态钨弧焊在许多领域，还有少量的日常应用，包括焊接手操作焊枪围绕固定工件的手工焊接，在一些情况下，工件是轴对称的，当焊接手采用焊枪焊接时，工件可以被旋转。

由于钛合金的高强度和有时的有限延展性，使大多数钛合金不容易采用焊线，因此，完全焊线的钛合金生产，是最昂贵而又最不值得的，根本不可能使用。从1级和2级纯钛（CP钛）以及合金Ti-3Al-2.5V用完全焊线来生产，相对而言是直接的，Ti-6Al-4V可用，但很昂贵。从其他合金用完全焊线生产，其可行性是非常有限的，这个问题和可能的解决方案见3.5.1节，关于铸件的焊接修复连接已作了讨论。对于焊接其他合金的一种解决方法就是使用相匹配的焊接物并建立起焊接点截面，以弥补在焊接处的较低屈服强度。另一种解决方法就是充分考虑接点的精确度，不需要焊接物，而是将基体金属相匹配的表面熔焊在一起。不使用填充金属的焊接被称为自生焊接，自生焊接在采用自动化焊接工艺来生产初始零部件中更普遍，而采用填充金属的焊接在下列两种新零部件的手工焊接中更普遍，即：制作结构铸件或修复结构铸件的铸造缺陷；现存物件的修复和保养。在任何一种情况下，钛的气体钨弧焊都被广泛使用，并具有很高的可靠性，提供的工艺被认为充分考虑了材料性能的变化并且在避免焊接污染方面有可行的措施。

钛及其合金的气体金属弧焊（GMAW），使用了一种焊枪，此处的充填焊线是电焊条，它替代了气体钨弧焊接工艺中的钨焊头，该工艺也可称为金属惰性气体（MIG）焊接。实际上，气体金属弧焊很适于焊缝较大、通常截面较厚的自动焊接，这经常发生在大型构件中，此时接头的连接更困难。前述段落中所描述的气体钨弧焊，为了避免焊接污染所采取的预防措施对气体金属弧焊也是适合的。从原理上讲，气体金属弧焊对接点的精确度要求不高，对于填充焊线不太贵的合金，可能是一种经济有效的工艺。实际上，该工艺较气体钨弧焊接更多的用于单一或较小焊缝的焊接。

如果钛壳潜艇项目继续下去的话，那么，用气体金属弧焊连接壳板可能会有很好的前景。对该焊接工艺更多细节包括工件夹具，感兴趣的读者，可以参考焊接方面的文章[3.25,3.26]。

电子束焊接（EWB）很适于钛合金的连接，部分原因是通常它在真空室里能传导，对焊接自然地提供了必要的保护。由于电子束是狭窄的，其能量密度非常高，因此电子束焊接有其独特的能力，能在单通道中完成很深的穿透焊接（大截面），电子束焊接通常用于厚15cm钛厚板的焊接。由于光束较窄，故调整光束在连接点的能力变得极为关键，另一原因是连接点所熔化的直径更小，这种调整是在工件上以接触的工件固件或连接参照点以及基准点为基础精心完成的。另一个措施就是安装使用“验证线”，以确保熔化区和接头位置相一致，因此，开始安装电子束焊接装置是极耗时和要求精确的，一旦安装成功地完成，高质量、深穿透的焊接就可以迅速进行。这意味着，如果大量的零件在一个炉子里焊接，这可降低安装费用，那么电子束焊接就更经济有效。电子束焊接通常是自熔焊接，它可略去充填焊线的成本，但增加了连接点准备的费用。由于焊接熔化区域很狭窄，融化的量很小，并且聚焦的电子束产生了一个高速率的熔化区域到热影响区域，该因素使较早概述的凝固偏析降到最小，因此，电子束焊接用于连接高强和高温钛合金是一个很有前途的方法，例如，高温钛合金，如Ti-6242和IMI 834或两者的组合，都能采用电子束高质量地充分焊接，该工艺还可以用于飞机发动机转子在几个阶段的连接。电子束焊接曾经也被用于制作高性能难焊接的合金结构件，例如Ti-6Al-6V-2Sn（Ti-662），此种合金在大致相同的特性下含有大约1% 的（Cu + Fe）。F-14军用飞机的中心机翼构件是用Ti-662锻件由两半组成的，在其中心的机加工和焊接就是采用电子束焊接来完成的，作出制作这种部件的决定来源于相关锻件的尺寸和需要相对较小的方坯做坯料，相反，如果采用较大尺寸的锭坯来生产，该合金有向非均匀微观结构（β 斑）发展的倾向。这种飞机仍然在飞行使用中，并没有针对关键焊接结构性能有焊接缺陷的报告，当然，电子束焊接能深穿透焊接是其优势，如果没有充填焊线，对焊接合金是很困难的，但电子束焊接要求在真空下进行，通常，真空室是一个限制，目前，使用滑动的密封装置来隔离电子枪，滑动密封装置“抛开了真空”，其电子束焊接零件证明这是可能的。

钛合金的等离子弧焊（PAW）主要用来替代气体金属弧焊，这是可行的，因为该工艺能产生广阔的熔化区和热影响区，取代了传统的电弧，利用等离子枪作为热源。等离子弧焊，一般有比电弧焊和电子束焊更高的能量等级来作为热源，等离子弧焊接由于具有广阔的熔化区，对于需通过深穿透的焊接位置，即板材或片材在隐藏的直立肋呈 T 形截面的焊接，该法是极为有用的。宽阔的熔化区域使焊枪能在肋筋下作较大范围的调整，使该工艺更加实用。在图 3.46 所示机翼箱的最后成形生产中，其顶部盖板与肋条的连接就是采用了等离子弧焊接，此种飞机已飞行许多年了，未出现与关键焊接结构件相连的任何问题。

激光焊接（LW）在许多方面与电子束焊接相类似，这是因为激光束也是狭窄的并有高能量密度。激光焊接可以在没有真空但采用惰性气体保护以避免焊接污染的条件下完成。到目前为止，由于高能激光的可用性相对来说是新的，因而几乎没有机会来介绍激光焊接对大型构件的连接。激光焊接可以被看做是对电子束焊接的替代，但其穿透力仍需要同样的方式验证。从原理上讲，激光焊接拥有电子束焊接所没有的灵活性，因为激光焊接并不需要真空。激光焊接对钛合金的焊接很好，但并非对所有金属都好，例如铝合金，这是因为铝表面的反射性妨碍了激光束与工件的匹配。对于小型零部件的焊接，其有限的供热是必要的，采用激光焊接表明情况很好，例如，激光焊接用于心脏起搏器的纯钛（CP 钛）盒焊接和电极连接器焊接，要求完成的是一种高质量的焊接，不能有任何加热内部电子模块的可能性出现，这种连接工艺不可能用传统的热源方式，如气体钨弧焊枪完成，此时，采用激光焊接也比采用电子束焊接更好，因为激光焊接不存在电离场，不会损坏纯钛（CP 钛）盒里的电子元件。

3.6.2 摩擦焊

为了获得具有（$\alpha+\beta$）相（等轴）或 β 相（层状）微结构非常紧固连接的材料，钛合金的摩擦焊实际上被广泛应用。摩擦焊有三种方法，目前有两种用于生产，一种在开发中。对于轴对称形状的产品，旋转惯性焊接是最常用的方法，在旋转惯性焊接中，其中一个工件被静置固定，而其他工件被放置在旋转夹具上，夹具与预先确定质量的飞轮连接，之后装配好的飞轮旋转到预先确定的旋转速度，工件往前移动与相匹配的另一半咬合，它们被预先确定的轴向力推到一起，通过摩擦加热连接区域，并且从原先两个工件接触面处排开了其他的工件，从连接点排开其他材料的过程是获得洁净连接的关键。惯性焊接工艺的模型已经建立，采用模拟几何模型计算的结果和惯性焊接后部件的实际情况之间明显一致，模拟结果见图 3.55，此时部件实际焊接的截面见图 3.56，这种明显的一致性使模型对惯性焊接的工艺参数更迅速地规范，在将这些焊接参数用于生产具有重现性特性的焊件时能适应得更快。目前，大型汽轮机的多级压缩机转子正用惯性焊接，常规生产，这些转子的质量比机械紧固的转子质量轻，且有更好

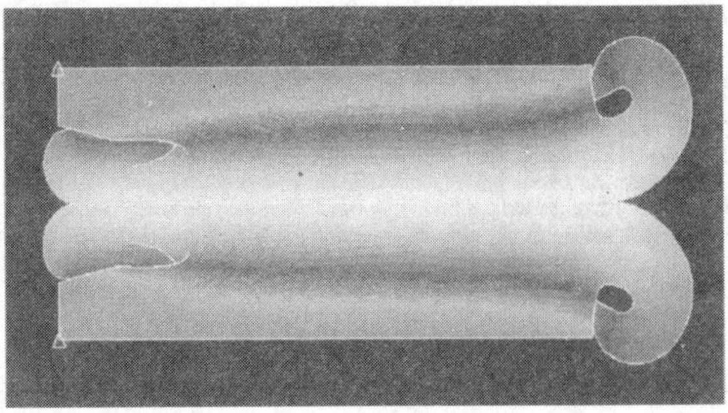

图 3.55 计算机模拟惯性焊接显示的闪光照片和裂纹延伸
（由 S. Srivatsa，GE 飞机发动机公司提供）

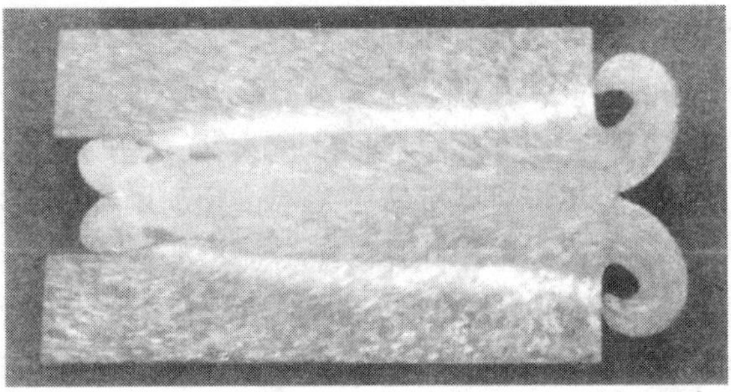

图 3.56 与图 3.55 相比较的惯性焊接大型蚀刻截面照片
（由 GE 飞机发动机公司提供）

的寿命特征，因为它们不包括用于连接调整阶段的螺孔，图 3.57 所示为已准备好采用惯性焊接的一个转子的实例，图 3.58 所示为焊接和机加工后同一转子的情况。

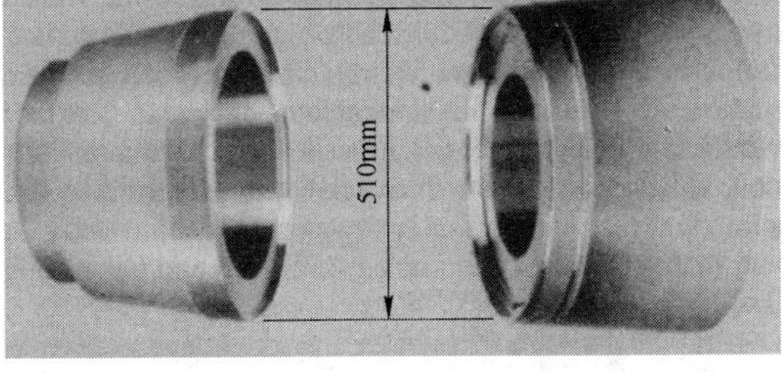

图 3.57 用惯性焊接生产飞机发动机多级压缩机转子前两工件的照片
（由 MTU 提供）

图 3.58 由图 3.57 所示两工件惯性焊接后的零件（右边）图照片
零件截面（左边）显示出 7 个盘状阶段
（由 MTU 提供）

摩擦焊接的另外一种方式是线性摩擦焊接[1.20]，它在制作非对称几何形状部件的摩擦焊接连接时很有用。该法中，一个部件在正常传递平面力作用下在直线上来回震荡，在惯性焊接情况下，这种振幅运动的耦合压力足以产生热量软化金属，使原材料表面产生火花，完成清洁、高紧固的连接。线性摩擦焊接在将飞机发动机转子的气垫片与中枢轮毂连接起来时是很有用的，这种转子被称为整体叶片转子，通过线性摩擦焊接制作的此类转子的例子见图 3.59，从图 3.59 中可以看出，几个叶片已经被焊接到一定位置，而其他的两个叶片也是与中枢轮毂相连接的，应用该技术的优势在于节约了制造近净成形部件的成本和改善了气垫片的特性，这是由于叶片在连接前能单独进行锻造和热处理。诸如此种制造零部件的其他方法就是先制造带有封套并包含气垫片和中枢轮毂的大型锻件，然后再从锻件机

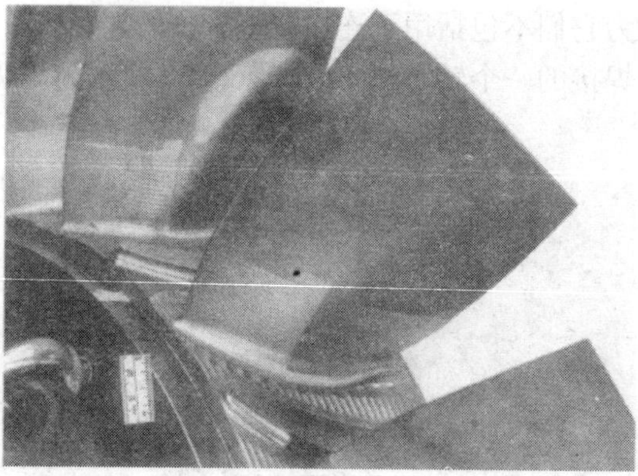

图 3.59 通过线性摩擦焊接制造的飞机发动机转子整体叶片的
气垫片连接区域的近距离照片
（由 MTU 提供）

加工成转子，很显然，后一种方法将导致大部分锻件的损耗，这不仅意味着锻件的低利用效率，而且将材料机加工到具有复杂几何形状的最后零件的成本也是非常大的。

·摩擦焊接工艺将塑料用于焊接区，部分原因是因为它们能发生高坚固的黏结，其作为黏结材料经历了塑性变形延伸，这可用金相数据清楚地说明。Ti-6Al-4V 在双峰态和抛光退火条件下，通过线性摩擦焊接后的金相截面见图 3.60，从图 3.60 中显微照片可见，初 α 晶粒的形变和微结构的细化是很明显的，与母体金属相比较，这一细化的微结构通常表现出较高的强度和更好的疲劳性能，但是断裂韧性较低[3.27]。

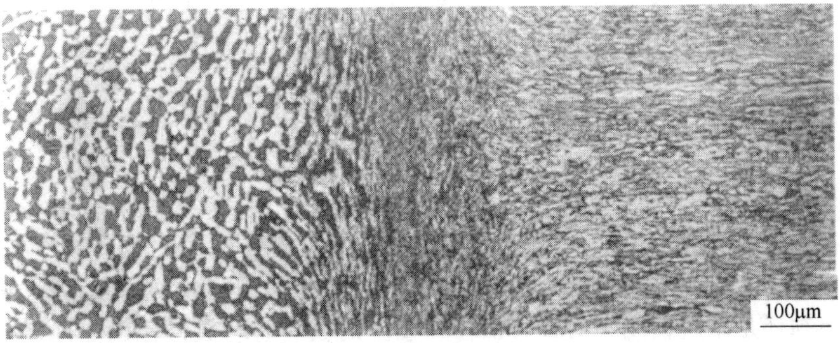

图 3.60　摩擦焊接截面
（由 LM[97] 提供）

无论摩擦焊接是线性的或轴对称的，图 3.55 和图 3.56 所显示的状态在零件使用前，都必须进行机加工，这是严格要求的工序，因为它是一个高应力区域，为避免任何意想不到的缺口或其他的应力集中，机加工工序是极为重要的，尽管如此，该操作仍然被认为比从锻件机加工成整体零件更容易和成本更低。如果没有例外，采用摩擦焊接工艺，无论在焊接抛光之前或之后，都必须进行应力消除。

第三种现在正在试验的摩擦焊接工艺是摩擦搅动焊接工艺（FSW）。摩擦搅动焊接工艺在铝合金方面已经发展许多年了，目前的情况表明，它是连接高强度铝合金片材，如牌号为 7475 这类不能采用熔焊的铝合金真正有希望的手段。摩擦搅动焊接工艺（FSW）使用一种非自动力的旋转轴或工具，轴向力均匀地施加于片材表面产生摩擦热，热量和旋转轴的搅动力使两片薄材黏结，这种黏结是金属间的紧固连接，并不熔化基体金属。用于摩擦搅动焊接的设备简图见图 3.61。似乎高熔点和高强度钛合金对摩擦搅动焊接工艺的成功开发构成了更大的挑战，然而，该法的优点是显而易见的，世界上已有几个实验室针对该项目开展了很有意义的研究，其进展是很大的[3.28]，当然正如许多新的工艺一样，此技术在未获得广泛接受之前，还有其他的一些问题，如可靠的检测方法等，仍需引起关注。

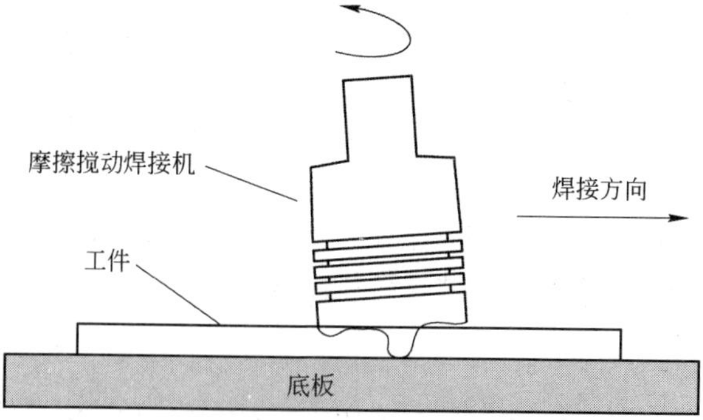

图 3.61　摩擦搅动焊接（FSW）设备简图
（由 M. Juhas，俄亥俄州立大学提供）

3.7　表面处理

使用适宜的表面处理工艺，例如喷射硬化工艺和化学抛光工艺，它们是单独还是联合使用，对钛及钛合金技术的成功起着关键作用。许多材料断裂的发生，最初都是由材料表面疲劳裂纹引起的。喷射硬化工艺已在钢铁上应用多年了，该工艺的应用使钢铁材料表面产生压应力，从而提高了钢铁的抗疲劳强度。喷射硬化工艺在钛合金方面的应用虽不算最新，但与钢铁上的应用相比，已算较新的技术了。最近，利用激光使材料表面产生压应力的技术已显示出诸多优势，对该技术也将作详细描述。

化学抛光作为一种生产方法，是有选择性的去除钛零部件表面杂质的重要手段，同时也是去除材料表面污染物的重要手段，例如，去除材料在生产过程中的氧化层。在这种情况下，去除材料表面硬而脆的氧化层可实质上提高材料的抗疲劳强度和抗断裂强度。适宜的使用化学抛光工艺是经济和有效的，但使用不当可能会对材料的抗断裂性产生负面影响，化学表面抛光往往会出现喷射硬化产生或恢复材料的表面残余应力。

本节主要讨论这些表面处理工艺的实际情况和优势，也将介绍不恰当的表面处理产生的后果，并且对怎样避免这些不良影响作了概述。

3.7.1　喷射硬化

钛试样或表面无应力的部件抗疲劳失效的能力是相当低的，这将在第 5 章中提及。在循环 10^7 次时，失效的疲劳强度可以表示为屈服应力的分数，其典型值为 0.4 ~0.5。此外，在制造工艺中采用冷变形，例如冷加工，可以使这个值降得更低。通过塑性变形可在材料表面区域产生压应力，以进一步降低疲劳应力，这是喷射硬化的保护作用。图 3.62 所示为在材料表面下的喷射硬化局部应力。在设计过程中应保证材料性能的完整性，也就是，通过对样品的低应力磨削以及后续的纵向机械抛光，做出疲劳曲线［即应力修正的 *S-N* 曲线和古德曼（Goodman）图］，然后进行疲劳试验，以便获得与所谓“95-99”曲线确定的结构相适应的数据。该曲线以平均应力为函数，定义了给定应力值下的循环寿命，其准确度达 95%，99% 的数据在曲线上方。很显然，所作的是比较保守的曲线，但其对疲劳设计是合适的。由疏忽引起的表面损坏（缺口，划痕，或滥用器械）可能会影响“保守”疲劳曲线的制定，并能造成疲劳破坏不可预见的风险。喷射硬化之后产生的有利因素要比弥补材料表面损坏大得多，因此，在疲劳产生的损害不是十分严重或者非常大的情况下，可以认为建立了一个防止材料疲劳的“安全网”。这与通常的观察是一致的，即在经喷射硬化的疲劳样品表皮下面具有裂纹引发点。这表明，由于喷射硬化产生的压应力降低了材料表面产生裂纹的敏感度，因此，喷射硬化技术在制造过程中可防止材料表面裂纹的连续产生。表皮下面疲劳断裂产生点的照片如图 3.63 所示。

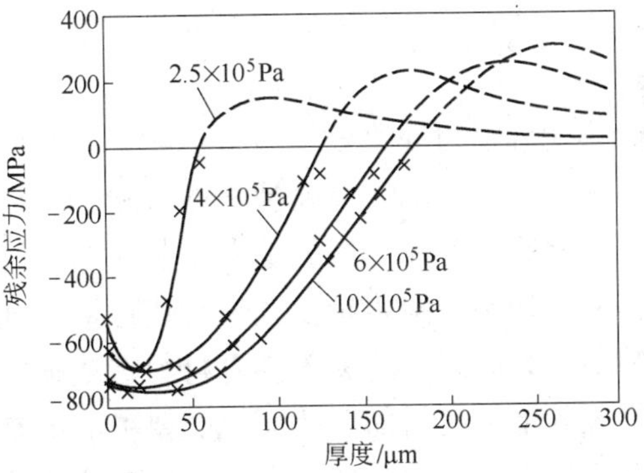

图 3.62 Ti-6Al-4V 在四种不同硬化压力下，喷射硬化 4min 后的残余应力[3.29]

喷射硬化工艺对材料抗疲劳性能的优势取决于其交替应力和工作温度，其中任何一项操作参数的降低都会对这种优势产生不利影响。低应力幅度下（$N_F \geq 10^6$ 周期），在室温下进行喷射硬化可以使其使用寿命延长 30% ~50%。这种优势在很高的应力条件下会逐渐减少，而且在 $N_F \approx 10^3$ 周期时，甚至会完全消失。温度和温控时间的影响不易准确量化，但是长

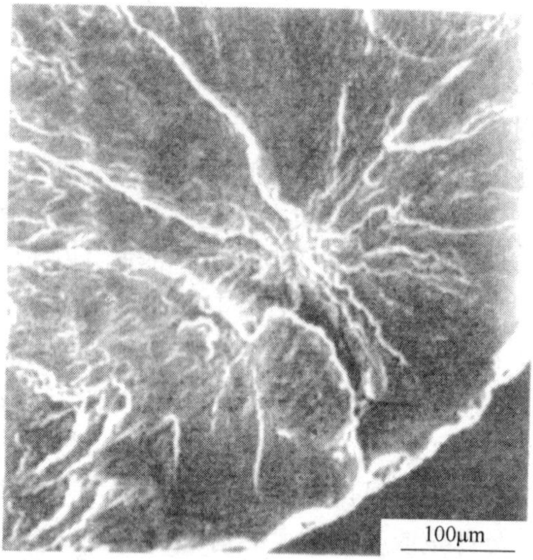

图 3.63 Ti-6Al-4V 喷射硬化后表面下初始位置疲劳损坏的扫描电镜图[3.29]

时间在操作温度下，残余应力将会明显减弱，其时间取决于残余应力的衰减。对于大多数的钛合金来说，在 300℃ 以上时，这种应力衰减变得尤为明显。在这种情况下，规模效应也取决于时间，但是大多数的设计都仅取极限值。

外部参数将会影响到喷射硬化效果，包括喷射硬化的类型，硬度和大小，喷射速度和喷射时间。对描述喷射硬化的实践和效果，有几个很好的总体参考值[3.30]。早期的喷射硬化是采用表面喷射球状铁丸来完成的，但最近的总体趋势是使用切割后的棒状铁丸来替代球形铁丸来完成喷射。这是由于球状铁丸喷射破裂后产生的尖角会对材料造成损害。残余压应力随喷射速度和喷射直径的增加而增加。然而，需要考虑的是，较深的压缩层可能会引起组件截面较大范围的变形。为了获得在这些截面上的良好喷射效果，可以通过变换喷射介质，如采用玻璃珠或者含有细小固体颗粒的水滴（蒸汽研磨）。此外，如果喷射硬化组件的尺寸和喷射介质的大小相一致，那么从简单的几何学考虑，应有适宜的均匀压缩层。其他的一些特性，例如，在自由面上转角点的孔洞，可通过较多的喷射来消除危害（过度硬化）。最新的发展趋势是，增加自动喷射设备，以便改善喷射能力，有效控制喷射密度。图 3.64 所示为喷射发动机组件和自动喷射装置的例子。如图 3.65 所示，该设备被放置在一个六轴的 CNC 自动喷射机器中，

图 3.64 喷射发动机组件和自动喷射装置
（由进步技术公司 J. Whelan 提供）

图 3.65 六轴 CNC 喷射硬化机器照片
（由进步技术公司 J. Whelan 提供）

正如上面所提到的，这也有一个被称为过度硬化的现象。这里所提到的如此高强度下硬化，会造成材料表面局部损伤，造成相应抗疲劳能力的锐减。最敏感影响硬化参数的是喷射的尺寸和速度。

材料对喷射硬化的反应随着其微结构和热处理条件的变化而改变。在低周期性疲劳测试中，一些钛合金表现出周期性软化或周期性硬化的特性，这同样取决于它们自身材料的微结构条件。例如，已有资料表明，500℃、24h 时效处理后的 Ti-6Al-4V 合金呈现周期性软化，并且这也改变了材料对喷射硬化的反应（见图 3.66），又例如，时效处理引起的过度硬化效果更明显。图 3.66 清晰地表明了长时间的硬化对于材料的周期性软化疲劳寿命是不利的。图 3.67 给出了喷射硬化以及过度硬化对材料的有利影响。从图 3.67 中可清晰地看出，喷射硬化有利于改善钛合金的抗疲劳性能，但也清楚地表明，要合理地使用这项技术，以避免产生不必要的副作用，比如说过度硬化。硬化密度一般通过称为艾蒙（Almen）带的硬化金属样管测定，并且是测量由“带”一侧的残余应力所引起的弯曲或偏角。硬化程度通常根据所希望的艾蒙带的偏角确定。

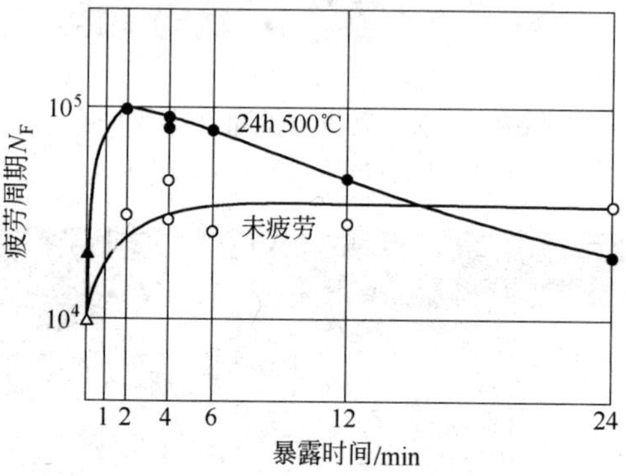

图 3.66 Ti-6Al-4V 实效前后的疲劳寿命与硬化时间的关系[3.29]

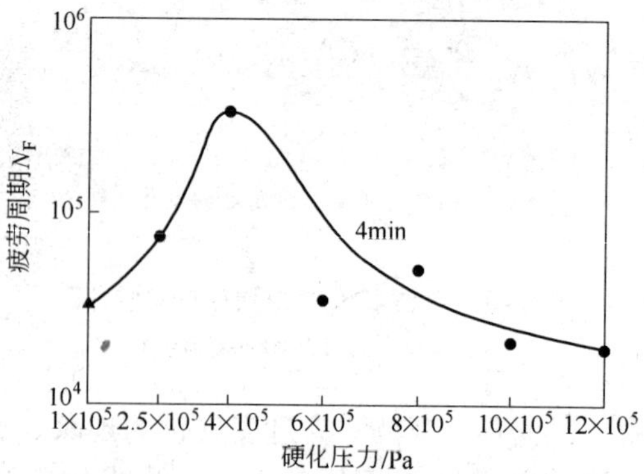

图 3.67 疲劳寿命和硬化压力的关系显示出过度硬化后导致疲劳寿命降低[3.29]

通常，指定的硬化操作要确保该区域在多次硬化后要被覆盖，这样就保证了喷射硬化覆盖了所有区域，例如，一类疲劳临界区域的覆盖率为200% ~400%。由于已讨论过过度硬化带来的不利后果，为避免产生不良后果，必须选择适宜的密度（压力）。

3.7.2 激光冲击工艺

还有一些在材料表面引入压应力的替代办法。最近备受关注的方法之一是激光冲击工艺（LSP），更通常的是指类似于机械喷射硬化的激光喷射硬化工艺。该项技术是利用一种高能量的激光脉冲在材料表面产生一个局部应力，这种压力超过了屈服应力并且产生了一个残余压应力[3.31]。

通常，一种钕—玻璃激光（波长 1.06μm），其脉冲长度为 15 ~30ns，每个脉冲的能量能够达到 50J 或更高。典型激光冲击光斑的尺寸范围为 6 ~9mm，这取决于激光发射器的光学性能和其他激光硬化装置的具体资料。

激光通过两耦合层耦合到工作组件上，两耦合层中，一个为透明层（通常为水），另一个为不透明层（通常为油漆）。实际的耦合机理描述如下，激光束蒸发掉不透明层，这层薄膜蒸气层吸收了大部分的激光能量，并且迅速升温形成了一个局部等离子区域，当对工件施加一个常规的力时，等离子体区域将迅速扩大，不过这只限于金属表面的透明层。这种力可以高达 1×10^{10}Pa，已经大大超过了金属的局部动态屈服应力，并且在金属表面产生了一个残余压应力，这和利用固体冲击金属表面使之产生应力的过程很相似（比如，喷射硬化）。图 3.68 所示为激光和工件之间的相互作用关系。通过激光脉冲产生的残余压应力层会渗入到金属内部，但相对

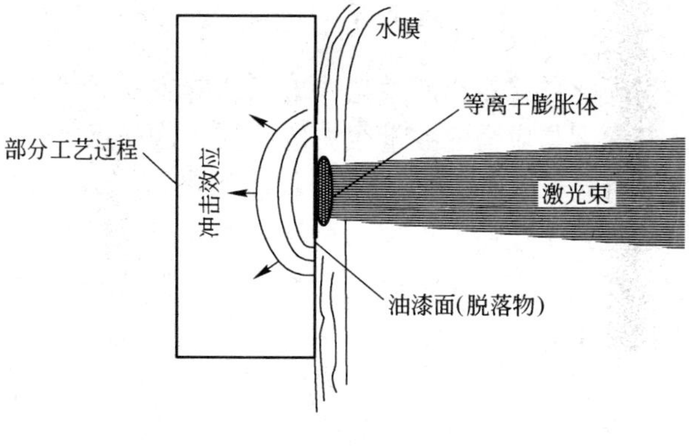

图 3.68 激光束和工件耦合工艺示意图

（由 LSPT 公司供图）

于喷射硬化工艺来说，具有一个较低的最大压应力水平。图 3.69 所示为喷射硬化和激光冲击工艺时，残余压应力的变化对比。激光冲击使金属表面产生了一个较浅且轻度弯曲的压痕，但是这种激光冲击对表面光洁度的影响程度没有喷射硬化的影响程度大。不透明（油漆）表面层在组件上的独特优势是激光可以完全覆盖并且容易检查。激光冲击处理对表面造成损伤的发生率相对于过度硬化是比较低的。同时，通过激光处理之后的表面粗糙度是最低的，因此，可以选择性地处理组件上的某一部位，这可以减少处理组件部位的时间和成本。但是，目前激光冲击处理的成本要比喷射硬化高得多，只有在回报高于附加支出时才利用激光冲击。现在，正在努力的方向是使用大功率的激光和增大光斑尺寸，以此来减少激光冲击一个工件所需的时间，这是可实现的，最近已经证实，利用激光冲击工艺，对金属的疲劳性能能够获得明显的效果。

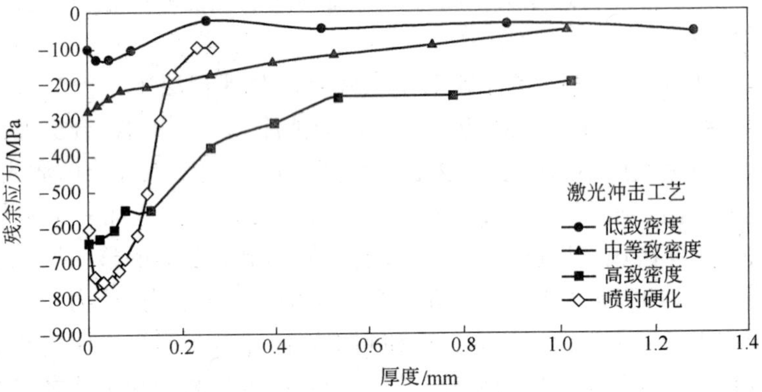

图 3.69 喷射硬化和激光冲击工艺对 Ti-6Al-4V 产生的残余压应力数据比较
（由 LSPT 公司供图）

和传统喷射硬化方式相比，激光冲击工艺的主要优势在于增加了压应力层的深度，其深度与应力的数量级大致相同，这一点已在下面的试验中得到证实。在钛合金样品上，加上一个较深的刻痕（比如锯痕），然后对这一刻痕的周边进行激光冲击处理。在随后的疲劳性能测试中，这个刻痕没有引发裂纹，样品表现出正常的（无刻痕的）疲劳寿命，而且疲劳失效的产生位置远离这个刻痕。未经过激光冲击工艺处理的对比样品的疲劳测试结果表明，寿命仅为几千个周期，就会在这个刻痕处引发裂纹。从实际情况看，这是一个重要的结论，因为它显示出了使用激光冲击工艺，可用来修理在使用过程中受到外来物体损坏（FOD）的钛合金风扇和机翼内空气压缩机的潜力。由于这种损坏一般发生在发动机的前端，而此处正是钛合金机翼部位，这有可能延长发动机的寿命，因此可节省一大笔开支。在军用发动机上，机翼和转子通常是一个整体部件，离心压缩机和涡轮风扇的叶轮都是这种结构。由于机翼是固定的，因此在这种情况下，对损坏机翼修理尤为重要。图 3.70 所示为正用激光冲击工艺修复离心压缩机叶轮的示意图。

图 3.70 激光冲击工艺下的飞机发动机压缩机叶轮
（由 LSPT 公司供图）

3.7.3 化学铣削（蚀刻）

化学铣削是一种常见方法，它可以选择性地去除部件表面的杂质，以使部件达到较好的使用性能。用化学手段来去除材料被氧化污染的表面层，在此处理过程中一般采用相同的化学反应机理，这在钢铁行业中通常称为酸洗。图 3.71 所示为飞机发动机压缩机外壳示意图。化学铣削处理的结果在外壳表面显示出来，处理后外壳将会保持低质量高强度。利用掩蔽剂在圆形管上建立这一模式，通常由圆环来形成所期望的设计样式，封闭的汽缸进行化学铣浴，并且材料凸纹之间的“窗口”开始溶解直到达到涉及的深度。这样做的意图是产生一个整体硬化，但仅对质量轻的样品。这种操作方式能够达到很好的工艺要求，并能避免掩蔽物和凸纹的撞击和刮痕。图 3.68 所示为制造者对生产的钛合金组件，比如说外壳进行常规化学铣削的例子。尽管目前才开始进行常规的化学铣削，但这已是多年的经验总结了。

图3.71 经化学铣削的 Ti-6Al-4V 压缩机机壳（上半部分）
（由 GE 飞机发动机公司供图）

化学铣削的使用方法是在水溶液中混合氢氟酸（HF）和硝酸（HNO_3）。酸的浓度和水浴的温度决定了去除杂质的速度。正如在第2章2.9.2节中所讨论的，HF 能去除钛金属表面的氧化物，并使金属溶解。HNO_3 是一种氧化性酸，能清洁钛金属表面。在化学铣削中，要求能更好地控制金属的去除速率。金属的溶解反应是一个放热反应，因此水浴中，必须提供大量的冷却循环水并能连续使用。如果金属去除的速度太快，那么，在金属和水浴的交界面会发生汽化现象，产生的气泡会引起材料去除不均。如果不能控制 $w(HNO_3)/w(HF) \geq 5$，那么反应中将会释放大量的氢，该过程中，钛金属在水浴中会吸收氢。钛金属表面在化学铣削过程中是不会被氧化的，如果在水浴中氢电势足够高，那么氢的吸入会变得容易。化学铣削反应将会耗尽 HNO_3，因此，水浴中的化学成分必须得到稳定的控制，并且酸的比例要不断调整。在工艺过程中吸氢会对材料产生危害，必须极力加以避免。在合金 Ti-6Al-4V 中，氢的浓度如果超过了 100×10^{-6}，就会导致材料变脆，造成瞬时或延迟开裂。如果前面的生产操作使组件中留有残余应力或微结构及应力梯度，那么，就能观测到延迟开裂现象，例如，在临近的一个焊接点或刻痕附近。延迟开裂缘于氢扩散到对应区域的时间，该区域增加溶解度（高于 β 相的体积分数）或者降低化学势（静水张力）。在某些情况下，比如说在形成刻痕时，生成 TiH_2 的重要条件都已达到，由于 TiH_2 很脆，断裂即会开始。在生成 TiH_2 时，如形成开裂所需要的能量相对较低，开裂或断裂也能发生。在这些情况下，如化学铣削控制得不恰当，在化学铣削过程中，氢气的量将会增加。氢可以通过在600℃或更高温度下和在 1.33×10^{-2}Pa 压力或更低的真空退火条件下除去。对于大型零件，会产生一些明显的问题，例如，真空炉的尺寸、性能、退火过程中的部件变形。但是，这种方法对于回收被氢污染的大型、高价值的零件是可行的，但更好地调整水浴温度和成分，使这些都变得不再必要。

3.7.4 电化学加工

电化学加工（ECM）是一种常用的技术，主要用于制造有复杂几何特性的零件。比如，该法经常被用来制造小型燃气涡轮机上的翼形钛合金转子叶片。制造这些零件的其他替代办法是用 5 轴数控机床，但费用更高。ECM 技术的应用能提供低成本、高质量的产品。此种方法利用一个设计好几何形状的薄板电极，这种电极材料通常使用黄铜。工件，通常是铸块，放置在电解质，比如盐水中，电极连接在可以移动的磁头上，在电极和工件两端通入直流电，在电解池中阴极电极就做好了，由于电极非常薄，会使工件发生局部分解。ECM 机械头驱动装置通常是靠自动装置来控制电极和工件之间的距离，从而在电极尖端产生高密度的电流，这能保证电化学反应的持续进行。这种工艺要求具有和电极相同形状的又深又窄的插槽，其几何精度要求较高，这样才能通过电极设计。当插槽到达了设计的深度时，停止供电，收回电极并重新定位来制作下一个插槽，然后重复机械加工工艺。电化学加工是一种制造复杂几何形状产品的有效方法，例如，对于传统的机械工具来说，可能在没有足够的空隙允许进入时可用此方法，一体化的小型转子叶片就是一个很好的例子。ECM 的不足之处是在工具和工件之间有产生局部电弧的危险，从而产生局部损坏并积累重金属残余物，处置成本会变高，目前，自动控制工具和工件之间的距离已取得较大进步，这可最大限度地减小电弧损坏的危险性。

电化学工艺处理表面能起得很好的抛光效果，因为表面无应力，故没有任何可能由传统处理方法带来的机械损伤，参见 3.4.3 节。如果关注疲劳则需要进行喷射硬化。

3.8 检测方法

钛合金在许多关键结构中的应用导致了各种检测方法的发展和应用。这些检测方式一般分为两种：检测材料内部的体积方法和检测表面异常的表面方法。这些方法本质上是相辅相成的，在本节中将会介绍几种方法同时使用的情况，这样能达到高的可信度，对材料或组件的特性也没有影响，表 3.2 概括了这些检测方法。从表 3.2 可以看出有大量的检测方法，并且这些方法都有很广泛的应用，包括现场零件的检测等。现场零件的检测通常是在例行检修或者在特定情况下进行，在服务意外失效之后，需进行零件的整体检测。相对于表面缺陷来说，内部缺陷的损害明显要引起更大的关注。表面缺陷比较常见，也比较容易发现，所以表面缺陷引起突发性故障的可能性不大。

表 3.2 钛合金产品和组件的检测方法

方 法	应 用 范 围	表面或体积
超声波检测	锻造坯料，锻件，棒，轧卷，环、挤压件 现场零件	体积
射线检测	铸件，焊接	体积
表面侵蚀	已完成的锻件	表面
涡流探伤	已完成的力学性能，现场零件	表面
染色探伤	已完成的零件，焊接，现场零件	表面
表面复形	已完成零件，现场零件	表面

持续不断地检测小的缺陷能够提高结构材料高性能的可靠性，并能减少意外的服务失效。由于有能力设计高工作应力而不增加意外失效的风险，这些组件的结构效率也会提高。

3.8.1 超声波检测

钛和钛合金材料当在高性能应用时[3.33,3.34]，超声波检测是一种最常用的检测方法。这种检测方法使用压电转换器将超声波引入材料。这些波通常为纵向传输，在特殊情况下是横波。转换器的特征操作频率一般为5MHz，在检测时，传感器由水或其他材料介质耦合被测件。大多数工厂的检测是将检测的零件浸泡在水容器中。零件内部缺陷的检测是基于在其传播路径上超声波的反射。超声波传输在有不同声阻抗或声阻的某个区域就会发生反射。在传感器发出声波期间，停止发送并等待检测的反射波。检测零件通常会在前后表面有反应。这些反射波的标志性长度有助于确定物理位置和其他的超声波反射路径。反射波会显示在示波镜上，或者在有数字信号的情况下，在电脑监视器上显示。

图 3.72 所示为一个位置的典型扫描示意图。通过在传感器下移动部件

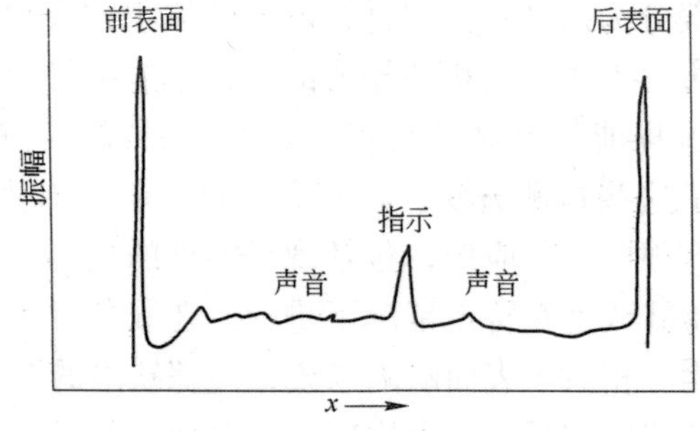

图 3.72 超声波扫描的振幅与距离关系的示意图

或在部件上移动传感器来检测整个体积范围。对于规则的图形，例如，坯和棒，传感器通常是固定的。对于不规则图形，例如锻件，传感器在一个系统模式下固定地移动到指定部件上。这个模式被设计成能够确保完全覆盖被检测片，称为扫描设计。根据使用情况的临界危险程度，扫描线被记录下来或以数字形式储存。不同于转子等级的应用，如果观测到超声波指示，操作者立即观察示波镜并且标记材料。这些区域是典型的重新检测区域，同时抛弃和取代有缺陷的部位。

超声波探伤在原理上是一个简单的概念，但在实际应用中，现代超声波探伤变得日益精密，因而也更复杂。在检测能力和获取信息能力方面，以及解释和理解检测过程中所观察到的迹象方面，一个现代超声波探伤仪仅与原始最简单的探伤仪存在很小的关系。自动化的计算机控制扫描仪器已经普遍化，数字图像和图像储存比以往更规范化。检测能力已经通过标准校准，这些标准是含有小钻孔的钛块，其中钻孔的大小不同，从0.4mm的直径开始（1号平底底孔的直径是(1/64)×2.54)cm，在尺寸上递增，校准块都经过检测以便能够检查到最小孔。有一项检测要求是利用购买者的原料或产品（锻造坯、锻件、棒或卷）作为工具，同时该检测能力必须是验证过的。标准同样用于评估测定检测过程中造成超声波指示不连续的相对大小，也可以指导随后对这些指示的根源和本质的分析。在用于燃气涡轮转子优质材料的检测时，每个超声波探伤痕迹必须被裁减，通过金相学和其他检测工具，如对局部化学成分进行分析的电子探针等方法进行分析。

这是一个耗时的过程，但通过对缺陷性质和根源的附加信息的分析，可以不断地改善燃气涡轮转子材料的质量级别。这些信息在随后的改进过程中是非常有价值的。另外，许多的工作已经延伸至超声波探伤指示相关的来源、本质、位置、金相和尺寸的关系上，这也可以提高对以前讨论错误叫法的解释能力（见3.2.3节）。

因为在超声波标准中，孔洞大小和材料中超声波指示的根源没有一对一的相互关系，这就需要相当多的技巧和经验来解释超声波指示。在锻造坯阶段找到缺陷，使缺陷成为锻件一部分的几率降到最低，避免必须增加额外的工作，去破坏锻件料是非常重要的。另外，无论锻坯表面加工还是大的截面尺寸，都会给超声波探伤带来特殊的难度。最大限度地检测到缺陷是必需的，但分析“误报”是一个昂贵的和破坏材料生产工序的过程，因此，必须有一个平衡，就是要同时能够确保所有可能的真实缺陷被检测到，同时反常的超声波指示也能被认知。

误报在大截面尺寸中是经常存在的，尤其是在坯中组织稍微粗大的地方，人们对于这些指示的起源仍然不完全理解。钛的弹性各向异性引起超声波阻抗局部改变，正如第2章2.3节中描述的，由于α钛的弹性常数在平行于c轴方向和垂直于c轴方向相差30%，在垂直于c轴方向组分显微组织就可以导致超声波指示的产生。由于从5MHz传感器发出的纵向声波波长大约相当于几百微米，平均显微单元尺寸的粗化组织将会分散声波，导致产生伪超声波指示，这种情况的材料通常称为“有干扰的”，是指超声波探伤中可以观测到时常发生的低振幅反射。在极端情况下，这个干扰引起误报或使其灵敏度不能满足当前的测量要求。对于这种情形的最有效办法是将材料加工成较细的组织，通过交替处理和重新加热，利用再结晶使组织细化已经获得成功。影响超声波检测的其他钛合金特性是声波的高度衰变，这是由于高亚稳态的β相造成的。这些亚稳态β相的衰退比其他金属大几个数量级[3.35]。相对于Ti-6Al-4V和Ti-6242，β相更稳定的合金（如Ti-17和Ti-6246）显示出更强的衰变，这将使其穿过厚截面发现缺陷并返回缺陷信号非常困难。实效材料以提高β的相稳定性可以使材料在“声波能力”上产生显著改善，因此，在材料生产过程中，超声波检测之前进行实效已经成为一个普遍的现象，特别对于检测β相合金，例如Ti-17或Ti-6246等。

前面的讨论使我们知道钛合金产品的超声波检测，随着截面尺寸的增加变得更加困难。在过去的几年里，一个可以使大截面探伤也具备与小截面同样精确度的新的超声波探伤方法已经诞生，这个方法利用一组传感器，每个传感器在圆坯整个体积内的柱面上聚焦在不同的深度范围。如图3.73所示的例子，4个排列的传感器检测4个区域。实际上，每个传感器相对于整个截面来说检测相同的环形区域厚度。由于坯分成不同区域，此种方法称为多区域法[3.36]。实际上，传感器集中安排在单一的区域。图

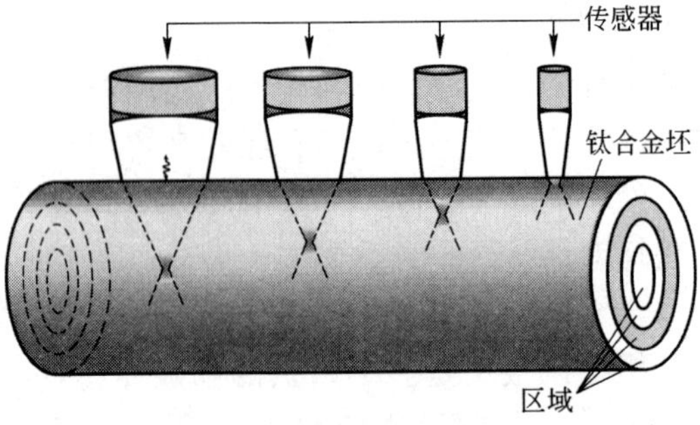

图3.73 多区域超声波探伤方法
（由GE飞机发动机提供）

3.73 更清楚地显示出这种多区域检测方法。最后指出，多区域超声波检测可以检测出传统单一传感器检测方法不能检测到的缺陷，例如，图 3.74 所示为一个传统检测方法不能检测到的钛合金坯应力诱导而产生多孔的例子，图 3.75 所示为在坯中的“硬 α 相”（缺陷 I ）同样的超声波图像，这也是一个用传统超声波探伤方法不能检测到的缺陷。多区域超声波检测法可以检测到比传统超声波检测更小的缺陷，这个技术允许可检测的间断的最小孔尺寸从 0.8mm 的标准减小到 0.4mm，这个变化在评定涡轮发动机的寿命上，对提高可靠性和精确度是非常有用的，在军事上和商业上都可以广泛应用。

图 3.74 钛合金坯应力诱导多孔的数字多区域扫描
（由 GE 飞机发动机公司提供）

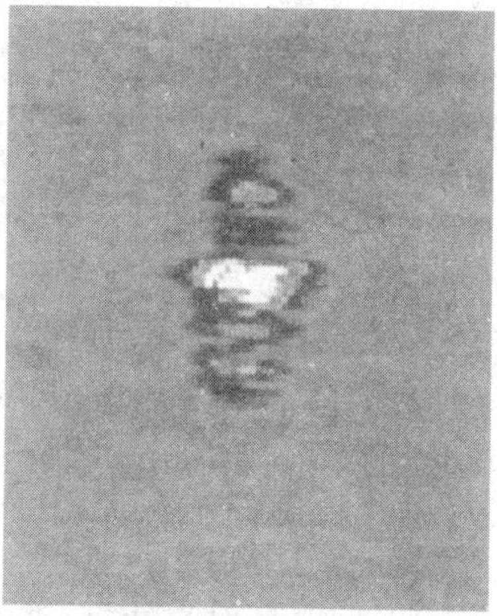

图 3.75 钛合金坯显示“硬 α 相”的数字多区域扫描
（由 GE 飞机发动机公司提供）

当今，不管是对原料（坯、棒、卷），还是对锻造后的半成品的检测已经非常普遍。考虑到通过超声波检测可以提高缺陷的检测，那么这些多余的描述可以看成是非常保守的。锻造模的运用和多区域检测坯的有效性，本质上导致了在对锻件超声波检测过程中可以检测不到缺陷，因此，这个检测会增加大量的成本而几乎没有益处。如果航空和航天工业采用“声波坯”，那么在锻造处理时可以进行一些重大的改进，其中最重要的可能是大量的近成形锻造处理。3.4.1 节表述了“声波形状”中成本与这个处理的关系，到目前为止，可察觉的风险和对责任的担忧，尤其是严重的故障可能引起的重大事件，阻止了飞机发动机都采用这种“声波坯”处理。

很明显，这些是实现成本大幅度降低的主要原因和障碍，假设在对锻件进行超声波检测过程中始终没有缺陷，即在某些观点下，充足的数据允许零风险的去除，这个多余的检测是可信的。

3.8.2 射线检测

射线照相技术是一种为了找到如空位、气孔和裂纹等内部缺陷时不连续的检验方法。射线照相技术依靠缺陷探伤质量的不同，射线照相技术在钛的 W 富集缺陷检测中非常有效。在早期的钛工业史上，射线照相技术广泛应用于无自耗电极熔炼，对锻件射线探伤的需求，在整个钛工业开始采用自耗电极熔炼后保持了许多年。射线照相技术对裂纹的检测效果强烈地受 X 射线源和裂纹的相对方位的影响，像均匀的不连续的气孔和空位没有这种限制，射线照相技术通常应用于熔化焊接的检测。大多数焊缝的缺陷是由于凝固收缩或熔化裂纹产生的，许多焊件也都是小截面，例如薄片，局部质量的差异在薄截面上更大，这也增加了这种检测方法的检测能力。一般而言，射线探伤没有超声波探伤使用广泛，主要原因是大多数的检测是在大件型材上，而超声波探伤在大件型材上更为有效。今天，射线照相技术广泛用于焊缝检测，也经常用于铸件的检测，因为铸件的缺陷大多数是收缩引起，因此，利用射线照相技术更容易进行检测。射线照相技术是对不规则形状部件和薄截面铸件的理想检测方法，而此时如应用超声波探伤检测则十分困难。

近些年来，断面 X 射线计算机照相技术同样变得重要，这归功于信号处理和数字文件可以直接地利用计算机辅助系统（CAD）进行修正。由计算机计算的断面 X 射线照相仪器非常昂贵，因此，只有大型企业才投资购买此仪器，这样就限制了 X 射线计算机照相技术的应用范围。

3.8.3 表面侵蚀检测

对关键钛合金零件，例如转子和翼片的检测，表面侵蚀是一种有效的、补充的检测方法。这种方法是将一个表面加工完好的机械零件侵蚀在化学浴中，根据宏观组织和微观组织进行有选择性的侵蚀。因此，侵蚀能够有效地检测 β 斑点（例子见图 3.13）、连续的 α-型、在“硬 α 相”附近的氮稳定 α 富集区域（缺陷类型Ⅰ，见图 3.14（a））、Al 富集区域类型Ⅱ和一些应力诱导多孔（SIP）。用于表面侵蚀检测的侵蚀液有几种，见表 3.3，有氟化氢铵（ABF），蓝色阳极侵蚀（BEA），水稀释的 HF/HNO_3，从该表中可以看到，BEA 是最灵敏的，这种方法已经成为检测大型转动件和大型涡轮发动机，尤其是商业飞机发动机风机叶片的工业标准。由于应用这些技术在机车检测过程中需要大量的经验，因此，选择一个强的腐蚀过程是十分重要的，在这点上，蓝色侵蚀阳极氧化比氟化氢铵侵蚀更有效，但如果运用适当，这两种方法都可以达到同样的效果。蓝色侵蚀阳极氧化起初是开发来检测Ⅱ类缺陷的，但被证明可广泛应用。图3.76所示为某一发动机部件经过蓝色侵蚀阳极氧化后的例子。该图中，不均匀的灰色阴影是由于β加工基体中（α+β）区域的存在。在实际零件腐蚀中，将会出现不同的蓝色阴影，这将使这类不规则目视检测法消除。图3.77所示为钛旋转路径相同的部分，通过氟化氢铵的侵蚀和蓝色侵蚀阳极氧化的对比图，这组数据清晰地显示出两种方法测试的灵敏度区别。

表3.3 表面腐蚀检测方法

方 法	侵 蚀 液	灵敏度
蓝色阳极腐蚀	4个步骤： (1) 热水清洗：30g/L的磷酸三钠、3g/L的硼酸、润湿剂； (2) 酸腐蚀：氟化钠、硫酸（使用者自行配制浓度）； (3) 阳极处理：pH值为8～9的磷酸三钠溶液，抗腐蚀剂（零件是阳极，控制侵入时间获得好的对比度和灵敏度）； (4) 背面腐蚀：30%硝酸水溶液，1.5%～3%氢氟酸	高
氟化氢铵	2个步骤： (1) 酸腐蚀：15%硝酸水溶液，3%氢氟酸； (2) 氟化铵处理：含18g/L水溶液	中等
HF/HNO_3 稀释	1个步骤： 30%硝酸水溶液，3%氢氟酸	低，中等

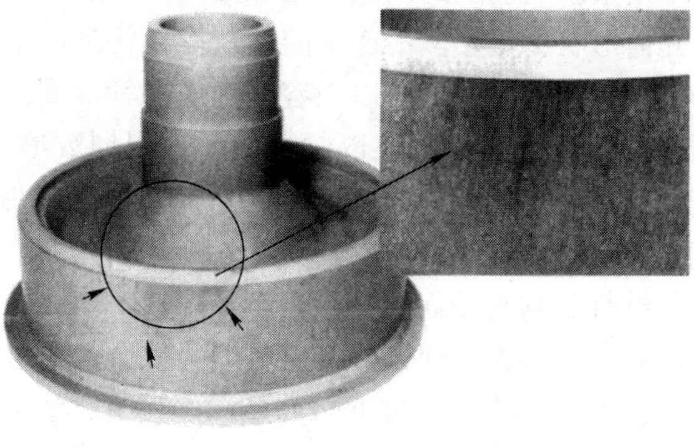

图3.76 蓝色侵蚀阳极电镀部件显示的一个较高局部β转变区域

（由GE飞机发动机公司P. Wayte提供）

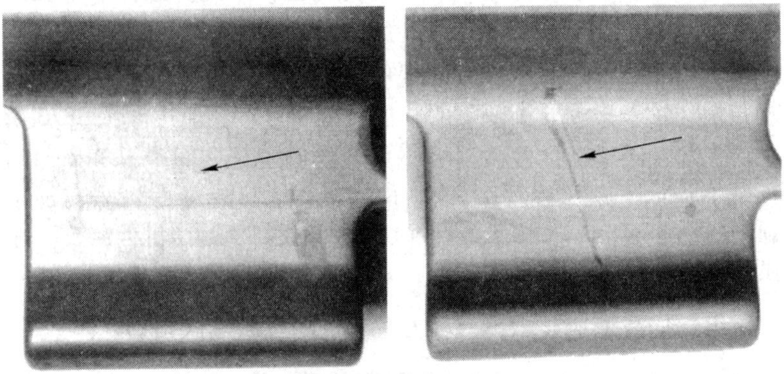

(a) (b)

图 3.77 两种不同工艺下的同一侵蚀区域

(a) 氟化氢铵的侵蚀；(b) 蓝色侵蚀阳极电镀

机身制造厂没有使用表面腐蚀测试法，一部分原因是部分机身较大，另外是因为这些部分的裂纹扩展远胜于低循环疲劳极限。表面侵蚀显示的不规则类型对在开始产生裂纹缺陷处的大量低循环疲劳行为是非常有害的，很显然，表面腐蚀检测对于零件，如转子和大型风机叶片的表面检测是对超声波探伤体积检测的必要补充。

3.8.4 涡流探伤

涡流探伤是一种表面和近表面的探伤方法。这种检测方法利用高频率（10kHz ~ 2MHz）的电磁探针在靠近材料的表面产生涡流[3.37,3.38]。在涡流检测中，有两个因素影响电阻的测量，也就是几何形状和固有电阻。对于检测钛产品，几何形状更重要。不连续的间断操作将会产生电流并且引起局部电阻抗的升高，电阻的升高可以很容易地被探针检测到。通过改变探针的频率，测试层的深度会使电流以频率的平方根倒数形式改变。在 CP 钛中，渗透层大约在 10kHz 时为 4500μm，在 1MHz 时降低为 450μm。对于钛合金部件的检测，涡流通常用于检测导致中断传导路径（裂纹、褶皱等）的几何不连续性，这与用涡流检测铝合金形成对比，在铝合金中用测试电阻变化来区分不同的热处理条件，这是因为钛合金的电阻随显微组织的改变是很小的，然而，欧洲的最近研究显示，涡流方法可以检测大的 β 斑点和非正常加工产生的影响，这也许对于疲劳关键部件中的深钻孔的检测是非常有用的。

在一些钛的应用中，例如，在军用飞机发动机盘中，涡流探伤与超声波检测是互补的（一个用于部件的整体体积检测，而另一个则用于部件的表面检测）。这些发动机盘的寿命计算，通常基于疲劳裂纹的扩展而不是疲劳裂纹的产生，因此，盘的寿命在利用裂纹生长计算的方法时与初始间断尺寸有非常大的关系，较小的尺寸会有更长的使用寿命，所以能够检测出最小不连续尺寸的能力对于计算是非常有必要的。对于许多军用飞机发动机检测，时间间隔是依据发动机结构完全系统（ENSIP）而定的，精密涡流探伤已经应用于 ENSIP。涡流探伤对于其检测是非常理想的，可以重复检测到 25 ~ 50μm 一样大小的范围。图 3.78 所示为一个旋转轮的图片，该图片中，可以清晰地看见楔形槽，由于槽的存在，很明显利用其他任何方法对槽的检测都不是最佳的检测方法。涡流探伤也经常应用于发动机检测中的裂纹检测，这些都离不开传统的涡流电子探针的发展，通过使零件在失效之前被取代或继续使用，以保证零件的批量生产。

图 3.78 利用探针涡流探伤检测飞机发动机转子的楔形槽
（由 GE 飞机发动机公司提供）

总之，涡流探伤是在目前使用最灵敏的表面检测方法，它用于检测和其他部位不连续的局部特性。由于扫描整个表面非常耗时，因此成本很高，故涡流探伤通常不用于整个表面检测。

3.8.5 染色探伤

染色探伤是表面检测方法中最古老的，但它仍然广泛地应用并且能够提供有用的信息。染色探伤是基于在表面染色，随后移除而产生的连接不连续的吸附和选择性保留的方法。染色保持力产生的原因是由于毛细管的作用，因此，染色保持力随不连续的紧固而提高，如裂纹。即使借助放大镜，类似于这种不连续在视觉上也很难被发现。染色应用和除去后，保留染料的检测，则需要借助显影剂或者在紫外线光下观测。对于前者，染色剂以红色为主，显影剂以白色为主，通过显影剂局部变红来显示不连续的染色，对于后者的情况，染色包含的化学物质在紫外线下会发荧光，这种方法也称之为荧光渗透检验法（FPI），零件的检测通常在暗室里（通常用门帘遮挡），可以通过不连续处发出的荧光很容易地进行检测。

实际上，染色探伤包括以下几个步骤：

（1）将部件浸没在染色液中；

（2）冲洗部件，使部件上多余的染色重新流回液体中；

（3）用水或溶剂清洗部件并使其干燥；

（4）使用显影剂或在有紫外线的房间里进行检测；

（5）标记所有的信息以便于以后详细的检测。

染色探伤在现场检测中是非常方便的方法，包含染色和显影剂等物质的全套工具统一装于气溶胶罐出售。荧光渗透检测在现场检测下不是很容易完成，因为该检测需要产生紫外线的电流和相应的暗室环境，通常，如果利用荧光染料，检测的灵敏度会有所提高，同样，采用先进薄膜的荧光探伤系统则具有非常灵敏的检测能力，这个改进是利用一个聚合的薄片伴随着连续薄片的剥落进而对检测过程记录进行永久保存的。荧光探伤广泛用于飞机和飞机发动机的检测和修复，它是对已被维修的裂纹再进行检测时非常稳定、灵敏的检测方法，虽然它的敏感度低于涡流探伤，但由于它可以检测到表面连接裂纹，所以，这种方法还是非常有效的，另一原因是很难通过渗透探伤检测残余应力挤压或狭窄表面缺口产生的裂纹，通过拆卸，根据部件使用的损坏程度，对个别被检测到裂纹和有裂纹的零件进行修复或淘汰。

3.8.6 表面复形法

表面复形法是一个较老的、但非常有效的检测表面和表面连接缺陷的方法。这个技术是应用溶剂软化的醋酸纤维薄膜，将这个软化的薄膜压入到检验区域并使其变干，变干以后，小心地将其剥落并在显微镜下检测，该薄膜呈现出表面形貌，任何粗糙表面，如裂纹或加工褶皱，如与实际情况不符，将可观察到。表面复形法有几个优点：第一，它可以通过检测难直接接近部位的复制品来代替直接检测；第二，表面复形法可以永久记录和储存所检测的信息，在以后可以重新检测；第三，表面复形法可以对检测部件完全无损坏，同时可以用于法律或不允许其他可能改变有问题区域的检测。表面复形技术广泛应用于部件的局部抛光表面，可以通过蓝色侵蚀阳极氧化或氟化氢铵侵蚀在这些表面上进行标记，也可用光学显微镜或扫描电子显微镜可以对制膜探伤中的信息进行更进一步的分析。

3.9 表征方法

这节将描述对钛合金的组织、微观结构和择优取向检测的常用方法和技术。钛合金在切割或制备时，易产生局部流动或污染，因此，它们受一系列各种物件制备过程的影响，如果要显示钛合金真正的组织和显微结构，就必须避免它们发生，这些也将讨论。在进行所有材料的制备和检测时，专业人员会采用一系列合适的方法，此处没有必要对所有的方法进行描述。也许在多年后，将会描述经过一些作者和钛合金研究人员使用而被证实的方法，这些方法被所有的钛合金研究者广泛应用，因此，这些表征方法所涵盖的内容与本书的预期目的是一致。

3.9.1 光学显微镜

用于光学显微镜检测的钛合金试样制备工艺中的抛光技术同样也可以应用于扫描电子显微镜和 X 射线衍射的研究，因为制备无畸变表面的钛合金试样是这些研究方法的核心，因此，这些制备方法是后续表征工作的基础。

钛和钛合金抛光可以用机械抛光，也可用电解抛光，最初的步骤是相同的，即采用普通的磨光纸，先进行干的粗磨，然后进行中等程度的湿磨，最后用一般的 SiC 抛光纸进行湿细磨。

机械抛光通常分为两阶段。第一阶段是用金刚石研膏加煤油或氧化铝加水预磨；第二阶段是用细的金刚石研膏或氧化铝（直径 0.05μm）在水和稀释的 HF 中抛光。钛在抛光过程中会产生污迹，HF 可以除去金属表面上的这些污迹。在抛光过程中，需要戴橡皮手套来保护双手以免受 HF 的伤害。受污染的金属会使真实的微观结构模糊不清，应设法避免。含有金属污迹的试样，其表面结构很逼真并会使人产生误解，这是很真实的，专业的金相制备人员对此非常熟悉，会采用不同的方式消除这些人为的误导，对于制备用于金相检测的钛及钛合金试样时的机械抛光，必须引起高度重视。机械抛光的缺点是试样需要固定在热固性复合材料中，如酚醛塑料或有机玻璃或环氧树脂中，这个过程非常费时而且扫描电子显微镜检测过程中遇到一个问题，这将在后面进行介绍。机械抛光也具有优点，即便固定的试样是硬的或有黏性的，也可以得到边缘保持完好的完整试样，这样，即使试样截面存有多余的氧化物杂质，也可以进行金相观察和显微硬度测试。如第 2 章所述，氧是一种空隙增强剂和 α 相稳定剂，因此，（α + β）合金中的氧杂质会使表面附近的 α 相体积分数增加，在极端情况下，整个表面会完全变为 α 相，有时称为 α-型。由于氧的增强作用，污染层的硬度也会稍高，此种情况下，沿垂直表面方向，每 5 ~ 10μm 测量显微硬度，以便确定富集的程度。局部硬度随表面深度的增加而减小并在某些点逐渐接近心部（心部硬度），这是氧杂质的限度，这个限度可用于指导用化学腐蚀除去材料污迹。另一个常见的问题是在用机械抛光亚稳态 β 合金时会出现马氏体，认真的机械抛光或将在后面介绍的电化学抛光可以消除这种人为的影响，如图 3.79 所示，从图 3.79 中可以看出，适宜的制样显示出没有 β 相的转变（见图 3.79（a））。图 3.79（b）表示的是，如果不小心注意的机械抛光将会诱导相变产物。

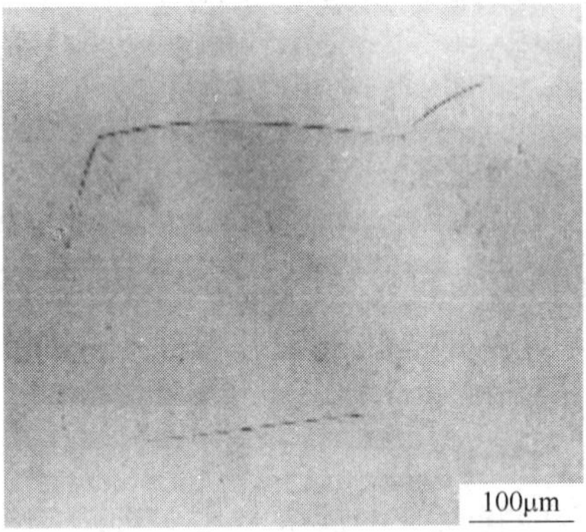

(a)

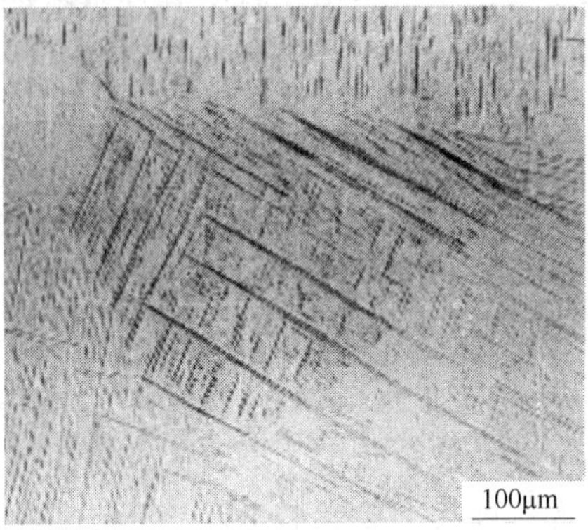

(b)

图 3.79 Ti-6246 机械抛光中人工操作影响的简图（LM）

（a）适宜机械抛光技术下试样未转变的 β 相；（b）机械抛光下形成的应力诱导马氏体

钛和钛合金很容易实现电解抛光，这也是一个有效的快速检测方法，电解液和抛光条件见表 3.4。电解抛光只需要简单的准备而不会产生任何的污染，电解抛光试样不像机械抛光试样那样平滑，不足的平滑性成为在高倍数光学显微镜检测下的缺点。现在更多的高倍检测都用扫描电子显微镜，因而，这个缺点也不再显得那么突出，事实上，扫描电子显微镜的景深在金相技术中是一个非常有利的条件，在本章的后面将会详细介绍。

表 3.4 钛的电解抛光（电解液和抛光数据）

电解液成分	抛光条件	抛光电压	注 释
5% H_2SO_4，1.25% HF，平衡甲醇	通风室中室温下抛光（司特尔，标乐或其他）	25～30V（DC）	推荐 LM 制备。抛光 30s
300mL 甲醇，175mL 丁烷，30mL 高氯酸（70%～72%）	用不锈钢阴极 -30℃冷抛光	12～20V（DC）	推荐 TEM 制备。常规浴搅拌 防止"泡沫痕迹"

抛光完成后，可以用克劳尔腐蚀或草酸染色腐蚀（见表 3.5），后者与取向有关并可以帮助显示 α/α 晶界，这两种腐蚀剂都是广泛应用的，并且产生了良好的效果。克劳尔腐蚀通常需要擦洗表面而草酸腐蚀是直接将抛光面侵蚀在腐蚀液中观察，直到颜色变灰色为止。长时间的再腐蚀经常会用于这两种腐蚀，所以根据检测需要制定的短时间初次腐蚀时间可以帮助避免过腐蚀和后续的重抛光。克劳尔腐蚀溶液可以混入一些强酸，腐蚀液中含较高的 HF，这对 SEM 检测的深度腐蚀非常有用，两种腐蚀剂的成分和应用的详细介绍见表 3.5。尽管如此，对金相试样的制备还存在着许多重要的"技巧"，因此，除了上面介绍的，还有许多其他的制备技术，然而，以上方法是非常有效的并且几乎适用于任何金相的制备和观察。

表 3.5 钛和钛合金的金属静力学腐蚀

项 目	使用方法	腐蚀剂成分
克劳尔腐蚀	擦洗到表面有较少反射	95mL H_2O，3mL HNO_3，2mL HF 或 95mL H_2O，4mL HNO_3，1mL HF
草酸染色腐蚀	浸泡，在抛光表面出现"云斑"后除去	等体积的含水 10% 的草酸和 1% 水 HF 溶液

α 钛是六方结构，具有光学异向性，偏振光可以提供关于晶粒相对取向的有用定向信息，利用偏振光来测定结构角度（择优取向）是非常快速和准确的，用该法可以充实取向成像电子显微技术（OIM），取向成像电子显微技术将在本章后续介绍，图 3.80 所示为用明场像和偏振光照射观测到的 Ti-6Al-4V 的例子。用偏振光观测，必须在抛光状态（未腐蚀）下进行，明场像观察需在腐蚀后观察，这两种显微图像的信息可以利用偏光法获得。

由于腐蚀速度的各向异性，诺马尔斯基（Nomarski）干涉显微也是对钛合金检测有效的方法。利用诺马尔斯基物镜检测可以对表面形貌进行重

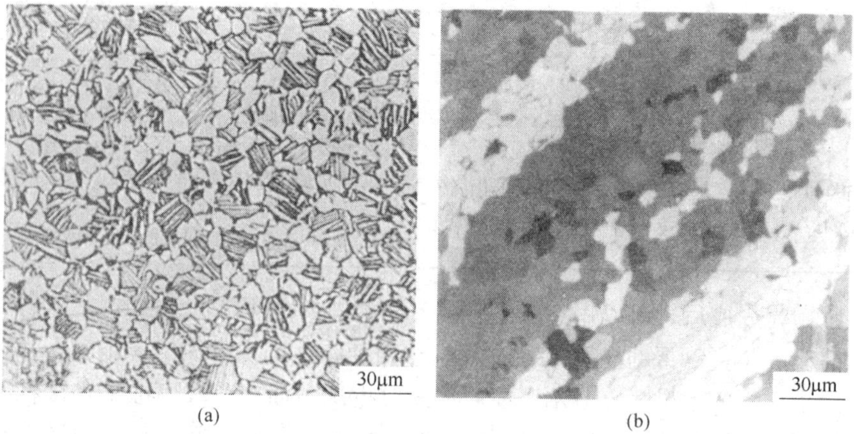

图 3.80 Ti-6Al-4V 的微观织构（LM）
（a）明场像；（b）偏振光

点显示，其图像是非常美观的。实际上，这些图像包含的信息并不比一般的明视场图像多，在美学上无可挑剔，但最重要的是它符合透视画法并且能保存信息，图 3.81 所示为一个诺马尔斯基干涉图的例子。

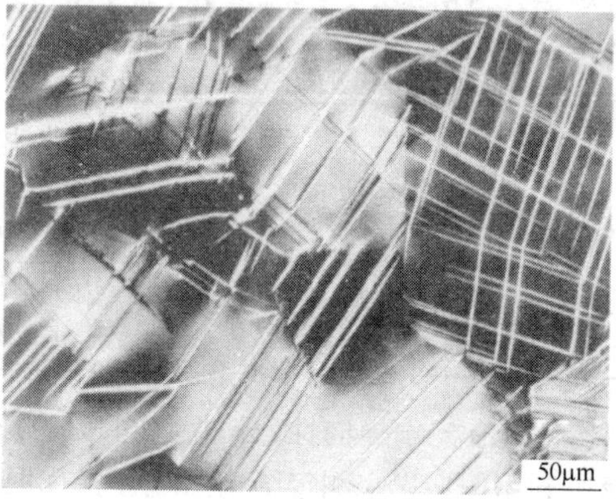

图 3.81 变形 Ti-Mo 合金孪晶的诺马尔斯基干涉图（LM）

3.9.2 电子显微镜

用透射电子显微镜（TEM）和扫描电子显微镜（SEM）等电子光学仪器检测钛及其合金可以获得一些信息，这些信息可以对通过光学显微镜法和 XRD 衍射检测方法获得的表征方法进行补充。本节将概述 TEM 和 SEM

在钛及其合金特性分析方面的应用，包括相关试验技术的简要总结。

3.9.2.1 透射电子显微镜

通过金属薄片透射电子显微镜检测钛及其合金的能力滞后于对同类其他金属的检测，如 Al 和 Cu 合金等，这主要是由于制备高质量的钛基薄片很困难，这在某种程度上与钛的活性有关，包括电解抛光和化学抛光过程中钛容易发生吸氢等，在文献中，有一些早期关于与氢反应得到相关产物的例子。Blackburn[2.26]是最早利用电解抛光常规制备钛薄片样品的研究者之一，他利用文献［3.39］所描述的窗口法 并采用甲酸、丁酸和高氯酸电解液以及前表 3.4 描述的抛光条件，这种抛光方法可以制备各种类型和组成的钛合金薄片。如果抛光过程是在低温下进行，则可减少样品中吸收的氢含量。目前，较受欢迎的薄片制备方法是采用专门为制备 TEM 样品设计的半自动喷射抛光机对直径为 3mm 的圆片进行喷射抛光。喷射抛光速度快，重现性好，能够减少制备样品引起变形的风险。早期的商用喷射抛光机由美国的 Fischione 公司制造，但是 Struers 公司和其他一些冶金检测设备制造商现在也销售喷射抛光机。

电解抛光最大的缺点是局部去除速率受局部电化学溶解电位的影响很大。在化学成分明显不同的两相合金中，就会出现优先侵蚀一种组元的现象，这会导致薄片不均匀，或者在极个别情况下，薄片中只有一种组元。利用离子抛光制备薄片可以减少这种选择性的侵蚀，离子抛光还有不使氢介入样品的优点，实际上就是减少氢的含量，这是因为在适宜的局部离子束加热条件下，离子抛光使钛的新鲜表面只暴露在真空中，这种方法至少需几个小时来制备一个样品，但是它仍被认为是最受欢迎的方法，其原因是它可以应用于一些特定的环境，将在后面描述其中的两种情况（界面相和自发松弛）。离子抛光利用在高压下（通常 10 ~ 20kV）加速的氩气离子束喷射到直径 3mm 的 TEM 圆盘上。在材料中，原子数等于或大于钛的物质被离子束轰击受破坏的程度是极小的，仔细观察钛基样品会发现一些离子作用的斑点，但这并不妨碍形成很好的图像，也不会对样品的微结构检测产生不利的影响。

不论使用什么物质除去方法，制备腐蚀薄片的原理是相同的，物质逐渐被除去直到样品穿孔，沿着穿孔边缘不规则状的物质很薄，电子容易穿过。在 TEM 样品中，实际检测的体积是很小的，但检测者有时忽略了检测时所用的是高放大倍数。透射电镜用于描述微观结构均匀分布的优点是无法超越的，对于微观结构分布不均匀，如大晶粒物质的晶界，在描述微小区域、关键部位的特征市，应准备多个薄片，这个过程非常耗时而乏味。更高的加速电压显微镜可以增加电子穿过样品薄片的数量，但如果关键区域的形貌仍不均匀分布，仍然会限制它的使用。

现在有一种新的设备允许在预定位置使TEM样品变薄，该仪器即为聚焦离子束设备（FIB），FIB最初是用来研究缺陷密度非常低（小于$10^{-4}cm^3$）的电子材料。现在FIB在冶金研究方面显然是一种有用的工具，FIB使TEM从一个强大的描述一般物质微观结构的工具转变为一个也能解决实际问题的工具。这是因为该设备可以选择一些关键的特殊区域进行检测，并且这些区域能够人为地选择。FIB设备在冶金研究方面的应用才刚起步，这种仪器可能使实际意义上的真实结构材料的微观结构研究发生历史性的突破，这种仪器用于研究由于微观结构分布不均匀而可能影响到材料性能的特征尤其实用。

在早期的钛及合金的TEM研究中，通常会有几种金属薄片的人为信息，并且这些人为信息并不能总是被严格地识别出来。另外，前面提到的氢使微观结构变模糊的总体影响是第二个值得提的影响因素，这是在($\alpha+\beta$）合金中界面相的信息以及β合金中α沉淀物的完全畸变。这些影响已经在几种刊物上介绍过[3.40,3.41]，界面相的组织如图3.82所示。现在可明显地看出，这种相是金属薄片的人为信息，这个结论是通过同种材料样品经过喷射抛光和离子抛光证明了的。喷射抛光样品含有晶界相，而粒子抛光却没有，这种结果是可信的，因为它证明了界面相是氢相关的人为信息。实际上，一旦理解了这一点，在对（$\alpha+\beta$）钛合金微观结构进行基本解释时，界面相就不会造成任何特别的混淆，然而，界面相的确会使α/β相本身变模糊，就像在离子抛光样品中看到的那样，如图3.83所示。在这些情况下，界面相作为研究对象，离子抛光是必要的。如果电解液温度大约在-20℃以上，就会造成在抛光过程中氢元素显著增加的风险，这将导致大量的块状物集结，造成TiH_2沉淀析出。这些氢化物可能形成片状，造

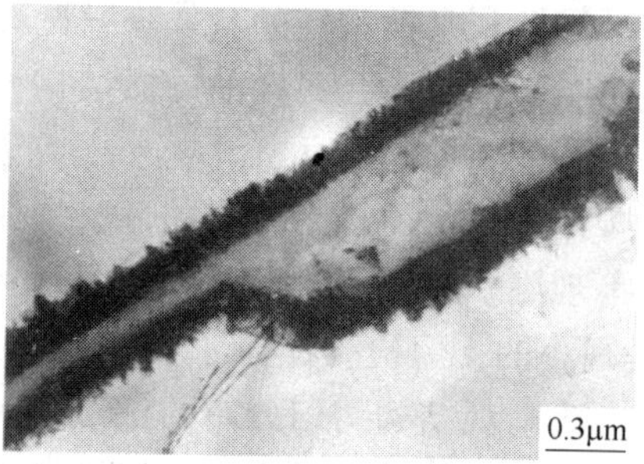

图3.82 Ti-6Al-4V样品电解抛光下的界面相（TEM）

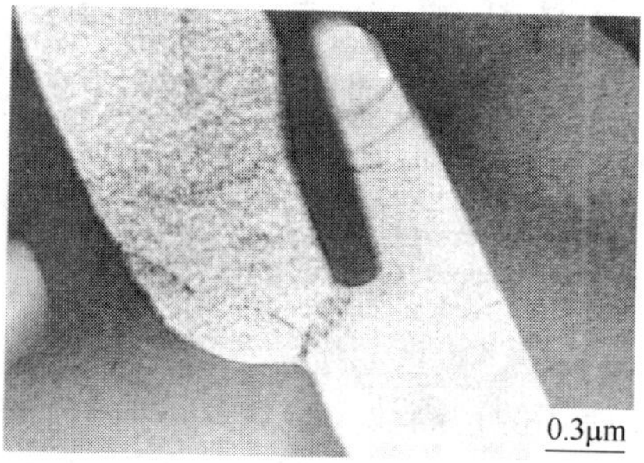

图3.83 离子抛光样品没有界面相(TEM)
（由DMRL的D. Banerjee提供）

成干涉条纹反差置换，从而误认为是堆垛层错，图3.84所示为一个由氢化物造成的干涉条纹反差的例子。在显微镜下加热含这些形貌的样品至几百摄氏度，就会使与氢相关的相消失，氢的影响是为什么在这么小的温度范围会发生这些变化的唯一合理解释。电解液温度较高的条件下抛光，也可在表面生成小而连续的氢化物，并产生应变反差，如图3.85所示，在加热过程中这些表层的氢化物也会消失，它与氢化物自身的形貌特征是一致的。

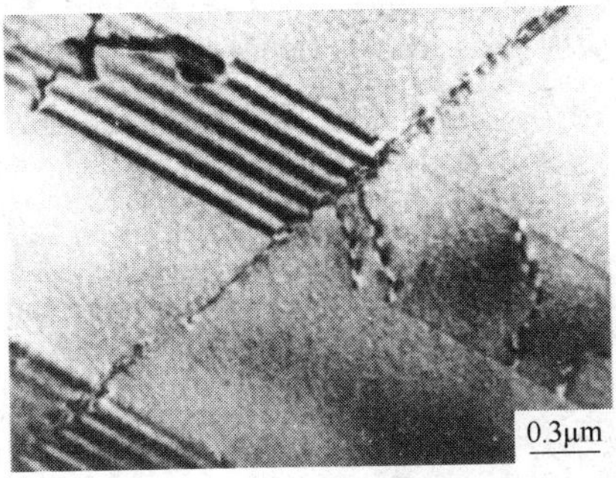

图3.84 Ti-5Al-2.5Sn由于存在薄的氢化物而取代边缘差别（TEM）

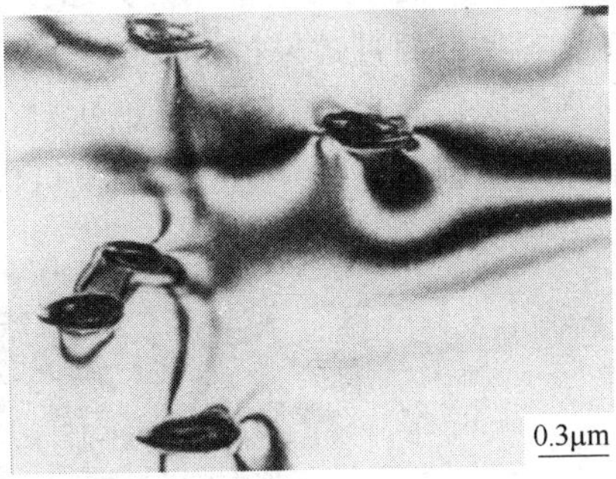

图3.85 电解抛光显示的沿样品薄边的表面氢化物的应力对比（TEM）

利用TEM检测钛合金的另一个特征是当主体束缚在钛合金的减薄过程中被消除时，会有亚稳定相“自发松弛”现象的出现。有两个例子值得注意：第一是在薄片中斜方马氏体转变为面心立方结构[3.42]；第二是在薄片薄区中亚稳态β相的自发切变，得到图像中的“类马氏体”形貌，它会被误认为是真实微观结构的一部分[3.43]，如图3.86所示。包含了斜方马氏体或亚稳态β相的离子抛光样品不显示这两种金属薄片的人为信息[3.44]，文

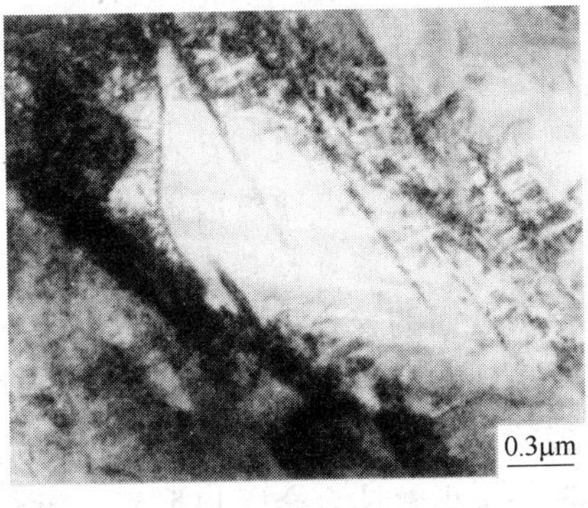

图3.86 薄片伪影实例：Ti-6246亚稳定状态β相中的“类马氏体”形貌（TEM）

中所指的“自发松弛”的产生是由于薄片样品的界面运动或界面产生而导致的，由离子抛光的少量破坏可阻止这种现象的发生，这是离子抛光的另一个优点。

3.9.2.2 扫描电子显微镜

钛合金的本征精确微观结构需要在相对高倍率下检测，加上钛合金机械抛光的困难，对样品的制备是一个很大的挑战，这些样品要有适合在高倍率下获得高清晰光亮显微照片的平整区域，因此，对于高倍率下金相的检测，SEM 已成为了常用的方法。SEM 景深大、分辨率高，检测电解抛光样品容易，而且效果很好。图 3.87 所示为一个 SEM 的微观照片，它给的细节层次，通过 LM 法是很难达到的。另外，除了电解抛光样品外，克劳尔深度蚀刻样品（见表 3.5）也可以很好地区分物质成分。

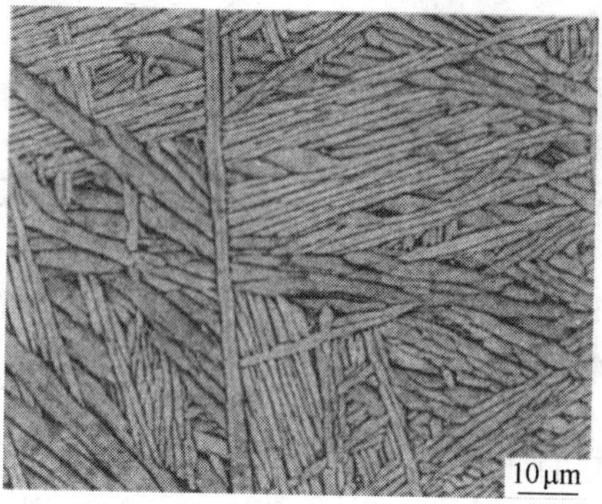

图 3.87 片状 α 相间溶解了小的片状 α 第二相和薄的 β 相“骨架”的 Ti-6Al-4V 结构簇（SEM）
（由俄亥俄州立大学 M. Juhas 提供）

SEM 极好的景深还促进了另外一种有趣技术的发展，即用于表征断面形貌和微观结构之间的关系。在这种技术中，一部分断面利用标准电镀定形剂保护，邻近断面则通过电解抛光直到其表面光滑，接着再次利用 95-3-2 版本的克劳尔刻蚀法进行腐蚀，再通过溶剂去除定型剂，清洁并干燥断面及其邻近的抛光表面。当样品放在扫描电镜下的时候，可以直接观察到样品的微观结构和被保护断面的交叉区域。正是由于扫描电镜的景深，微观结构及断面才能同时呈现在扫描电镜的图像中。这项技术可以直接观察到微观结构对断口形貌的影响，其两个应用例子分别见图 3.88 和图 3.89，据证实，该技术对于进一步理解钛合金断口形貌，包括其潜在的微观结构之间的关系非常有用。

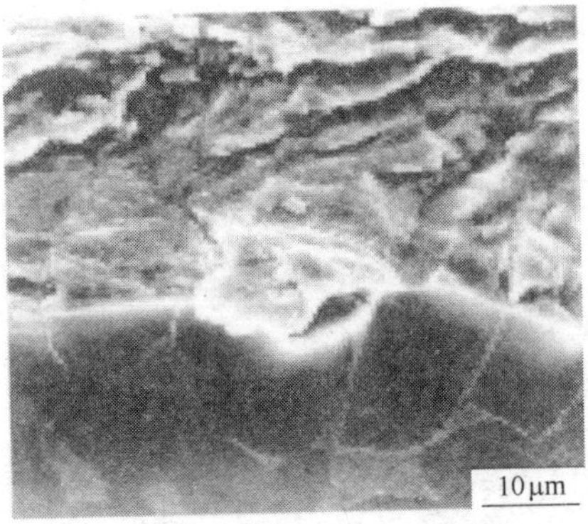

图3.88 稳态腐蚀样品显示的断层形貌与本质微观结构的关系（SEM）

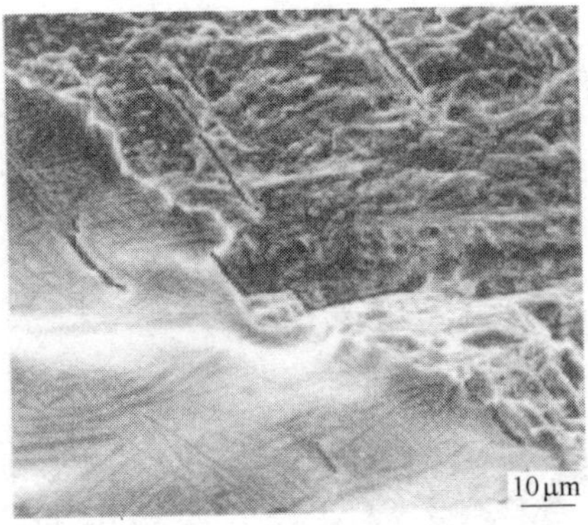

图3.89 稳态腐蚀疲劳断层表面显示的次裂隙与片状α的关系（SEM）

最近，背散射电子衍射能力的提高以及利用计算机实时自动检索系统的改进，产生了一种新的成像方法[3.45]，这就是所谓的取向成像电子显微术（OIM）。这种成像方法收集个别微观结构成分的晶体取向，使用SEM的背散射电子衍射来观察，生成描述晶体取向变化的图像，预先给定取向多面体表面相对于样品表面法线的方位角度，然后用取向多面体进行成像，例如，如果一个α晶粒的基极在电子束的5°之内，属于这种晶粒的像素在图像中用一种颜色表示，方位角大于5°小于10°的晶粒，用另外一种颜色表示，最终的图像是一个取向图，是对实际图像的补充，取向多面体见图3.90。通常情况下，这种多面体的每个面上有不同的颜色，但这里显示的不同灰度层次是对这一技术的合理说明。图3.91表示出利用这种成像技术形成的两种取向图，图3.91（a）中大片的连续灰色区域表明有微观织构存在，而图3.91（b）中随机分布的灰色阴影则表明几乎没有微观织

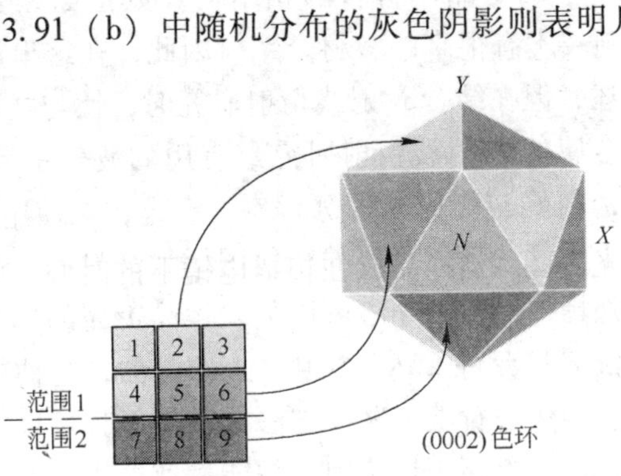

图3.90 解释取向图像的取向多面体

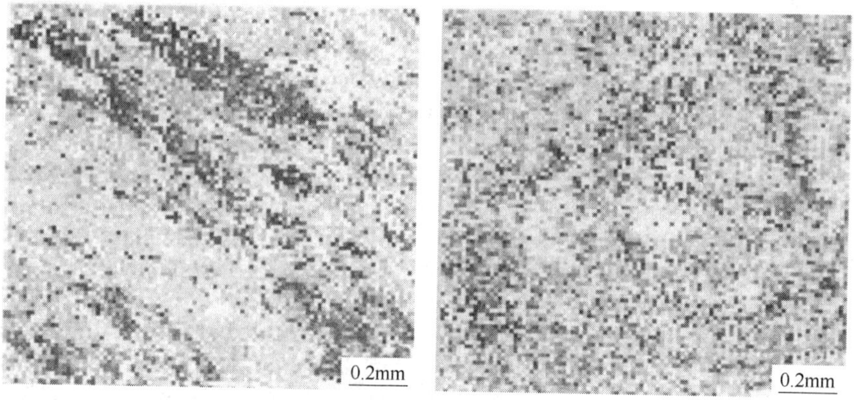

(a) (b)

图 3.91 Ti-6Al-4V 的取向图像
(a) 强烈的微观织构；(b) 不明显的微观织构
(由 GE 飞机发动机公司 A. P. Woodfield 提供)

构。如前面所描述的，利用偏振光也可以在更短的时间内获得同样的信息，OIM 的利用应该视作是对偏振光分析法的定量补充，由于 OIM 设备的价格以及绘制 OIM 图的时间很短，偏振光分析被推荐为其他测试之前的一项有效检测。在立方晶系材料中，它们很少或没有光学的各向异性，OIM 在了解微观织构的局部取向时就很有用，例如，可确定那些不清晰的晶界是高角度晶界还是亚晶界。

3.9.3 X 射线衍射

X 射线衍射用于确定晶体材料的相结构及数量已经有很长一段时间了[3.46]，关于这项技术有很多的教材介绍，因此，在这里没有必要对该技术进行详细的描述，但在结合 X 射线衍射研究时，钛与之相关的某一特性值得进行讨论。金属的 X 射线衍射研究最有用的波长是 CuK_α，因为，它可以合理地平衡透射峰与衍射峰的分辨率，但是，在使用 CuK_α 辐射时产生的钛荧光会使采用这种辐射获得的衍射图增加背景的强度，增加的背景强度可以屏蔽低强峰。用两个办法可以去除样品荧光的作用，一是使用单色衍射仪，这种仪器只允许 CuK_α 衍射进入探测器，这种单色仪中最有效的单色仪晶体是应用热解石墨，这种方法非常好而且可以得到信噪比很大的高质量衍射图；另一个办法是应用一种能量散射探测器，这种仪器只接受 CuK_α 辐射，如果选择一个分辨率大约为 125eV 的探测器，就可以得到很好的结果。其他方面也是如此，这种衍射束单色仪相对简单且运行起来很好，由于α钛是六方结构，因而固体钛很少是各向同性的，因此，对于粉末衍射图形，衍射峰的相对强度很少与标准值相匹配。在极端情况下，反射会完全消失，使用与样品平面方向一致的样品盘摆放样品，这种方法通常可用于扁的轧制样品，如薄片和薄板，但不能用于锻造样品，因为锻造样品一般的弱织构也有不同的方位。这里提到的一点是，应避免从固态样品中获得X射线衍射图来作出详细的结论，因为这些结论受钛加工产品中经常出现的织构影响。

X射线衍射也被用于确定“极图”，它是用来描述钛和钛合金产品的自然属性和织构数量的。X射线极图提供的信息是关于材料单位体积内择优取向的平均值，如果需要，极图可以作为电子显微取向的辅助工具（3.9.2.2节）。织构对钛合金性能的影响既取决于织构的类型，包括角度或强度，又取决于特殊的合金。Kocks最近写了一本书就这一点做了详细描述[3.47]，与单一合金相关的织构影响将在本书稍后讨论。

最后，X射线衍射也用于确定钛合金加工过程中的残余应力，这种残余应力可以在一种部件中改变平均压力水平并影响合金的疲劳行为，它也可导致辅助应力迁移、氢浓度的变化和未曾预料位置应力腐蚀裂纹的发生。对于那些立方晶系的金属，如铝合金和钢，通过X射线衍射测量残余应力作为常规的基础测试已经应用了许多年。α钛的弹性和塑性各向异性以及晶体结构的势能，使X射线衍射数据归纳为残余应力分量更加困难，因此，对测试（α+β）钛合金残余应力感兴趣的读者在计划残余应力测试和结果分析方面必须准备花一些时间。

3.9.4 机械测试

本节的目的是为了引起对机械测试的重视，这种测试对于钛金属来说是特有的，本节并不打算全面论述机械测试的原理，这些论述都能够从不同的文献，如在文献[3.48，3.49]中找到。

在制备钛及其合金疲劳测试的样品时必须非常谨慎，因为，钛并不像钢材那样是硬质材料，样品需要在加工之后机械抛光，以获得适宜的光洁度表面，以便去除由于机械加工和随后的抛光造成的残余应力。很明显，表面残余应力可导致产生疲劳断裂，影响获得真正的疲劳寿命值，残余应力也可能造成刻痕出现，因此，机械抛光应沿纵向进行，以避免产生任何与荷载轴垂直的刻痕。测试疲劳的实验室样品常采用电解抛光来使表面质量达到最大的一致性并使偏差达到最小值，针对研究目的，这是一种很有用的方法。机械抛光后的钛原件表面与那些可能用于工业化生产的钛部件表面很近似，这能获得可靠的疲劳数据，此时，纵向机械抛光所得出的检测数据与服役的原件得到的数据很接近，差异不大。有一些公司，专门从事样品的准备与检测，他们提供了满足这种需求的满意结果。不用令人惊奇的是，这些公司经常位于接近机场或航空发动机公司的附近。图 3. 92 所示为采用不同的样品制备方法，如粗糙的机械抛光，电解抛光，精细机械抛光和喷射硬化[3. 50]获得的疲劳寿命的变化情况。如果把电解抛光曲线看作材料的“真实”疲劳能力，那么，样品的制备方法和表面条件可能导致相对好的或坏的疲劳寿命就很清楚了。

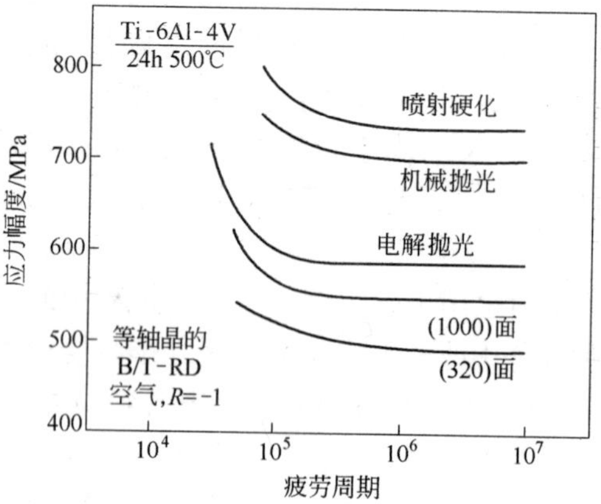

图 3. 92 Ti-6Al-4V 的 S-N 曲线显示出样品制备和表面条件对疲劳寿命的影响

检测环境对于决定疲劳检测结果也扮演了重要的角色，在这种情况下，惰性气体、真空度和空气相对湿度变化的测试，都会影响其疲劳寿命。环境对材料力学性能影响的例子见 5. 2. 6 节以及 6. 2 节，认识到文献检索和自我检测结果是否一致是很重要的。

材料中出现的氢作为残留杂质或在制备样品时带入的杂质也可能对测试的疲劳寿命造成负面影响，因此，由于氢的带入需仔细观测应注意的事项（见 3. 9. 2. 1 节），以免由于氢的污染造成对检测结果的误判。

钛具有显著的室温蠕变性和在拉伸之后的室温恢复性，这些因素可能影响到蠕变检测中初蠕变的检测，因此，对加载系统的调整、加载方法的选择必须谨慎，并且加载速率应该仔细观测和控制，以确保蠕变结果的重现性。相对于镍基合金蠕变测试，在钛的蠕变测试中，需要更加小心才能获得可靠的数据。

3.10 自第1版后的新进展

3.10.1 钛生产的新方法

到目前为止，钛合金制备的最大阻碍是降低钛合金的成本，更多对价值敏感的产品（如汽车、卡车、航天飞行器）关注的仍是材料价格。普遍认为，如果钛的价格合理，那么将钛材引入汽车[10.29]和卡车行业都将是有益的，因此，降低钛合金制备成本的替代方法已在试验之中。利用电解精炼的方法，为电子产品需求制备高纯钛的工作也已经开始研究，但这些以纯度为目的的方法与降低成本是相对的[3.51]。降低成本最根本的挑战是发现一种较之当前冶炼方法更为有效的工艺。如前所述，目前比较成熟的是克劳尔还原法工艺（见3.1节），它是从 TiO_2 或 $FeTiO_3$ 中将 O^{2-} 与 Ti^{4+} 分离得到金属钛的方法。当考虑到金红石的稳定性时，这个课题实际上具有很大的挑战性。

较之其他产品（如涂料）的应用量，钛工业中，四氯化钛的用量还是很少的，因此获得低成本的钛变得更为复杂。这种情况使产商选择高价购买 $TiCl_4$ 或者再往前走一个工序，自己建立一套氯化设备，然而，这些选择都将无助于降低钛的总成本。

曾经所有降低成本所做出的努力皆集中在海绵钛生产过程中，早期的努力是从 $TiCl_4$ 作为投入物料开始的。从3.1节中图3.5可以看出，$TiCl_4$ 制备成本占到海绵钛生产成本的50%以上，因此，使用 $TiCl_4$ 的工艺立即面临着从一开始就显著降低钛原料（海绵钛）成本的工艺挑战，其理由如前所述。

最近，对新方法制取成本相对较低的金属钛的工艺又有了新的兴趣，这种钛是海绵钛或者是预合金原料，到2005年，已经有大约20个具体的工艺在积极研究中，这些方法中的16个已由 Kraft 在报告中作了总结[3.52]。这些方法相对较新颖但又不够成熟，它们当中，许多既没有申请专利也没有对外保留所有权，因此，关于它们的详细信息很难获取，所有20种工艺的总结及进展，是由 Kraft 在2005年国际钛协会年会上提供的[3.53]。

这些新工艺是由工艺相对独立，但工艺特征有本质优点或局限的几种工艺组合而成的，根据这些工艺，可以对独立的工艺方便地进行讨论。对于许多新工艺，其优点和缺点的区别仅可能是该工艺的独特特征对整个工艺过程的经济成本的影响。这些新工艺将会根据下面的特征进行讨论：

（1）目的是生产熔融钛金属的工艺。它是所有电解工艺的一部分，在它们当中有 Ginatta 工艺[3.54]，CSIR 工艺（南非），Rio Tinto 工艺[3.55]和

MIT 工艺[3.56]。

（2）利用 Na 或 Mg 热法直接还原 $TiCl_4$ 获得固态金属钛的工艺。加热方式一般采用电子束或等离子体加热。这些方法中包括：Armstrong 工艺（也称为 ITP），CSIRO TiRO 工艺和 ITT 工艺。

（3）在熔融盐中电解还原 TiO_2 的工艺。通常使用 $CaCl_2$ 或与其他熔剂混合的 $CaCl_2$ 作为熔盐，这种工艺仍是生产固态钛单质且能够转变成颗粒状产品。这些工艺包括 FFC 工艺（也称为 EDO，见 3.1 节），OS 工艺[3.57]，BHP Billiton 工艺，MER 工艺和 EMR/MSE 工艺[3.58]。

第一组工艺，即直接生产或以生产熔融钛金属为目的的工艺，在原理上是很吸引人的，因为可以减去生产中重熔的过程，因此，可以利用水套装置回收常规熔融过程中的潜热，然而，由于高的熔化温度（1670℃）以及熔融钛金属的极高反应活性，从电解槽到熔炼炉的熔融钛输送是相当具有挑战性的。在铝压铸工业实施后，这种想法看起来也许很前沿。在大约 650℃的温度下，将熔态铝合金从熔炼炉中直接倒出来，以熔融态进行运输（有时运输距离较远）并直接加入到压铸机中，然而，这种想法仅在概念上吸引人，熔融的金属钛是如此活泼以至于很难控制，因此不存在像铝压铸一样的任何直接相似性。

如果熔炼金属是铸造成铸锭，那么铸锭的主要用处是作为 CP 钛铸造产品的重熔原料，用 CP 铸锭作为后续合金生产的原料是很困难的，除非装进 PAM 或 EBM 加热炉中（见 3.2.2 节）。将铸锭转变成一种有用合金的所有操作都将增加成本，这些新工艺的成本分析是至关重要的。

第二组工艺具有吸引力是因为它们可应用在预合金过程，尤其在原理上，能直接融合成多样的产品，包括一些部件，然而，这些工艺再利用 $TiCl_4$ 作为原料也有不足之处，成本仍是讨论的重点。实际上，这种颗粒产品非常细而且在形状上不规则，这就会使生产出来的产品（颗粒）具有非常低的压实密度，这种颗粒具有很大的表面与体积之比，从而容易吸附气体和带入其他杂质。虽然这些担心都不是本质的，但要消除每一种担心都需要一些特别的操作方式，每个增加的操作步骤都会增加潜在成本，并且会对最终成品增加变数，经验告诉我们，处理这些问题是多么困难，在处理时会增加多少成本。现在，较小规模的产品已通过这些方法（ITP 和 TiRO 法生产比率在增加）生产出来，但要确定一个稳定产量的成本还是很困难的。

预合金化的可能性在降低成本方面也有很大的潜力，因为，它减少了通过 VAR 法制备钛锭常规工艺中的一些步骤，尤其是预合金颗粒可以直接加入到产品中，减少了海绵钛和母合金的混合和压紧工序、初熔 VAR 电极的制备（见图3.6）、初熔铸锭（见图3.7）工序以及将铸锭转变成轧制成品的各种调整损失。在预合金颗粒产品的性质方面仍有公开的问题，这些问题包括NaCl在产品中的残留量和如何实现预合金颗粒的稳定成分控制。当工艺变得成熟时，这些问题将会是研究的重点，最后，这种工艺为合金元素直接加入钛中提供了可能。采用传统的铸锭冶金方法添加合金元素不是不可能，而是很困难，因为它们的熔化温度差别很大或溶质在锭的凝固过程中有偏析趋势。

第三组的所有工艺都是以金红石（TiO_2）、钛铁矿（$TiFeO_3$）或含钛物料，例如富钛渣为原料的电化学还原过程。这些工艺比使用$TiCl_4$在价格上有优势，这些反应的核心装置是电解槽，它包括熔盐、阴极（组分有钛矿，或直接是钛化合物）和阳极（通常由石墨充当）。MER工艺是一个例外，它使用钢或其他金属作为阴极，石墨作为阳极。

这些电解工艺中还有一些机理有待研究，第一就是还原反应过程中的电流效率。现在，FFC工艺达到的最好电流效率比预期值要低，电力成本在成品成本中的比例也比原先估计的要高得多。因为这些数据是在小规模电解槽（25kg）中得到的，如果修建大的电解槽，那么电流效率将会更低。目前，电解工艺实际上是用电力的高成本换取热还原工艺（比如Armstrong工艺）使用$TiCl_4$的低成本；另一点是电解还原工艺复杂的化学反应。还原过程的复杂化学反应使得整个反应结束的时间变得更长，这样就转变成了电耗的增加，同时，还存在着在产品金属钛中得到中间产物的风险，它们在蒸发时会使真空熔炼变得困难。最后，大型电解槽在高温下的运行成本始终是一个需要考虑的问题，此前对大规模电解还原生产钛的尝试最终都放弃了，因为电解槽维护困难且成本高。

其中的一些工艺如FFC法，还有同时还原一些氧化物的能力，例如铝、钒和其他元素的氧化物。这些合金元素是钛合金的一个基础，但有些元素，例如镁，它非常容易成为异常合金成分。基于这一点，现今没有证据表明钛当中的镁元素是有益的合金成分，但它很引人注意，因为它可以降低合金的密度。

3.10.2 摩擦搅拌处理

铸造（$\alpha+\beta$）合金，如Ti-6Al-4V的局限之一是它与完全片状铸造结构有关的相对较低的疲劳强度，要调整这种结构以提高疲劳强度，需要通过改变微观结构来缩短层状晶团组织的滑移长度，其方法之一就是热处理，通过热处理从而获得双层状结构（见5.2.5节）。在大型铸件中，生成这种结构所需的冷却速率也可能由于热应力而导致材料发生畸变，另外一个可能的方法是在应力最高因而形成疲劳断裂可能性最大的区域，采用摩擦搅拌处理（FSP）来选择性地改变表面的微观结构。

通过 FSP 也可以改变表面区域的微观结构。FSP 类似于摩擦搅拌焊接（FSW）工艺，只不过没有焊接工序，并且工具的几何细节不同，3.6.2 节介绍了 FSW 工艺。FSP 与 FSW 工艺均采用旋转工具（见图 3.61）将能量以热和局部塑变的形式引入工件，与 FSW 有关的微观结构变化在许多书籍中都有描述[3.28,3.59]。

关于 FSP 铸造 Ti-6Al-4V 合金的初步可行性研究表明，完全的层状结构可以转变成晶粒非常细的等轴晶微观结构。FSP 给材料足够的能量，使完全为层状的初始结构进行再结晶，图 3.93（a）显示出经应力消除和 HIP 处理的 Ti-6Al-4V 合金的初始完全层状结构，图 3.93（b）是经过 FSP 加工但没有后续热处理的材料结构，所得到的结构具有极细颗粒的等轴晶（α + β）结构，其初晶直径是 1 ~ 2μm，（α + β）合金的强度大部分来自于边缘强度，因此，预想的这种结构的屈服应力，除非有大量的微观结构出现，否则比之前的层状结构要高得多，为检测这一点，对这个细晶结构做了取向成像分析（见 3.9.2.2 节）。可以确定的是这种细晶结构本质上与微观结构无关。

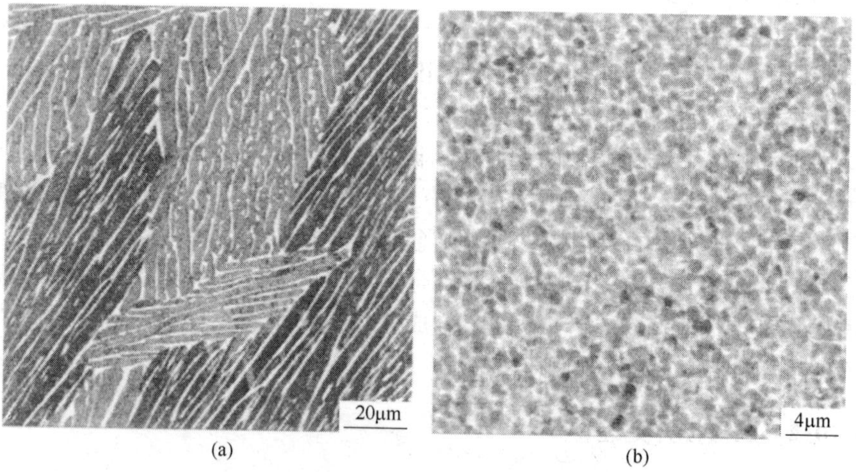

图 3.93　FSP 前后的铸态 Ti-6Al-4V 合金微观结构（SEM，BSE）

（a）铸造 + HIP 条件下的薄片结构；（b）在 FSP 区微细的等轴（α + β）晶粒的微观结构

工具在铸件表面下的渗透深度主要取决于各种工艺参数，例如下压力和转速，但一般都只能渗透几毫米。一个经过 FSP 处理的铸片典型宏观侵蚀面如图3.94所示。搅拌区域的深度大约为2.5mm，这使得细颗粒范围的屈服应力测试具有实验挑战性，因为，大多数测量技术要求大批量的材料。这样做的一个方法是利用聚焦离子束设备（见3.10.2节），在细颗粒和金属基体间建立微型压缩试样（支柱）进行直接比较。由于支柱高度小于搅拌范围，只能测量细颗粒的抗压强度。这些测量表明，搅拌区域的屈服强度比金属基体的屈服强度大约高35%，由于钛合金的HCF强度与屈服应力一般情况下是相同的（见5.2节），因此，希望通过FSP在细颗粒上形成的表面层来提高疲劳断裂形成的阻力。此外，一旦在表面形成裂纹，金属基体的粗大层状结构具有良好的疲劳裂纹扩展阻力（见表5.6），重要的是关于疲劳行为预测的试验验证，相关的测试正在进行之中。

图3.94　含搅拌摩擦加工的铸造平面宏观腐蚀区域（LM）

其他能够影响全层状铸态微观组织性能的是α晶界，例子见图3.95。在搅拌区域里的任何α晶界都转换为一个等轴结构。在图3.95中，α晶界层在搅拌区终止。由于大型锻造合金中难以避免形成α晶界，这些发现可以应用来提高大型锻造β合金的抗疲劳性。α晶界对β合金的疲劳和延展性是有害的（见表7.7），因此锻造后能够消除表面α晶界，这对材料高性

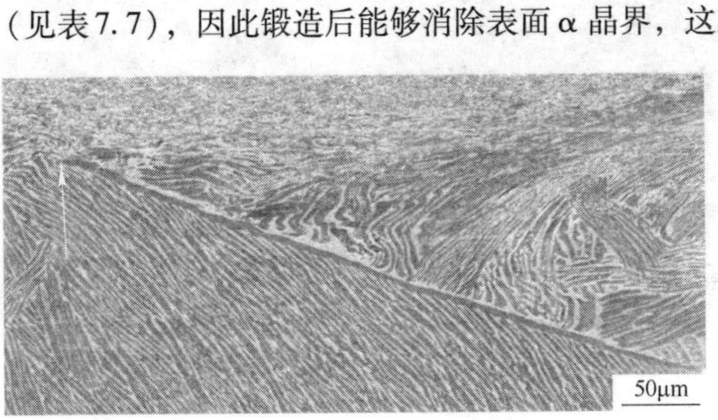

图3.95　FSP消除完全层状结构中α晶界的显微照片（SEM，BSE）

能应用中的疲劳寿命是有益的。

对钛合金的 FSW 或者 FSP，有许多与工具材料相关的问题。所需要的工具在使用过程中不磨损，在焊接过程中不沉积磨损残片，保持金属基体干净，即使在静态暴露期间，如扩散黏接下，铁基材料和热钛合金间的相互作用都是有据可查的，这些方面应当避免，因此，工具钢都没有合适的工具材料可供选择。镍与钛形成低熔点共晶合金，故镍基合金也是不可行的，因此，基本上就只有难熔金属和陶瓷材料合适了，如碳化硅和氮化硼，但这两者都是脆性材料。目前使用的钨-稀土合金也许是现有高熔点合金中最有可能的材料，因为，它具有高温强度和高温硬度，在加工中具有抗磨损性和抗变形性，但是，W 是一种有效的 β 相稳定剂，并不希望在钛转子级合金中出现 W 和 WC，这在 3.2.3 节中已讨论过。尽管钨-稀土工具看起来在加工过程中性能优良，但通过对加工区域详细的金相检测显示，β 条纹缺陷中含有少量的磨损残片钨，这些残片镶嵌在搅拌区域里，条纹缺陷大约长 2.5mm，部分条纹缺陷见图 3.96（a），其中一些粒子和富含 W 的 β 区域背散射电子扫描见图 3.96（b）。能量分散 X 射线分析证明，明亮低的颗粒为 W，由于 W 在钛中的扩散很慢，因而在低温应用领域，这些小的富 W 杂质也许是有益的，但是，如果被搅拌摩擦加工或搅拌摩擦焊接的材料以返料（碎片）的形式进入新锭，就成为一个潜在的钨污染源了。钛的 FSP 和 FSW 在目前还只是一个试验，是否获得认可还是一个问题。

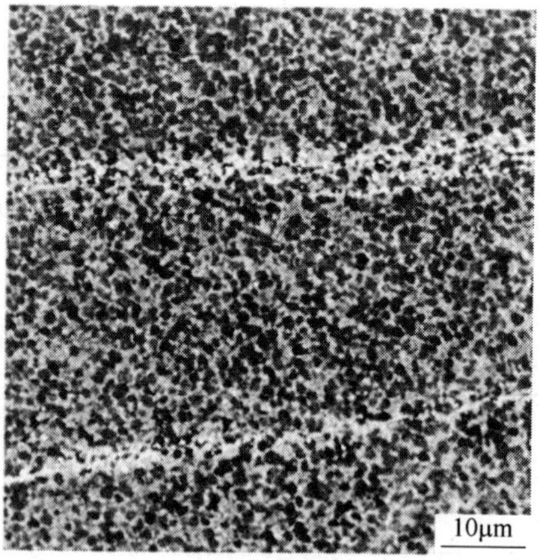

(a)

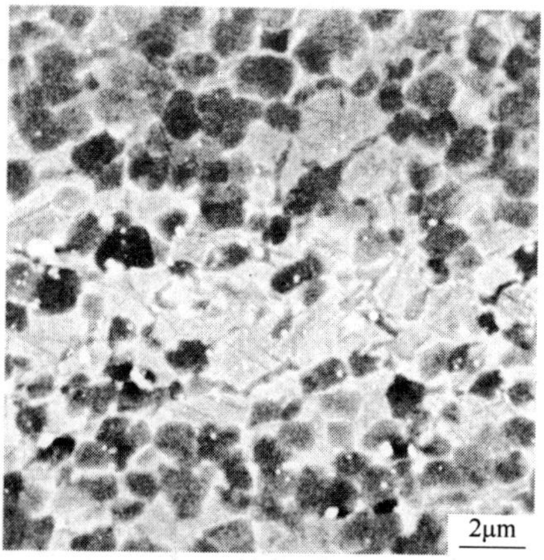

(b)

图 3.96　FSP 镶嵌在材料中的 W 工具颗粒显微图片（SEM，BSE）

（a）低倍率下的富钨条纹区；（b）高倍率下含钨颗粒的条纹形貌

3.10.3 低塑性抛光

表面处理，如喷射硬化（SP）和激光冲击处理，分别在3.7.1节和3.7.2节中进行了讨论，其主要优点和目的是在材料的表面传递残余压应力，阻止疲劳裂纹产生。有很多数据表明，SP和LSP对疲劳行为有很好的抑止。最近，在材料表面产生残余压应力的可替代工艺已有报道并申请了专利[3.60,3.61]。这种方法称之为低塑性抛光（LPB），即使用淬火钢球在材料表面发生塑性变形。钢球安装在夹具上，在恒力作用下球可以旋转，因为有一层液体薄膜，可以防止钢球与夹具接触[3.62]，含有钢球的夹具安装在计算机数控（CNC）机床上。设定模式下，钢球滚过材料表面时，可以指引钢球。在法向力作用下，可以在数控机床上设定模式和编程，分别控制变形的表面状态及变形程度。夹有钢球的夹具如图3.97所示，夹具安装在数控机床上的照片如图3.98所示。由于球在接触时会滚动，因而由于滑动或打滑造成的表面损害是可以避免的。此外，LPB的优点是能通过钢球的滚动来平滑表面，似乎非常粗糙的表面对LPB是不合适的，因为有产生折皮的危险，这对疲劳性能具有实质性的危害。

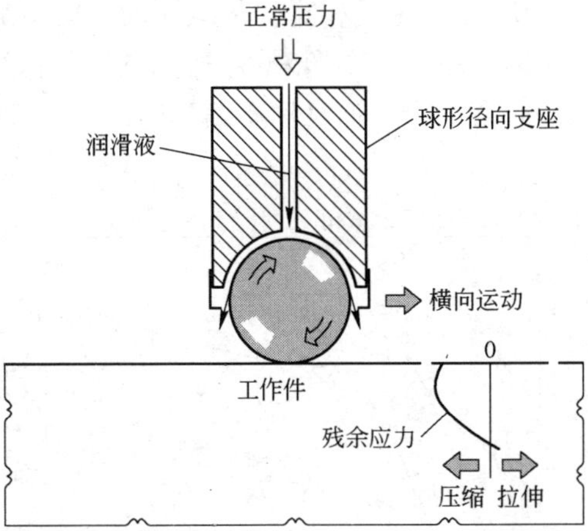

图3.97 含载球的低塑性磨光器（LPB）示意图[3.62]

还可以采用包含两个对置球的钳形工具来处理薄的工件，例如风扇的前边沿和飞机发动机的气压机叶片，这种双侧工具通过两个表面的同时变形增加了生产率并减少了畸变。

与LSP或SP相比，LPB的优点是较高残余压应力的深度更大和塑性变形量更小，然而，这些说法似乎不符合起码的力学分析。分析结果表

图 3.98 安装在数控机床上的夹具和工件（疲劳试样）照片[3.62]

明，剩余的（弹性）压应力随着塑性变形的增大而增高，如果真是这样，塑性变形小的好处是残余应力应该更能抑制热回复，在高温下更稳定。仅由于使用温度而言，这一优点对镍基合金零件比对钛合金也许更有利。已用 X 射线衍射，包括线拓展测试，对残余应力的量和经 SP、LSP 和 LPB 处理后的应变百分数进行了测定，残余应力测定结果如图 3.99 所示，结果是，PB 处理后残余压应力的深度和宽度是最大的，而冷加工时是最低的，冷变形测量通过轴对称压缩柱体变形来矫正。显然，滚球下的应变状态是典型的非线性接触，完全不同于轴对称压缩，因此，塑性应变定量测量是

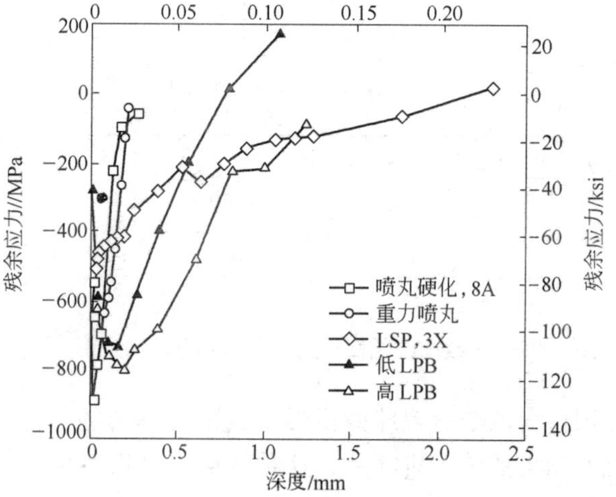

图 3.99 SP、LSP 和 LPB 加工后 Ti-6Al-4V 合金的残余应力与深度的关系

（由 AFRL 代盾公司的 P. R. Smith 提供）

不可靠的，但适合SP、LSP和LPB之间的定性比较。对于LPB，由于非线性接触，一个相关的，也许更重要的问题是滚球下应变的不规则状态。SP也存在类似的问题，但这可以通过多次覆盖表面进行控制，例如200%的覆盖率是标准的做法。

已经证明，采用LPB在任何情况下都可传递高的残余压应力，提高疲劳寿命，如图3.100所示。需要注意的是，在使用过程中由于机械损害而引入人为的刻痕时，能够产生较深压应力场的表面处理方法（LSP和LPB）对提高疲劳断裂阻力特别有利，这是因为较深的压应力分布能够抵消在刻痕底部的张力场，相反，SP产生的压力场较浅，甚至没有较小刻痕产生的集中张力场深。

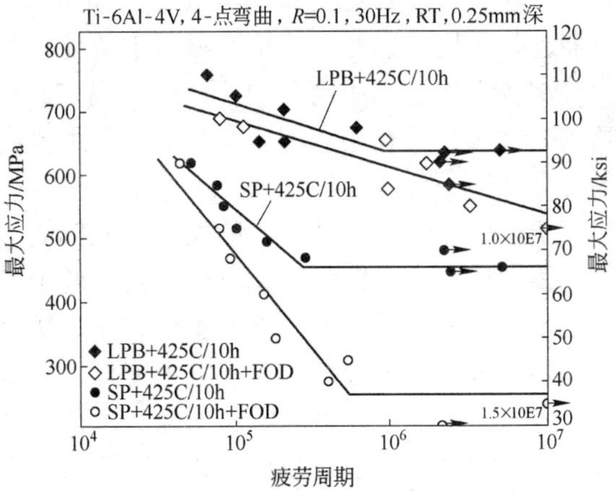

图3.100 Ti-6Al-4V经SP和LPB处理后的*S-N*曲线，表明经LPB模拟损伤后在250μm深处有较高的耐受性（由AFRL代盾公司P. R. Smith提供）

据称LPB比LSP便宜[3.62]，采用LPB的成本低于LSP，但CNC机器需要准确地沿工件表面传递均匀的压应力，而且，为了在Z方向获得一个恒定的正常力，球体需通过编程沿工件表面精确地运行，目前，能否使LPB的优越性最大程度地体现尚不清楚，例如，如果要求的精度超过了部件的尺寸变化范围，那么调试将变得耗时、费力并且成本昂贵，这个问题可以通过使用CNC机器，在Z方向上负载控制状态下的操作来解决，但是这种机器更加昂贵，这会增加LPB的投资成本，而采用SP或LSP就不存在类似问题。在LSP中，存在一个覆盖度问题，这是为了保证整个表面都被覆盖，由于激光可以在一个较长工作距离内耦合工件，故不存在相应的Z方向问题。

总体来讲，LBP是可将残余压应力传送至有限疲劳部件表面的表面处理方法之一，表面处理的好处是显而易见的，但目前，LPB 和 LSP 相对的优点并不像报道声称的那么多，相对于 SP，LSP 和 LPB 在处理更深、更高级别的压应力时有其优势。为了使部件达到一个可接受的寿命，除局部环境需要外，现行的设计在表面处理方法的效果上均未考虑疲劳寿命额度。通行的是设计时为改善疲劳寿命留有余地，用 LSB 和 LPB 的优势来作为抵御外来物损伤（FOD）导致的过早开裂。

3.10.4 聚焦离子束仪的应用

聚焦离子束仪的开发起初是用于半导体工业，它是一种材料分析设备，允许同时对样品进行成像和选择性除去杂质，例如，用于显示缺陷或是值得关注的其他区域，以便详细的检测或表征。如 3.9.2.1 节中所阐述的那样，这种仪器起初是用来选择性地检测材料中浓度很低的缺陷，这些样品用通常的薄膜制备方法是无法制备的，最近发现，这种仪器用来检测具有非均相微结构的金属尤其有用。有一本新书，其主要内容就是介绍关于聚焦离子束的各种应用[3.63]。

目前，聚焦离子束已经经历了进一步的发展，成像能力与现代扫描电镜相当。像扫描电镜一样，一台聚焦离子束仪也具有两个镜筒，一个用于产生离子束并使之聚焦，另一个用于产生电子束并使之聚焦。在电子成像模式下，可以获得整个范围的图像，即二次电子图像、背散射电子图像和使用仪器的电子背散射衍射成像能力的定向图像。现代双束离子束仪的图片见图 3.101 所示，这种仪器的示意图如图 3.102 所示，它包括了离子束

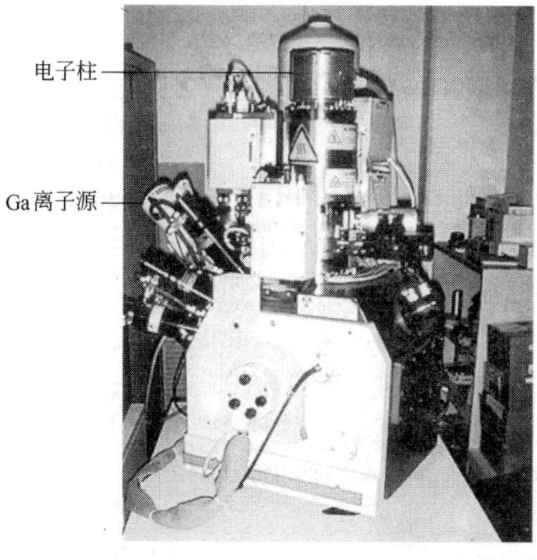

图 3.101　双束聚焦离子束仪照片

和电子束源以及二次电子检测器，这种仪器可用于以下各个方面：

（1）用离子束的精确切割能力来切割裂口或其他部位附近的材料以便在透射电子显微镜下进行详细分析。

（2）连续地移动材料可以获得一个像SEM图像一样的立体微观结构图像。

（3）用精确切割能力在给定的位置制备出很小的挤压测试柱，随后对这些测试柱进行挤压测试以衡量它们的强度。

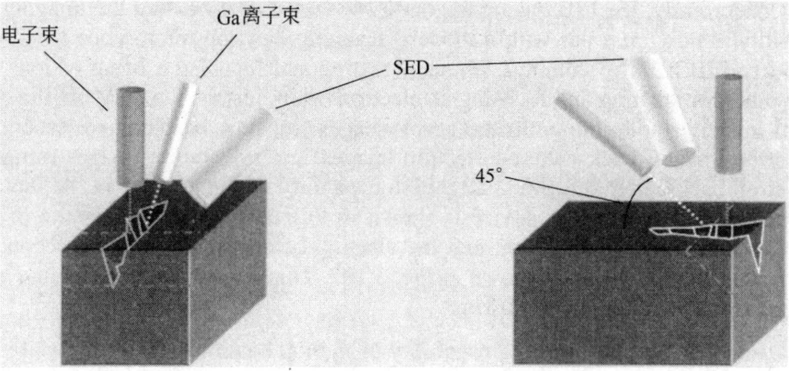

图3.102 聚焦离子束仪中电子束和Ga离子束以及二次电子探测器的相对位置

聚焦离子束仪三种应用将在下面的例子中阐述，最普通的离子发射源之一是Ga，因为这些离子拥有足够的动能以一种可接受的速率从金属式样中有效地除去材料，从透射电子显微镜的检查来看，有一些受到破坏的残余离子，这使得图像有些杂色，但图像主体是悦目的，这并非是一个严重的技术局限。对研究对象是自由表面的应用，需要在镓离子切割开始前在样品表面原位沉积一层薄的Pt保护层，也许，能说明聚焦离子束仪应用的最有效方式是实例，因此，再给出如下实例。

带有扫描电镜功能的聚焦离子束仪可以用来识别和切割特殊的形貌并进行详细分析，这个例子是要理解恰好位于一个疲劳断口起始区域下面的材料的变形行为，为此，采用聚焦离子束仪中的扫描电镜模式确定一个感兴趣的区域，例如疲劳断口表面的一个小刻面，形成一幅断口表面的二次电子图像，如图3.103（a）所示。一旦确定了位置，就在即将切割作为透射电镜样品的位置上用离子源标上X-X，这两个X标记在图3.103（a）中也可看出，然后沿两个X标记之间的路径沉积一层铂，以避免断口表面下面的中间区域受到离子的损伤。沉积是在聚焦离子束仪内部用镓离子源引导、通过物理气相沉积来进行的，接下来，在标记区域的每一侧铣出一道沟槽以便移出所期望的样品（见图 3.103（b））。用一种特殊的操作器将制作的薄样品取出并固定在一个支架上作进一步的离子抛光和透射电镜检测。图 3.104 中的明亮区域是直接位于疲劳断口起点下面区域的扫描透射电子显微镜图像，这个区域含有高密度的 **c + a** 位错，这与用局部晶粒晶体取向和荷载轴关系所预期的结果是一致的。今天，虽然操作聚焦离子束仪需要很高的技术水平，但是这种装置可以使如上所述的观察具有较高的效率。聚焦离子束仪的成本以及进行试验所需要的时间（如上所述）都不可能使其成为一种日常的工具使用。

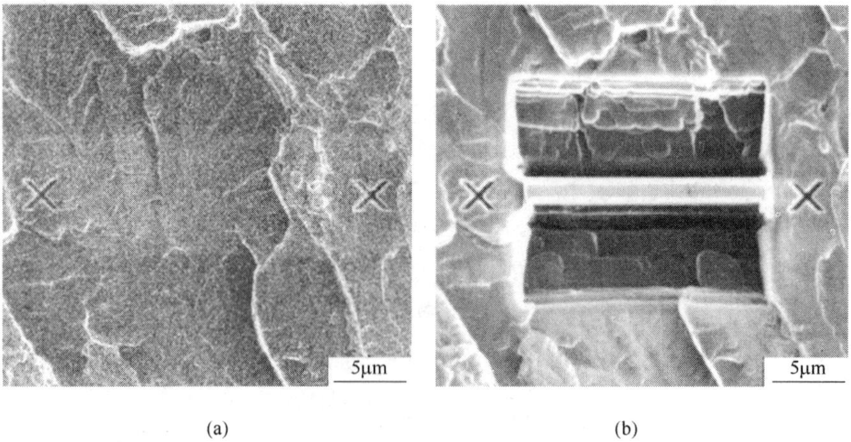

图 3.103 使用聚焦离子束仪获得的位于断裂表面下方的 TEM 薄片实例
（a）二次电子图像示出感兴趣区域并对欲移取薄片的位置作 X-X 标记；
（b）二次电子图像示出用 Ga 离子铣出的沟槽，使得期望的 X-X 片段得以移出

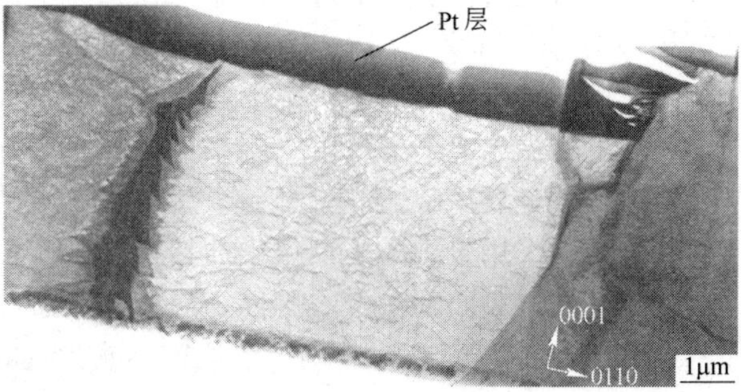

图 3.104 正好位于断裂表面下方区域的扫描透射电子显微图像（STEM）

聚焦离子束仪的切割功能也可以被作为材料平面除去装置，有序地揭示三维微观几何构形，有时三维微观几何构形显示的信息是非常有用的，过去，应用光学金相连续切片技术获得这些信息是很辛苦的。聚焦离子束仪的另外一个优点是取向成像电子显微术（OIM），见3.9.2.2节，它可以在每一个切片上完成并且产生了一个3D图像。在这两种情况下，需要一种连接有序平面图像以形成三维图像的方法，应用数码图像可做到这一点，因为，这些图像可用为此目的而设计的专门软件在计算机上进行操作。制作材料三维显微图像的过程如下：首先，选择一个需要的区域并且把样品放置在聚焦离子束仪里，用离子切割方法将一个平面区域从材料中铣削出来，对样品进行编号并成像（二次电子像或背散射电子像），或者得到一系列的电子背散射衍射（EBSD）图像，以制作一幅取向成像显微镜图像，这种图像的例子如图3.105（a）所示。当用离子切割方法移除另外的材料时，又可获得另外一幅图像，如此重复，直到到达所期望的垂直于观察平面的材料深度为止，如此获得的图像如图3.105（b）所示，系沿z轴方向在空间上相关联的一叠图片，用专用软件可以将这些图片整合成一个微观结构的3D图像，如图3.106所示。因为是一个数字文档，因此可在计算机上旋转该图像来考察6个面中的任一个，这种获得3D微观结构信息的方法不仅劳动强度比多次横剖的方法更小，而且这种方法既能获得3D微观结构信息又能获得取向信息，当然，正如前所提及，聚焦离子束仪的成本及其耗时使其应用非常昂贵，但需要确保万无一失的话，聚焦离子束仪是一极其强有力的现代表征工具。

(a)

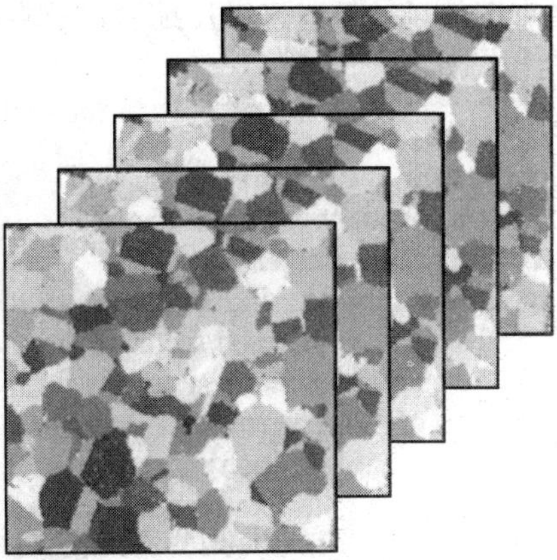

(b)

图3.105　多晶材料经FIB多次横剖的OIM图像

（a）单张OIM图像；（b）用于重构3D图像的多张OIM图像顺序叠置

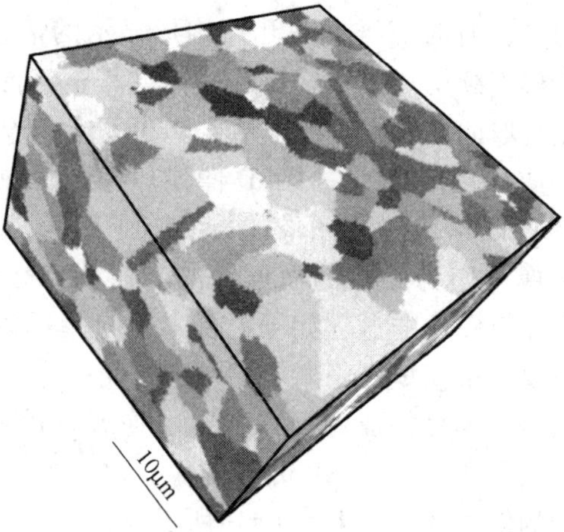

图 3.106 表示图 3.105（b）的 3D 重构图形

聚焦离子束仪所具有的电镜扫描功能和定向成像显微功能可以用来确定邻近裂缝或是滑移带的不同晶向区域，接下来，聚焦离子束仪能够在需要的方向区域内建立一个非常小的压缩试验柱（称为一个小柱）。这个使用聚焦离子束仪微加工能力的例子表明它能够在原位建立非常小的圆柱压缩试样并进行机械测试[3.64,3.65]。一试验柱的例子如图 3.107 所示，该试验柱的直径不到 20μm，甚至可以制备更小的试样，试验柱使用纳米压痕装置通过钻石压来修正并进行压缩测试，以便达到产生一个作为压缩载荷板平直端的目的，通过微压缩测试这些试验柱所得到的负载对位移作图，曲

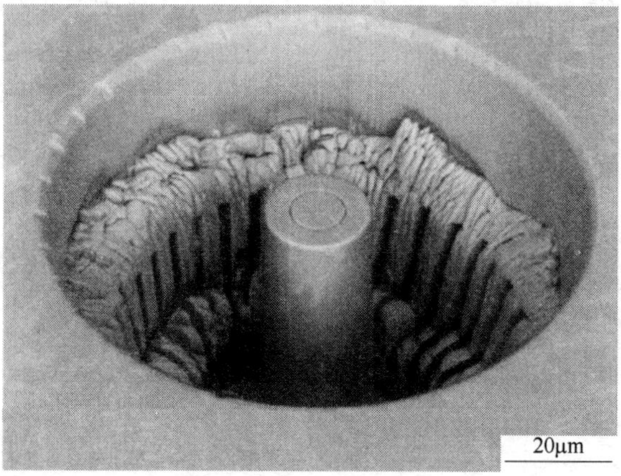

图 3.107 用 FIB 的离子束铣削制备的压缩小测试柱（直径约 20μm，SEM）

线如图3.108所示，图3.108中，每一条曲线代表具有不同晶向的区域所形成的一个试验柱，标记为 a_3 和 a_3 基标的曲线表示在（α+β）之间滑移所在的不同取向。10μm的 a_3 基标和20μm的 a_3 基标的两条曲线表示相同取向但不同直径的试验柱，这些曲线表明尺寸对结果会有影响，但影响相对较小。虽然通过这种方法获得绝对强度值的意义是一个待研究的问题，但是从一定直径的试验柱获得的相对值似乎与宏观压缩的测试结果相一致。在许多实例中，起局部定向作用的流动应力比率是最重要的，并且得到的这些相对值能够提供更加准确的多晶材料变形晶体塑性模型，显然，当聚焦离子束仪所具有的定向成像显微能力被用于配合这种技术时，那么，如钛合金等各向异性材料的流动应力将可被测试，其范围包括不同感兴趣的位置，甚至如一个小裂缝。

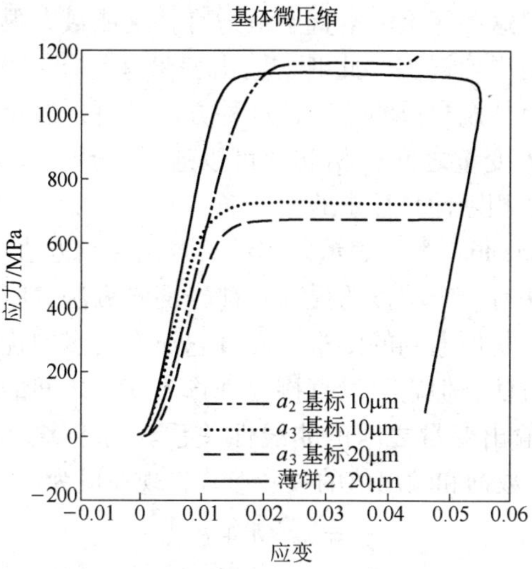

图3.108 从4种具有不同晶向的不同试验柱压力测试获得的应力-应变曲线

材料研究中，聚焦离子束仪（FIB）正成为一种强大的工具，该仪器很昂贵，而且使用此处描述的技术，需要相当长的时间，然而，其获取信息的这一能力既不能通过其他的任何方式获得，相比较而言，也不可能有相同的有效成本，比如说系列光学切片。

3.10.5 用于结构/性能相关性的神经网络

钛合金复杂的微观结构和大量影响微观结构的变量，使得确定性能和微结构之间的定量关系变得很困难并成为一项具有挑战性的任务，这在章节5~7中已详细讨论过了。利用多元回归分析的试验方法已经成功地发现了一些结构和性能之间的相关性[3.66]，但这些相关性的准确性有限因而不能推广，因此，这些相关性受限于基于建立这种关系的数据所限定的范围，也就是说，抛开数据集去推断是不可靠的，并可能导致大的错误。此外，多元回归分析要求用于符合数据的关系形式，必须在本身具有限定性的数据分析之前确定下来。进一步说，这种关系是一个典型的之前应用过的线性关系，根据其定义，这种关系适用于整个数据输入区间。最常见的输入值 x_j 和输出值 y 之间的关系见公式3.1，式中，w_j 是质量分数，θ 是常数。

$$y = \Sigma_j w_j x_j + \theta \tag{3.1}$$

在多元回归分析中，通过对每个输入变量和任意常数的权重因素对数据进行拟合，调整这些权重因素直至最适宜，这能最大限度地减小输入数据和预测值之间的平均误差，此时，输出变量（屈服应力、断裂韧性等）变成输入变量加上任意常数的总和，这种方法还可以假定每个输入变量是线性无关的，输入变量之间的相互性可以通过使用一个额外的条件来解决，但它们之间的相互性是任意的。

接下来，Bhadeshia[3.67]表示，相对于多元回归方法，由于几个原因，利用神经网络方法有一个明显的提高。神经网络方法克服了先前所述的关于使用多元回归分析所遇到的困难，而且它还有更多的优势。神经网络方法也是一种回归方法，但它可以直接处理输入变量之间的相互性，也可以处理输入变量和输出变量之间的非线性关系。用于多元回归分析的方程3.1所表现的输入数据和输出值的关系形式，现在成为：

$$y = w^{(2)} h + \theta^{(2)} \tag{3.2}$$

在式3.1中的求和项变成双曲正切项（tanh）的自变量：

$$h_i = \tanh(\Sigma_j w_{ij}^{(1)} x_j + \theta_i^{(1)}) \tag{3.3}$$

从式3.3中可以看出，每个输入数据值仍然是一个加权因子乘以一个任意常数，但这些条件的总和成了双曲正切线的自变量，这个条件由于其灵活性而被使用，也可以沿不同输入变量的空间变化，而曲线的具体形态，通过改变权重因素得以改变。如果输入数据发生非线性变化，可以使用不止一个tanh条件而且这些条件可以概括，包括tanh函数在内的输入数据和输出数据之间的关系用图3.109说明。

神经网络法也有数据超拟合的潜在缺点，当这种情况发生时，没有合理手段来评估输出变量和输入数据之间的不确定性，只有将整个数据集划分为“训练集”和称为测试集的未知数据集，这样才能避免这种困难。

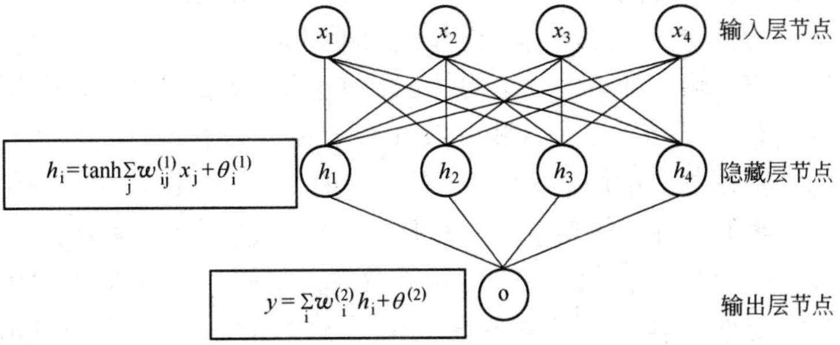

图 3.109 显示输入变量（x_i）与输出数据之间关系的神经网络示意图[3.70]

tanh 的功能最初是利用训练集建立一个模型，然后将该模型应用到未曾见的测试当中以确定拟合的质量。通过模型预测的训练集值和实际值之间的差异值称为训练错误，这些值往往被称为输出值，因为，它们都与模型有关。同样的，输出值的预测模型和测试输出值之间的差异被称为测试误差，总的来说，训练误差随着模型复杂程度的增加而变小，模型的复杂程度伴随着训练集正切函数量的增加而增加，但测试误差并不表现出同样的趋势，因此，最好的模型是尽量减少测试误差，因为，它也将最准确地代表其他未知的数据。这一优化模型必须是在大量最适合的训练样本数据集的正切函数和避免过度的测试数量函数之间的折中方案，以确定该模型可以做出较小测试错误值的基本预测。

麦凯（MacKay）扩展了包括贝叶斯（Bayesian）框架的神经网络法[3.68,3.69]，在这种方法中，使用权重因素的概率分布取代了权重因素的计算单一性，这可使误差线的计算反映出拟合参数的不确定性。使用这种方法，预测的不确定性（误差线大小）在数据稀少或杂乱的数据输入方面增加了，这不仅是合适的，而且也引起了对某些部分数据的重视，这些部分需要更多或更好的数据以支持更精确的相关性。

模糊逻辑也可用于数据集，以减轻对大量输入数据点的需要，也减少了对数据稀少或杂乱的数据输入区进行的错误估计。

Bhadeshia 和他的同伴已经用神经式网络法建立了从钢的贝氏体形成温度到多组分镍基合金的屈服应力的一系列输出变量与包括单个合金元素含量的大量输入变量之间的关系，得到的相关性与物理模型结果令人吃惊地吻合，该法在利用神经网络对提供受大量输入值影响的输出值的预测方面取得了成功，结果表明该法是有效且有用的。

最近，神经网络法已用来建立等轴晶粒和片状结构的 Ti-6Al-4V 合金微结构与拉伸性能之间的模型关系[3.70,3.71]，这些研究将若干微观特征当成输入变量，用贝叶斯神经网络分析和模糊逻辑估计拉伸性能与微结构变化的相关性。作为输入变量的微结构特征，包括α板条厚度、α晶团比例因子、预β晶粒因子和α晶团体积分数（对于β退火条件，余下的成为方形的微结构，将在下节中阐述）。由于所有这些特征在材料中实际都不可能独立变化，它们在计算模型中也一直是变化的，这就使得需要进行虚拟试验并对拉伸性能与微结构之间的相互关系进行分析，分析所得到的屈服应力和板条厚度的最佳相关性如图3.110所示，输入数据见图3.110（a），神经网络拟合见图3.110（b）所示，得到的曲线斜率与拉伸性能与微结构变化之间的相关程度有关，应用其他显微结构特征作类似分析，所得斜率远低于该曲线，表明其相关程度较弱。

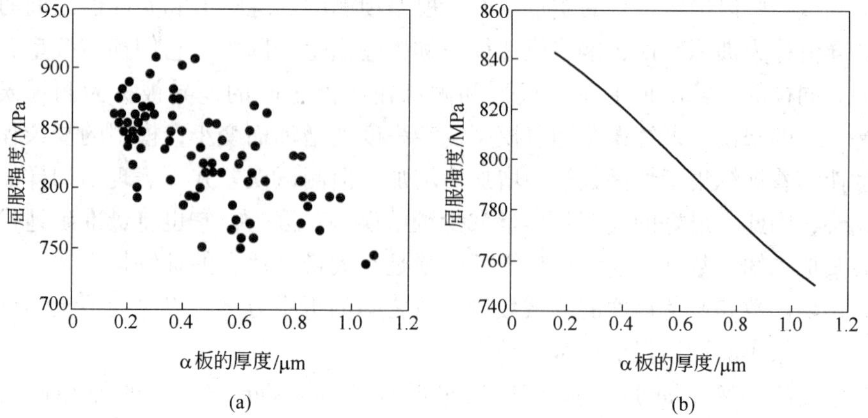

图3.110　屈服应力与α板条厚度的关系

（a）输入数据；（b）利用神经网络分析得到的相关性[3.71]

最后，贝叶斯神经网络被用来关联不同α晶团结构在不同冷却速度下退火的Ti-6Al-4V的β断裂韧性[3.72]。最高的冷却速度致使晶团只在预β晶粒周围形成，而六方结构则在晶粒内部形成。使用同一显微结构特点（α板条厚度、α晶团比例因子、预β晶粒因子和α晶团体积分数）的材料作为输入数据进行拉伸性能分析，可以看出，拟合的质量取决于数据点的数量和数据点区域的一致性，这个例子说明了允许相关不确定性的贝叶斯神经式网络的优势，同时它也表明，跨越两种类型微结构（方形组织和晶团）的链集能够预测有重大错误的数值，其分析结果示于图3.111。在图3.111中，链集和测试集的输入数据都显示出来了。如同错误线所显示的那样。图3.111（b）也显示了链集及与之相关的由错误线表示的不确定

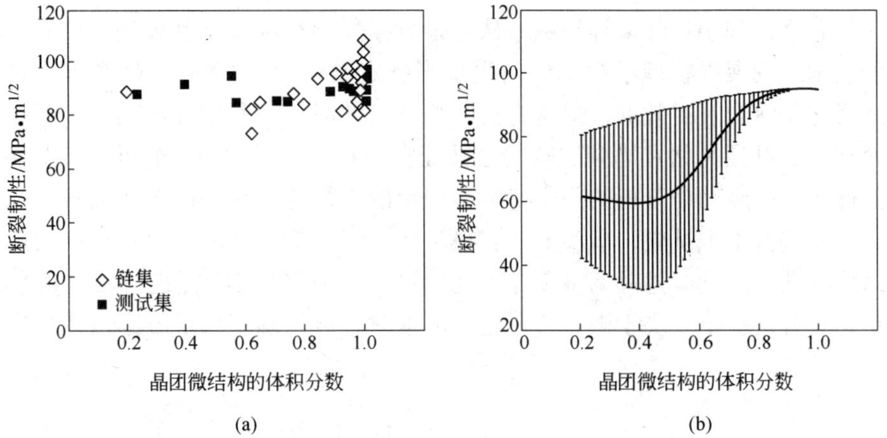

图 3.111 断裂韧性与晶团微结构体积分数的关系

(a) 输入数据；(b) 利用神经网络分析得到的相关性[3.72]

性。图 3.111 (b) 也说明了错误线的大小是如何在那些数据稀少或杂乱区域中增加的，此图也表明了跨越两种类型微结构（方形组织和晶团）的链集是如何预测有重大错误的数值。该例清楚地说明与线性回归分析相比，神经网络法的价值，这不仅体现在预测平均误差而且体现在整个区域内。来源于贝叶斯神经网络的该模型可以通过试验测试值来比较预测值，图 3.112 所示为断裂韧性值[3.72]，其相关性是相当好的，只有少数的实测值

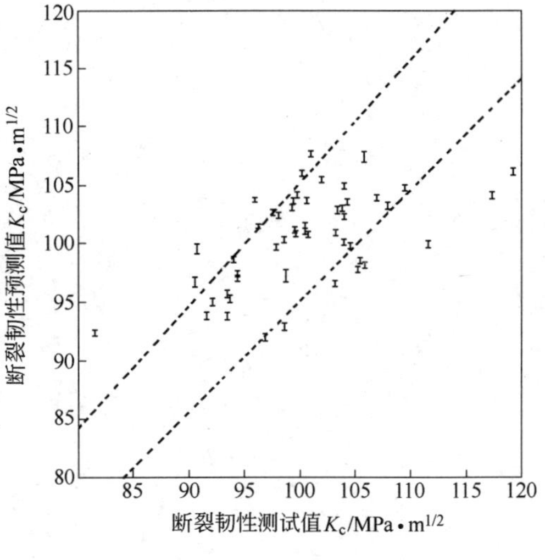

图 3.112 贝叶斯神经网络模型下断裂韧性预测值与测试值之间的比较

（点线：±5% 的散射带）[3.72]

位于 ±5% 的散射带（同样显示）之外。

总之，利用贝叶斯神经网络从复杂数据集中获取特征趋势是一种有用的技术。发展以物理学为基础的模型来确定微结构/性质相关性和预测最终目标是适合且有效的，但这将需要相当长的时间，利用神经网络和相联变动（贝叶斯网络和模糊逻辑）已被证实相对于多线性回归分析具有明显的优势。神经网络分析的一个特别有用功能就是能对相关的个体微观特征与特性进行虚拟试验，事实上，它很难甚至不可能在试验中改变单一的微结构参数，因此，这些虚拟试验可以对单一的微结构特征进行独立的分析，在分析一个取决于微观特征主要因素时，可以确定加工方案以优化这一特性。

4 工业纯钛(CP钛)和α合金

这一章节主要描述α钛合金的加工、微结构及性质，重点介绍各种级别的工业纯钛（CP钛）（常称为CP-Ti）。α钛合金的定义已经在第2章中介绍过，但在本章中将进行更为详细的介绍。所有α钛合金都是钛的低温、六方同素异形结构，这些合金含有溶解在六方晶格α相结构中的代位合金元素（Al或Sn）或间隙元素（氧、碳，或氮），这些合金也含有有限溶解度的元素，如Fe，V和Mo。表2.6列出了一组代表性的α钛合金和工业纯钛，并选择性地列出了属于（α+β）和β类的部分合金，级别称号取自美国测试与材料协会（ASTM）。由于已经意识到这类钛合金在实际应用中的优点，因而使用量逐渐增加。此外，已经设计出改善CP钛和α钛合金的抗环境能力或者降低成本的特种合金，用以替代包括钯等昂贵金属作为添加剂的合金，因此，合金级别已经逐渐增多，目前，至少已确认16种合金或纯钛级别。

表4.1列出了这些合金及其对应的等级编号、限制的合金元素成分或范围以及对应的最小屈服应力值，这类合金源于前面提到的六方晶格α相结构特性。为了更清楚地讨论合金性能的变化趋势，应该将这类合金再进行细分。由于CP钛的强度与包括Fe，Pd和Ru在内的代位合金元素无关，因而将它们归为一组。表4.1中的其他合金组成另外一组，命名为α钛合金。原则上，表4.1中所有合金都是α钛合金，但按上述思路对其主要类别细分后，在讨论这些合金的性质和应用上更清晰。

表4.1 CP钛和α钛合金化学组成和最小屈服应力

等级或合金	O(最大值)	Fe(最大值)	其他添加物	$\sigma_{0.2}$/MPa
CP钛				
CP钛等级1	0.18	0.20		170
CP钛等级2	0.25	0.30		275
CP钛等级3	0.35	0.30		380
CP钛等级4	0.40	0.50		480
Ti-0.2Pd(等级7)	0.25	0.30	0.12~0.25Pd	275
Ti-0.2Pd(等级11)	0.18	0.20	0.12~0.25Pd	170
Ti-0.05Pd(等级16)	0.25	0.30	0.04~0.08Pd	275
Ti-0.05Pd(等级17)	0.18	0.20	0.04~0.08Pd	170
Ti-0.1Ru(等级26)	0.25	0.30	0.08~0.14Ru	275
Ti-0.1Ru(等级27)	0.18	0.20	0.08~0.14Ru	170

续表 4.1

等级或合金	O(最大值)	Fe(最大值)	其他添加物	$\sigma_{0.2}$/MPa
α 钛合金				
Ti-0.3Mo-0.9Ni（等级 12）	0.25	0.30	0.2～0.4Mo，0.6～0.9Ni	345
Ti-3Al-2.5V（等级 9）	0.15	0.25	2.5～3.5Al，2.0～3.0V	485
Ti-3Al-2.5V-0.05Pd（等级 18）	0.15	0.25	2.5～3.5Al,2.0～3.0V,(+Pd)	485
Ti-3Al-2.5V-0.1Ru（等级 28）	0.15	0.25	2.5～3.5Al,2.0～3.0V,(+Ru)	485
Ti-5Al-2.5Sn（等级 6）	0.20	0.50	4.0～6.0Al，2.0～3.0Sn	795
Ti-5Al-2.5SnELI	0.15	0.25	4.75～5.75Al，2.0～3.0Sn	725

注：在列出的所有等级中，C 和 N 的标准值分别是 0.08～0.10 和 0.03～0.05。

相对于不锈钢而言，CP 钛具有很好的耐蚀性，这一点已经使 CP 钛成为化学和石油化学加工设备领域中具有吸引力的结构材料[2.36]。由于 CP 钛的可焊性和良好的可塑性，使其已经逐渐流行于热交换器和其他管道设备上，同时也应用于特殊设备的管材和管材的后续成形上[4.1]。虽然起初 CP 钛比不锈钢更贵，但由于 CP 钛在使用中更好的耐久性，实际上，CP 钛制造的产品常常具有较低的寿命周期成本[4.2]。在大部分情况下，CP 钛是特殊应用设备的首选材料，这主要与 CP 钛的特殊性质有关，例如耐蚀性和可塑性。当选择其他 α 钛合金时，常常是因为 CP 钛在实际应用中强度不够，当需要考虑耐腐蚀性时，成分对力学性能的影响，特别是对强度的影响，通常是较次要的问题。目前，CP 钛在压力容器设备方面的应用越来越多，此时，在选择材料时，力学性能也是同样要考虑的重要因素，在这方面的应用上，设计工程师选定材料时，考虑不同合金级别力学性能的变化是很关键的。尽管具有一定的耐蚀性始终是必需的性能，但对于其他设备可能还不够，例如，泵轮，振动和高平均应力对合金的选择产生了限制。对许多设备来说，力学性能处于第二重要地位，这是该类钛合金与将在第 5 章、第 6 章及第 7 章中介绍的其他合金的主要区别。

这一章的结构与第 5 章、第 6 章和第 7 章相似，首先描述工艺和微结构之间的关系（见 4.1 节），然后在 4.2 节中对微结构和特性进行讨论。在 4.3 节中，总结概括了 CP 钛和 α 合金的一些应用情况。

4.1 加工工艺和微结构

α 钛合金的加工工艺可以很方便地分为两部分。第一部分是材料的加工，生产者按照使用所需的规格尺寸和微结构（包括织构）来加工，确保微结构满足元件制造的需要。第二部分是零部件制造工艺的应用（仍然是加工工艺，但类型不同）和材料微结构对于采用的制造工艺有效性的影响。

4.1.1 材料加工工艺

从表2.6和表4.1可以清楚地看出钛合金和不同等级CP钛都是作为α钛合金进行分类的，这类合金构成主要是α相结构，同时带有小体积分数的β相（最大值为几个百分点）[4.3,4.4]。α钛合金的微结构比本书后面将要讨论的高强度（α+β）合金和β合金更简单，α合金具有少量的添加合金，这些添加合金对热处理本质上没有影响，但这一特点使α合金具有卓越的焊接性能。此外，也可通过热机械加工来控制晶体织构和粒度，但是不适合采用与熟练控制（α+β）合金（第5章和第6章）和β合金（第7章）微结构类似的方式。

CP钛以生产轧制板材（片材和板材）为主，当CP钛的一些铸件用于泵轮（见图3.30）或其他形状复杂的零件时，净成形铸造是很有吸引力的选择。钛合金铸造已在第3章3.5.1节中进行过讨论。CP钛锻造件很少被制作和使用，这首先是因为此类钛合金都易于焊接，因此，焊接件在价格上比锻造件更有竞争优势，其焊接件的性能几乎接近基体金属并且可以消除基体金属焊接件性能的不稳定性，因此，这部分的讨论重点将集中在板材和片材的加工工艺。

关于CP钛锻件普遍使用的局限性有几个例外，一个是如图3.28所示的轧制滚筒的使用，另一个是如图3.49所示的大型压力容器的端面，此时的板材本质上是在锻造操作过程中热成形的。也有一些锻件仍然使用Ti-5Al-2.5Sn生产，但正如后面将提及的，由于这种合金很难加工且很贵，故它很少用作于新的锻件。

CP钛的加工从VAR圆锭开始（见图3.7），也可以从冷床炉（见图3.11）的矩形截面铸锭开始。这种金属锭由初轧机轧制或被锻造成一个晶粒尺寸较小且均匀的厚板，今后的趋势是使用大型圆锭或铸锭，以消除或减小断面轧制的可能性。这种大锭被热轧到称为热板的中间产品，热板被盘卷，根据预期的产品规格，或者是酸洗和退火，或者仅仅经过为最终产品而需最后轧制准备的退火，加工工艺的变化是由材料等级决定的。等级1、2和等级12完全可以连续冷轧直到预期规格，等级4和等级3的一些批次需要升温叠轧，这和用于制造Ti-6Al-4V薄板的工序一样，处理顺序见图4.1。

当今使用的大量CP钛薄板均是由卷板生产的，卷板生产过程中，材

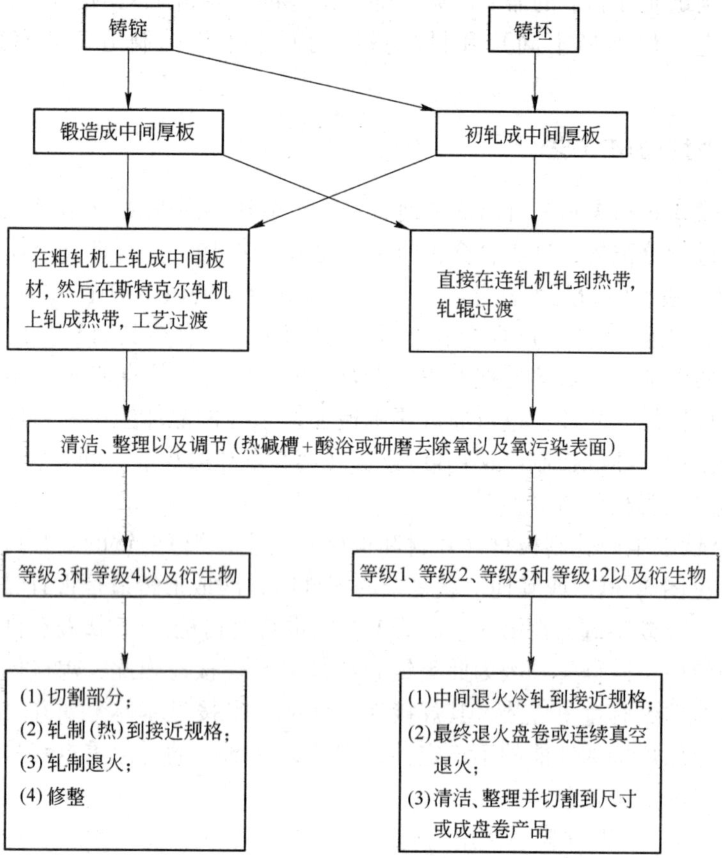

图 4.1　制造 CP 钛板和钛带的加工工艺流程简图
（由 J. A Hall 提供）

料仅仅受到适中的横轧来获得所需产品厚度，此阶段之后，厚度被单向轧制，降低厚度到所需尺寸并绕成盘卷，如图 3.20 所示。由 3 个操作步骤或阶段组成的α合金的一个典型加工流程（含均质化）如图 4.2 所示。表 4.2 概括了阶段Ⅱ和Ⅲ的目的以及与这些阶段相关的重要参数。一般而言，由于低溶质浓度将铸锭中的凝固偏析最小化，所以α钛合金需要较短的均匀化时间。由于溶质偏析在凝固过程中的减少，大块的，各向同性的厚板可以直接由冷床炉铸锭成形（例子见图 3.11 所示），并且这些锭坯的均质化可以完全忽略。由于材料具有良好的延性和低的切口灵敏度，CP 钛锭的直接轧制可以在最少条件和低的材料应力损失下完成，从铸坯连续轧制生产的 CP 钛材是目前使用的最具有竞争价格优势的钛轧制品。

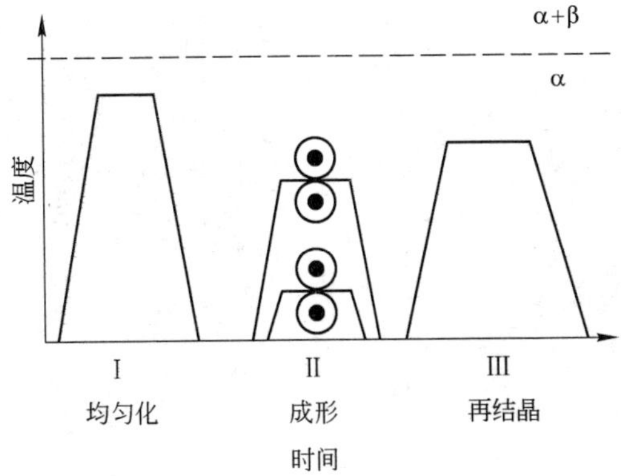

图 4.2 CP 钛和 α 钛合金的加工工艺流程示意图

表 4.2 CP 钛和 α 钛合金重要的工艺参数和形成的微结构

工艺步骤（见图 4.2）	重要参数	微结构
Ⅱ	变形程度	-织构强度 -α 晶粒尺寸
Ⅲ	退火温度	α 晶粒尺寸

与大多数高强度合金不同，许多 α 合金也能被广泛地冷轧，但 α 合金很少用于非再结晶条件下，这是因为较低的加工硬化使钛几乎没有强度优势，并且冷加工材料降低了延展性，限制了随后的元件制造选择，因此，当选用 CP 钛时，其加工过程常常包括最终轧制后的再结晶退火。退火可以在连续退火炉内完成或对卷材成品进行分批退火，连续退火炉位于最终辊轧台和卷取机之间的传输生产线上，加工后 α 合金的微结构由含有分散 β 相的再结晶 α 晶粒组成，这种分散 β 相的例子如图 4.3 所示。存在 β 相是由于在所有级别的 CP 钛中都存在少量 Fe，Fe 在 α 相中的溶解度很低，因此在凝固或后续的冷却过程中，都不易形成 β 相，但 β 相一直到室温下都能保持稳定。表 2.6 列出了在 CP 钛每个等级中 Fe 含量的最大值，铁含量随着钛合金编号的增大而逐渐增加。由于 β 相依附于 α 晶界面并有助于在再结晶过程中控制晶体大小，所以，Fe 是一种人为的合金添加剂。当需要高强度时，如 Hall-Petch 关系所描述的，更小的晶体尺寸可以用来增加屈服强度[4.5,4.6]。中间体晶体粒度通过促进更多孪晶的形成来提高材料的成形性能，α 相中孪晶成形晶体学已在第 2 章 2.4.2 节中进行了描述，此处在 CP 钛中孪晶示例如图 4.4 所示。CP 钛（等级 1 ~4）中的最终晶粒尺寸可主要看作是工件最终轧制操作条件和再结晶温度两者的函数（见表

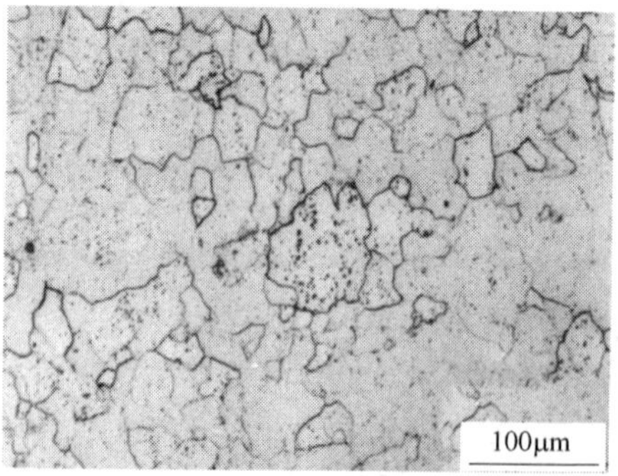

图 4.3 在 3 级 CP 钛中 Fe 在稳定 β 相中的分布（0.15% Fe）（LM）

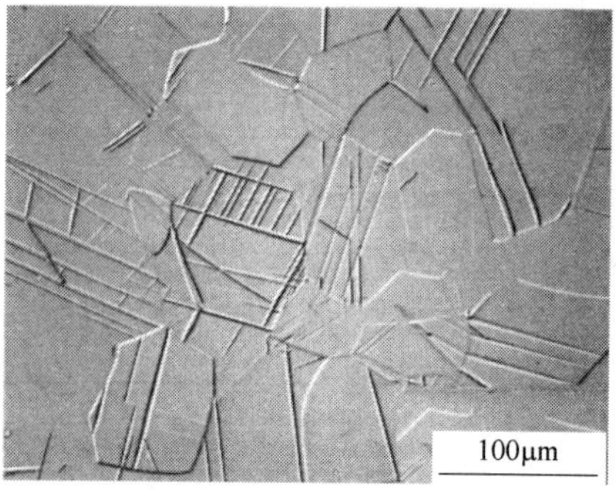

图 4.4 CP 钛中的形变孪晶（LM）（由 J. A. Hall 提供）

4.2）。再结晶退火 3.5h 后，退火温度与晶粒尺寸的关系见图 4.5[4.7]。在连续退火期间，一旦再结晶完成，晶粒将会长大，但是 β 相将随着晶粒长大的速率而降低，因此，材料的加工能力是随晶粒的再生长而变化的。Fe 含量对晶粒尺寸的影响概述于图 4.6 中，在固定条件下，不同 Fe 含量（0.15% 和 0.03%）的两批产品有相近的晶粒尺寸。700℃ 下 1h 退火处理后，含 Fe 0.15% 的材料没有表现出明显的晶粒长大（见图 4.6（a）），而 Fe 含量为 0.03% 的材料表示出二次晶粒长大（见图 4.6（b））。

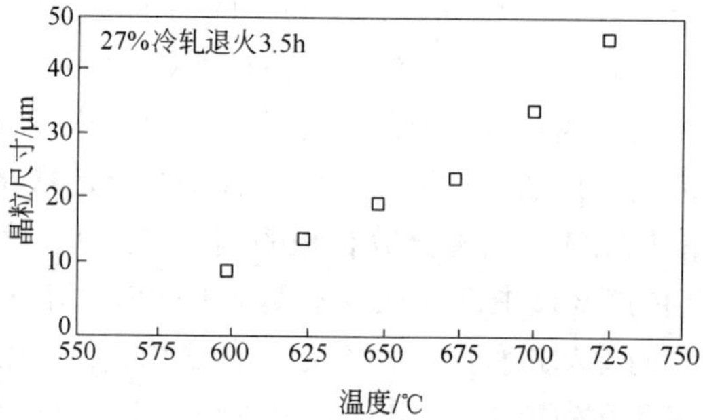

图 4.5 退火温度对 CP 钛（3 级）晶粒尺寸的影响[4.7]

稳定 β 相中的 Fe 也能提高氢的溶解度，这提高了该级别钛合金对氢的极限量，这一点很重要，因为这种级别合金的许多应用是在腐蚀环境中，在该环境中工作，具有相对较高的吸氢可能性，氢的存在对材料特性的主要影响将在 4.2 节中讨论。

α 合金 Ti-5Al-2.5Sn 最初是在 20 世纪 50 年代早期作为中等强度的高

(a) (b)

图4.6 Fe含量对CP钛晶粒结构的影响（LM）偏振光
（a）0.15% Fe；（b）0.03% Fe

温合金发展起来的，谈到这一历史事实是想说明，Ti-5Al-2.5Sn被认为是难以生产的合金不应该令人惊讶。考虑到可生产性和性能两方面更多的平衡，已经研发出许多更新的合金，已生产出两个等级的Ti-5Al-2.5Sn合金见表4.1，不同等级间的差别是成分的不同。ELI等级（ELI代表超低间隙原子）有更低的氧、更低的Fe以及更低的最大Al含量。由于该合金主要应用于低温储罐，故所有这些区别都是直接使材料在更低的温度下更有韧性。在热工作条件下，由于Ti-5Al-2.5Sn仅含有0.25%～0.5%的Fe并不含其他β相稳定元素，故Ti-5Al-2.5Sn主要由α相组成，它也具有高的β相转变温度（对于ELI级为1040℃），（α+β）相区域仅在非常狭窄的温度范围内存在。通常在热加工生产Ti-5Al-2.5Sn坯、棒、片、板材的过程中，经常遇到由其内部α相局部应力而引起的不同程度切应变裂纹，严重时导致工件破碎。较少的严重裂纹表现为浅表面裂纹，这些裂纹使材料在最后加工前必须进行预处理，两种情况的存在，增加了该合金最终产品的生产成本。该合金的生产过程中，由于存在这种困难，使最终的生产相比较并不经济，例如，热加工操作是α相域中高温下典型的工艺程序，产生的应变比在使用Ti-6Al-4V生产相同产品过程中的应变小，在高温和低应变下恢复迅速，因此，要想使晶粒大小与经常在Ti-6Al-4V观察到的晶粒尺寸一样，该种Ti-5Al-2.5Sn合金的生产具有挑战性和这一点一致，Ti-5Al-2.5Sn的屈服应力在板材和片板间变化，变化值达到50MPa，这反映出两种产品形式间晶粒大小的区别。在1000℃左右热轧这种合金，一般能够实现裂纹最小化，用沿横向的基面极引入高度的择优取向（织构）。这个结构类型称为横向（T）结构，将在后面 5.1.2 节中讨论，如图 5.8 所示，因此，在 Ti-5Al-2.5Sn 片材中，相比纵向，横向屈服应力增长 70～100MPa 就很普遍了。

4.1.2 零件加工工艺

α 合金，特别是 CP 钛，可以应用于耐蚀性的环境中或者是加工成密度修正强度可以与其他耐蚀性合金相媲美的各种零件，例如奥氏体不锈钢或 Ni-Cr-Mo 合金，如 C-276。如上所述，当选择 CP 钛作为特殊应用时，可成形性和可焊性是需主要考虑的因素，因为，这些性能将影响到最终产品的成本。熔焊 CP 钛管已经变成重要的中间产品，目前这些产品在自动制管机上被大规模生产。这些机器把 CP 钛卷板作为输入原材料，把这些原料切成一定的宽度，用轧机将其弯曲，然后将衔接边缘焊合到一起形成管道并切成一定的长度，所有这些都是一个连续过程。制造高质量的焊管对使用材料的主要要求是弯曲均匀性和可焊性。对于 1 级和 2 级 CP 钛来说，弯曲应变相对较低并且延展性不是问题，为了维持管材圆度，对圆周方向的局部屈服均匀性也有要求。如果原材料具有均匀粒度和结构，这个要求很容易满足。许多焊管也通过滚压扩张做成热交换器，滚压扩张使用锥形旋转轴，这个转轴使管径塑性变形或扩大。管道扩张过程中直径增加，直到管道接触到薄板中固定管道孔的周边，这称之为管板[4.1]，如图 4.7 所示。滚压扩张在热交换器管道和管板之间形成一个密封，对滚压扩张的均匀响应，要求均匀的尺寸（包括焊接）和一个圆周屈服应力常量来确保沿着管道圆周各点有相同的膨胀程度（径向的塑性流动），包括焊接点和热影响区的屈服应力。此处列出了有关滚压扩张成功的其他几个原因，一个是在操作过程中提供了充足的延展性，支持塑性变形；另一个是完成操作需要的力，这取决于流动应力。由于滚压扩张是手动操作，因而当管道尺寸和管道壁厚增加时，后面一点就成为一个重要的限制条件，在某些点所需要的力，超过了许多滚压扩张操作者的物理强度能力，一个包含熔焊 CP 钛管的壳式热交换器的例子见图 4.7。

另一种 CP 钛零件是深冲压成形的，因为深冲压成形包括双轴应变，所以深冲压成形的难度比弯曲成形更大。双轴伸展的可重复响应需要材料具有可重复的塑性应变比值 r。参数 r 是平面应变变形过程中在薄板宽度和厚度两个方向的塑性应变的比值，高的 r 值意味着在一次操作过程中在厚度方向较少变形情况下，允许更深的冲压而不被撕裂。与宽度或其他平面方向相比，更高的 r 值意味着厚度方向上更高的实际屈服强度，这个实际

图4.7 包括熔焊CP钛管的壳式热交换器
（由J. A. Hall提供）

屈服应力的提高使全厚度应变和伴随双轴变形而形成的薄化最小化，因为双向伸展利用 c 轴变形，所以在带有基底（B）结构的材料中（见图5.8）得到的 r 值最高，不幸的是因为需要横向轧制，所以这种结构非常困难或不方便生产。氧的增加也导致不同的 α 钛滑移模式的分解切应力值分散，$\boldsymbol{c}+\boldsymbol{a}$ 滑移具有最高值，因此，织构化的CP钛、等级3和等级4的 r 值，与等级1和等级2的值相比可以增加，但是，氧含量越高总拉伸延展性也越低。常用来测量拉延性能的方法是深冲圆杯形的起始尺寸与冲击后的孔直径的比率，这个最大值称之为极限拉伸比（LDR），其取决于材料本身的特性[4.8]。CP钛被认为是易于成形的，但是其屈服强度要求相当大的压力，在所有金属中，深度大于直径的冲压块需要多重式压延操作。

钛合金的片材成形已在第3章3.5.4节中进行过讨论，作为这个讨论的一部分，说明了“弹性回复”现象及其结果。与其他竞争材料相比，CP钛的弹性回复是更重要的问题，减少弹性回复的方法是使用加热成形。CP钛的流动应力在热成形温度下减少，因此，存在一个弹性应变的相应减少。对于任何材料，屈服点的弹性应变是屈服应力和弹性模数的商，这个弹性应变有助于成形过程中的弹性回复并体现在尺寸方面。准确的净截面形状难于加工，和奥氏体不锈钢相比，α 钛合金的屈服应力与弹性模数的比率很高，CP钛中的合成弹性应变范围比在不锈钢中大1.5到4倍，200～300℃下的热成形减少了流动应力[4.9]，并有助于使弹性回复最小化。几百摄氏度下，不需要担心钛的氧化，这使热成形成为有吸引力的工艺。

4.2 微结构、组成和性质

α 钛合金的特性取决于成分（即 CP 钛的氧含量）和加工工序，因为加工工序控制了晶粒尺寸和取向（织构）。与（α + β）合金和 β 合金相比，α 钛合金的性质更直接地依赖其成分。一般来讲，片材产品在纵向和横向间表示出连续的屈服强度和弹性模量变化[2.1]，这种变化是由于晶体织构始终存在于 α 钛合金中，如第 2 章所示，与垂直方向相比，当平行于 *c* 轴测量时，α 钛的弹性常数更高。在 Ti-Al 合金中弹性常数的不同大概是因为 Al 是缩短 α 相晶格的一种代位元素，相反的，氧是 α 相中的间隙元素并且在本质上对弹性模量没有影响，参见表 4.3，因而，CP 钛比合金，如 Ti-5Al-2.5Sn，其由织构决定的成分对模量的影响小。

表 4.3 CP 钛的主要力学性能

材　料	E /GPa	$\sigma_{0.2}$ /MPa	UTS /MPa	伸长率 δ /%	σ_{10^7}/MPa ($R=-1$)	$\sigma_{10^7}/\sigma_{0.2}$
等级 1	105	170	240	24	—	—
等级 2	105	275	345	20	—	—
等级 3	105	380	445	18	280	0.73
等级 4	105	480	550	15	350	0.73

用于强化单相钛合金，例如，α 相合金的方法很少，并存在实际应用的限制，强化 α 相合金的基本机理是通过间隙元素（氧、碳和氮）和代位元素（铝、锡和锆）的固溶强化、晶粒强化、织构强化以及 α_2 相形成的析出硬化。钛合金的强化已在第 2 章 2.8 节中进行过探讨。有关 α 钛合金的强化机理归纳于表 4.4。这些可能的强化手段中，通过间隙元素（特别是氧）的固溶强化导致的局部应变将在随后进行讨论，固溶强化和小晶粒都限制了形变孪生的发生并减少了材料的形变能力。织构强化原则上是可能的，但有很高的同向性，织构也能对片材平面进行强化，但仅能达到一个基本织构类型，降低了改善形变能力的可能性，这在本章前部分已进行过讨论。由 α_2 相产生的析出硬化也导致局部应变，它能急剧地降低材料的拉伸延展性。

表 4.4 α 钛合金的有效强化机理

强化机理	关　系	例子/限制
晶粒尺寸	$d^{-1/2}$	细晶粒极限孪晶
间隙固溶体	$c^{1/2}$	局部应变大于 2500×10^{-6} 氧
置换固溶体①	c	局部应变大于 5% Al 含量
织　构	c 轴方向	沿 c 轴加载最大值
析　出	$r^{1/2}$，$f^{1/2}$	出现大于 5.5% Al 含量

①文献[4.10]，[4.11]。

CP 钛，尤其是等级 1 和等级 2 的 CP 钛，一般是用来生产卷材，在卷材的生产中，轧制主要是单向的，其织构和强度归因于这种加工条件。存在于 CP 钛中的典型织构具有沿连接片材正常方向和片材宽度（横向）方向的最大基极浓度，基极浓度最大值的点位于片材正常方向和横向方向偏移大约 30°处，CP 钛典型的基极如图 4.8 所示[4.12]。CP 钛的织构与（α + β）合金，例如，Ti-6Al-4V 平板轧制的典型织构不同，在 Ti-6Al-4V 中，存在一个强基/横向（B/T）织构（见第 5 章，图 5.8）。双向拉伸过程中，CP 钛中的织构引起沿基极方向相当高的分解应力，双向张力相当于沿厚度方向压缩并且通过材料在成形过程中的厚度减小来实现，在这种拉伸条件下，双晶模式操作有利于 CP 钛的成形，因为，当应力轴平行于 c 轴时，双晶允许变形，这一事实以及此类合金较低的屈服应力水平定性地解释了为什么这类合金与强度更高的合金相比更适合应用于片材成形，例如，Ti-6Al-4V或 Ti-5Al-2.5Sn，因为，其孪晶的形成并不常见。

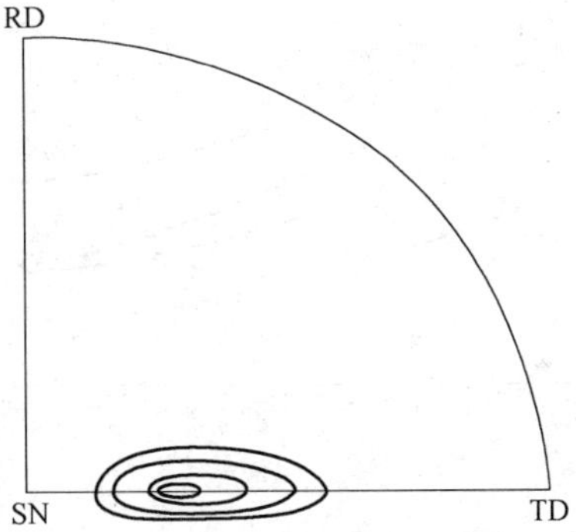

图 4.8 CP 钛片材单向辊制的晶体织构（0002 极图）[4.12]

不同等级 CP 钛中所含的最大氧浓度（除 Fe 外）列于表 2.6 和表 4.1 中，氧在 α 相中是很有效的固溶体强化剂，CP 钛中 1 ~4 等级的拉伸性能变化反映这一事实（见表 4.3）。这类合金在成形过程中，要严格控制其中氧和 Fe 的含量，因为它们对终产品的强度是主要影响因素。在很高的氧浓度（不小于 0.25%）下，滑移特性由波浪形变成平面形（见 2.8.1 节），并且双晶趋于迅速下降[2.10,2.27]，这种滑移模式变换见图 4.9。形变行为随着更高强度等级 CP 钛成形性能的降低而变化，部分原因是与平面滑移有关的局部应变的发生，还有就是由于双晶数量的减少。氧在变形模型中的作用仅持续到中等温度（大约 300℃），这在几个等级 CP 钛允许的拉应力随温度变化的曲线中可以反映出来，如图 4.10 所示[4.13]，因此，如果需要

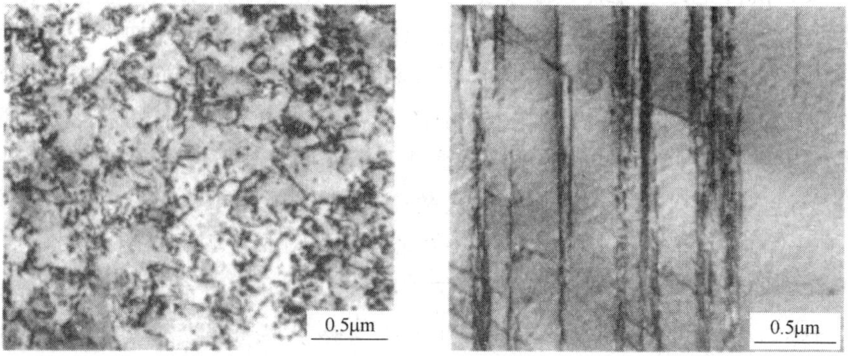

(a)　　(b)

图 4.9　氧在 CP 钛的滑移模式中的作用（TEM）
（a）0.15%氧；（b）0.50%氧[2.27]

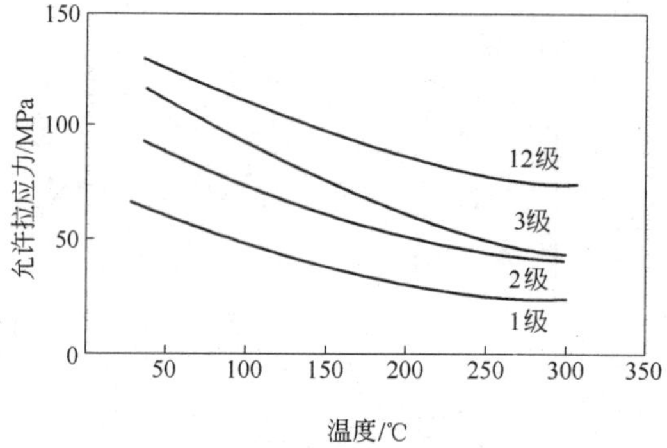

图 4.10　几个等级的 CP 钛和 Ti-0.3Mo-0.8Ni（等级 12）
允许拉应力与温度的函数关系[4.13]

的成形应变很大，那么，等级 3 和等级 4 的热成形相对而言就很普通了。

晶粒尺寸强化是改变 CP 钛强度的重要方式，在不同应变下，晶粒尺寸对 3 级 CP 钛流变应力的影响见图 4.11[4.14]。在 4 级 CP 钛中，晶粒尺寸和氧对强度的影响，从本质上来说是相加的，两者一起导致屈服应力值高达 480MPa。如许多其他金属材料一样，对于一定的晶粒尺寸而言，CP 钛的强度和延伸性是相反的，具体可以通过表 4.3 的数据说明，表 4.3 同时也列出了在 10^7 周期循环后，CP 钛的高周期疲劳强度大约是屈服强度的 0.7。如果在 2 级和 3 级 CP 钛之间出现了波纹滑移向平面滑移的转变，可以预测晶粒尺寸的作用对疲劳裂痕的产生具有明显的影响，但是这些材料的系统疲劳数据很少。CP 钛疲劳和断裂数据的整体缺乏多少可以反映出早

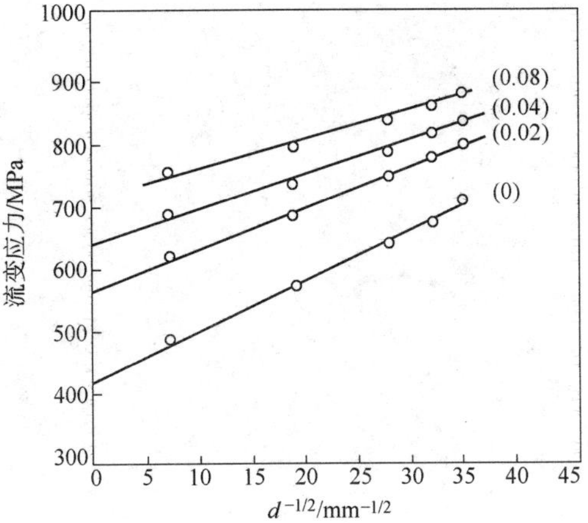

图 4.11 4 个塑性应变级下的室温流变应力与 CP 钛晶粒尺寸的关系[4.14]

期选择这类材料是以其优越的耐腐蚀性和可塑性为基础的，而不是出于本质上对其力学性能的考虑，而且，钛材设备对高强度和疲劳性能的要求将会使更高强度钛合金成为大多数的选择，因为这些合金性质明显优异，成本略有增加，并且其增加还取决于产品类型，例如，在片材设备中，CP 钛片的成本与 Ti-6Al-4V 片材相比已经相当低，因此，CP 钛常常更佳。

当 β 相作为延性夹杂物存在时，它可以充当大多数加载条件下的止裂点，例如，热成形的加工工艺或者在 200 ~ 300℃ 温度下，长期使用可以导致 Fe 稳定的 β 相分解成为脆性（β + ω）混合物[4.15]。当这种情况发生时，CP 钛的抗断裂性在疲劳和单冲荷载时会降低，同样的，发生在等级 12 中的 β 相分解将在后面进行探讨，这一点很重要，因为在不能进行热处理的材料中，有忽略性质随时间变化可能性的趋势。

与高强度的（α + β）或 β 合金相比，CP 钛的断裂模型有时是不同的，最明显的差异是在裂纹扩张过程中，大量的塑性流动导致了大型的拉伸破裂以及 CP 钛中更大的空隙尺寸。3 级 CP 钛中的这一延性拉伸和断裂裂纹的例子见图 4.12[4.16]，某种程度上讲，这是因为非合金 α 相并非很牢固，当含氧量少于 2500×10^{-6}，或当 α 相中含铝量少于 3% 并且含氧量少于 2000×10^{-6} 时，非合金 α 相易于延展。α 钛合金和高强度级钛合金之间的另一个差异是具有相对低的阻碍滑移转变的晶界数量。在 CP 钛中，这些晶界大部分是 α/α 晶界，然而在高强度合金中，却是 α/β 晶界，事实上，高强度合金大部分强度来自于界面增强，因此，按照定义，这些合金的 α/β 晶界密度很高，这些在高强度合金中的 α/β 晶界，位于应变积累和应变不相

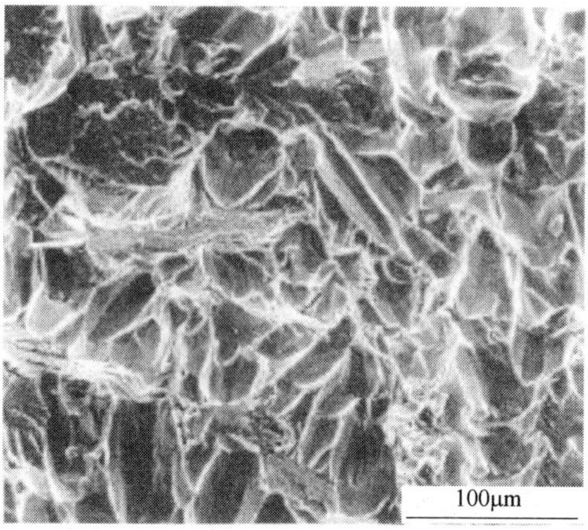

图 4.12　3 级 CP 钛室温下的延展断裂模式（SEM）[4.16]

容的位置，因而常常是延展断裂过程中空隙成核的位置。相反，CP 钛中的空隙主要在晶界成核，这些空隙通过塑性拉伸生长，并最终将空隙之间的区域拉伸撕裂而汇合，因此，CP 钛通常显示不同的断裂构形。与高强度合金相比，等级 3 和等级 4 常常含有 Fe 稳定 β 相，空隙成核也发生在这些合金中毗连的 α/β 界面。在表 2.6 和表 4.1 列出的这些合金中，关于 Al 和氧含量的早期说法，Ti-5Al-2.5Sn 合金是个例外，这种合金将会在 4.3 节中单独讨论。

低温下，结合高加载速度，α 相变得很坚硬，尤其在氧含量高的等级 3 和等级 4 中。在这种环境下塑性流变被限制，致使 α 相沿着裂缝断裂。1～3 级 CP 钛的夏氏冲击韧性与其他两种合金的比较如图 4.13

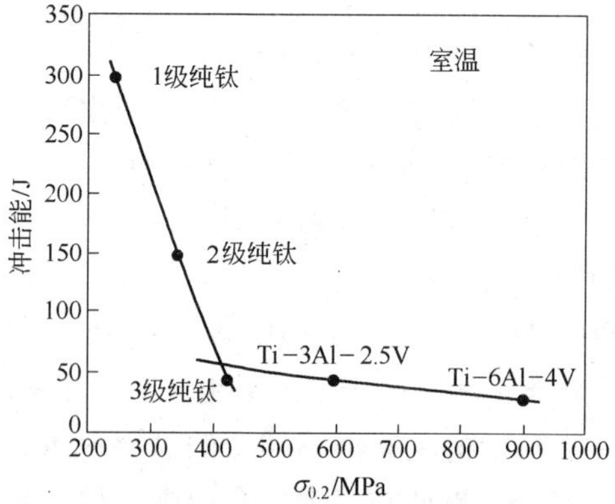

图 4.13　几种等级的 CP 钛和 Ti-3Al-2.5V 及 Ti-6Al-4V 合金的夏氏冲击韧性与屈服应力的关系[4.17]

所示[4.17]，由于 CP 钛有脆性解理断裂的潜在可能，如果预先考虑到在低温和高加载速度下使用，3 级和 4 级的使用应该受限，解理断裂模型如图 4.14 所示，解理断裂出现在 α 钛晶体基面上，当穿过解理面的局部常规应力超过临界值时，发生典型的解理断裂，这个断裂判据与延展断裂过程中达到引起微孔成核发生的临界局部塑性应变的判据相反。在六方 α 相中，由于基面和荷载轴的相对方向影响了通过解理面的常规应力分量，因而，其织构直接影响了其特性，已有报道称解理破裂的倾向随着晶粒尺寸的减小而减少，这一现象的发生似乎与小晶粒中的形核解理破裂难度增加有关[4.18]，因此，低温下使用的零件更适于由细晶粒、低氧级的 CP 钛制造，在这种情况下，由细晶粒尺寸细化的增强部分地弥补了低氧材料强度的降低。

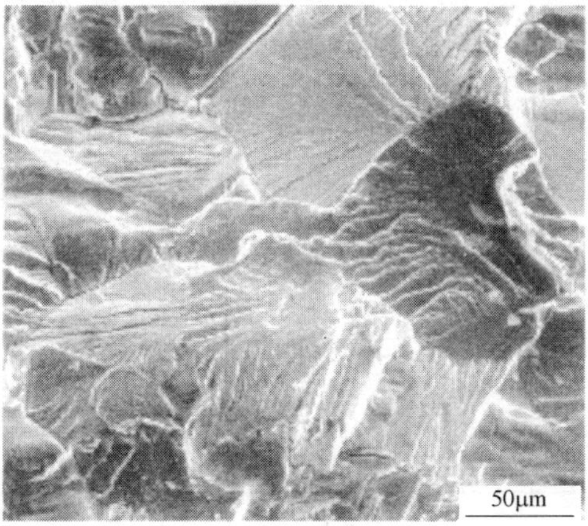

图 4.14　4 级 CP 钛在低温高载荷速率下的解理断裂（SEM）

α 钛合金是大多数耐蚀结构材料中可以用于多种侵蚀性环境的材料，这些环境的例子见表 4.5。在第 2 章中已做过一般性的讨论，钛在氧化环境中，能够使保护氧化膜保持完整并形成钝化表面从而非常耐腐蚀，而在还原环境中，例如硫酸、磷酸和盐酸中，除非有缓蚀剂的存在，否则这层膜会被分解。为改善 CP 钛在还原环境中的耐蚀性，通过加入少量（相当于 0.2%）的铂族金属元素（PGM），钯是这些添加剂中最普通的，添加 0.2% 的 Pd，能使 α 钛在没有缓蚀剂的还原环境中，非常耐腐蚀，这在不使用或不能使用缓蚀剂的应用中是很重要的，然而，这些等级的成本比没有添加 Pd 的 CP 钛贵两倍，成本的差别可简单的归因于 Pd 的高价，因此，限制了这些添加了 Pd 的合金的使用，尽管如此，含有 0.2% Pd 的 7 级 CP

钛（最大含氧量0.25%）以及11级CP钛（最大含氧量0.18%）还是在大量设备中使用，这些等级的成本，正如前面提到的，如C-276，可以与Ni-Cr-Mo合金相当。最近已经表明，在还原环境中，少量的Pd含量对稳定表面氧化物具有近似相同的作用，因此，目前含0.05% Pd等级16和等级17的钛，成本比等级7和等级11的低了30%，这些低Pd等级的钛，已成功应用于除了最恶劣腐蚀还原环境中的其他所有环境中。目前，出现了可以把价格更低的元素（Ru）加入CP钛中，能够使其在还原环境中耐蚀性获得几乎一样的合金[2.39]，在这种情况下，需要消耗大约0.1% Ru，以达到与0.05% Pd相当的作用，尽管如此，由于Ru价格较低，含有0.1% Ru的CP钛在相同含氧水平下的成本低于等级16和等级17成本的20%，因此，出现了两种新的含有Ru的CP钛，即等级26和等级27的CP钛。CP钛等级7（0.2% Pd）和等级16（0.05% Pd）的强度与没有Pd添加剂的相同等级CP钛的强度相同，而其耐蚀性的提高归因于小Ti-PGM金属间沉淀物，或者是Ti_2Pd或是TiRu的析出，这些析出物影响了此处氢（阴极）的超电压，扩大了表面保护的范围，这些析出物较小并且所占体积分数小，因此，应预先考虑到这些合金添加剂对强度没有影响，原因有两个，首先小体积分数和大沉淀物间距不能引起弥散强化，其次，Pd和Ru在α相的固溶度较低，且较小的固溶强化作用被氧的强作用所掩盖，因此，需考虑成本和所需耐蚀性之间的平衡，以便来确定合金或选择等级。

表4.5 钛由于良好的耐蚀性在工业上的应用

工业	设备	环境
发电	冷凝器、热交换器、废气洗涤器	不同纯度水溶液、含SO_2气体
水厂	脱盐热交换器	海水
石油化工工业	热交换、井口、管道以及下向钻眼硬件	含H_2S盐水
纸浆和纸	流程中漂白部分扩散洗涤器	含氯化物液体
化学工业	定尺稳定电极	Cl_2和Cl_2化合物
金属生产	电解制取Cu、Au和Zn的阴极	不同侵蚀性水溶液
选矿	高温和高压下的压力容器	不同侵蚀性水溶液
生物装置	骨科植入物、外科植入物、外科工具	人体和高压蒸气灭菌器
航天器	低温储罐	N_2O_4、液体O_2、液体H_2

不同等级CP钛的许多应用是在化学和石化工业中的工艺设备，大量的这种设备在高温（例如，在100~150℃范围内）下使用，这对结构材料耐蚀性和材料的机械强度有直接影响，特别是CP钛，因此，材料选择过

程中，必须考虑高温运行的影响，例如，图 4.7 所列出的热交换器内的管束。

由于钛吸收氢的倾向随着温度增加而增加，因此，给定环境的严格程度随着使用温度的升高而增加；另一个因素是发生缝隙腐蚀的趋势随温度的升高而增加，缝隙腐蚀由浓差电池的形成而产生，在产生浓差电池的结合点或其他地方，腐蚀过程由该处的几何特征决定，在这种情况下，氧局部减少且此处的腐蚀环境下降，导致表面氧化物分解，加入 Pd（例如，等级 7）或乃至 Ni + Mo（例如，等级 12）的合金元素，能提高钛合金的耐缝隙腐蚀性，特别是前面提到的按图 2.31 所示在较高温度下[2.36]的耐腐蚀性。CP 钛也有良好的固有缝隙耐腐蚀性，特别是在一定的环境温度下，但在高温下，基于前面所叙述的原因，含 PGM 添加剂的等级更有优势。

氢能降低 CP 钛和许多高强度钛合金的力学性能，这已经很清楚了，在知道吸氢存在的环境中，应避免使用钛合金，有几种存在这种潜在情况的环境不太引起人们的注意，包括阳极与阴极面积比较大的电偶，其他例子还有阴极区域的缝隙腐蚀和高温情况下的氢气增加。造成延展裂纹和抗断裂减小的详细机理存在几种观点，显然，含有足够的氢引起氢化物析出导致氢脆是清楚的，一段时间以来，这种脆性的起因与脆性 TiH_2 相的存在有关的观点已经被接受，由于该反应的重要性，因此，下面将详细讨论 TiH_2 的形成，不过，也有明确的证据表明，在低氢浓度即在规格极限（150×10^{-6}）左右时，合金的延展性会减小，但在此种情况下，关于氢化物的存在还没有资料说明。两种情况中，都发生了分布在 α 相基面上由裂纹面易脆、晶内模型断面导致的断裂，因而，对低氢浓度下的延展性降低可能存在着两种机理，一种可能的机理是在基面上的滑移带中增加的氢浓度直接降低了断裂应力[4.19]，另一种可能是滑移带中增加的氢浓度形成了一层薄的、很难检测到的、甚至暂时的氢化层。在本书中，我们将不再回顾所有的有关氢对钛及其合金影响的所有信息，尽管如此，指出在无氢化物时延展性的减小仍与氢有关这一现象是很重要的。

在侵蚀性环境中，CP 钛失效的基本模式是氢脆。在这种侵蚀性环境中，pH 值的水平和温度都在如图 2.31 所示的氢气范围，此时，氢一般有足够高的浓度导致氢化物的形成。α 钛合金中，脆化的原因是钛氢化物（TiH_2）的形成，钛氢化物（TiH_2）具有 CaF_2 的结构且为脆相，如果超过氢化物的断裂应力，在脆性 TiH_2 中可以形成裂缝，当存在高体积分数 TiH_2 时，这些裂缝可以生长成为 α 相基质，导致在总应变较低时的断裂。由于氢化物的形成和 CP 钛机械行为之间的关系，因而再次对 TiH_2 形成进行详细的总结很重要。TiH_2 的形成伴随的体积变化（+18%）以及这个体积改变必须能容纳基体中的塑性流动[4.20]。归纳起来，有关氢化物形成的动力学有几个结论，第一个是对基体流动应力的依赖，因为这种依赖变成要求塑性流动的约束力适应沉淀物的形成，它将依次影响特种合金中氢的表观溶解度，对于其内部是α相固溶强化的合金，要求更高的氢过饱和来形成足够的驱动力促使基体中位错环的形成，这些环对累积体积的增长是有必要的，氢化沉淀物附近位错环的例子如图 4.15 所示，一旦这些环开始形成，氢化物就迅速生长。超过屈服应力的外部应力形成位错，这些位错可以提供必要的空间场所，因此，在被氧或例如 Al 或 Sn 固溶体元素强化的α相合金中，存在较大氢过饱和的可能性，如果超过了局部屈服应力，结果之一是大体积分数的氢化物快速形成。与氢化物形成有关的体积改变的另一个结果是氢有选择地富集在所有氢抗拉应力场存在的区域[4.21]，从设计角度考虑这点变得很重要，特别是如果设计的物质将要使用高强度合金时，即使在设计过程中，注意到了在切口处应使最小化应力集中出现，但非常要注意的是，加工过程中拉伸应力集中的其他来源没有被带入，包括错误的机械加工半径或是带有助溶剂的焊接。从选择材料观点出发，在室温下可以使用等级 1 或等级 2，对于高温下的应用，裂缝腐蚀则是更需要考虑的（见图 2.31），虽然成本增加但是等级 7、等级 11 或等级 12 的使用变得更重要，这些合金一般具有更优良的抗裂缝腐蚀性，这是其经常被选择的原因。

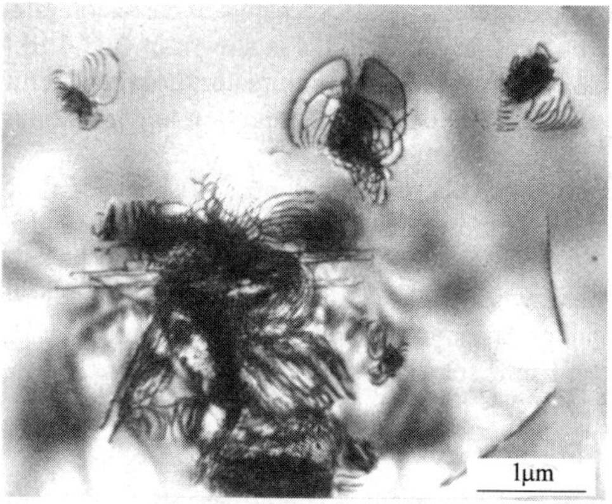

图 4.15 α相钛合金中氢化沉淀物周围的位错环（TEM）

金属和合金因钝氧化层的存在产生的耐蚀性常常受到间隙腐蚀的影响，这是因为裂缝区域形成浓差电池且在氯离子的存在下钝化层破裂，使金属处于无保护状态的原因。由于 α 钛合金比不锈钢和 Ni 合金具有更好的抗裂缝腐蚀能力，因而 α 钛合金普遍应用在这类腐蚀可能性很大的环境中。检测材料耐裂缝腐蚀的性能相对容易而且对结果的解释也很简单直接。裂缝腐蚀敏感性的一种常规测试包括制造一个由绝缘材料分离的多层异质材料，用一个与样品绝缘的螺栓将异质材料堆垛压紧，并扭转到一个预定值，以获得一个可复现的裂纹，举例如图 4.16 所示，这些堆垛浸于缝隙腐蚀敏感的介质内，通常用于辨别候选金属和合金敏感性的介质是含酸的饱和盐水，典型的测试结果列于图 4.17 中，可以看出 CP 钛样品 A 和 B 对缝隙腐蚀敏感，而 Ti-0.2Pd 样品 C 和 D 对缝隙腐蚀则不敏感。

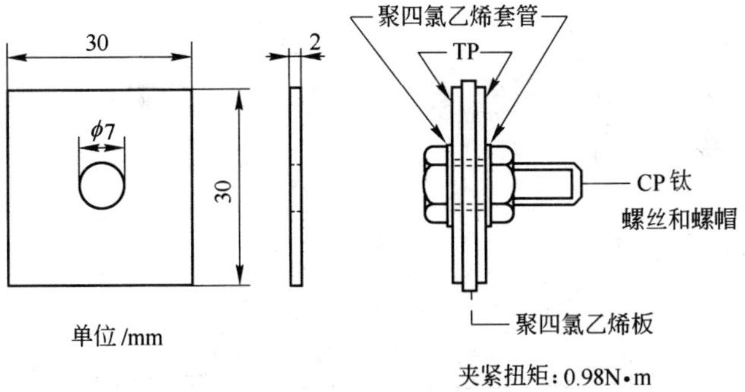

图 4.16 缝隙腐蚀试样“堆”图
（由 J. A. Hall 提供）

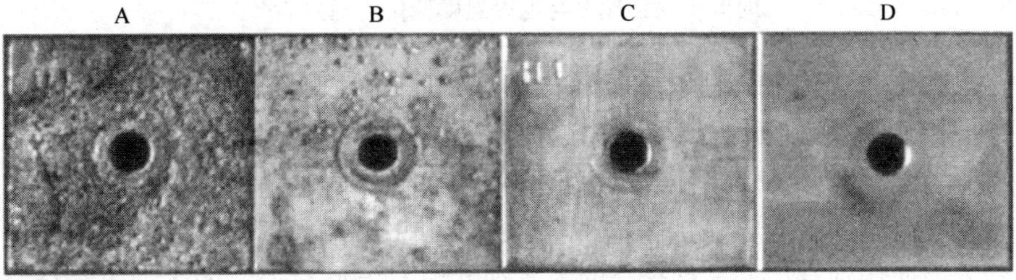

图 4.17 CP 钛等级 2 缝隙腐蚀试样（试样 A 和试样 B）
以及 Ti-0.2Pd（等级 7）试样 C 和试样 D
（由 J. A. Hall 提供）

到目前为止，未曾讨论的 α 钛的一种合金是 Ti-0.3Mo-0.8Ni 合金，即等级 12，如图 2.31 所示，这种合金具有比 CP 钛等级 2 更好的耐腐蚀性，但不如等级 7（Ti-0.2Pd）的耐腐蚀性能好，该图表明了等级 12 比等级 2

有更好的耐腐蚀性，从经济上考虑，这一点使其成为许多需要考虑间隙腐蚀应用方面的首选。因为，等级 12 成本大大低于等级 7，使其在改良耐腐蚀性方面的应用具有足够大的吸引力，在一些环境中等级 12 具有与等级 7 相当的耐腐蚀性，但是在其他环境中耐腐蚀性则差很多。根据热处理过程也可以看出等级 12 的组织结构可能相当复杂，例如，温度在 650 ~ 700℃ 范围内退火会导致 Ni 和 Mo 稳定 β 相分解成为 Ti_2Ni 或 ω 相或两者同时存在，受热处理的影响，腐蚀速率和合金结构之间存在着复杂的相互依赖关系，如图 4.18 所示[4.22]，在未经仔细选择优先热处理的高温下，等级 12 的使用看似可以降低服役过程中耐腐蚀性能的不稳定性，但避免这种冒险的实践是明智的。

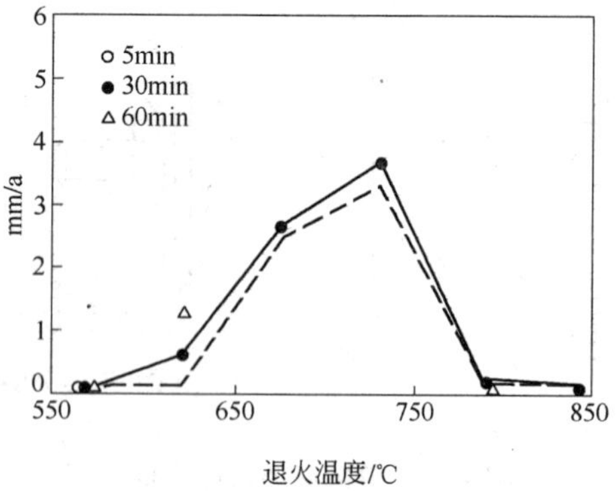

图 4.18 α 钛合金 Ti-0.3Mo-0.8Ni（等级 12）三种不同时间下腐蚀速率与退火温度变化的函数[4.22]

在这类合金中还有一种合金是 Ti-3Al-2.5V（等级 9），在表 2.6 和表 4.1 中的 α 合金部分可以看到，这种合金常常被称为“近 α”合金[2.7]，当需要高强度和好的焊接性以及可接受的耐腐蚀性时，这种合金常常替代含有较少溶质的 α 合金，因为这种合金易于由挤压或周期式热轧制造成无缝管，因而特别有用，这种合金的耐腐蚀性没有上面讨论过的各种等级合金好，但是等级 9 较好的强度以及易加工性（包括焊接性能）和对多种苛刻环境的良好抗性，使其成为许多应用的选择，例如飞机中的液压管道以及从运输角度上考虑，重量是关键的大型压力容器。

4.3 性质和应用

上面已经说明，CP 钛和其他 α 合金的主要用途是化学和石化工业的工艺设备，如果设备按每年使用材料的量排序，情况就是这样。CP 钛在其他工业部门还有许多应用，这也依赖这类合金更优越的耐环境性，这些应用及一些工作环境已列在表 4.5 中。

管和壳式热交换器是 CP 钛常见的应用，这种热交换器已表示在图 4.7 中。此类热交换器由大量单独的焊接管组成，这些管已经轧制并安装到热交换器每个末端板上。这种类型的热交换器主要在两种环境中具有优势，一种是存在潜在污渍的环境，另一种是介质中含有固体颗粒的环境，这些情况会造成使用过程中个别管中发生堵塞的可能，在这种类型的热交器中，这种堵塞不会严重损害整个设备的使用，只会导致一些安全性故障的出现。与竞争材料相比，CP 钛与能有效除去污垢的氯化合物不反应，易于清除热交换器污垢是 CP 钛成为有吸引力材料的另一个理由。

CP 钛可以应用于很宽的环境范围，并且易于制造成管和热交换器，这些是选择 CP 钛做成管和壳式热交换器的主要原因。这些 CP 钛生产的热交换器成本高于那些由 70/30Cu-Ni 合金或 316 不锈钢生产的热交换器，但是低于那些锆合金、铬镍铁合金或 C-276（Ni-Cr-Mo）生产的热交换器，称之为管和框架热交换器的大型管型热交换器是用 CP 钛制成的，其例子之一如图 4.19 所示，这类热交换器要求管道被构架支持而不是使用板架支撑，在别的方面，其工作原理和利益基本相同。

图 4.19 CP 钛制造的管架式热交换器

（由 J. A. Hall 提供）

另一个常被使用的设计产品称为盘架式热交换器，这种设备的例子如图 4.20 所示，这些设备使用堆叠盘，以便获得热交换面积最大并实现设备单位体积上非常大的热传递面。此外，这些设备是单体和附加单体可增加附加调节的排热设备，这些盘在形状上是相当复杂的，因而结构材料必须有良好的可成形性，组成这些面板的独立模块如图 4.21 所示，1 级 CP 钛

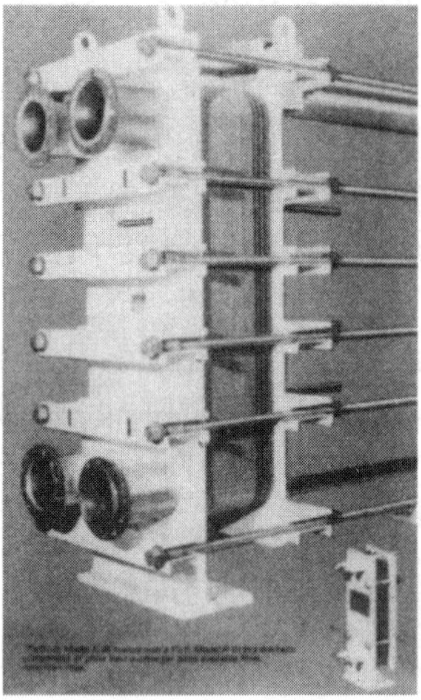

图 4.20　CP 钛制造的板架式热交换器
（由 J. A. Hall 提供）

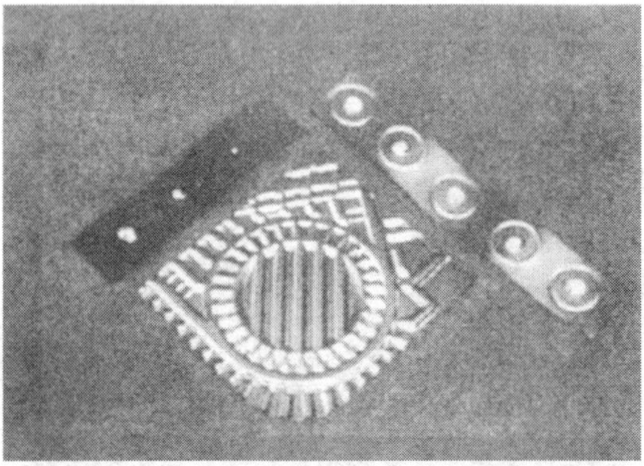

图 4.21　装配板架式热交换器盘中形状复杂的 CP 钛片件
（由 J. A. Hall 提供）

和 2 级 CP 钛符合加工要求，并且加上这类材料的内在耐腐蚀性，各种等级的 CP 钛已经成为材料的一种自然选择。

在所有热交换器中，从一个重要方面来讲，冷却水的流动速率决定了设备的效率，即一定时间内，设备处理液体的体积。在海水用作冷却水的情况下，与其他成本较低的备选方案相比，CP 钛具有显著优点，例如 70/30Cu-Ni 合金，在海水流量高的情况下，CP 钛比 Cu-Ni 合金更适合在表面冷凝器中使用，因为即使在高流量下，CP 钛上的惰性氧化膜仍保持完整。CP 钛表面冷凝器完全可以保证在高海水流量条件下使用 40 年，这种情况可以促进企业回收成本并使 CP 钛在考虑寿命周期成本方面成为更好的选择。

由于强度、可塑性以及耐腐蚀性，也普遍使用 CP 钛压力容器，压力容器的例子在第 3 章（见图 3.49）并在 4.1.1 节中结合材料加工进行了讨论。这些大型压力容器由焊接几个大型、无缝轧制气缸共同组成，如图 3.28 所示为这些气缸的一个例子。

另一种在强侵蚀环境中使用的部件是纸浆和纸生产中漂白部分的设备，运行环境的侵蚀性很强，只有 CP 钛才可以长期正常工作，另外，这些结构是大型的，并且 CP 钛合金的比强度有利于运输以及这些大型部件的选址，这些建筑物如图 4.22 所示。

图 4.22 用于纸浆和纸生产过程漂白工段的 CP 钛大型构造实例

（由 J. A. Hall 提供）

CP 钛也用在燃煤发电厂的排放控制系统中，这些燃煤发电厂中清洁废液的压力逐渐增大，这就要求脱除包括 SO_2 在内的含硫化合物。与不锈钢或 Ni 合金相比，含硫化合物的脱出更适合使用 CP 钛，因此，即使 CP 钛零件成本更高，但是这方面的应用仍逐渐增多。

更高强度的合金 Ti-5Al-2.5Sn 已经用于航天器的低温储罐，Ti-5Al-2.5Sn 也用于航天飞船主发动机的液氢燃料系统中的零部件，这两种应用是由于这种合金良好的焊接性以及在低温下令人满意的延展性。考虑到钛合金对氢吸收的敏感性，这可能是惊人的应用，实验证明，温度为 10K 时，液态氢和钛合金的接触不会导致任何相互作用或吸收，因而，当发动机已经停止运行时，从使用氮气或惰性气体的系统中净化氢气是很关键的，这个过程保证了氢气和钛部件之间的最小接触，因此，氢吸收和脆化可能性是最小化的，并且这个实验已被成功证实。

另一个相当古老的合金与 Ti-5Al-2.5Sn 相似，它就是 Ti-8Al-1Mo-1V，并且这种合金不具有任何有效的热处理作用，至少采用相同的热处理方式，（α + β）合金会有作用的，因此，和 Ti-5Al-2.5Sn 一起讨论这种合金是合理的，严格地讲，从合金结构角度看，它是（α + β）合金，因为铝含量高，Ti-8Al-1Mo-1V，是由于 α_2 相的形成而产生析出硬化的，同时，由于其铝含量高，Ti-8Al-1Mo-1V 比所有（α + β）合金的弹性模数都高，当它用于生产片材时，其屈服应力为 70 ~ 140MPa，比轧制退火的 Ti-6Al-4V 片材高，由于 Ti-8Al-1Mo-1V 的高强度，起初很让人们感兴趣，实际上，它是 20 世纪 60 年代美国超音速运输机（SST）片状结构的主要选择合金。预期应用过程中，发现这种合金很容易产生应力腐蚀裂缝，结果，因为存在这种局限性，这种合金已不再被认为是有吸引力的选择。目前，Ti-8Al-1Mo-1V 最重要的应用可能是中型双路式涡轮飞机发动机的风机叶片，这是高弹性模数和良好退火强度重要特征的应用，今天，由于其生产困难，合金的成本以及应力腐蚀裂纹的敏感性，在新的应用中不会再考虑这种合金了，然而，从技术上考虑，它是有意义的合金并值得在这里提及。

5 (α+β)合金

本章中，将对表2.6中所列出的（α+β）合金，包括设计来用于高温状态下的所谓“近α合金”，对其加工工艺、微结构和性能三者之间的基本关系进行概括讨论。高温下应用的“近α合金”的加工、微结构和性能将在第6章中进行论述。

本章中加工工艺的讨论主要集中在终产品（如锻件、板材、片材、棒材和铸件）的微结构是如何产生的，这些产品的实际成形方法已在第3章中论述过，但是决定微结构和性能的基本加工参数将在这里进行讨论，类似的，对中间产品（如锻件坯）的考虑也是很重要的。

5.1 加工工艺和微结构

在（α+β）系合金中，存在着完全片状微结构、完全等轴结构和在（α+β）片状基体中包括等轴初级α（α_p）的所谓双相微结构。三种显著不同的微结构可以通过改变热-机械加工流程来获得，比较常见但很少定义的所谓轧制-退火结构将在5.1.3节中最后讨论。

5.1.1 完全片状微结构

片状微结构可以在β相区内通过对合金进行退火处理（β再结晶）获得，因此，这种微结构也常称为“β退火”结构，这个阶段是加工流程（见图5.1）中的第Ⅲ阶段。变形过程（阶段Ⅱ）可以在β相区或在（α+

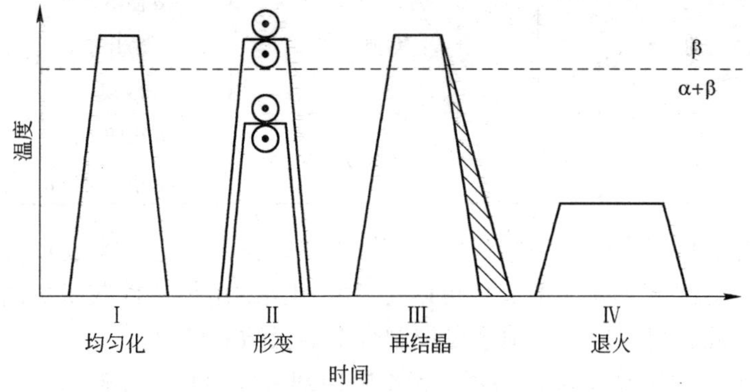

图5.1 (α+β)钛合金的片状微结构加工流程（示意图）

β）相区内通过锻造或轧制实现，在工业生产中，由于低流变应力的作用，材料首先在 β 相区内变形，然后在（α + β）相区内变形，以避免粗大 β 晶粒的产生。类似的，在阶段Ⅲ中，再结晶温度通常保持在高于 β 转变温度 30 ~ 50℃之间，这是为了控制 β 合金组织的晶粒度，因此，典型的完全片状微结构的 β 晶粒度大约是 600μm。

表 5.1 列出了对微结构有较大影响的加工工艺参数，从表 5.1 中可以看出，冷却速度决定了片状微结构（如 α 薄片厚度、α 晶团大小，以及 β 晶界上的 α 片层厚度）的特点，所以加工流程中最重要的参数是阶段Ⅲ中 β 相区的冷却速率。Ti-6242 合金片状微结构随 β 相区冷却速度的变化如图 5.2（LM）和图 5.3（TEM）所示。从图 5.2 和图 5.3 中可以看出，表 5.1 中所列出的“冷却速度”对合金微结构特征的影响，即 α 薄片厚度、α 晶团大小、β 晶界上 α 片层厚度，均随着冷却速度的增加而降低，该例中冷却速度从 1℃/min（炉冷）的缓慢冷却，变为速度为 8000℃/min 的快速降温，这个冷却速度可通过薄型制品（厚度不大于 10mm）的水淬获得。对于这两个冷却速度的极限值，可以在 2.6 节“相变”中 Ti-6Al-4V 合金微结构中得到说明（见图 2.15 和图 2.17）。较为常见的冷却速度是 100℃/min，例如，截面尺寸（锻件、板材等）较大的快速冷却（水淬或强制风冷）或薄片的自然风冷，从晶团或魏氏（Widmanstätten）微结构变化为马氏体组织等，合金的冷却速度通常应避免处于 CCT 图中“鼻凸”位置处，对于大多数普通（α + β）合金，例如 Ti-6Al-4V 或 Ti-6242，这种变化发生在冷却速度高于 1000℃/min，因而，马氏体组织很少出现在（α + β）合金部件中。

表 5.1　影响片状微结构的重要工艺参数以及相应的片状微结构特征

加工阶段（见图 5.1）	重要参数	微结构特征
Ⅲ	冷却速率	– α 晶团大小 – α 薄片厚度 – GBα 层
Ⅳ	退火温度	– α 中的 Ti_3Al – β 中的次级 α

铸件也可以像锻件一样获得大范围的冷却速度，近年来发展较快的金属型模铸造法（见 3.5.1 节）可以比尺寸相当的熔模铸件获得更高的冷却速度，因此，可以应用其他手段控制合金的微结构尺寸。

虽然 α 片层厚度和 α 晶团的大小随冷却速度增加而降低，但其大小的改变发生在冷却速度的不同范围内。在材料缓慢冷却时，α 片层厚度大约为5μm，当冷却速度为100℃/min时，α片层厚度急剧降低到0.5μm（比较图5.3（a）和图5.3（b）），然而随冷却速度进一步增加，只是导致相当数量更厚的马氏体片出现在微结构中，其尺寸大约为0.2μm（马氏体片平均厚度），见图5.3（c）。相比之下，在材料缓慢冷却时，α晶团的大小约为β晶粒度的一半，大约为300μm（见图2.17（a）的低倍放大显微照片），当冷却速度为100℃/min时，α晶团大小降低到大约100μm（见图5.2（b））。α晶团大小下降到单个马氏体片厚度这一过程主要发生在冷却速度为100℃/min到8000℃/min之间。

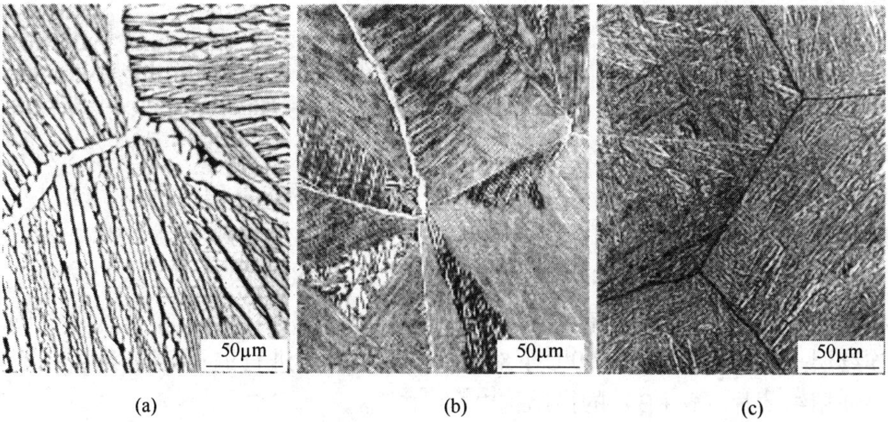

图5.2 β相区的冷却速度对Ti-6242片状微结构的影响（LM）
（a）1℃/min；（b）100℃/min；（c）8000℃/min

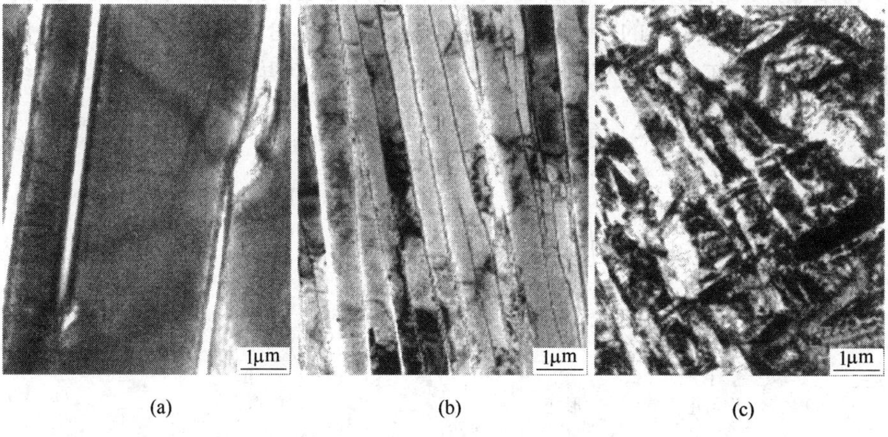

图5.3 β相区的冷却速率对片状Ti-6242微观组织的影响（TEM）
（a）1℃/min；（b）100℃/min；（c）8000℃/min

从图5.2中可以清楚地看到，在三种冷却速度下，β晶界上都析出了连续α层，因而，α层的形成在非常快的冷却速度下也不能避免（见图2.15（a）中Ti-6Al-4V合金的微观结构）。在材料缓慢冷却时，晶团中α薄片与在β晶体界面上连续的α片层厚度相接近（见图5.2（a）），Ti-6Al-4V合金从β相区缓慢冷却得到的薄片状（α+β）微结构见图2.17（a）。

α晶团微结构中的β薄片及其余β基体可以在α板材之间清晰地看出，见图5.3（a）和图5.3（b）所示的电子透射显微照片，在（α+β）相区中，通过退火处理马氏体来改进薄片（α+β）微结构的问题，将在下面讨论。

在加工过程的第Ⅳ阶段（最终退火热处理），温度的控制比时间更重要，因为温度决定了α相是否被Ti_3Al粒子强化（见2.8.1节），例如，在Ti-6Al-4V合金中，Ti_3Al的固溶相线温度大约为550℃，在500℃时，对材料保温将使Ti_3Al粒子沉淀析出，要消除析出的Ti_3Al粒子，就要在600℃或更高温度对材料进行退火处理。另外，阶段Ⅳ的热处理过程中，通过对阶段Ⅲ中冷却过程的控制，精细次级α片晶可以在β相中沉淀，尽管不适用于工业生产，但马氏体微观组织可以在700～850℃的范围内退火转变成精细的薄片（α+β）微结构，通过这种热处理，β相形成一个马氏体片的连续层。许多实验室在800℃下对Ti-6Al-4V合金进行退火处理1h，用于验证精细薄片（α+β）的微结构[2.23,3.50,5.1]。

另一类片层微结构是被称为β加工条件下的完全薄片微结构，但这种加工条件下的（α+β）合金没有广泛应用于工业生产中。对于β合金来说，β加工条件是非常普通的加工流程（见7.1节），图5.1中，阶段Ⅲ的β再结晶并没有在图5.4中出现，因此，材料完全保持在非再结晶状态下。在加工流程图5.4中的阶段Ⅱ，可以对应变速度、β相区中的温度和停留时间、变形加工后的冷却速度进行控制，从而避免再结晶的发生。非再结

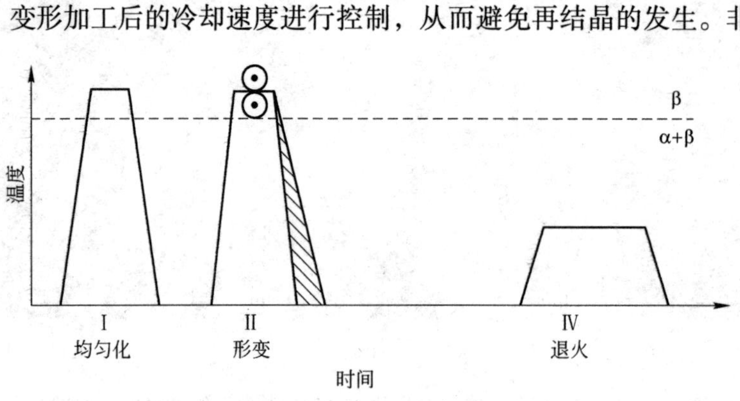

图5.4 （α+β）钛合金中β微结构加工流程

晶β晶粒的形状取决于形变模式（轧制、锻造、压制等）以及形变速度，形变速度决定了变形β晶粒的宽度（见表5.2），这个非再结晶β加工条件的主要优点是α晶团的大小在一个方向上受限于β晶体的厚度，并且β晶界上的连续α片层被分解，形成了之字形的变质β晶界，这两个特征可以在图5.5所示的Ti-6242合金β加工微结构中看到。变形加工后的冷却速度会直接影响快速冷却状态中α薄片厚度和α晶团的大小（见表5.2）。比较图5.5（b）和图5.3（b）可以看出，β加工条件下α薄片厚度并没有明显小于β退火之后的α薄片组织，显然，经过β加工后，材料恢复到α片层形核前较远的阶段。

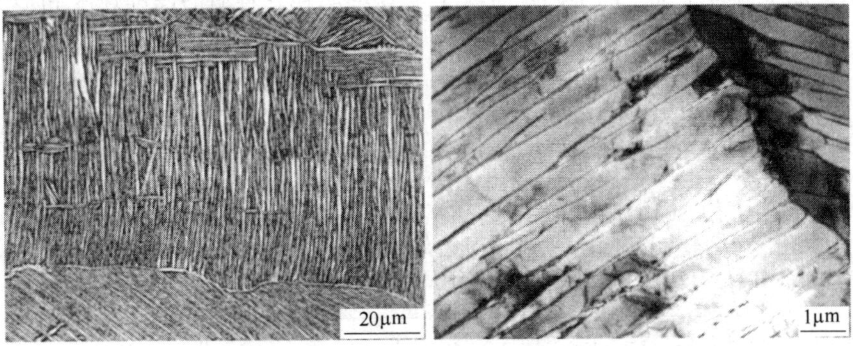

(a) (b)

图5.5 Ti-6242合金β相加工条件下的微结构

（冷却速率大约100℃/min）

（a）LM；（b）TEM

表5.2 影响β相微结构的重要工艺参数以及相应的微结构特征

加工阶段（见图5.4）	重要参数	微结构特征
Ⅱ	形变时间 形变模式 形变程度 冷却速率	非晶体结构 β晶体外形 -β晶体厚度 （→α晶团尺寸） -α片层GB形状 -非晶体结构 -α晶团尺寸 -α薄片厚度
Ⅳ	退火温度	-α中Ti_3Al -β中次级α

5.1.2 双相微结构

双相微结构的加工流程见图 5.6，加工过程可分成 4 个不同阶段，即：β 相区的均匀化（Ⅰ）、（α+β）相区的形变加工（Ⅱ）、（α+β）相区的再结晶（Ⅲ）以及时效和消除内应力处理（Ⅳ）。该加工流程的重要参数以及双相微结构特征见表 5.3。加工流程中最重要的参数是 β 相区中（阶段Ⅰ）的均质化温度和冷却速度，冷却速度决定了 α 薄片的宽度（见图 5.2 和图 5.3），然后这些 α 薄片在阶段Ⅱ中形变并在阶段Ⅲ中再结晶。阶段Ⅰ产生的优先 α 薄片厚度和等轴初级 α 尺寸两个双相结构如图 5.7 所示，加工流程中唯一的不同是阶段Ⅰ中 β 均质化处理后的冷却速度和形变过程。

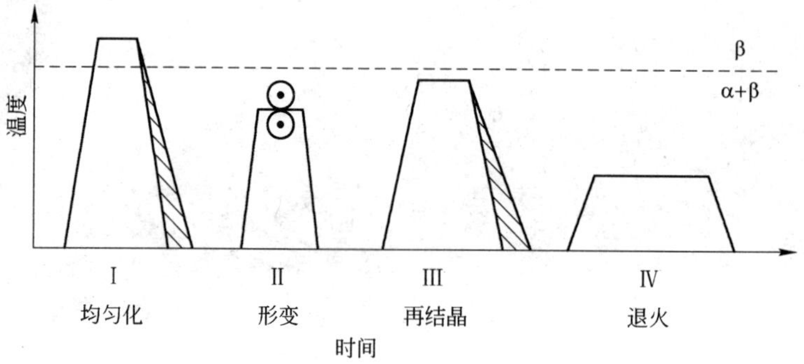

图 5.6 （α+β）钛合金双相微结构加工流程

表 5.3 影响双相微结构的重要工艺参数以及相应的微结构特征

加工阶段（见图 5.6）	重要参数	微结构特征
Ⅰ	冷却速率	α 薄片厚度 （→α 大小）
Ⅱ	形变温度 形变程度 形变模式	织构类型 -织构强度 -位错密度 织构对称性
Ⅲ	退火温度 冷却速率	-α_p 体积分数 （→β 晶粒尺寸） -合金元素划分 α 薄片厚度
Ⅳ	退火温度	-α 中的 Ti_3Al -β 中的次级 α

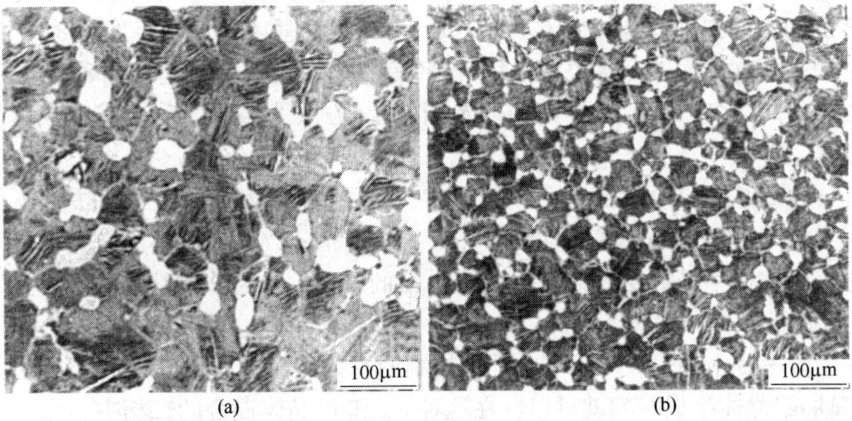

图 5.7 加工流程 I 阶段 β 相区不同冷却条件下 IMI834 合金的双相微结构（LM）
（a）双相 1，缓慢冷却；（b）双相 2，快速冷却

在下一阶段Ⅱ，即为（α + β）相区中的形变过程，薄片结构发生塑性变形（非断裂），塑性变形使材料获得足够高的应变能（位错），这些能量用来完成阶段Ⅲ过程中的 α 相和 β 相的完全再结晶。单斜六方 α 相和体心立方 β 相中的晶体织构会发生相互转变，从而影响材料的力学性能（见 5.2.6 节）。单向轧制过程中，形变温度决定了织构类型（如图 5.8 所示），在低形变温度下，形变过程中 α 相所占的体积分数较高，形成 α-形变织构，即所谓的基板/横向（B/T）形织构。在高形变温度下，形变过程中 β 相所占体积分数较高，形成 β-形变织构，在冷却过程中，β 相织构向 α 相形变。在 {110} 晶系的 6 个晶面中，可能只有一个 β 相晶面能优先与 α 相完成伯格斯型（Burgers）关系，$(110)_\beta//(0002)_\alpha$，这种转变称为横向 T 形织构转变，弗雷德里克（Frederick）[5.3] 提出 β 相向 α 相转化的过程是持续应力作用的结果，在这两个形变温度区域之间，因为 α-形变织构

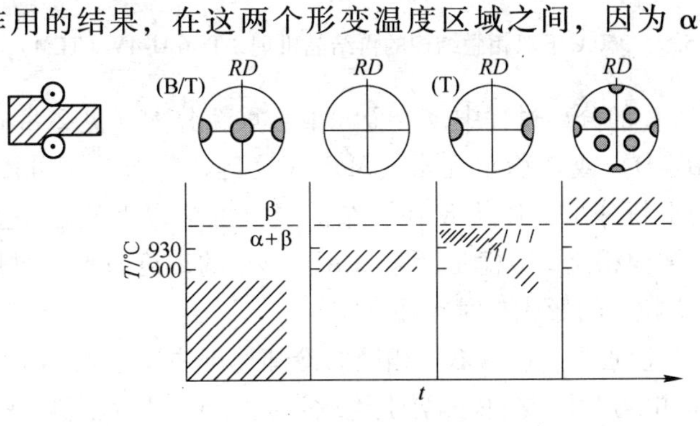

图 5.8 （α + β）钛合金中形成的晶体织构（0002 晶向）

(B/T)随着变形温度增加而降低，由于在形变过程中，β 相体积分数低而形成的 T 形织构强度较低[5.4]，所以，α 相织构强度较低（见图 5.8），形变模式（单项轧制、横向轧制、扁平锻造等）决定了织构的对称性（见表 5.3），在阶段Ⅲ的再结晶过程中，六方 α 相织构不会发生明显的改变。

再结晶退火阶段Ⅲ（见图 5.6）中最重要的参数是温度，它决定了位于 β 晶界处的再结晶等轴初级 α（α_p）的体积分数，α_p 的体积分数和尺寸是双相结构中最重要的微结构特征，α_p 的尺寸大约为 β 晶粒尺寸之间初生 α 片层的距离（见图 5.7）。

阶段Ⅲ中的退火时间不是严格控制的参数（见表 5.3），只要满足初生等轴 α_p 晶体生成时间就可以，在这种 α_p 和 β 晶体混合的二相中，晶粒长大非常缓慢，阶段Ⅰ中的片状"启动"结构的机理在阶段Ⅱ中发生变形，在再结晶过程中变成等轴 α 和 β 晶体，如图 5.9 所示，从图 5.9 可以看到，再结晶 β 相沿着 α/α 晶界渗入再结晶 α 薄片中，导致了个别 α_p 晶体的分离。

图 5.9 950℃下双相微结构的再结晶机理，Ti-6Al-4V（TEM）[2.23]

在 α_p 和 β 的分离过程中，合金元素会重新分配（见 2.8.1 节），α 稳定元素（Al、O）或 β 稳定元素（Mo，V）等，将会分别分配到两相中。通过元素的重新分配，片状 α 在再结晶退火温度以上就已经生成，与 α_p 或全片状微结构相比，α 稳定元素（Al、O）的浓度较低，可以促进阶段Ⅳ中的 Ti_3Al 粒子的形成与时效强化。

图 5.6 阶段Ⅲ中，（α+β）相区的冷却速度主要影响单个 α 薄片的厚度，而 α 晶团的尺寸和在 β 晶界上连续生成的 α 片层宽度取决于 β 晶粒尺寸，在 30～600℃/min 的正常冷却速度范围内，双相微结构的 α 晶团大小

与 β 晶粒尺寸差不多，在冷却速度缓慢时，α_p 的尺寸和体积分数都增加，这将在 5.1.3 节中进行探讨。

5.1.3 完全等轴微结构

获得完全等轴微结构的途径有两种，一种是与获取双相微结构阶段Ⅲ之前的加工流程相同（见图 5.10），如果再结晶退火的冷却速度足够低，那么只有 α_p 晶体会在冷却过程中长大，β 晶体中没有 α 薄片的生成，这样，就形成了位于 α 晶体“三相点”的 β 完全等轴结构，如图 5.11 所示的 Ti6242 合金，在这种情况下，α 晶粒相当粗大，并且大于在快速冷却中形成的相应的双相结构 α_p 的大小。

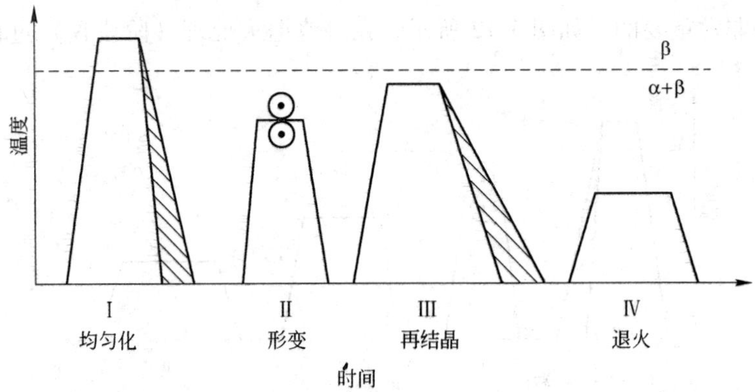

图 5.10 双相再结晶退火缓慢冷却后（α + β）钛合金完全等轴微结构的加工流程

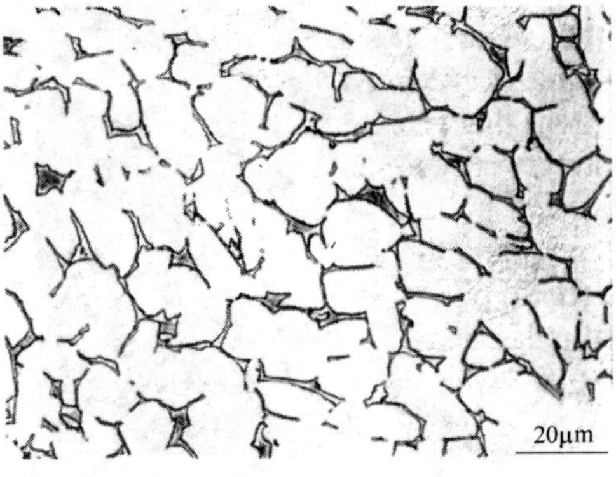

图 5.11 双相再结晶退火温度下缓慢冷却后 Ti-6242 合金的完全等轴微结构（LM）

另一种方法是在阶段Ⅲ的再结晶过程中，α 相的体积分数在相平衡时足够高，再结晶过程直接从变形薄片结构形成完全等轴微结构，变形薄片结构转变为等轴结构的机理和双相微结构机理相同（见图 5.9），但是方向相反，α 相沿 β/β 晶界渗入到再结晶 β 薄片（见图 5.13），导致最终微结构中的 β 晶体分离[2.23]。在较低的再结晶退火温度下，第二个工艺流程比上面描述的第一个流程可以获得较小的 α 晶粒，以 Ti-6Al-4V 合金为例，使用 800℃ 再结晶退火温度，可以在实验室中获得 α 晶粒大小约为 2μm 的完全等轴微结构[5.4]，这种微结构如图 5.14 所示，α 晶粒大小只能通过 TEM 才能清楚地看到。

这两个加工流程的重要加工参数和微结构的特征见表 5.4。从 β 相区（阶段Ⅰ）快速冷却的速度对低温再结晶退火流程获得细晶 α 完全等轴微结构是非常重要的，如图 5.12 所示，在最终退火处理（阶段Ⅳ）过程中，

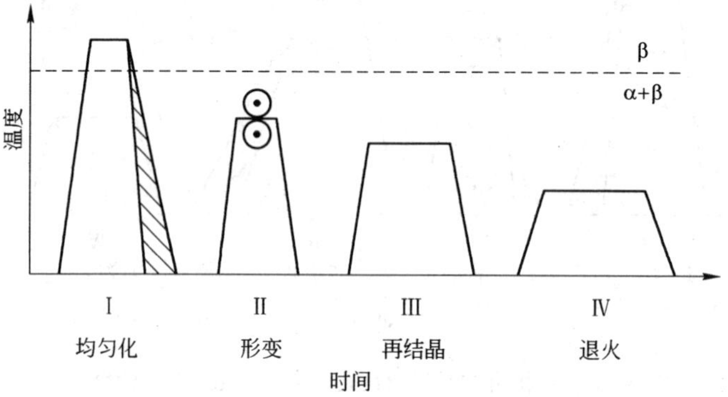

图 5.12　低温再结晶的（α + β）钛合金完全等轴微结构的加工流程

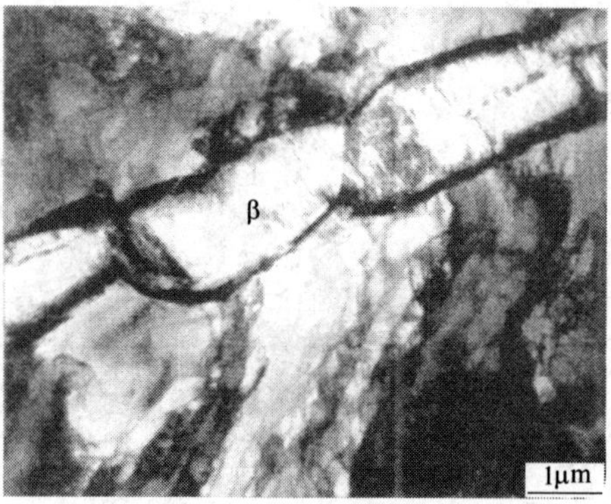

图 5.13　800℃下完全等轴微结构的再结晶机理，
Ti-6Al-4V（TEM）[2.23]

是否有次级 α 片晶在 β 相中形成，取决于低温再结晶流程中的再结晶退火温度和最终退火温度之间的差值，或者是缓慢冷却流程（见图 5.10）中再结晶退火后的具体冷却过程。

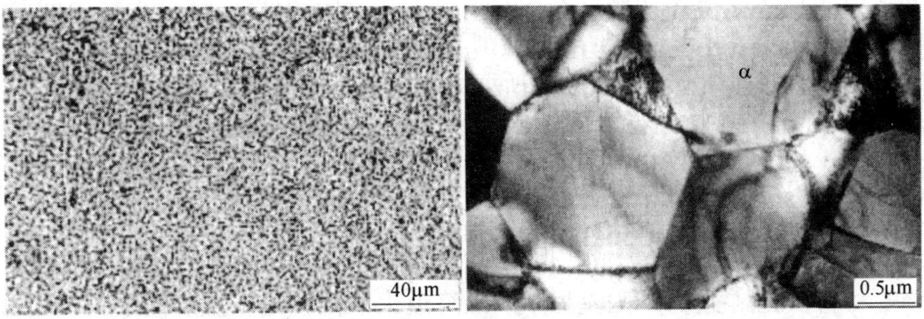

图 5.14　800℃下再结晶的 Ti-6Al-4V 合金的细晶粒完全等轴微结构
（a）LM；（b）TEM

表 5.4　影响完全等轴微结构的重要加工参数以及相应的微结构特征

加工阶段（见图 5.10 和图 5.12）	重要参数	微结构特征
Ⅰ	冷却速度	α 薄片厚度 （→α 晶体大小）
Ⅱ	形变温度 形变程度 形变模式	织构类型 -织构强度 -位错密度 织构对称
Ⅲ	缓慢冷却速度（图 5.10） 低退火温度（图 5.12）	完全等轴结构
Ⅳ	退火温度	-α 中的 Ti_3Al -β 中次级 α

一般来说，完全等轴微结构可以转变为双相微结构。把材料加热到（α+β）相区，使各成分的浓度达到生成 α_p 的浓度，然后在适当的冷却速度下，在 β 晶粒中生成 α 片层组织；反过来，双相微结构也可以转变为完全等轴微结构，把双相微结构的材料加热到（α+β）相区，调整成分浓度，使 α 片层组织溶解到 β 晶粒中，在足够低的冷却速度下，使之生成 α_p 晶粒，同样，双相微结构中的 α_p 体积分数也发生了改变，但是，不管是这两种途径中的哪一种，在加工处理过后，α 和 β 的晶粒尺寸都会发生长大。

轧制-退火条件是一种非常普遍但很少定义的加工方法。在这种加工方法中，阶段Ⅲ的再结晶过程被完全省略（见图 5.15），因此，控制阶段Ⅱ中形变过程的具体步骤（加热一次或两次，在第二次加热时先预热一定时间，形变后冷却速度控制等）就决定了产生的微结构，特别是再结晶程度。在大部分情况下，形变过程的细节可人为控制，但在生产者之间甚至在不同批次之间细节都会变化，所以，轧制-退火条件常常不能明确定义它的微结构。轧制-退火的 Ti-6Al-4V 合金微结构如图 5.16 所示，在这种情况下，轧制-退火微结构再结晶看起来相当好，仅含有很少的片状纤维状夹杂物，无结晶物。轧制-退火微结构的另一个例子见图 3.54，虽然再结晶过程在先前的阶段已经完成，但轧制-退火微结构仍然出现了形变片状微结构。材料在轧制-退火加工流程中的最终退火阶段，是在温度高于 Ti_3Al 固溶度曲线的温度下完成的，这个阶段是纯消除应力处理，并且 Ti_3Al 在 α

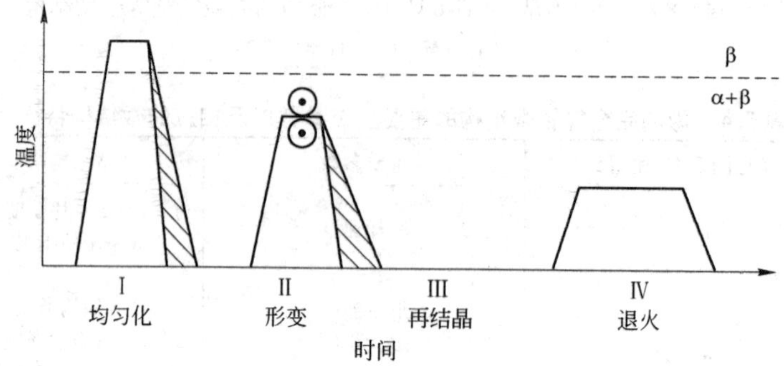

图 5.15 （α + β）钛合金轧制-退火的微结构加工流程

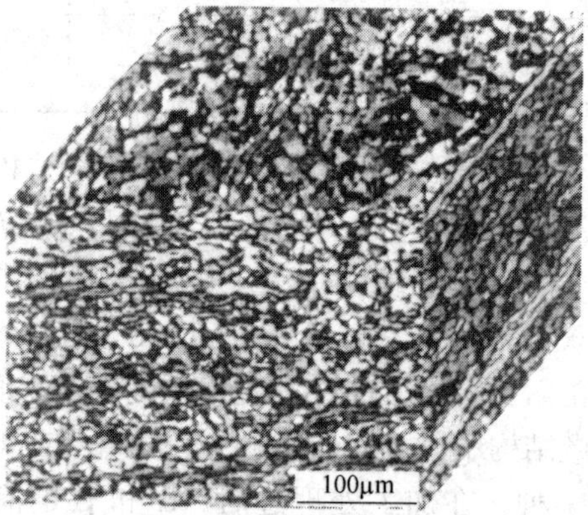

图 5.16 Ti-6Al-4V 合金板的轧制-退火微结构（LM）

中沉淀，因此未在表5.5中概括出此微结构特征。

表5.5 影响轧制-退火微结构的重要加工参数以及相应的微结构特征

加工阶段（见图5.15）	重要参数	微结构特征
Ⅰ	冷却速度	α薄片厚度 （→α晶体大小）
Ⅱ	形变温度 形变程度 形变模式	再结晶程度 （等轴晶体体积分数） 织构强度 织构对称
Ⅳ	退火温度	β中次级α

5.2 微结构和力学性能

本节中，将对（α+β）钛合金微结构特征和力学性能之间的基本关系进行概述，本节中主要的力学性能是指拉伸、疲劳以及断裂韧性，蠕变特性将在高温合金一章中讨论（见6.2节）。在5.1节中，列出了不同的微结构特征，这里，只对最重要的特征作详细讨论，其他的只做简单介绍。基本微结构及相关性能的定性描述见表5.6，表5.6是本节的总线，表5.6中的（+，0，-）表示当微结构特征的基本参数改变时，相关力学性能改变的方向。表5.6中表示材料拉伸性能的主要参数是屈服应力$\sigma_{0.2}$以及伸长率，10^7周时的高周疲劳（HCF）强度是衡量抗疲劳裂纹形核的标准，抗疲劳裂纹增长的能力表示为ΔK_{th}，也就是说，只要$da/dN-\Delta K$低于ΔK_{th}的“门槛”值K_{IC}，裂纹就不会形核。在这一节中，将采用紧凑拉伸（CT）试样研究微裂纹和宏观裂纹的断裂力学机理。表5.6中列出了两种不同的宏观裂纹，对裂纹未闭合（$R=0.7$）和裂纹闭合（$R=0.1$）的裂纹扩展进行区分。断裂韧性K_{IC}没有包含在裂纹闭合那一栏中，位于两个疲劳裂纹之间。表5.6中的小塑性应变（0.2%），也就是在初始蠕变区域的抗蠕变强度，将会在高温合金一章进行讨论（见6.2节）。表中的拉伸、疲劳以及断裂韧性的趋势基本上都是在室温条件下测得的，除双相微结构的HCF强度外（见5.2.2节），其他的都适用于高温情况。

第5章和第6章中描述的力学性能都是微结构加工过程中在最后阶段时效后的性能（24h 500℃适于Ti6Al-4V，2h 700℃适于IMI834），但5.2.4节除外。

表 5.6 （α + β）钛合金重要微结构参数和力学性能之间的定性关系

项 目	$\sigma_{0.2}$	ε_F	HCF	微裂纹 ΔK_{th}	宏观裂纹			蠕变强度 0.2%
					ΔK_{th} $R=0.7$	K_{IC}	ΔK_{th} $R=0.1$	
小型 α 晶团，α 薄片①	+	+	+	+	–	–	–	+/–
双相结构②	+	+	–	–	–	–	–	–
小型 α 晶体尺寸③	+	+	+	+	–	–	–	–
时效（α_2），氧	+	–	+	–	–	–	+	+
β 中次级 α	+	–	+	+	0	0	0	+
织构：应力//c 轴	+	0	+真空 –空气	0 真空 –空气	0 真空 –空气	0	0 真空 –空气	+

①与粗糙片状结构相比；
②与相同冷却速度的完全片状结构相比；
③与大型完全等轴结构 α 晶体尺寸相比。

5.2.1 完全片状微结构

对片状微结构力学性能影响最大的因素是 α 晶团的大小，它的大小决定了片状微结构中的有效滑移长度，α 晶团的大小由 β 相区的冷却速度控制（见图 5.1 及表 5.1）。尽管 α 片层和 β 基体两个相必须相互独立地形变，但从图 2.18（2.6.2 节）中可以看出，因为每个相的滑移系统完全平行，即：$(110)[1\bar{1}1]_\beta//(0002)[11\bar{2}0]_\alpha$ 和 $(\bar{1}12)[1\bar{1}1]_\beta//(\bar{1}100)[11\bar{2}0]_\alpha$，其他两个，即：$(110)[1\bar{1}2]_\beta$ 和 $(0002)[1\bar{2}10]_\alpha$ 以及 $(1\bar{1}2)[\bar{1}11]_\beta$ 和 $(10\bar{1}0)[1\bar{2}10]_\alpha$ 只相差 10°，所以滑移很容易通过不连贯的 α/β 界面传递。

滑移长度（α 晶团大小）对力学性能的影响如图 5.17 所示，随着冷却速度的增加，α 晶团的尺寸随有效滑移长度的相应减小而减小，相应的屈服应力增加。图 5.18 中列出了冷却速度对三种（α + β）钛合金（Ti-6Al-4V，Ti-6242，IMI834）屈服应力和伸长率的影响，从图 5.18 中可以看出，在工业常用的冷却速度下（1000℃/min），有效屈服应力大约为50 ~ 100MPa，然而，当晶团结构改变为马氏体型微结构时，滑移长度和“晶团”大小等于单个 α 薄片的厚度，屈服应力就大大地增加了。在快速冷却的情况下，屈服应力与马氏体组织的晶体粒度有关，在三种合金中，Ti-6242 的马氏体组织是最细的，而 Ti-6Al-4V 合金和 IMI834 材料的微结构是粗大的马氏体板[5.5]。

如图 5.18 所示，在初期，随着冷却速度的增大，拉伸伸长率增加，这与图 5.17 所示的滑移长度减少的作用一致，然后，随冷却速度的增大，曲

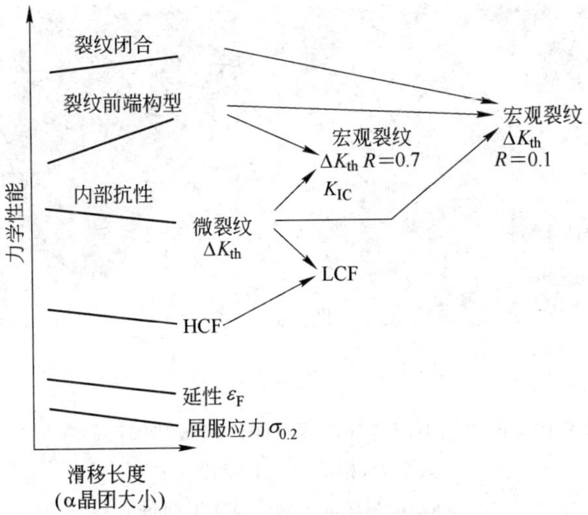

图 5.17 滑移长度（α 晶团大小）对力学性能的影响

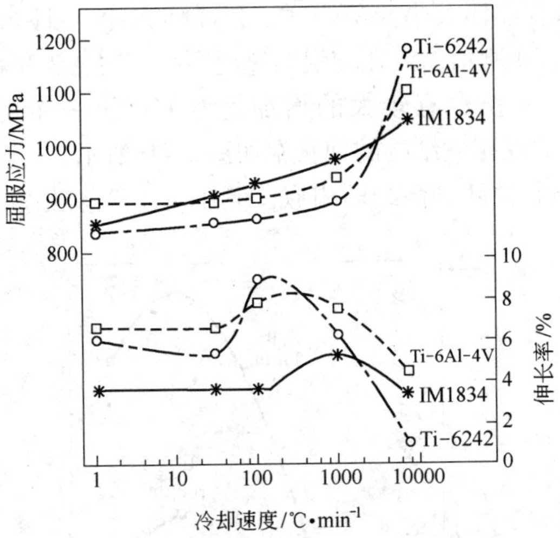

图 5.18 β 相区的冷却速度对片状微结构屈服应力和拉伸伸长率的影响

线达到一个最大值后下降。图 5.18 中所示的伸长率变化远大于相应的 *RA* 值，伸长率的最大值与断裂类型的改变相关，在冷却速度较低时，可以看到韧性穿晶断裂，而在高冷却速度时，在 β 晶界上的连续 α 片层上发生晶间断裂，这种断裂类型的改变如图 5.19 所示[5.6]。由于在连续 α 片层区域的择优塑性变形以及这些区域伴随着早期裂纹的成核，所以，连续 α 层对

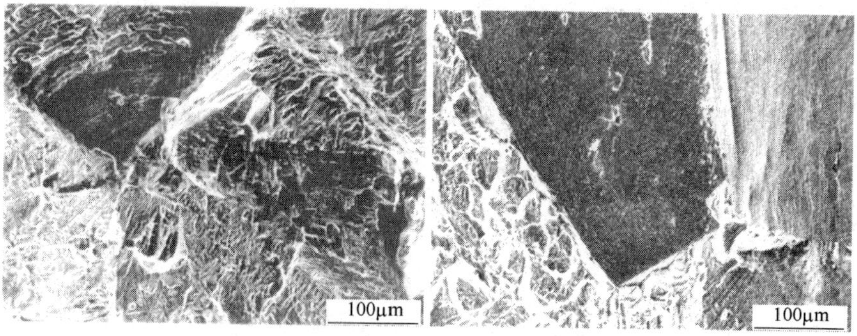

(a) (b)

图 5.19 β 相区不同冷却速度下的片状微结构拉伸断裂表面
（与图 5.18 相比），Ti-6242（SEM）
（a）100℃/min；（b）8000℃/min

伸长率的影响较大，伸长率的极值与连续 α 片层区域之间强度、基体的强度、晶界长度（β 晶体大小）等有关。β 晶体大小对 Ti-6Al-4V 合金伸长率的影响如图 5.20 所示，当在较快的速度下冷却时，β 晶粒大小从 600μm 减小到 100μm，伸长率有较大的增加，为了更进一步的说明，大小为 25μm 的 β 晶粒的双相微结构的伸长率如图 5.20 所示，虽然 β 晶界上生成的连续 α 片层与其他两种微结构相似，但在快速冷却状态下，双相微结构

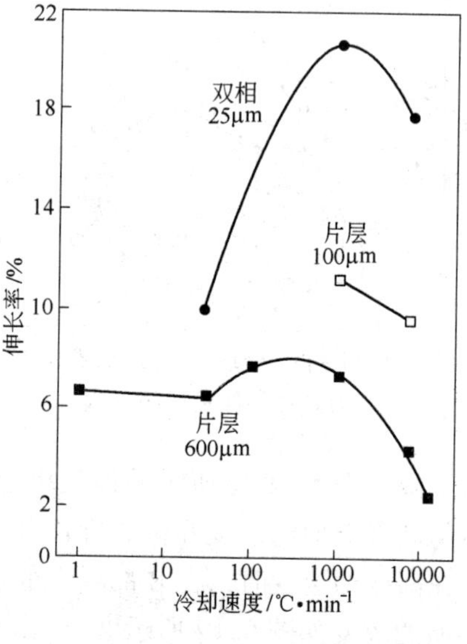

图 5.20 冷却速度对 Ti-6Al-4V 伸长率的影响

的伸长率比另外两个完全片状组织更高。由于双相微结构中的基质和 α 片层之间的强度比其他结构的（α + β）合金更高，所以连续 α 片层对材料伸长率和其他力学性能的影响比另外两个完全片状组织更明显。连续 α 片层对力学性能的影响将在 7.2 节中详细讨论，所以，（α + β）合金中的 α 片层没有作为重要微结构参数列入表 5.6 中。

HCF 强度（裂纹形核抗性）取决于位错运动的阻力，因此，HCF 强度取决于滑移长度以及 α 晶团大小，这一特征与屈服应力相似（见图 5.17）。HCF 强度随 β 相区冷却速度的变化趋势与图 5.18 所示的屈服应力基本相同，当冷却速度增加到中等冷却速度区域时，HCF 强度随之增加，但在快速冷却速度下增加得更多。图 5.21 所示为 Ti-6Al-4V 合金片状微结构在循环 10^7 周时，HCF 强度与 β 相区冷却速度的关系图。对于（α + β）合金来说，HCF 强度（$R = -1$）与屈服应力的比率大约是 0.5，但粗大的微结构（例如适于 1℃/min 的冷却速度）低到了 0.45，极细的微结构则高达 0.60。除冷却速度的影响外，完全片状微结构 HCF 强度和屈服应力的比率还取决于具体的最终退火/时效处理（见图 5.1 阶段Ⅳ），这将在 5.2.4 节进行探讨。

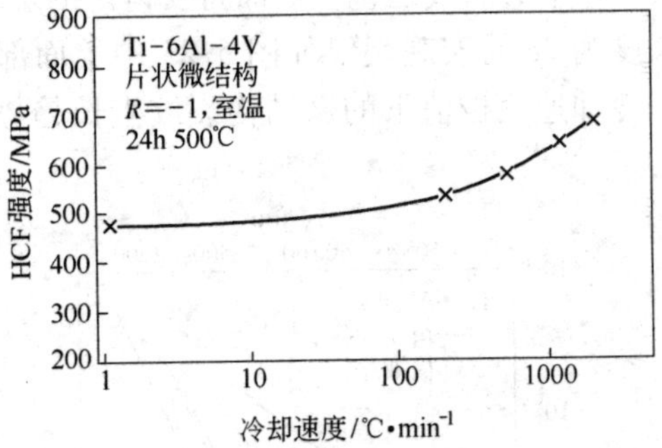

图 5.21 Ti-6Al-4V 片状微结构 HCF 强度（$R = -1$）对 β 相区冷却速度的相关性

疲劳裂纹的形成发生在缓慢冷却速度到中等冷却速度的范围内，形成的位置主要在滑移带内，进而扩展到整个晶团，或在与滑移带临近的 α 晶团边界的内部形成，这种滑移带裂纹形成机理如图 5.22（a）所示。由多个 α 片组成的微结构中，在快速冷却的情况下，疲劳裂纹常常在最长和最宽的 α 片上形成，裂纹形核首先取决于粗大 α 片内的滑移带活性，这种裂纹形成机理如图 5.22（b）所示。疲劳裂纹偶尔会在（α + β）合金快速冷却微结构中的 β 晶体界面上连续 α 层中形成，这种特别的结果导致了在拉

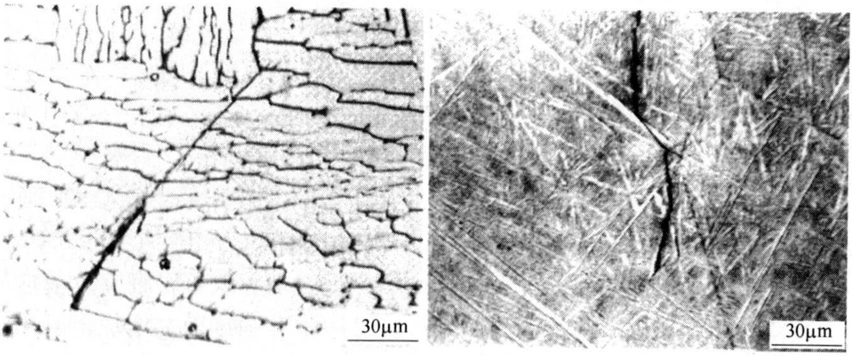

图 5.22 在 β 相区不同冷却速度下薄片微结构的裂纹形核，Ti-6242（LM）
（a）1℃/min；（b）8000℃/min

伸试样中，沿 β 晶体界面上连续 α 层断裂（见图 5.19（b）），材料的拉伸性能降低（见图 5.18）。

β 相区的冷却速度对表面初始微裂纹的生长速率也有较大的影响，如图 5.23 所示，图 5.23 中的曲线还包括后面将要讨论的宏观裂纹 da/dN-ΔK 曲线，表面裂纹长度为 $2c$ 的宏观裂纹如图 5.23 中上面部分所示。在这个图中，比较了两个冷却速度极值下的微结构裂纹生长趋势，分别是非常粗

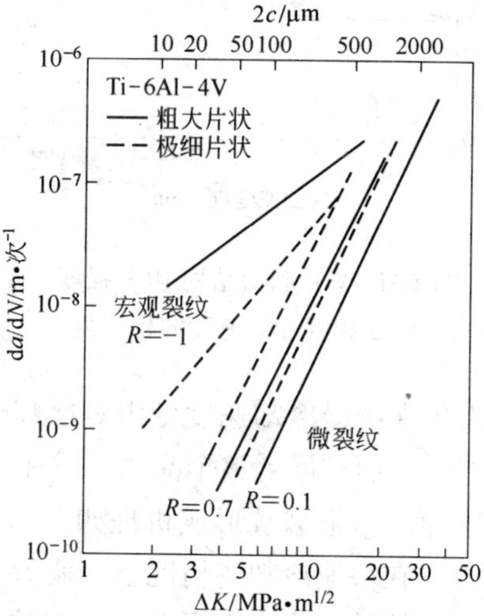

图 5.23 β 相区不同冷却速度下的片状微结构疲劳裂纹变化情况
粗大片状（1℃/min）和极细片状（8000℃/min），Ti-6Al-4V

大的片状组织（冷却速度 1℃/min）和极细的片状组织（冷却速度 8000℃/min），从图 5.23 中的曲线中可以明显看出，微裂纹（左边两个曲线）远比宏观裂纹生长迅速，并在更低的 ΔK 值下生长。与极细片状微结构相比，微裂纹在粗大片状微结构中生长更快。在缓慢冷却微结构的晶团中，微裂纹在强滑移带内生长非常迅速（见图 5.22（a）），微裂纹生长穿过那些界面时，可以改变其方向，只有晶团边界和 β 晶体边界阻力较大。晶团边界密度随着冷却速度的增加而增加，导致微裂纹生长速度降低，如果是极细的片状微结构，则微裂纹在最粗大的 α 片上按上面描述的机理形成（见图 5.22（b）），倾向于最初沿板片界面生长，然后从界面脱离和穿过基体生长。在这种极细片状微结构中，所有的单个马氏体片都是坚固的障碍，并使微裂纹生长速度缓慢，这可以从图 5.23 中看出。

随着裂纹尺寸的增加，微裂纹前沿遇到越来越多的微结构障碍，这可使裂纹平均增长速度变低。微裂纹增长的第一阶段是裂纹形成以及选择性地在微结构最弱区域内扩展，这个区域没有坚固的障碍阻止裂纹的增长。随着裂纹扩展的增大，在裂纹前缘必然会遇到坚固的障碍，裂纹平均增长速度随着裂纹前沿尺寸的增加而减慢。这种平均过程对于粗大的和极细的片状微结构是不同的，如果只有裂纹平面内的障碍阻止裂纹生长，那么，极细组织中的裂纹增长速度降低将会更大，但图 5.23 显示出的情况并非如此，所以，必须考虑其他因素。沿着裂纹前缘不同晶体学方向的两个邻近区域，例如粗大组织中的两个 α 晶团或极细组织中两个单独的 α 板片，可能导致裂纹前缘局部扩展脱离主增长平面，这个主增长面是由两个邻近区域中不同滑移面决定的，这一现象如图 5.24 所示，这样，裂纹局部就脱离主增长平面一定距离，这个距离与微结构大小成一定的比例，因而裂纹前缘变为两部分，两个邻近区域内的局部裂纹尖端被垂直于主增长平面的距离 Z 分离（如图 5.24 所示），距离 Z 与粗大组织中 α 晶团的大小或极细组织中单个 α 板片的大小成正比，为了向前移动这个分叉的裂纹前缘，距离

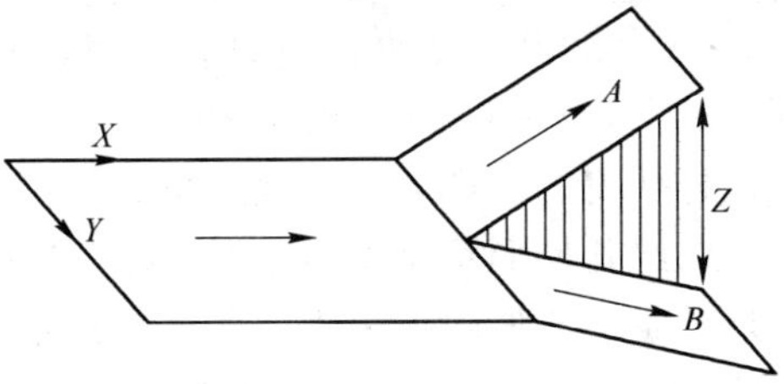

图 5.24 具有不同晶体方向的两个邻近区域 A 和 B 的局部裂纹前缘外形和不同的主滑移面（裂纹面）及方向（示意图）

Z 必须沿着非常不利于裂纹扩展的横断面增长，裂纹增长障碍强度与距离 Z 成正比，因而，粗大微结构作用力大，而极细微结构作用力小。产生的裂纹前缘外形（裂纹前缘几何形状）很大程度上决定于图 5.23 宏观裂纹增长曲线的位置和次序，这将在后面进行探讨。

上面描述的两个因素（曲线的位置和次序）经常取决于在低周疲劳（LCF）试验中测定微裂纹增长曲线所使用的应力水平[5.8]，这是因为微裂纹在不同的试验下，da/dN-ΔK 函数曲线不是唯一的，原则上，每个大小一定的微裂纹有其自身特征 da/dN-ΔK 曲线[5.9,5.10]，随着裂纹大小的增加，这些曲线移至更低的 da/dN 和更高的 ΔK 值方向，即曲线转向 da/dN-ΔK 图右侧。对于粗大片状微结构，转变较大，而对于极细片状微结构，转变较小，这个特征已经包含在微裂纹增长曲线中，如图 5.23 所示。当裂纹尺寸达到给定的平均裂纹增长状态时，微裂纹的扩展不会随裂纹尺寸的改变更进一步增长，即微裂纹已经转变为宏观裂纹，这样，就要求沿裂纹前缘有足够数量的微结构障碍来决定裂纹的增长行为，例如在粗大片状微结构下的 α 晶团晶界，微结构障碍的数量常设定为 20，这个数字经常用来说明在高 R 比条件下，微裂纹增长曲线与相应的宏观裂纹增长曲线的交点（见图 5.23）。

为了更全面地讨论滑移长度和力学性能的关系，在此不用裂纹扩展速率，而采用作图求得的图 5.17 中的 ΔK_{th} 来描述裂纹扩展行为。微裂纹的扩展行为与滑移长度有关，并且与拉伸塑性有定性的关系，当拉伸和疲劳测试中的裂纹机理相同时，这种相关性才成立。下面这个例子可以用来说明这一观点，细片层组织的裂纹扩展抗力比粗片层大，但两者在疲劳测试过程中均为穿晶断裂，这和细片层组织的低拉伸伸长率无关，因为，细片层组织在图 5.19 中显示的是沿晶断裂机理，在某些情况下，细片层组织由沿晶断裂转变为穿晶断裂，如减少 β 晶粒大小，那么会获得很高的伸长率，这时拉伸伸长率和微裂纹增长抗力之间的关系才成立。

材料的低周疲劳（LCF）强度由两方面决定，即：裂纹形核阻力和微裂纹扩展阻力。前面已经指出，这两者均随 β 相区冷却速度的增加而增加，因此，片状组织的 LCF 强度随 β 相区冷却速度的增加而增加。

要理解由疲劳试样获得的宏观裂纹扩展速率，需要微观裂纹扩展阻力以及其他一些和裂纹前缘几何形状有关的数据。在无裂纹闭合的高 R 比率时，裂缝前缘几何形状是主要的附加因素，前面已经指出，它也决定于滑移长度（α 晶团大小），但它和微观裂纹扩展阻力的规律相反。这种几何因素（常常也称为裂缝前缘粗糙度或裂缝前缘剖面）随着滑移长度（α 晶团大小）的增加而增加，并会阻碍裂纹扩展，提高 ΔK_{th}，因此，高 R 比率下宏观裂纹扩展速率的增大与否决定于两个因素，但两者和滑移长度的关系却相反，如图5.17所示。在（α+β）钛合金中，宏观裂纹扩展速率在很多情况下会随着α晶团的增加而减小，这说明在讨论宏观裂纹扩展行为时，这种几何学特征要比塑性更重要。高R比率下，微观裂纹和宏观裂纹的扩展曲线和冷却速率呈相反关系，见图5.23。

低R比率下，裂缝闭合是影响宏观裂纹扩展行为的第3个因素。裂纹闭合会产生高的ΔK_{th}，并随着断裂表面粗糙度以及裂纹尖端剪切位移（模式Ⅱ）的增加而增加，而两者均随滑移长度（α晶团）的增大而增加，在这种情况下，宏观裂纹在低R比率下有三项贡献，因此，即便是和高R比率下随α晶团增大（缓慢冷却）而增大的材料相比，它的裂纹扩展速率依然要低。图5.23所示的6条曲线说明了不同冷却速度下，微裂纹和宏观裂缝与滑移长度的不同关系，值得指出的是，除了上述几点，在讨论疲劳裂纹扩展曲线时，还要考虑平均应力，它通常和σ_{max}有关，讨论它的影响时，应该考虑裂纹闭合的情况，这种讨论已超出本书范围，但前文讨论的定性关系不会改变。

和无裂纹闭合时的宏观裂缝与ΔK_{th}的相关性类似，断裂韧性与α晶团大小（冷却速度）的关系和无裂纹闭合时的宏观裂缝与ΔK_{th}的关系类似，只要裂纹尖端小的和大的塑性区的断裂机理相同，这种相似性就成立。前面已经说明，高R比率下的宏观疲劳裂缝扩展时，（α+β）钛合金的断裂韧性通常会随着α晶团的增大而增大，因为，粗糙裂纹前缘的影响掩盖了塑性的作用。图5.25所示为Ti6Al4V合金的粗片层组织（冷却速度1℃/min）和细片层组织（冷却速度8000℃/min）的不同断裂路径，粗片层组织和细片层组织的断裂韧性分别为75MPa·$m^{1/2}$和50MPa·$m^{1/2}$。

回顾微结构与力学性能的关系（见表5.6），本节所讨论的片层微结构

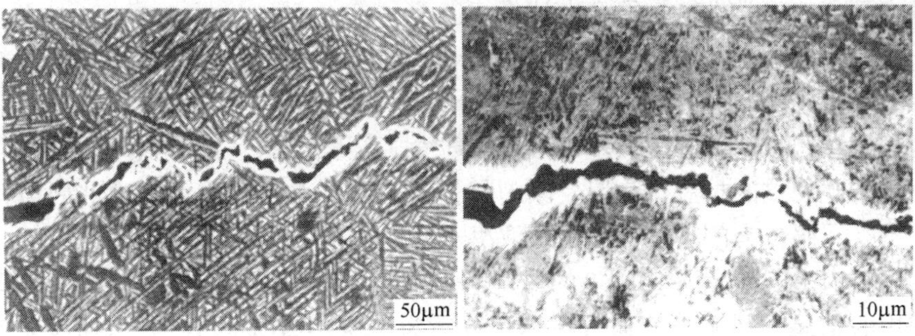

(a) (b)

图5.25 断裂韧性样品在中部的裂纹路径，Ti-6Al-4V（SEM）
（a）粗大片状；（b）极细片状

力学性能和冷却速率存在很简单的关系，具体见“小 α 晶团和 α 片晶”。一些性能（$\sigma_{0.2}$，ε_F，HCF，微裂纹扩展抗性）随冷却速率增加而增加，另一些性能则相反（宏观裂缝扩展抗性，断裂韧性），正如前面所述，表 5.6 中最后一列——蠕变强度将在高温合金中讨论（见 6.2 节）。

5.2.2 双相微结构

影响双相微结构力学性能的最大微结构因素是 β 晶粒尺寸的相对大小，工艺适宜并且再结晶良好的情况下，β 晶粒的大小约和初生 α（α_p）晶粒或粒子之间的距离相同，因此，β 晶粒大小取决于 α_p 的体积分数，即再结晶退火温度（见图 5.6 和表 5.3）以及 α_p 的大小，而 α_p 的大小决定于从 β 相的冷却速率，β 相冷却工艺的影响大于（α+β）的加工工艺（见图 5.7 和表 5.3）。工业生产的双相微结构如图 5.7 所示，其中 β 晶粒尺寸约为 30~70μm。下面所讨论的双相微结构力学性能不包含高体积分数的 α_p（>50%）结构（α_p 晶粒开始相互连接），但包括了完全等轴结构（见第 5.2.3 节）。

正如在 5.1.1 节中指出的，在整个工业生产的冷却速度范围内（30~600℃/min），双相微结构中 α 晶团和 β 晶粒尺寸大小相当，因此，比全片层微结构细小得多，全片层微结构的力学性能与滑移长度的关系已经在 5.2.1 节中讨论过，并归纳于表 5.6 中。假设滑移长度是影响力学性能的唯一因素，那么在相同的冷却速率下，双相微结构应比完全等轴微结构具有更高的屈服强度、更好的塑性、更高的 HCF 强度、更低的微裂纹扩展速率以及更高的 LCF 强度；全片层结构只有宏观裂纹扩展速率和断裂韧性高于双相结构，而蠕变强度相当。表 5.6 中的“双相结构”结果可以用来对比双相结构与全片层结构性能的变化，显然，除了 HCF 强度和蠕变强度外，其他的力学性能均符合上述规律。

影响双相微结构力学性能的另一个重要参数是在 5.1.2 节中讨论过的合金元素分配效应，它随着 α_p 体积分数增加而增加。合金元素分配效应使双相微结构中的片层区域基本强度低于全片层微结构，但其对塑性、微裂纹和宏观裂纹的扩展行为以及断裂韧性的影响非常小，因为，这些断裂行为不受屈服行为的影响，而主要取决于 α 晶团的大小。

α_p 体积分数对屈服强度的作用是 α 晶粒大小和合金元素分配作用共同作用的结果，屈服强度通常在体积分数为 10%~20% 的 α_p 时达到最大值（见表 5.7），这表明，当 α_p 体积分数较小时，α 晶粒大小起主要作用，而 α_p 体积分数较大时，合金元素分配作用起主要作用。高温（600℃）下，高体积分数（见表 5.7）的屈服强度减少得更少，这说明合金元素分配作用在高温下的作用减弱，这可能是由于氧在高温强化作用减弱的缘故，双相微结构比全片层结构具有更好的塑性，见表5.7中的*RA*列，这是因为双相微结构的α晶粒（滑移长度）比全片层结构更小。

表5.7　室温及600℃下（α+β）合金IMI834的拉伸性能

微结构	测试温度	$\sigma_{0.2}$ /MPa^{-1}	*UTS* /MPa^{-1}	σ_F /MPa^{-1}	*El.*/%	*RA*/%
片　状	*RT*	925	1015	1145	5	12
双相(20%体积分数α_p)	*RT*	995	1100	1350	13	20
双相(30%体积分数α_p)	*RT*	955	1060	1365	13	26
片　状	600℃	515	640	800	10	26
双相(10%体积分数α_p)	600℃	570	695	885	10	30
双相(40%体积分数α_p)	600℃	565	670	910	14	36

HCF强度（裂纹形核抗力）通常随着α_p体积分数的增加而降低（见图5.26）。疲劳裂缝在双相微结构的片层间形成（见图5.27），由于合金元素分配效应，这些片层间的强度低于α_p，这可以通过合金的显微硬度试验来证明[5.11]。HCF强度随α_p体积分数的增加而连续下降的事实表明，在短程滑移活动较弱的低应力幅度下，片层区的基本强度（合金元素分配效应）的作用比α晶粒减小的作用更强，在600℃高温测试时（见图5.28），双相微结构的HCF强度等于或高于全片层结构，再次说明了合金元素分配效应在高温下的作用较小。

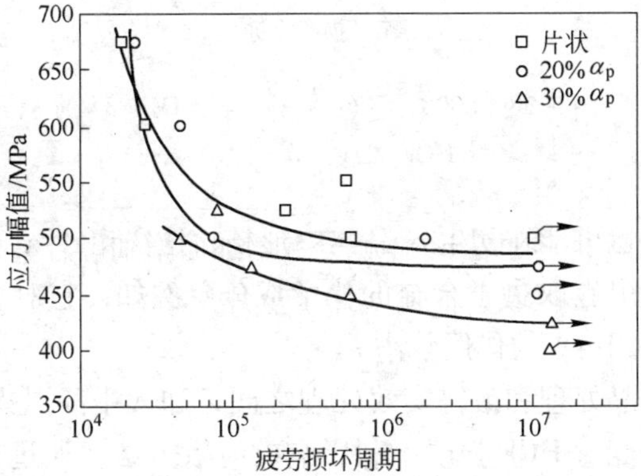

图5.26　(α+β)合金IMI 834的HCF曲线（*R*=-1）

应该说明的是，合金元素分配效应对裂纹形核行为的影响在时效组织中更加明显，而在最终热处理采用应力退火的组织中，这种作用就弱得多

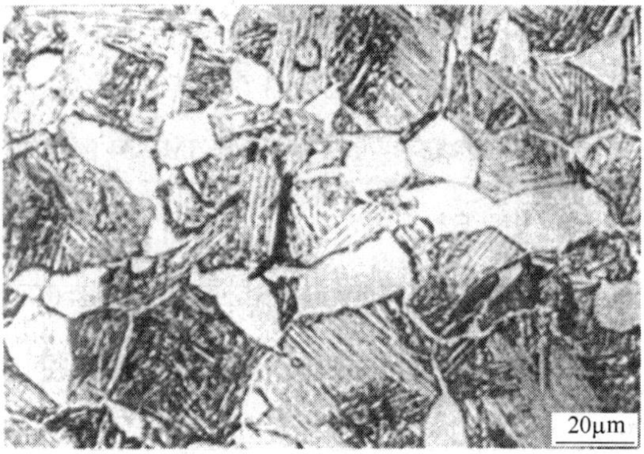

图 5.27 在双相微结构片状区域的疲劳裂缝形核，IMI834（LM）

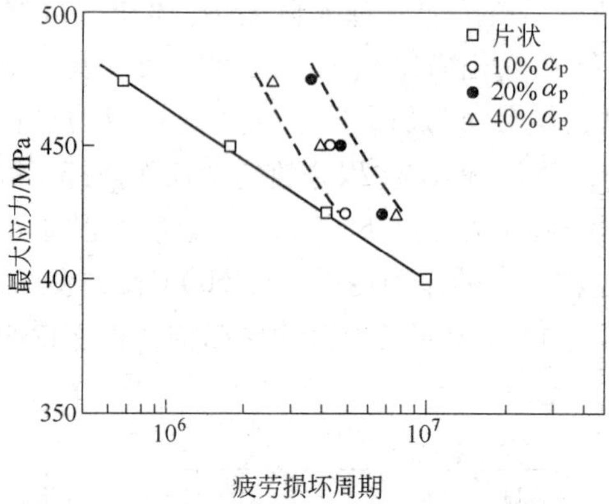

图 5.28 600℃下（α+β）合金 IMI 834 的 HCF 曲线（$R=0.1$）

了。另外，裂纹也可能在初生 α 晶体中形核，这决定于 α_p 的大小，而且，合金元素分配效应也取决于合金的化学成分，例如，它对 IMI 834 的作用较大，但对 Ti-6Al-4V 的作用较小。

在双相再结晶处理和最终实效处理之间，加入中间退火处理是消除室温下合金元素分配对 HCF 强度不利影响的有效方法，通过这样的处理，α 稳定元素（如 Al 和 O），会从初生 α 扩散至 α 片层中，提高了 α 片层的强度，这可以通过显微硬度来测定[5.11]，例如，830℃/2h 的中间退火处理，可以将双相结构的 HCF 强度提高到略高于全片层结构的水平（见图 5.29 和图 5.26）。

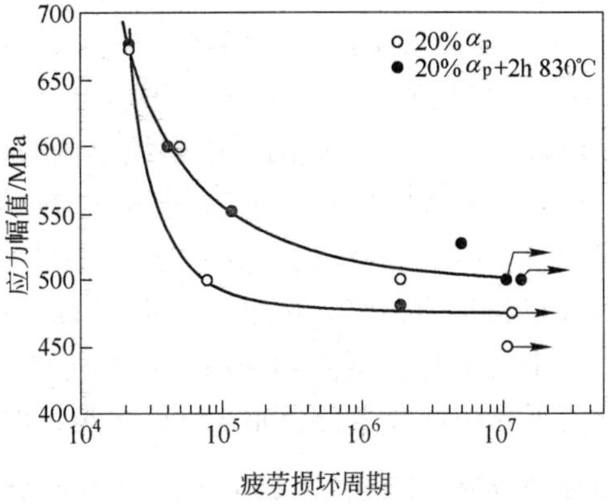

图 5.29 830℃2h 中间退火处理对 20% 体积分数 α_p 双相结构合金（IMI834）HCF 强度的改善曲线

（参见图 5.26）

图 5.7 所示和 5.1.2 节中所讨论的两种双相微结构，证明了在恒定的元素分区（α_p 的体积分数是恒定的）下，α 晶团大小对 HCF 强度的影响情况（见图 5.30），作为比较，也列出并讨论了相应的全片层微结构（从 β 相区的冷却速度与从（α + β）双相合金的再结晶温度的冷却速度相同，并进行了相同的最终热处理：700℃ 2h）[5.2]。图 5.30 所示的两种双相微结构的 HCF 强度变化图说明了 α 晶体大小对裂纹形核的作用，分别定义两种合金为双相合金 1（大的 α 晶团尺寸）和双相合金 2（小的 α 晶团尺寸），同时，通过对比粗大的双相结构和全片层结构的 HCF 强度值，再一次证明了合金元素分区的作用。

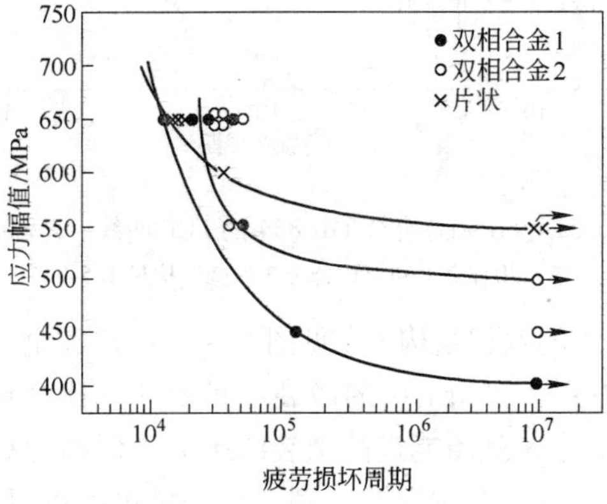

图 5.30 （α + β）合金 IMI 834 的 HCF 曲线（$R = -1$）

（双相合金 1 和双相合金 2 的微结构见图 5.7）

这3个不同微结构的LCF曲线如图5.31所示，从图5.31中可以看出，全片层微结构的LCF强度最低，这一点已经在图5.26中交叉部分的曲线和图5.30的高应力幅值得到证实。为了分别说明裂纹的形核和微裂纹的扩展对LCF寿命的影响，研究了三种微结构中裂纹形核的疲劳周期数，结果见表5.8，从表5.8中可以看出，在这种相对较高的应力幅值下(650MPa)，全片层组织和粗大的双相合金1的裂纹形核抗力相同，而细小的双相合金2的裂纹形核抗力最高，显然，在高应力幅值和超长距离滑移的条件下，α晶团大小（滑移长度）对裂纹形核抗力的作用补偿了（双相合金1）或过度补偿了双相合金2合金元素分区对裂纹形核抗力的影响。

表5.8 (α+β)合金IMI834(双相合金1和双相合金2的微结构见图5.7)在裂纹尺寸(2c)、650MPa循环应力($R=-1$)周期(N_F)下裂纹产生的(N_i)对应值

微结构	应力 σ_a/MPa	N_i/周期	$2c/\mu m$	N_F/周期
片 状	650	9400	42	22600
双相合金1	650	9500	44	31000
双相合金2	650	12000	37	33800

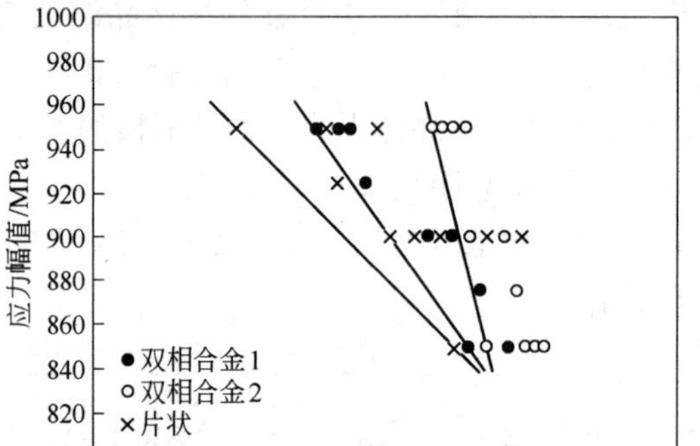

图5.31 (α+β)合金IMI 834的LCF曲线（$R=0.1$）
（双相合金1和双相合金2的微结构见图5.7）

图5.32为粗大的双相结构1（见图5.7（a））和全片状结构的微裂纹扩展曲线，可以看到，双相结构的微裂纹扩展速率比全片层结构慢，这说明双相结构中更小的α晶团能提高微裂纹抗力，但两种双相结构的（见图5.7）微裂纹扩展行为没有明显的区别，这一结论也可以由表5.8中推出，但由于全片层结构的裂纹前沿比双相结构更粗糙，因此，宏观裂纹的扩展表现出了与微裂纹相反的规律，如图5.32所示。图5.32也表示出了在矩

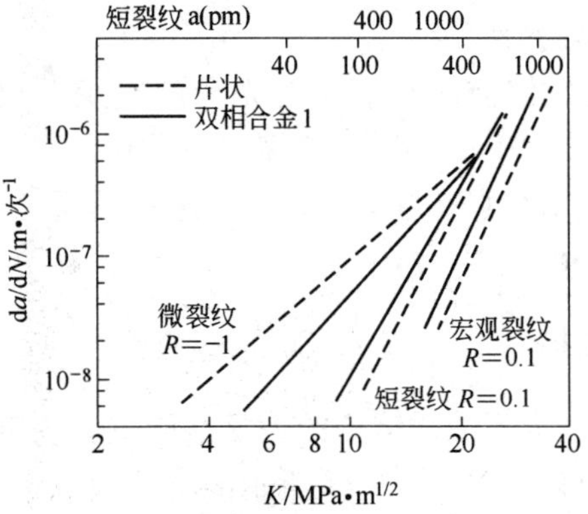

图 5.32 α+β 合金 IMI834 的双相合金微结构 1（见图 5.7（a））和片状结构的疲劳裂纹扩展曲线（含短角裂纹）

形试样上测试的短角裂纹结果，测试时，矩形试样中存在与图 5.32 上部相对应长度的微裂纹[5.2]，可以看出，短角裂纹的扩展曲线位于微裂纹（光滑圆柱试样的自生表面裂纹）和 CT 测量的宏观裂缝扩展曲线之间，两种结构的短角裂纹曲线位置表明，这个数据所得到的裂缝前缘覆盖范围略高于两条微裂纹曲线交叉范围，在这种情况下，全片层结构中粗裂纹扩展时的抑制作用与在裂纹扩展缓慢的双相结构中的相近或略高一点。

前面已经说明，全片层和双相微结构中的宏观裂缝具有不同的裂纹前缘外形，图 5.33 通过垂直于裂纹扩散方向的裂纹前缘轮廓观察证明了上述说法，两种微结构裂纹前缘轮廓差别很大，粗片层结构的裂纹前缘轮廓非常粗糙，并且在不利于裂纹扩展的方向上存在清晰的、呈深 Z 字的台阶，

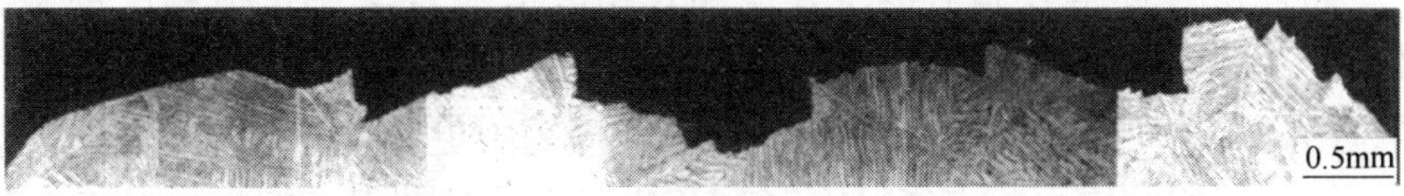

(a)

(b)

图 5.33 Ti-6Al-4V 的宏观裂缝前缘外形（LM）
（a）粗大片状微结构，（b）双相微结构

这已经在5.2.1节中讨论过（从图5.24也可以看出），相反，双相结构的裂纹前缘轮廓则相对光滑。

与双相结构的裂纹前缘轮廓相对光滑的组织一致，Ti6Al4V 双相结构的断裂韧性约为 $55MPa \cdot m^{1/2}$，略高于细片层结构($50MPa \cdot m^{1/2}$)，但却明显低于粗片层结构($75MPa \cdot m^{1/2}$)，这一结果已经在5.2.1节中讨论过。

5.2.3 全等轴微结构

（α+β）钛合金全等轴微结构的力学性能主要决定于α晶粒尺寸，α晶粒尺寸决定了滑移长度，图5.17所示的全片层α晶团尺寸与力学性能的关系可以定性地应用于全等轴微结构，由于这种相似性，全等轴微结构的“小α晶粒尺寸”和全片层结构的“小α晶团”在表5.6中的倾向（+，－）相同，因此，全等轴微结构的α晶粒尺寸与力学性能的相关性将不作详细讨论，而只列举一些例子。值得强调的是，（α+β）钛合金的全等轴微结构与第4章讨论的CP钛合金以及其他α钛合金（参考图5.11，图5.14（b）和图4.6）的结构类似，因此，它们的微结构与力学性能的一般关系也是相似的。

全等轴微结构 Ti-6Al-4V 合金的α晶粒尺寸对 HCF 强度的影响如图5.34所示，在图示的细α晶粒范围内，可以获得高的 HCF 强度，相应的屈服强度分别为 1120MPa（晶粒 2μm）和 1065MPa（晶粒 6μm）和 1030MPa（晶粒 12μm），这种全等轴微结构的拉伸伸长率都非常高，与双相微结构相当或更高，例如，12μm 的 *RA* 值约为40%，而2μm 的 *RA* 值增加到50%，在5.1.3节中已经指出，2μm 的超细晶目前只能在实验室中获得，因此，它的微结构仅仅用于比较。

如果和图5.34中得到的全片层和双相微结构 HCF 强度值相比较，就必须要考虑工业生产过程中获得这些结构的可行性，如果这样考虑，那么晶粒约为6μm 的全等轴微结构显然在商业应用中更具吸引力，因为，对于全片层和双相结构而言，650MPa 的 HCF 强度较难获得，例如，对于全片层结构，需要β相区的冷却速度超过1000℃/min，这只有在薄试样中才能获得，而对于双相微结构，为了达到晶粒小于10μm 所需的再结晶温度范围对于商业生产来说太高了。

当 α_p 体积分数大约为60%时，可以说明全等轴微结构与双相微结构的 HCF 强度关系，这时，α_p 晶粒不再被片状晶粒分隔而是相互连接，如图5.35所示，采用“等轴”来描述这种微结构，双相结构和“等轴”结构的 HCF 强度对比见图5.36，在这种情况下，“等轴”材料可以通过

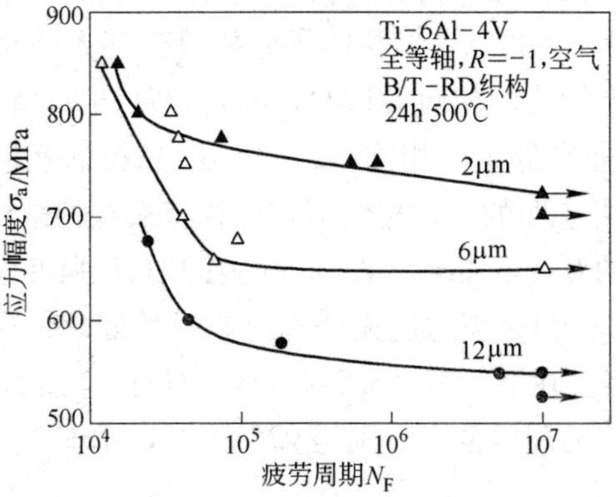

图 5.34 α 晶体尺寸对完全等轴微结构的 HCF 强度影响，Ti-6Al-4V

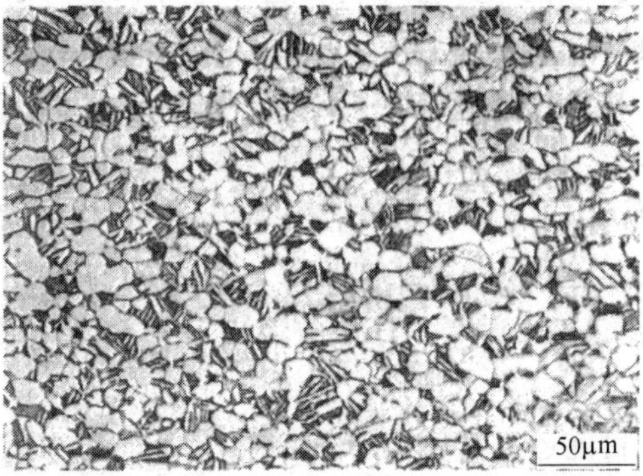

图 5.35 α 晶粒互连的具有高体积分数 α_p 的所谓“等轴”微结构，Ti-6Al-4V（LM）

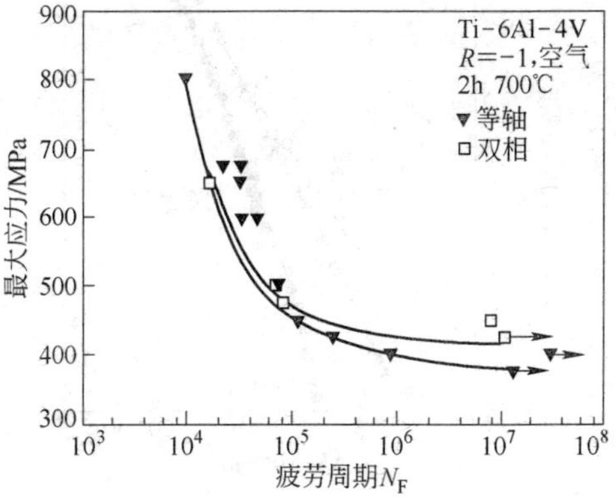

图 5.36 如图 5.35 所示的 Ti-6Al-4V 双相微结构和“等轴”微结构的 HCF 强度

5.1.3 节中所述的方法形成双相结构，“等轴”材料被加热到（α+β）相区某一温度，在这一温度下，α 相体积分数减少到大约 40%，后续冷却速度与用于“等轴”结构的相同（100℃/min），从图 5.36 中可以看出，“等轴”结构的 HCF 强度低于双相结构，即：α_p 晶粒的互连会降低双相结构的 HCF 强度，值得说明的是，裂纹形核位置将从双相结构的片层晶粒转变成“等轴”结构的互连 α 晶粒。图 5.36 中的 HCF 强度较低是由于最后的热处理（2h 700℃）只是应力退火处理而非时效处理，最后的热处理对于力学性能的影响将会在下一节（5.2.4 节）中讨论。图 5.36 所示为双相结构和“等轴”结构的屈服强度分别是 925MPa 和 915MPa，但两者的拉伸伸长率相同（$RA=45\%$）。

在 α 板片（片层结构）厚度和 α 晶体尺寸（等轴结构）相同时，全等轴结构的 HCF 强度将高于全片层结构，这和预期结果一致，因为，片层结构中的 α 晶团比 α 板片更易发生滑移。应该指出的是，全等轴结构在很多情况下存在晶体织构，因此，其滑移长度也会大于 α 晶粒尺寸，全等轴结构和双相结构中的晶体织构对力学性能的影响将在后面详细论述（见 5.2.6 节）。

α 晶粒尺寸为 6μm 的全等轴微结构 Ti-6Al-4V 合金的疲劳裂缝扩展行为如图 5.37 所示，与全片层微结构的图 5.23 类似，图 5.37 也描述了微裂纹和宏观裂纹的裂缝扩展速率，其中微裂纹是光滑圆柱试样表面的自生裂纹，裂缝闭合，R 为 0.1。宏观裂纹是在力学测试试样时获得的，无裂缝闭合，R 为 0.7。目前还没有就全等轴结构中 α 晶粒对微裂纹扩展行为的

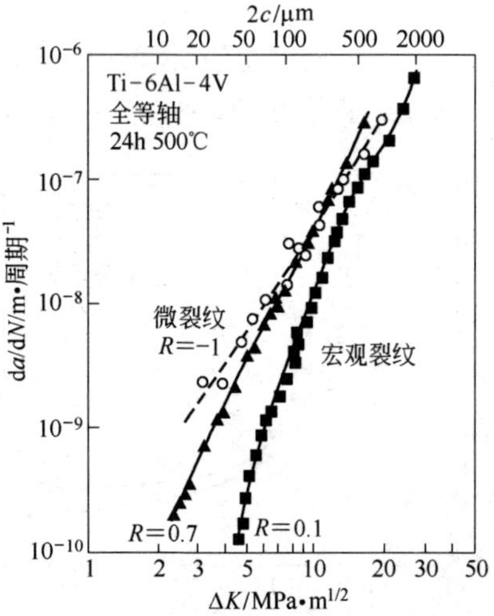

图 5.37　6μm 的 α 晶粒尺寸下完全等轴微结构的疲劳断裂增长情况，Ti-6Al-4V

影响进行系统的研究，但参考 Ti-8.6Al 合金的结果[5.1]，含等轴 α 晶粒的 α 钛合金的模拟以及片层组织的微观结果（图 5.23），可以得出如下规律，即全等轴微结构中微裂纹扩展的速率随 α 晶粒的减小而降低（见表 5.6）。

由于 α 晶粒较小的全等轴微结构的宏观裂纹前缘轮廓很光滑，因此，在图 5.37 中的微裂纹与宏观裂纹曲线之间的区别就远不如片层结构（见图 5.23），晶粒为 2μm 和 12μm 的 Ti-6Al-4V 合金中 α 晶粒对于宏观裂纹扩展的影响已经研究过了[5.12,5.13]，结果表明：在高温和低 R 比率下，α 晶粒更大的材料，宏观裂纹扩展得更慢，这些结果说明了即使在这些相对细小的全等轴结构中，晶粒尺寸对宏观裂纹前缘轮廓的影响也非常巨大，这也解释了微观裂纹和宏观裂纹之间晶粒尺寸的变化情况（见表 5.6）。

为了对比全等轴和双相微结构疲劳裂纹扩展行为的差异，每种微结构测试了两个试样，这些试样已进行了 HCF 强度测试（见图 5.36）。图 5.38 所示为微裂纹和宏观裂纹的测试结果，由图 5.38 可见，双相微结构中的微裂纹扩展速度慢于含有许多互连 α 晶粒的“等轴”微结构（见图 5.35）。“等轴”微结构中的微裂纹倾向于穿过有互连 α 晶粒的区域而扩展，而双相微结构中的微裂纹则倾向于穿过片状 β 晶粒。尽管 X 射线测试的两种微结构的宏观晶体织构相同，但互连 α 晶粒的（“等轴”结构）滑移长度似乎比片状 β 晶粒（双相结构）的更长，对于宏观裂纹，这两种结构的测试结果相同（见图 5.38），这可定性地证明“等轴”结构的裂纹前缘更加粗

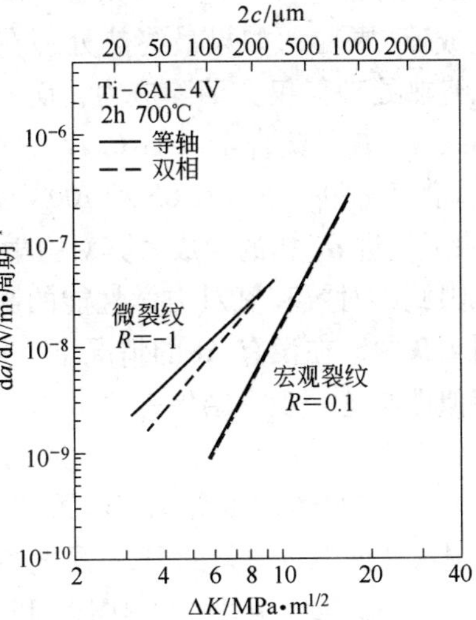

图 5.38 Ti-6Al-4V 在图 5.35 所示双相微结构和“等轴”微结构下的疲劳裂缝增长情况

（由 RMI 提供）

糙，这和上面提到的其滑移长度更长是一致的。

疲劳裂纹形核抗力（见图5.36中的HCF强度）和裂纹扩展抗力（见图5.38）的结果证明了全等轴结构的LCF强度低于双相结构，全等轴微结构中α晶粒尺寸与LCF强度关系的近似估计表明，LCF强度将会随α晶粒尺寸的降低而增加。

通过比较2μm和12μm α晶粒尺寸的微结构，可以得到全等轴微结构中，α晶粒大小与断裂韧性的关系，2μm和12μm α晶粒尺寸下的断裂韧度值分别是$45MPa \cdot m^{1/2}$和$65MPa \cdot m^{1/2}$，这个结果说明其趋势与片层微结构相同，即裂纹前缘的粗糙度本质上决定了裂纹扩展抗力，这已经在5.2.1节的最后部分进行了详细讨论。

5.2.4 时效和含氧量的影响

在第2章2.8.1节中已经指出，如果合金含有足够的铝（约6%），α相将被Ti_3Al（α_2）析出相时效强化，元素Sn，特别是氧也会促进α_2相的形成，这些共格的α_2相会提高屈服应力，但由于α_2会被运动位错切断，因此会形成很多平面滑移带，这会导致裂纹形核（减少了拉伸伸长率），裂纹在这些滑移带中扩展也会更容易（微裂纹的扩展也更容易）。上述两种作用的大小取决于滑移长度，即对于粗片层结构非常明显，而对于双相结构不明显。对于Ti-6Al-4V合金，α_2相的固溶温度介于550～600℃之间，具体取决于Al和O的含量，因此，如果在500℃ 24h进行时效处理时，这种合金中会生成α_2颗粒，如果最终热处理在更高温度下完成，如600～700℃，这种最终热处理仅仅会消除应力，而不会发生时效。值得指出的是，典型的高温（α+β）钛合金（Ti-6242，IMI834）的最终热处理温度低于α_2固相线温度（分别为595℃ 8h和700℃ 2h），即这些合金中总会含有α_2颗粒。氧除了促进α_2相的生成，其对力学性能的影响，定性看，类似于时效的作用，因此，时效和氧对力学性能的影响概括在表5.6相同的列中。在第4章图4.9中，在没有Al的情况下，氧元素会在CP钛中产生大量的滑移带，相似性与这一观察结果有关。

时效对Ti-6Al-4V合金粗片层结构HCF强度的影响如图5.39所示，图5.39对比了时效工艺（800℃ 1h/WQ，500℃ 24h）和应力退火工艺（650℃ 1h），在应力退火条件下，材料的HCF强度约为350MPa，时效后增加至约500MPa，对应的屈服强度分别为830MPa和930MPa，但拉伸延性（*RA*值）则从21%降至14%。Ti-6Al-4V合金中氧含量对拉伸性能和HCF强度也有类似的作用，这已通过比较细片层结构中的EFI等级（氧0.08%）和普通等级（氧0.19%）得到了证明，如图5.40所示，可以看出，HCF强度

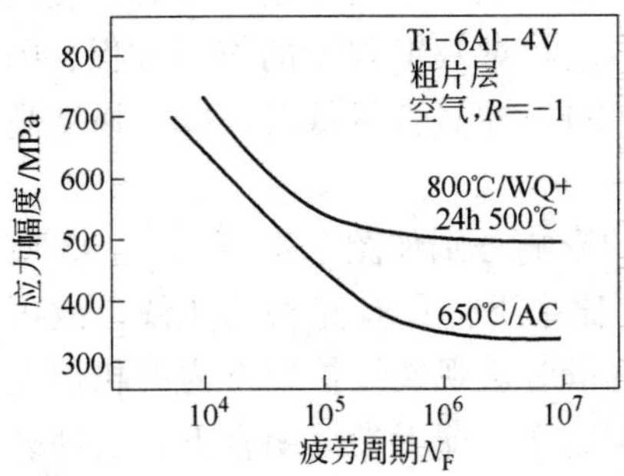

图 5.39 最终热处理对 HCF 强度的影响，Ti-6Al-4V

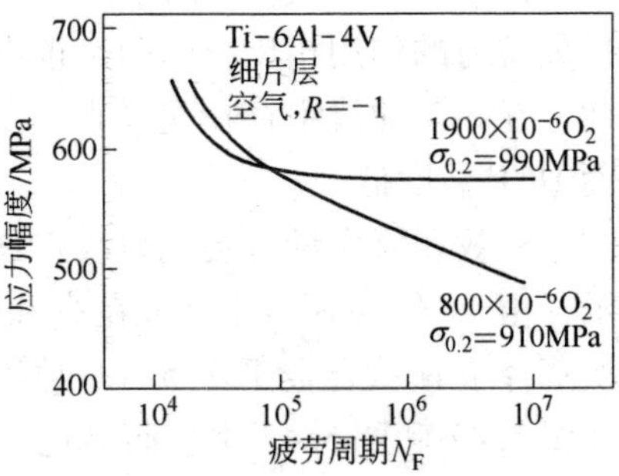

图 5.40 氧含量对 HCF 强度的影响，Ti-6Al-4V

(10^7 周) 由 ELI 材料的约 480MPa 增加到普通等级材料的约 580MPa，相应的屈服应力分别为 910MPa 和 990MPa，*RA* 分别为 27% 和 23%。

前面已经指出，强滑移带的形成会增加这些滑移带内的微裂纹扩展速度，因此，时效/氧含量的增加，会提高微裂纹扩展速度，由于在（α + β）合金中没有获得结果，因此，选择 α 钛合金 Ti-8.6Al 来说明时效对微裂纹扩展速度的影响（如图 5.41 所示），可以看出，时效后（500℃ 10h）微裂纹扩展速度更快，与 5.2.3 节在关于全等轴结构的论述一样，图 5.41 中观察到的 α 钛合金 Ti-8.6Al 的规律应该也适用于（α + β）合金，在（α + β）合金中，随着时效/氧含量的增加，具有更长滑移长度的粗大结构微裂纹扩展速度的提高会比细小结构（如双相结构）更加明显。

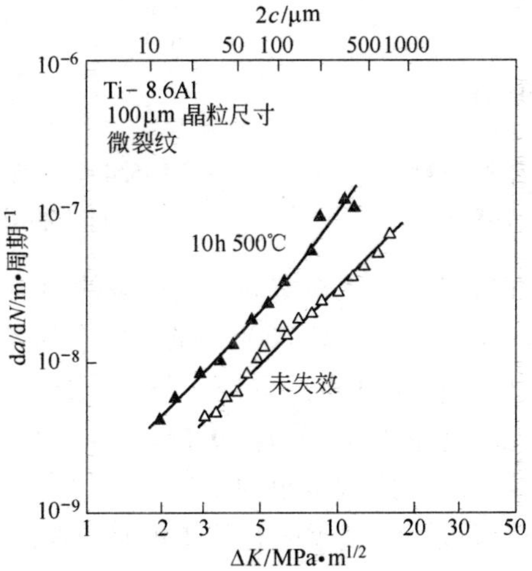

图 5.41 时效对微裂纹增长行为的影响（$R = -1$），Ti-8.6Al

由于时效和氧含量对裂纹形核抗力（HCF 强度）的作用与其对微裂纹扩展抗力的作用相反，因而，很难准确确定其对 LCF 强度的作用方程，因此，在 S-N 曲线中存在交叉点（见图 5.40），即氧含量低时，LCF 强度高而 HCF 强度低。

时效和氧含量对宏观裂纹扩展行为的影响分别如图 5.42 和图 5.43 所示，由于（α+β）钛合金在高和低的 R 比率下仍没有完整的曲线，故再次选择了 α 钛合金 Ti-8.6Al，时效和氧含量对宏观裂纹扩展行为的相似性在图 5.42 和图 5.43 中显而易见，在高 R 比率，即无裂缝闭合下，宏观裂纹扩展速度随着时效和氧含量的增加而增加，这种规律在微裂纹扩展行为中也存在，这与所观察到的图 5.42 和图 5.43 中试样的宏观裂纹扩展阻力以及裂纹前缘粗糙度的结果一致，在所有情况下，裂纹沿滑移带扩展并且滑移长度保持固定值，因此所有的裂纹前缘粗糙度均相同。

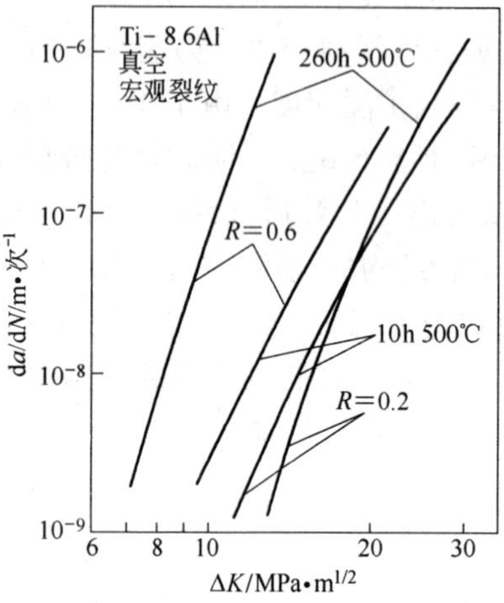

图 5.42 时效对宏观裂缝增长行为的影响，Ti-8.6Al

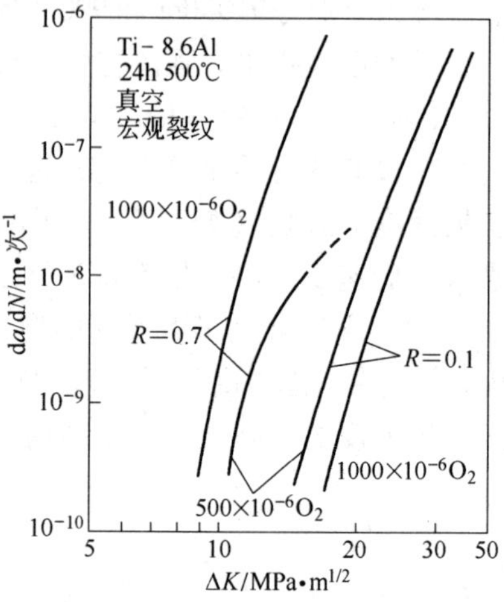

图 5.43 氧含量对宏观裂缝增长行为的影响，Ti-8.6Al

时效和氧含量在低 R 比率下对宏观裂纹扩展的影响与高 R 比率时相反（见图 5.42），长时间时效（500℃ 260h）的材料在临界区域的宏观裂纹扩展速率比短时间时效（500℃ 10h）更慢，并且氧含量为 0.1% 的材料中，宏观裂纹扩展速率比氧含量为 0.05% 的更慢。$R=0.1$ 时，Ti-6Al-4V 合金中氧含量对宏观裂纹扩展的影响也出现了这一规律[5.14]，高 R 比率和低 R 比率之间的相反规律可以通过裂纹闭合值来解释，时效和氧含量的增加会提高裂纹闭合值，随着裂纹尖端剪切位移的增加，裂纹闭合值也增加，这和长时间失效以及高含氧量一致。

在高 R 比率且无裂纹闭合的情况下，时效和氧含量对断裂韧性的影响应与5.2.1节所概述的其对宏观裂纹的影响规律一致，因此，图5.42和图5.43中的Ti-8.6Al断裂韧性随时效和氧含量的增加而降低[5.1]，另外，应力退火与时效的对比以及不同氧含量的影响，在Ti-6Al-4V中已多次研究过，几乎所有的试验结果均表明，时效和氧含量的增加会降低（α+β）钛合金的断裂韧性，除了刚讨论的断裂韧性，低温时效的氧含量对应力腐蚀敏感性的副作用更大。

5.2.5 β相中次生α相的作用

5.1.1节中已经指出，细小的次生α片晶可能会在最终热处理（加工流程阶段Ⅳ，见图5.1）过程中从β相沉淀析出，这取决于之前工艺的冷却过程，β相的含量是次生α片晶能否生成的主要决定因素，而β相含量则与最终热处理前组织中β相的体积分数直接相关。次生α析出相将对β相产生硬化效果并提高其力学性能，这会在下面详细讨论，因此，如果需要提高强度，就一定要析出α相，因为，冷却工艺并不是为控制冷却后的β相含量而制定的，因此，很难预测到经过最终退火工艺后，是否会析出α片晶。由于光学显微镜不能观察到α片晶（需要TEM），因此，在工业生产时，很多情况下不能保证会从β相中析出次生α片晶。

在最终退火热处理前增加一个中间热处理，这个方法可以保证析出α片晶来硬化β相[5.17]，这个中间热处理的温度必须要足够高以保证产生亚稳β相，这些亚稳β相在最终时效处理时就会转变成α相析出，Ti-6242合金中就存在这种组织，如图5.44所示。原始组织为全片层组织（图5.3(a)所示为无中间热处理的原始组织），可以通过在（α+β）相区进行的

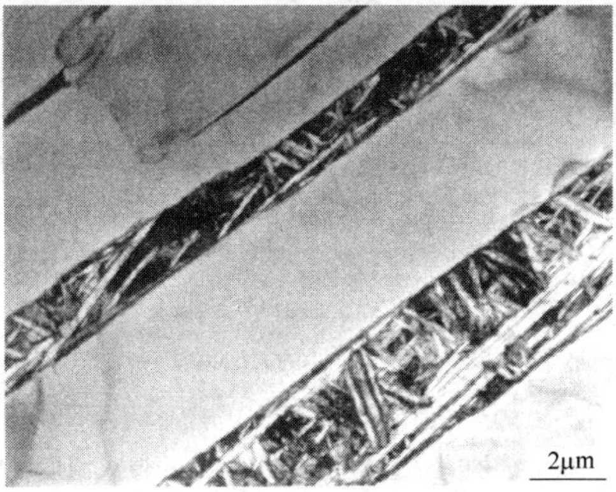

图5.44 β“薄片”中出现次级α片晶的双薄片微结构示例，Ti-6242（TEM）

中间热处理来控制它的组织转变，最终在所有 β 片层里析出细小的 α 片晶，其组织如图 5.44 所示。为区别全片层组织，将这种组织称为双片层组织[5.18]。片层组织粗大时，β 相中析出 α 相后的作用最明显，这是由于粗片层组织的滑移长度很长，转变为双片层组织后，滑移长度缩短，这对力学性能产生很大的影响。双片层组织的一个重要应用就是铸造件，铸造件的组织通常都很粗大，且不能通过热加工而只能通过热处理来细化组织，优化双片层组织的最重要工艺参数，如原始组织，中间退火温度以及冷却速度等，可以参考文献[5.18]确定，值得一提的是，如果中间退火温度足够高，β 片层中的 α 相也可在冷却过程中析出。

退火温度为 880℃时，Ti-6Al-4V 合金双片层组织的力学性能与冷却速率的关系如图 5.45 所示，冷却速度低至 17℃/min，依然可以产生双片层

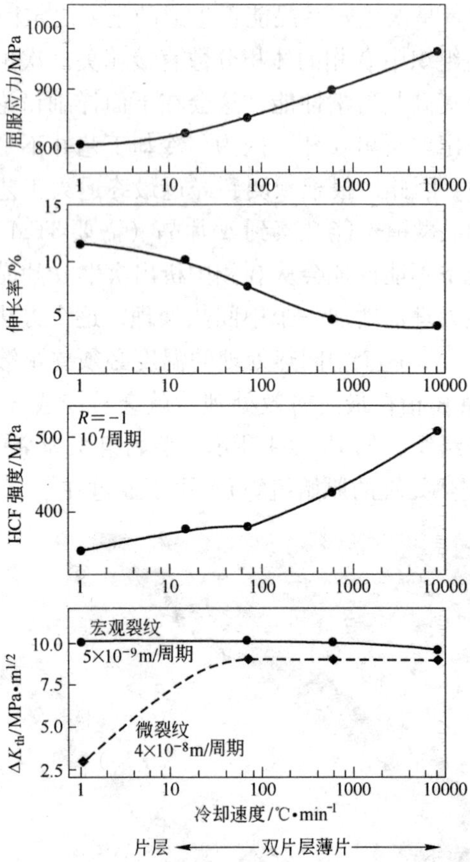

图 5.45 双微结构力学性能与（α+β）相退火温度（880℃）开始时冷却速度的函数，包括 Ti-6Al-4V 冷却速度为 1℃/min 的起始片状组织和 24h，500℃的最终时效处理

组织，冷却速率更慢时会产生全片层组织，这种全片层组织与热等静压后的铸态组织类似。该图中也包含了冷却速率为1℃/min的原始组织性能，所有材料的最终热处理均相同（500℃ 24h），和全片层组织相比，双片层组织的屈服应力和HCF强度随着冷却速度的增加而增加，β片层会强烈阻碍滑移运动，而更快的冷却速率会产生更多的β片层，并且β片层的硬化效果更明显，即粗α片层不会产生。在快速冷却时，拉伸伸长率从原始状态的11%减至4%，伸长率减少的原因和5.2.1节中讨论的相同。由于基体（β片层内部）的强度提高，β片层界面上较软的连续α片层优先变形，并最终导致沿β片层晶界上的α片层韧性断裂，其断口与图5.19所示的类似。由于硬化后的β片层会强烈阻碍微裂纹的扩展，因此双片层组织的微裂纹扩展速率远低于全片层组织（如图5.45所示），同时由于裂纹形核抗力（HCF强度）和裂纹扩展抗力都高，因此双片层组织的LCF强度也更高，但两者的宏观裂纹扩展速率大致相同，这是由于双片层组织的裂纹前缘比全片层的光滑，大致抵消了双片层组织更高的裂纹扩展抗力（微裂纹扩展抗力），图5.45所示的断裂韧性也表现了相同的趋势，这也可以从图5.6中看出。

5.2.6 晶体织构的作用

晶体织构对机械性能的影响对于双相和完全等轴微结构都十分明显，在进行再结晶加工前，两种微结构都需要在（α+β）相区内大变形，产生致密晶体结构，织构的变化和性质已在5.1.2节中描述，变形温度和织构之间的关系见图5.8。力学性能将通过图5.46所示的两个普通织构来讨

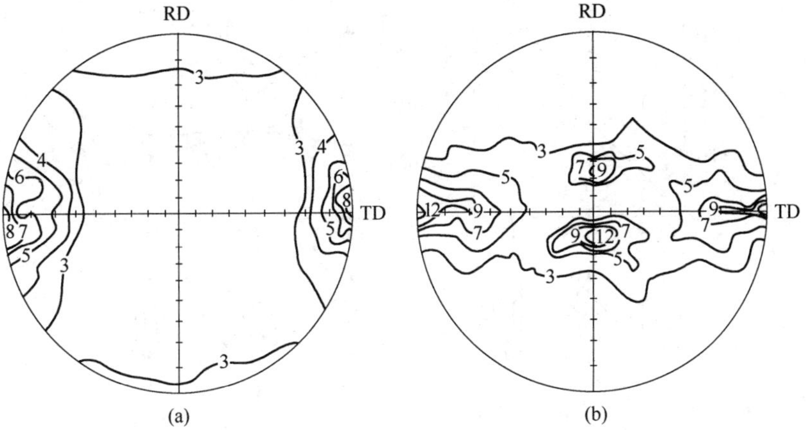

图5.46 Ti-6Al-4V中双相或完全等轴微结构的普通织构类型

（a）横向织构T；（b）基底/横向织构B/T

论，分别是横向 T 织构（见图 5.46（a））以及基底/横向 B/T 织构（见图 5.46（b））。这两种织构的不同是由 5.1.2 节中所述的变形温度造成的（见图 5.8），在（α+β）相区高温下形变产生 T 织构，同时低温下（例如 Ti-6Al-4V 合金在 900℃以下）产生 B/T 织构，图 5.46（0002 极图）中织构的强度相当高，这是因为试验样品经过了单向轧制加工，对于工业生产材料（片、板和锻件），强度可能更低（大约 4～6），另外，与 B/T 织构相比，变形温度更高的 T 织构强度常常更低。

两种织构的拉伸性能与试验方向的关系如图 5.47 所示，试验材料是 Ti-6Al-4V 合金极细完全等轴微结构（α 晶体尺寸大约为 2μm），对于基面和试验方向之间呈一定角度的情况，给出了图 5.47 下半部分的六方单位晶格 T 织构以便进行说明，这些略图对 B/T 织构横向分量也是有效的，当然，对于 B/T 织构的基面，在所有情况下，基面都与测试方向接近平行。

对于两种织构类型，弹性模量 E 与测试方向的关系见图 5.47（a）所示，其变化趋势基本上与 α 单晶相同（见图 2.3）[2.1]，对所有测试方向，由于基质 B 具有低 E 值，所以 B/T 织构 E 值比 T 织构更低。相比 T 织构，B/T 织构的强度更高，因而 B/T 织构与测试方向的关系更明显，随机织构 E 值大约为 119GPa。屈服应力随测试方向的变化关系如图 5.47（b）所示，两种织构中，测试方向为 45°的屈服应力最小，横向方向 TD 测试的屈服应力最高。相比 T 织构，B/T 织构与测试方向的关系更明显，可以通过

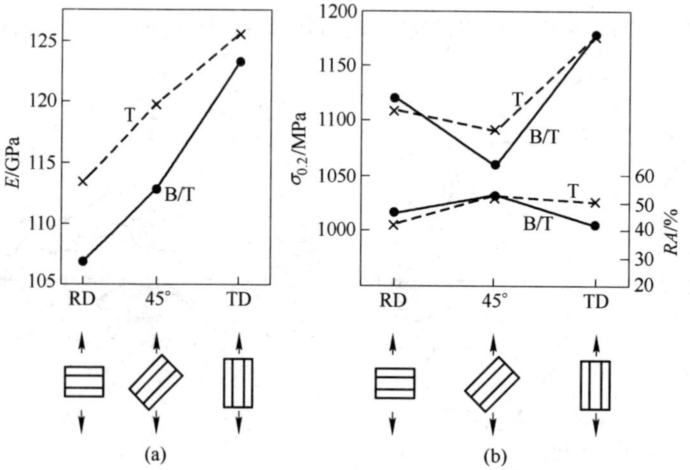

图 5.47 加载方向对具有 B/T 和 T 织构的完全等轴微结构（α 晶体尺寸：2μm）拉伸性能的影响，Ti-6Al-4V

（a）弹性模数 E；（b）屈服应力 $\sigma_{0.2}$ 和伸长率 RA

T 织构，也可以通过 B/T 织构 T 成分测试方向来说明，TD 方向测试最高屈服应力值垂直于基面，对于这个方向，随伯格斯（Burgers）矢量 **a** 的位移不能被激活，因为，伯格斯矢量平行于基面，并且这种情况下剪切应力为零，相反，要激活随伯格斯矢量 **c** + **a** 的位移，则需要更高的应力，对于两个其他测试方向 RD 和 45°，可以随时激活 **a** 滑移，45°测试方向的屈服应力最低是由于有利滑移面（基面）的方向在测试方向下方 45°处，当然，如果 RD 测试基面方向平行于测试方向，那么就对滑移无效，加载方向和织构类型不足以影响拉伸延性（见图 5.47（b））。

两个织构类型以及 RD 和 TD 加载方向的疲劳断裂形成抗性（HCF 强度）如图 5.48 所示，正如 2.9.2 节指出的，裂纹的形核以及沿基面的增长受到氢的强烈影响（与试验室空气相对湿度有关），因此，晶体织构对 HCF 强度作用的评价，即 *SN* 曲线按真空（见图 5.48（a））以及试验室空气相对湿度为 40% 测试（见图 5.48（b）），真空下随屈服应力的变化趋势见图 5.48。横向（TD）测试比轧制方向（RD）测试的 HCF 强度表现得更高，T 织构材料比 B/T 织构材料 HCF 强度表现得更低，这是由于 T 织构材料中只有一个组织成分，导致大范围晶体取向相似，有效滑移长度大。在试验室空气（见图 5.48（b））下，两个织构类型横向负载方向（TD）的疲劳强度急剧减少，而轧制方向（RD）的疲劳强度几乎不变（由图 5.48（b）和图 5.48（a）相比较），这些结果说明，氢对沿基面断裂形核的剧烈作用，影响最大的是使 RD 测试值最小，因为，所有基面都平行于加载方向，即没有剪切应力和法向应力作用在基面上。

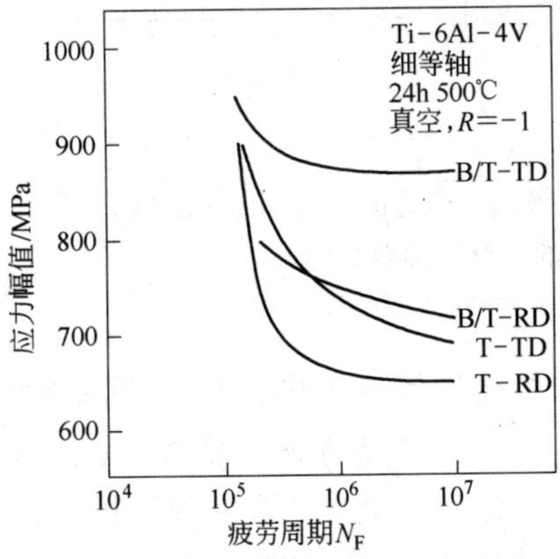

(a)

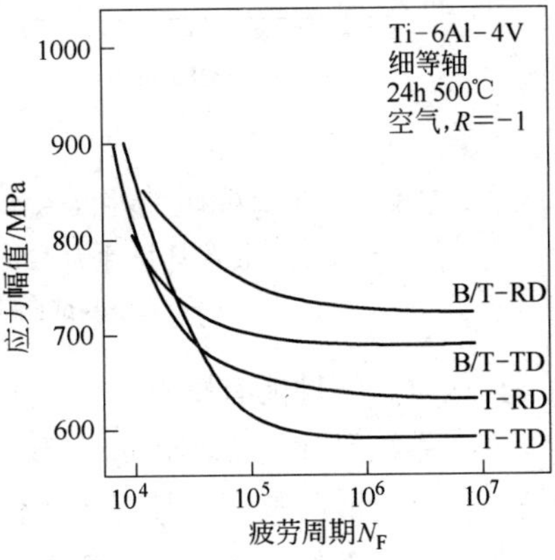

(b)

图 5.48 织构和测试方向对 HCF 强度的影响，Ti-6Al-4V，α 晶体尺寸为 2μm 的完全等轴微结构

（a）真空下测试；（b）空气中测试

织构和加载方向对宏观裂纹增长的作用如图 5.49 所示，同样是在真空（见图 5.49（a））下以及在含氢和 3.5% NaCl 溶液的侵蚀环境中（见图 5.49（b）），从图 5.49（b）中可以看出，织构和试验方向对真空中宏观裂纹增长没有太大作用，这与在真空中的拉伸延性（裂纹在拉伸试样内部的形成和增长）情况相同。在 3.5% NaCl 溶液（见图 5.49（b））中，TD 加载（基面垂直于加载方向）下宏观裂纹增长远快于 RD 加载（基面平行于加载方向），尽管微裂纹增长行为不能用结构和加载方式的函数关系式衡量，但其本质上的作用与图 5.49 所示的相似，趋势标识见表 5.6。由于裂纹增长太快，环境/织构作用的反应慢，所以从本质上讲，织构和加载方向对断裂韧性没有作用，但正如前面综述部分已经指出的，应力腐蚀和氢脆、织构对应力腐蚀破裂敏感性（K_{Iscc}）有一定作用[5.20]。

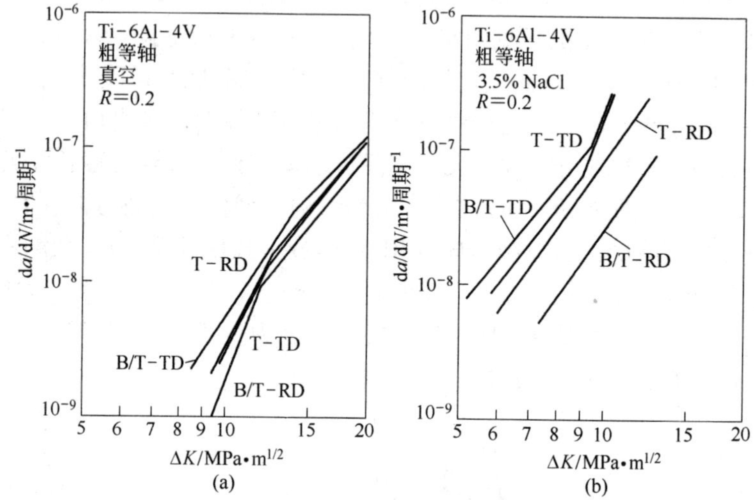

图 5.49 织构和测试方向对宏观裂纹增长行为的影响，Ti-6Al-4V，α 晶体尺寸为 12μm 的完全等轴微结构

（a）真空测试；（b）3.5% NaCl 的测试

其他对力学性能有影响的环境及微结构参数包括共格 Ti_3Al 沉淀粒子、氧含量、晶粒尺寸（晶团尺寸）等，所有这些微结构参数都服从平面滑移增长趋势以及滑移长度增长对机械性能（疲劳断裂形成和断裂增长）作用的一般规则，例如，环境对完全等轴微结构比相同织构的双相微结构的作用出现得更早和明显[3.50]，这是由于双相微结构中的坚固织构 α_p 晶体是由片状晶体从其他织构中分离出来的，但在完全等轴织构中，织构 α_p 晶体是互连的[3.50]。

另一个与晶体织构有关，对 HCF 强度有影响的因素称为“不规则平均应力作用”[5.21,5.22]，片状微结构、坚固双相织构和完全等轴结构（其织构见图 5.46）在 RD 方向测试时，HCF 的强度取决于常规平均应力，而织构材料在 TD 方向测试时，HCF 强度随着平均应力的增加，其增长不明显，这个“不规则平均应力作用”适用于空气中测试，也适用于真空下测试，即其影响不依赖于环境[5.21]。

值得注意的是，随着平均应力的增加，高周疲劳 HCF 状态下的疲劳断裂形成位置从表面（$R=-1$）转移到 $R\geqslant0.1$ 的样品内部[5.21,5.23]，由于所有微结构（包括片状微结构）和测试方向都发生了转移，因而这与上面描述的“不稳定平均应力作用”没有联系，这种疲劳断裂形成位置的转移，是由于区域优先塑性变形的拉伸-拉伸加载导致在表面加载层存在残留压应力，而残留压应力与样品内部更深处的残留拉伸应力的平衡有助于内部断裂的形成[5.21,5.23]。

由于两种情况下的基本机理不完全清楚，最后说明的两个作用（“不规则平均应力作用”和内部断裂形成）缺少图示，仅能简洁说明，但是两个作用有必要在这里提及。

5.3 性质和应用

关于（α+β）钛合金的应用这一部分，主要探讨 Ti-6Al-4V 合金的应用，因为这种合金是（α+β）钛合金中应用最普遍的合金，从图 1.3 所示的 US 市场合金分类[1.13]来看，其他（α+β）钛合金占 20%，Ti-6Al-4V 占 80%，真正的 Ti-6Al-4V 所占比例可能更低些，因为这个数据包括了高温钛合金（即 Ti-6242，IMI834），它们的应用分别在 6.3 节中介绍。另外，公布的合金分类常常认为 Ti-17 和 Ti-6246 合金与（α+β）合金一样，这些合金是真正的 β 合金，归纳在本书第 7 章中。

（α+β）钛合金的一个主要应用是飞机结构零件，在这种应用中，要求材料具有高屈服应力、高疲劳强度（即使在密度归一化基础上也是这样）、更好的耐腐蚀性、更高的弹性模量以及更高的温度性能，所以选择（α+β）钛合金，而不是其他有竞争力的金属材料（如高强度铝合金）。本书前面讨论的两个 Ti-6Al-4V 重型锻件见图 3.23（波音 747 飞机起落架平台梁的粗锻件）及图 3.22（带机械加工件的双引擎军用飞机舱壁锻件，也可见图 3.25），对于这些大型构件，最重要的力学性能是宏观裂纹在设定的服役时间内的抗疲劳断裂增长性能，这些大型构件安装在飞机内部时，检查时需要拆卸，耗费较大，因而，非常希望有好的疲劳断裂增长特性，另外，尽管实际断裂韧性值不能反映疲劳寿命，且本质上对检查间隔没有影响，高断裂韧性要求很大程度上可以当作多余的，但常常要求材料具有高的断裂韧性。大型锻件特别由（α+β）相组成的锻件，最经济的加工流程是轧制-退火，虽然在5.1.3节中没有明确地描述它的微结构，但它主要是由再结晶变化后的等轴α组成，这种轧制-退火结构的宏观疲劳断裂增长速度比完全片状微结构更快（见5.2.3节），完全片状结构可以通过β退火进行生产，这种加工比轧制-退火花费更高。虽然β退火处理的成本较高，但用在有特定要求的部件时，它的断裂增长抗性足够抵消它所需的成本，如用于完成安全临界飞机构件：舱壁、驾驶舱窗框和叶片、水平稳定器接头安装等。

完全片状微结构模压件的尺寸受铸造炉设备和热等静压机设备的尺寸限制，见3.5.1节，尽管如此，相当大的铸件已经用于飞机构件，例如，图5.50所示的铸件Ti-6Al-4V窗扇附件适用于F-22军用飞机，由于窗扇附件安装尺寸和涉及的断面尺寸限制，凝固速率会很慢，在这种情况下生成的粗大片状微结构具有高的宏观裂纹疲劳断裂生长抗性和高疲劳韧性。

图5.50 适合F-22军用飞机的Ti-6Al-4V窗扇铸件
（由Neil Paton，Howmet公司提供）

（α+β）钛合金的另一个主要应用是气体发动机中的转动和非转动部件，如在GE-90气体发动机（如图1.6所示）中标出的一些钛部件，Ti-6Al-4V的主要限制是只有在300℃下才具有使用稳定性最大值，这限制了这种合金在发动机旋转部件、低压（LP）压缩机部件以及高压（HP）压缩机锋面上的使用，HP压缩机的背面温度相当高，必须使用高温钛合金（Ti-6242，IMI834）材料（见6.3节）。

鼓风机和压缩机叶片在使用中会经受大的摆动压力，在翼剖面需要高周疲劳断裂抗性（HCF强度）以及连接处具有良好的LCF强度，因此，（α+β）铸造Ti-6Al-4V叶片时，常常将其再结晶成双相微结构，获得比等轴或轧制-退火微结构更高的HCF强度（见图5.36），典型的Ti-6Al-4V大型风机叶片如图5.51所示，大型叶片的长度大约是1m，有时，由于发动机设计的原因，风机叶片必须更长更宽，例如最近的GE-90发动机。实心Ti-6Al-4V叶片被聚合物合成叶片代替，以避免在鼓风机圆盘上压力过高，其他发动机制造商（RR 和 PW）则使用空心 Ti-6Al-4V 叶片来代替。

Ti-6Al-4V 合金也是最常用的圆盘材料，对于圆盘，LCF 寿命通常是有限的，因为 LCF 循环的每一周期都要求达到能量的最大值，LCF 强度是疲劳断裂形核抗性和微裂纹增长抗性的结合，两者都必须考虑，在达到疲劳损坏的循环范围内（大约 $(2\sim5)\times10^4$ 周），两者的作用大约为 50%。与完全片状微结构相比，双相微结构具有更好的 LCF 强度和微裂纹增长抗性，所以具有双相微结构的 Ti-6Al-4V 合金被选为圆盘材料（见图 5.31 和图 5.32），它的可再生性能也比完全等轴和轧制-退火结构更好（见 5.3.3 节的讨论和图 5.36 及图 5.38）。在根据疲劳断裂增长数据的圆盘疲劳寿命计算中，由于宏观裂纹增长数据会导致一系列疲劳损坏循环的过高评价，所以，必须考虑微裂纹增长数据[5.24]。

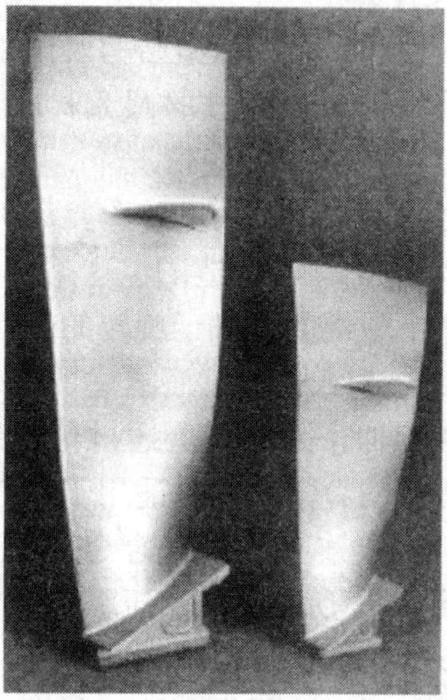

图 5.51 在(α+β)相区锻造和再结晶成双相微结构的 Ti-6Al-4V 大型风机叶片（更大的叶片长约 1m）（由 GE 飞机发动机公司提供）

通过使用固体线性摩擦焊接，使叶片直接固定到圆盘上制造的集成转子元件（见 3.6.2 节），也采用 Ti-6Al-4V 材料，整体装有叶片的 Ti-6Al-4V 低压压气机转子，如图 3.59 所示，被用在 Eurofighter 战斗机的 EJ200 发动机上[5.25]。一般来讲，叶片和圆盘之间的焊接处是由双相微结构以及很难被光学显微镜观测到，并且非常精细的完全片状微结构组成[3.27]。由于受到塑性变形高、β 相区中的温度高以及快速冷却速度等因素的影响，产生的再结晶 β 晶体尺寸也非常小（大约 5μm），这种微结构（非常精细片状含有的 β 晶体尺寸非常小）不能通过常规处理方法来获得，它的滑移长度极小（见图 5.17），相比常规叶片和圆盘的双相组织，疲劳断裂形核和微裂纹增长抗性（HCF 和 LCF 强度）较高，摩擦焊接微结构具有 β 晶粒尺寸小的双相微结构，并且无任何合金元素分配效应，见 5.2.2 节的讨论和表 5.6，因此，尽管与整体装有叶片的 Ti-6Al-4V 转子没有直接关系，但是摩擦焊接微结构具有相当低的断裂韧性，裂纹前缘的几何形状非常平滑，从而导致了较低的宏观裂纹疲劳断裂增长抗性，这是由于 β 晶粒尺寸小造成的（见图 5.17）。

适于 GE CF6 类发动机的 HP 压缩机阀见图 5.52，它是适于使用摩擦焊接的另一部分，在这种情况下（轴向对称部件），单个部分采用转动惯性焊接结合（见 3.6.2 节），前端部分由 Ti-6Al-4V 制成，但在最后两个部分，由于 Ti-6Al-4V 温度过高，这就需要使用高温合金 Ti-6242 来获得必要的蠕变阻力（见第 6 章），因为对于这种设备，其 LCF 强度是最重要的力学性能，故双相微结构既用于 Ti-6Al-4V 也用于 Ti-6242 合金，双相微结构是前面描述过的圆盘材料应用的最好选择，在一些情况下，因为抗蠕变强度比 LCF 强度更重要，所以 Ti-6242 部分是 β 锻造的，这是某些特殊应用下使用的。对于旋转的惯性焊接，焊接中微结构与上面描述的线性摩擦焊接相似，因此，上述讨论的线性摩擦焊接的力学性能也适用于惯性焊接。惯性焊接连接不同钛合金，也适用于如图 5.52 所示中 HP 压缩机阀部分的 Ti-6Al-4V 和 Ti-6242。

图 5.52 惯性焊接适用于 GE CF6 类发动机的压缩机阀连接
单个部分前缘部分：Ti-6Al-4V，后端部分：Ti-6242
（由 GE 飞机发动机公司提供）

Ti-6Al-4V 材料可以制造飞机发动机中的无转动部分，如外壳、管、机架、定子、总管等，但具体则取决于发动机的类型（见图 1.6）。与竞争材料（主要是铝合金）的选择标准相比，它具有更高的刚性、更高的屈服应力与密度比、更高的耐温性和更好的燃烧抗性，尽管对于某些无旋转部件会发生振动，并必须考虑这种情况，但疲劳特性不是主要考虑的因素。

例如，Ti-6Al-4V 压缩机外壳（外部管），如图 3.71 所示。外壳由轧制板制成并由常用的片材成形方法装配（见 3.5.4 节），轧制板具有成形性好的细晶粒轧制-退火微结构（高延性）。另一个例子是图 3.48 中所示的 Ti-6Al-4V 总管，总管为涡轮风扇发动机的 LP 涡轮壳振动间隙控制系统冷却空气，总管由超塑性成形和扩散黏结（SPF/DB）制成（见 3.5.5 节），由于成形和黏结过程之后缓慢冷却，因而其具有细颗粒完全等轴微结构。由锻造材料制成的无旋转部件常被熔模铸造代替（见 3.5.1 节），特别是形状复杂的部件，Ti-6Al-4V 熔模铸造鼓风机机座（见图 3.29）就是一个很好的例子，这之前一般由复合锻造部件制成。鼓风机机座受到一系列振动的影响，因此，除了刚性和强度，还必须考虑疲劳裂纹形成抗性，铸造鼓风机机座具有完全片状微结构，该组织具有相对低的疲劳裂纹形成抗性和微裂纹扩展抗性，而铸造鼓风机机座可以通过双薄片微结构经附加热处理来增加这些性能（见 5.2.5 节），这是一个较好的例子。双薄片微结构应用的更好例子是直升机发动机中的铸造无转动部件，如图 5.53 所示，适用于大型 Bell 直升机传输衔接器外壳的 Ti-6Al-4V 熔模铸件，飞机和直升机之间除了飞机发动机的许多相似性外，由于主转子的旋转，直升机所有部件都受到一系列振动应力的影响，因此疲劳强度更重要。

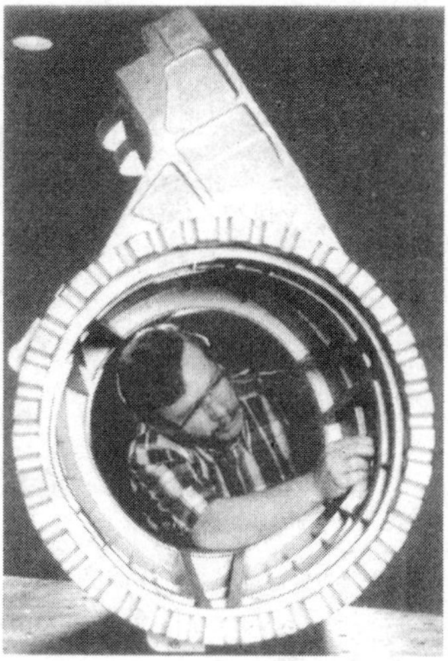

图 5.53 Bell 直升机传输适配器外壳的 Ti-6Al-4V 铸件
（由 Neil Paton，Howmet 公司提供）

上面提到的 Ti-6Al-4V 在航天领域的应用尚不全面，书中只是选择它们来说明加工、微结构、性能和应用之间的关系，在其他方面还可以发现更多的例子[5.26,5.27]。

在发电领域，除了 CP 钛作为热交换器管道和管板广泛应用（见 4.3 节）外，还有 Ti-6Al-4V 作为汽轮机涡轮叶片装置材料的少量应用[5.28]。Ti-6Al-4V 叶片被局限在低压汽轮机的最后一级和倒数第二级（L-l）用来代替普通的 12Cr 叶片钢，这是因为在最后一级要求具有更轻的质量和 L-l 级更好的抗点蚀性，例如图 5.54 所示的大型汽轮机。大型单个钛叶片的例子见图 5.55，Ti-6Al-4V 叶片长度可以达到约 1.4m，设计中最重要的力学性能是 HCF 强度，而用于这些汽轮机长叶片的微结构是双相微结构，这些双相微结构汽轮机长叶片[5.29]相比常规轧制-退火叶片，具有更好更多的可重现 HCF 强度值，双相叶片具有更小的弹性模量分布带（与轧制-退火叶片的 10% 相比，其值小于 3%），这是控制叶片震动特性的重要参数（“转子调音”）。

在海上油气生产领域，由于 Ti-6Al-4V 具有低弹性模量（钢 50%）和更好的抗腐蚀性，与钢材相比，在管状隔水系统上有大的应用，特别是材料的低弹性模量以及尖端应力连接技术的应用，使得深海浮动生产系统中

图 5.54 大型汽轮机转子

（由 R. I. Jaffee，EPRI，Palo Alto 提供，美国）

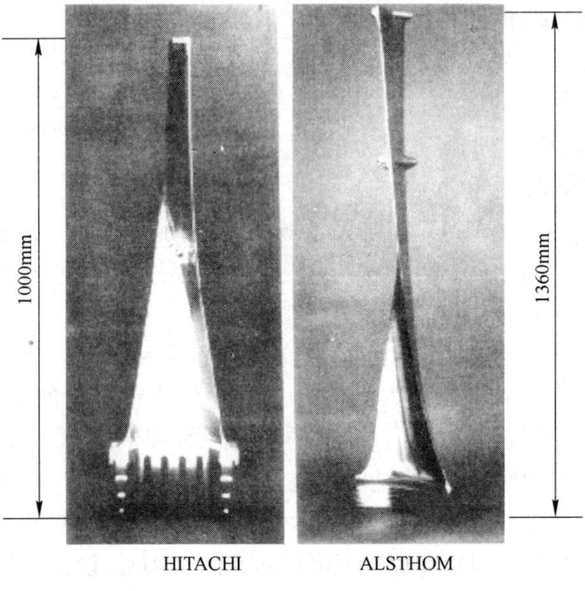

图 5.55 大型 Ti-6Al-4V 汽轮机叶片

（由 R. I. Jaffee，EPRI，Palo Alto 提供，美国）

立管可以偏差更大（见图 1.7（a）的示意图），这种尖端应力连接的例子如图 5.56 所示[1.21]。Ti-6Al-4V 的 ELI 型，通常作为在 4.2 节中已经描述的 CP 钛材使用，添加 10% 的 Ru 会更进一步提升基本腐蚀抗力[1.21]，通常 Ti-6Al-4V 管状部件会经过轧制-退火处理，但是随着 RMI[1.21] 的发展，经 β 加工后，能得到具有更高断裂韧性的完全片状微结构以及相比轧制-退火

图5.56 用于深海隔水管系统的Ti-6Al-4V（ELI等级）长终端压力连接
（由RMI提供）

条件更好的宏观裂纹疲劳断裂增长抗性（见5.2节）。

Ti-6Al-4V材料在装甲部件方面也有一些少量的应用，例如，在M2布拉德利（Bradley）步兵消防车和艾布拉姆斯（Abrams）Ml主作战坦克中的应用[5.30]。相比常规装甲钢，其主要优势是部件质量更轻，重型作战坦克的总重量就可以降低，对于这些应用，ELI型Ti-6Al-4V使用轧制-退火加工条件，完全片状微结构板材在防弹性能方面与常规装甲钢差别不大[5.31]。在装甲方面的应用，其主要关注的是成本，人们正在努力生产出成本更低的材料，使其防弹性能类似，但成本降低35%～50%，元素混合粉末轧制成形法和锭坯铸造法是两种有希望满足性能要求的方法，但满足成本目标仍然是很大的挑战。

Ti-6Al-4V在生物领域、体育用品领域和汽车上的应用将在第10章中讨论。

6 高温合金

长期高温使用下，Ti-6Al-4V 合金的极限使用温度约 400℃，对于更高的温度，钛合金（如 Ti-6242 和 IMI 834）将按照下面的基本原理进行阐述。

β 相中的扩散速率大约比 α 相中的快两个数量级，因此，与 Ti-6Al-4V 相比，在这些高温合金中 β 相的体积分数是减少的，例如 800℃ 时，Ti-6Al-4V 合金中 β 相的体积分数大约为 15%，Ti-6242 合金中，β 相的体积分数大约为 10%，而 IMI 834 合金中 β 相的体积分数仅为约 5%。Ti-6242 和 IMI 834 合金中 β 相体积分数的减少是通过减少 β 稳定元素的总含量以及通过加入除 6% 的 Al 以外起 α 稳定元素作用（见表 2.6 及 2.5 节）的合金元素 Sn 和 Zr 实现的。再者，低速扩散元素 Mo 和 Nb 取代了 β 稳定元素 V[2.33]，此外，作为非常强的 β 稳定剂并能在 α 钛中产生极快扩散速率（见 2.9.1 节）的铁减少了，尤其是在 IMI 834 合金中铁的含量减少到低至 0.05% 的水平。

由于 β 相体积分数的减少，在晶团组织中“β 片晶”的厚度在许多区域减少到零，也就是只有在小角晶界留下不连续的平行 α 片晶，在这种情况下，就容易在长距离内发生如 5.2 节所概述的具有副作用的滑移，这种副作用对疲劳强度（HCF 和 LCF）尤甚，为了在 α/α 片晶晶界产生新的位错运动障碍物，在高温合金中加入硅（约 0.1% ~0.5%）。硅和钛形成金属间化合物 Ti_5Si_3 或者在有锆存在时，形成化合物 $(Ti, Zr)_5Si_3$，这种金属间化合物有复杂的晶体结构，因此，相对于在 α/β 片晶边界以及晶粒边界的 β 析出物及 α 析出物，硅化物是不相干的。图 6.1 所示为 IMI 834 合金一个片晶区域中显微结构的例子，从图 6.1 中可以看出，先前的“β 片晶”已溶解，同时 $(Ti, Zr)_5Si_3$ 微粒已经在只由位错排列（小角晶界）组成的 α/α 晶界沉积。

由于共格析出是位错滑移和位错攀移的有效势垒，故高温钛合金中 $Ti_3Al(\alpha_2)$ 颗粒的体积分数增加，主要原因是添加了促进 α_2 形成的 Sn，参阅 2.8.1 节。例如，Ti-6Al-4V 合金中 α_2 的固溶温度是 550 ~600℃，在 Ti-6242合金中是 650℃ 左右，而在 IMI 834 合金中则是 750℃ 左右。与 Ti-6Al-4V 合金相比，Ti-6242 合金和 IMI 834 合金标准的最终热处理是在

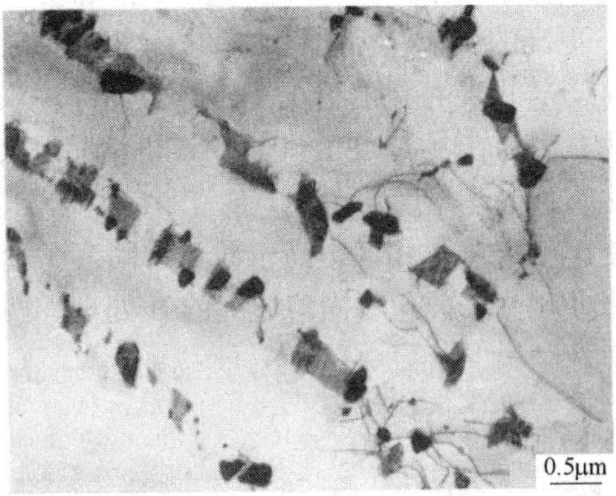

图6.1 IMI834双相微结构片晶区域中（Ti，Zr）$_5Si_3$ 微粒在α/α板条边界的析出，700℃时效处理2h（TEM）

（α+α_2）相域中的时效处理，Ti-6242合金的时效处理时间和温度为8h和595℃，而IMI 834合金为2h和700℃。IMI 834中α_2微粒的例子见图2.20（见2.8.1节）。

6.1 加工工艺和微结构

在高温钛合金（Ti-6242，IMI834）中，会产生不同微结构，例如，完全片晶或双相微结构，其加工工艺路线与第5章（5.1节）所概述的对（α+β）钛合金的加工工艺路线是相同的。相对于加工工艺路线中的其他温度，对高温钛合金而言，唯一重要的附加特征是硅化物的固溶温度，图6.2所示为以双相微结构的工艺路线为例定性地表明了这一特征，之所以选择该加工工艺路线作为例子，是因为双相微结构是应用于航空发动机压缩段的高温钛合金中最常见的微结构，从图6.2中可见，变形温度（第Ⅱ阶段）和再结晶退火温度（第Ⅲ阶段）都在硅化物固溶温度之上，因此，在这些温度下所有的硅都在固溶体中（硅几乎完全分配于β相），然后在最后退火处理期间，硅以硅化物形式在双相微结构片晶区域中的片晶边界析出（见图6.1）。图6.2也表明了Ti_3Al（α_2）析出物的固溶温度，说明最终退火处理是在（α+α_2）相域中完成的，因而是一个α相的时效处理过程。应该提到的是由于合金元素分配效应（见5.1.2节），与双相微结构[6.1]片晶区域中α片材相比较，α_2微粒的体积分率在α_p微粒内常常更高。

虽然近年来研制的高温合金Ti-1100（Ti-6Al-2.7Sn-4Zr-0.4Mo-0.45Si）

已不再出售，但这种合金可作为（Ti，Zr)$_5$Si$_3$ 固溶温度（1040℃）比 β 转变温度（1015℃）更高的例子，在此例中，（α + β）相区中的形变必须在有较粗的（Ti，Zr)$_5$Si$_3$ 微粒存在的情况下进行。此外，双相微结构还会含有相对粗的硅化物，因为在（α + β）相区中，再结晶退火处理产生的双相微组织将低于硅化物的固溶温度，因此，对于 Ti-1100 合金的（α + β）材料，生产商推荐使用一个在 β 相区中高于硅化物固溶温度的后续再结晶处理（β 退火）或者使用高于硅化物固溶温度的 β 处理，两者都产生没有粗粒硅化物的全片层微结构。

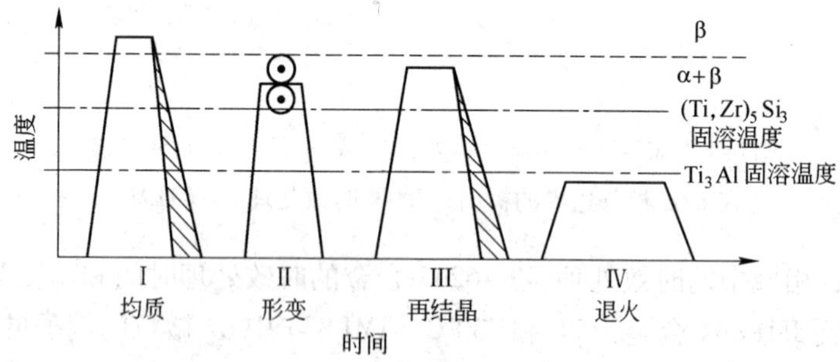

图 6.2 包括（Ti，Zr)$_5$Si$_3$ 和 Ti$_3$Al 固溶温度的高温钛合金双相微结构加工路线

6.2 微结构和力学性能

室温下的力学性能随冷却速率变化的关系在 5.2.1 节中以全片层微结构为例进行了详细讨论并概括于表 5.6 的“小 α 群和 α 片晶”一行中，冷却从全片状微结构的 β 相区开始或者从双相微结构中的（α + β）相区再结晶退火温度开始。冷却速率对高温力学性能有着决定性影响，图 6.3 所示为以使用双相微结构（α_p 约占 20% 体积分数）的 Ti-6242 合金的屈服应力为例说明了这一点[6.1]，可见屈服应力随冷却速率变化的关系对于高温试验（450℃，510℃）和室温试验都是类似的，图 6.3 中的虚线指出，在 1℃/min

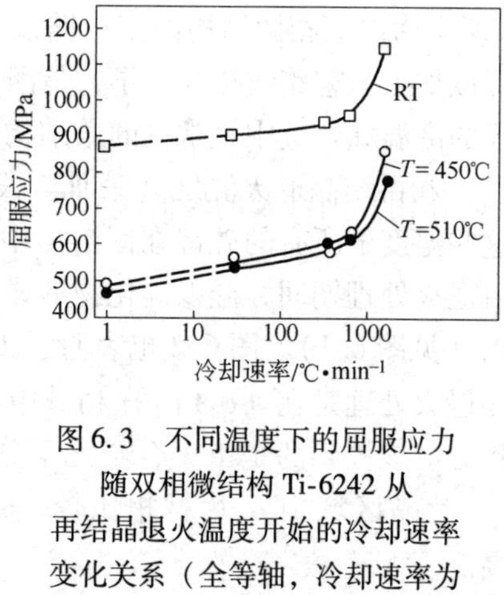

图 6.3 不同温度下的屈服应力随双相微结构 Ti-6242 从再结晶退火温度开始的冷却速率变化关系（全等轴，冷却速率为 1℃/min，最终热处理：595℃，8h）

的缓慢冷却速率下，正如5.1.3节中所描述的那样，双相微结构转变为全等轴显微结构。比较图6.3与图5.18，可以定性地看出屈服应力随冷却速率变化的关系对双相微结构和全片状微结构都是相似的，这与对滑移长度的全部讨论相吻合（见图5.17）。

图6.3中拉伸试样的延展性值在室温下（*RA*约40%）是很高的，并且在高温下增加到*RA*约为50%的数值。室温下，对全片状结构（见图5.18）进行观察，发现在快速冷却时，延展性急剧下降的情况并没有发生在Ti-6242合金[6.1]的双相微结构中，这与图5.20所示中Ti-6Al-4V合金表明的结果相符。

在450℃时，高温LCF强度随冷却速率变化的关系如图6.4所示，图6.4中的材料条件与图6.3中所使用的（Ti-6242，双相微结构）相同。

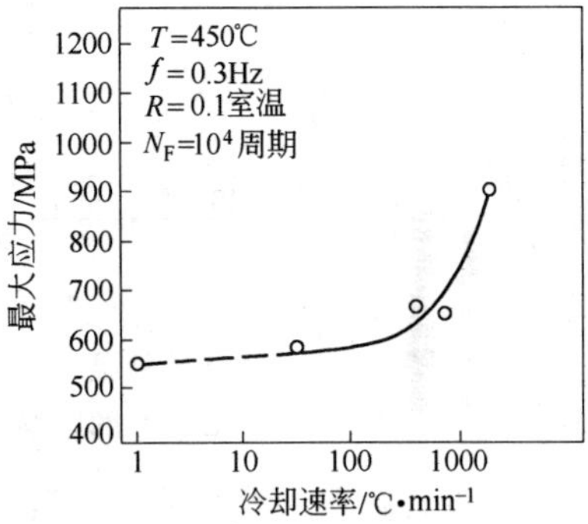

图6.4 双相微结构（与图6.3中条件相同）10^4次循环后LCF强度随冷却速率的变化（Ti-6242，试验温度：450℃）

图6.4绘出了10^4次循环之后的LCF强度，从中可定性地看出LCF强度与冷却速率之间有类似的相关性，与图6.3中的屈服强度一样。应当再次提及的是LCF强度既包括裂纹形成又包括微裂纹扩展。5.2.1节表明，对于全片层显微组织和室温试验，随着冷却速率的增加，裂纹形成过程的阻力（HCF强度，见图5.21）和微细裂纹扩展的阻力（见图5.23）两者都得到改善了。这表明，在5.2.1节中关于冷却速率（完全片状组织的细度）对室温下LCF强度影响的讨论也适用于双相显微组织以及450℃时高温LCF试验（见图6.4），只要在LCF试验（蠕变/疲劳相互作用）所涉及的峰值应力下不存在长保持时间。

通常认为，不用担心温度提高时微细裂纹和宏观裂纹的疲劳裂纹扩展，因为高温下的高延展性增加了材料对裂纹扩展的内在阻力，但在高温下，即使在实验室气氛中也存在着强烈的环境影响，实例见图6.5，图6.5所示为IMI834宏观裂纹在室温下和在500℃时在真空和空气中疲劳裂纹扩展曲线的比较[6.2]，从图6.5中可以看出，与室温条件相比较，真空中的疲劳裂纹扩展速率在500℃时仅有稍稍提高，相反，在实验室气氛下，500℃时疲劳裂纹扩展速率处于中等到低ΔK范围，要比室温下的快很多，这表明这种影响是由环境中水蒸气的存在引起的[6.3]。在这种环境中，高

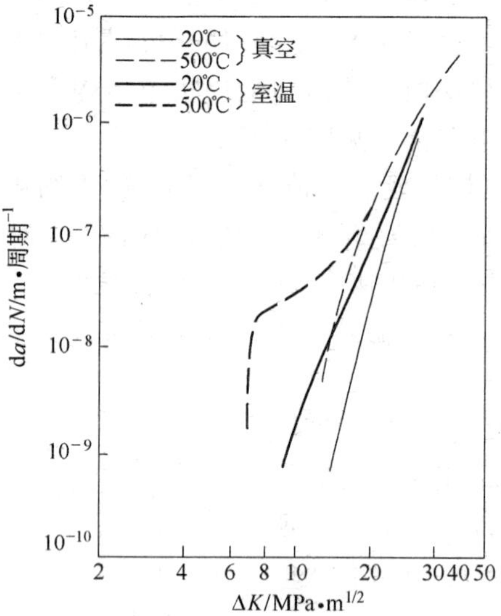

图6.5 环境和试验温度对宏观裂纹（$R=0.1$）的疲劳裂纹扩展行为的影响 IMI 834，双相微结构

温下的曲线具有典型意义的是出现了一个显著临界值，低于此值则不出现可以量度的裂纹扩展（见图6.5）。对于显著临界值的一个可能解释是在裂纹尖端的保护性表面，氧化层是不会被低于临界 ΔK 值的各滑移段破裂的[6.4]，从而消除了氢通过位错向材料内部的传递，这种假设，从一种斜方晶型钛合金获得的结果中得到支持，即真空中出现的疲劳裂纹扩展低于在空气中的临界值，表现为两条曲线彼此相交[6.4]，在这种情况下，真空中残余水蒸气引起了在极低 ΔK 值下的疲劳裂纹扩展，因为在真空试验中，裂纹尖端没有保护性的表面氧化层存在。

对不稳定断裂的阻力，即断裂韧性，通常随温度升高而增加，因为材料的延展性更好，而且由于相关的快速裂纹扩展速率，没有环境效应存在。

对于在高温下的应用，除了耐疲劳性之外，抗蠕变性也是一个非常重要的性能，尤其是在起始蠕变状态下，这是因为通常情况下，很多结构部件仅允许很小的塑性蠕变变形，例如，航空发动机中的压缩机圆盘。对于所有的（$\alpha+\beta$）钛合金，塑性蠕变形变随冷却速率的变化显示出特定的相关性，图6.6所示为Ti-6Al-4V合金的片状结构，图6.7所示为Ti-6242合金的双相微结构。无论材料从 β 相域（全片层微结构）被冷却或者从（$\alpha+\beta$）相域（双相微结构）的再结晶退火温度冷却，情况都是这样。普遍观测到塑性蠕变变形在介于约100～500℃/min之间的中等冷却速率时有

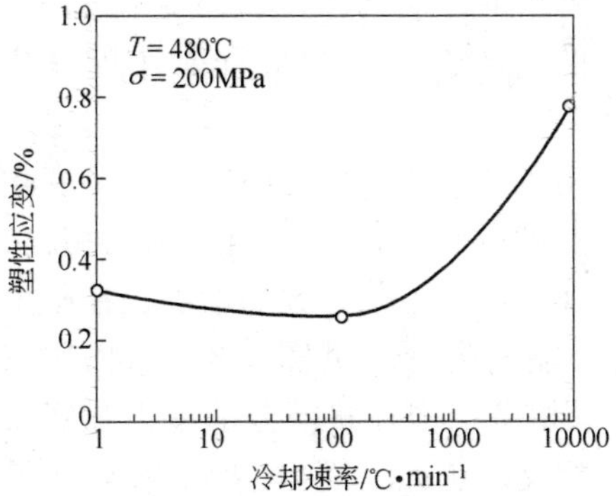

图6.6 从β相域冷却100h后，冷却速率对Ti-6Al-4V的片层微结构蠕变应变的影响

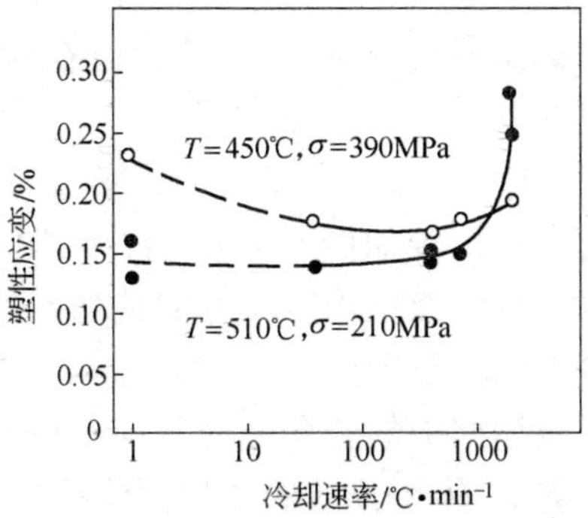

图6.7 冷却速率对100h后双相微结构蠕变应变的影响Ti-6242，（与图6.3和图6.4的条件相同）

一个最小值，在蠕变强度随冷却速率变化方面，全片层微结构（见图6.6）和双相显结构（见图6.7）遵循相同的基本趋势，这表明，中等冷却速率下蠕变强度最大值的可能原因应该和全片层微结构及双相微结构两者均有关。在综述显微结构和力学性能之间的相关关系（见表5.6）时，这个在中等冷却速率下的抗蠕变性最大值在“小α群和α片晶”行中用+/-表示。

在讨论图6.6和图6.7中的曲线时，很重要的一点是要认识到滑移长度与到目前为止在5.2节和6.2节中所使用的α群尺寸（见图5.17），即相当于这一点并不适于蠕变变形。在蠕变形变的情况下，位错移动，如扩散辅助的攀移仅能越过很短的距离，例如越过单个α层，并且很多情况下在相邻的非共格边界即α层边界就消失了。

抗蠕变性随冷却速率的减缓而降低（见图6.6和图6.7），通常解释为较宽的α片（层）在位错运动的障碍物间产生了较大的距离及较低的应变硬化。另一个可能的解释是：因为屈服应力随着冷却速率的降低而降低，对于较缓慢冷却的微结构，在蠕变试验中所施加的应力与试验温度下的屈服应力的比值变大了。图6.7所示为两种不同应力水平和温度的结果与这种解释一致，因为，对于450℃的曲线，上述比率在0.7~0.8之间（大效应），而对于510℃的曲线，上述比率仅为0.45（小效应）。在快速冷却状态下，抗蠕变性锐减的原因还不清楚，一种可能是由于与快速冷却速率相关的微结构中边界密度的大量增加，在片晶边界位错消失过程超过了应变硬化效应，由于片晶边界处的位错消除速率将会受试验温度的强烈影响，涉及扩散且扩散受所施加应力的影响很小，图6.7中的结果支持这个假设，因为，在快速冷却速率状态下，蠕变强度锐减是在 510℃ 的试验温度下观察到的，而在 450℃ 的试验温度时仅有非常小的效应存在。

IMI 834 合金完全片状微结构和双相微结构蠕变强度随冷却速率变化的直接比较如图 6.8 所示，从图 6.8 中可以看出，与双相微结构相比，完全片状微结构有较好的抗蠕变性能。随着 α_p 体积分数的增加，在整个冷却速率范围内，双相微结构抗蠕变性能的降低（见图 6.8）可以用双相微结构中的合金分配效应来解释。双相微结构片状部分的基本强度将随着 α_p 体积分数的增加而连续变软，相反，正如上面概述的，β 颗粒尺寸（α 群尺寸）的减少对抗蠕变性能没有或者说几乎没有影响。在 α_p 体积分数非常低时（见图 6.8 中 α_p 体积分数为 4% 的曲线），由于 α_p 晶粒间的距离很大，合金元素的分配效应还尚未平衡，但 β 晶粒尺寸（α 群尺寸）已经充分减小从而得到很好的疲劳特性，这种性能的结合不能以任何实际途径实现，因为，在双相热处理过程中要获得如此低的 α_p 体积分数，所需的温度精确度及所需材料均匀性在商业实际中是不可能实现的。

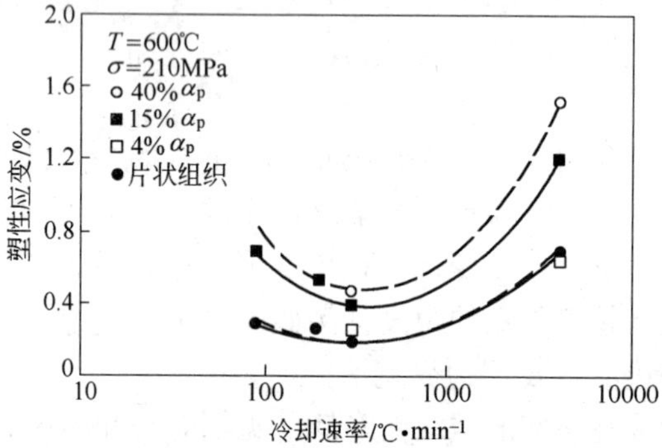

图 6.8 100h 后 IMI 834 双相和片状微结构蠕变应变随冷却速率的变化关系

和 5.2.2 节中总结的一样，部分去除双相微结构合金元素分配效应的唯一实际方法看来是在双相再结晶退火处理和最后时效处理之间增加一个中间退火处理，通过这种处理，例如，在 830℃ 时进行 2h，有可能去除合金元素分配效应对 HCF 强度的副作用（见图 5.29）。830℃2h 的中间退火处理也改善了 α_p 体积分数为 15% 的双相微结构缓冷到中间冷却速率范围内的抗蠕变性（见图 6.9）。这是因为在中间退火处理期间，像铝和氧这样的 α 稳定元素将从初生 α 区域扩散进入薄片状 α 区域，这种铝和氧的再分布在最终的700℃时2h时效处理时在这些层状的α区域中产生了较高的Ti_3Al颗粒的体积分数，结果，在双相微结构薄片状α区域内的局部屈服应力增加，导致了抗蠕变性能的改善，相反，完全片状条件件的抗蠕变性能并不会通过中间退火处理而改变（见图6.9）。

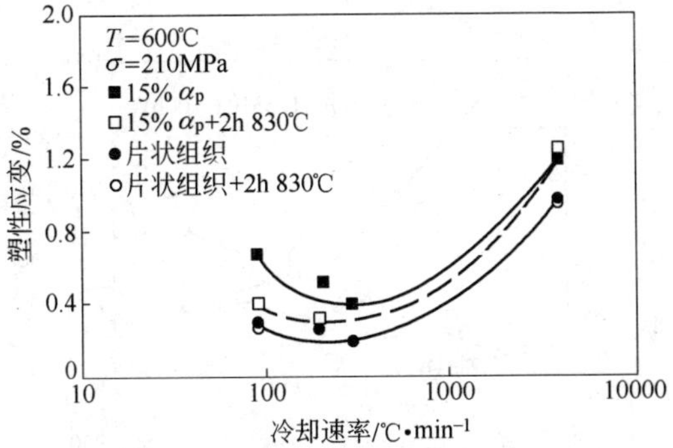

图6.9 经830℃ 2h的中间退火处理后，α_p体积分数为15%的双相结构的抗蠕变性能改进情况，IMI834

全等轴微结构中，α晶粒尺寸对Ti-6Al-4V合金抗蠕变性能的影响如图6.10所示，从图6.10中可见，蠕变强度随晶粒尺寸的减小而降低（见表5.6）。对于尺寸约2~3μm的小α晶粒，观察到抗蠕变性能急剧减少的情况。定性地讲，图6.10中的整个曲线与图6.6~图6.8的中等到快速冷却状态的曲线是吻合的。在中等至缓慢冷却速率状态下所观察到的图6.6~图6.8中的蠕变强度降低情况在图6.10中的较大α晶粒中并不存在。应该指出的是，对图6.10中的全等轴结构，蠕变试验中所施加的应力

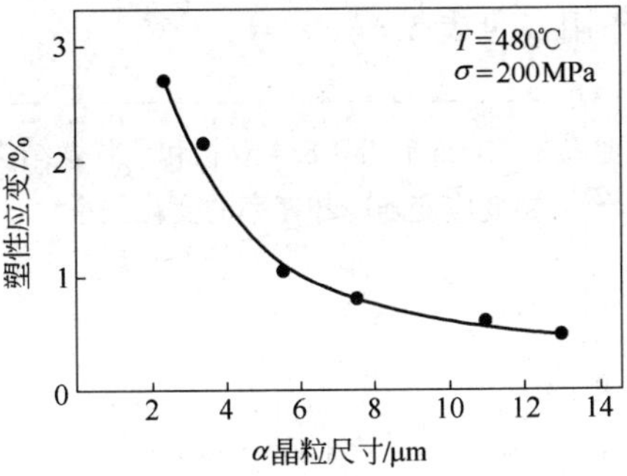

图6.10 100h后蠕变应变随全等轴微结构的α晶粒尺寸的变化 Ti-6Al-4V
（最后时效处理：500℃24h）

与480℃时屈服应力的比值小于0.5。

时效对有双相微结构的IMI834合金蠕变强度的影响如图6.11所示[178]，从图6.11中可以看出，随着时效处理从625℃2h增加到700℃2h再到700℃24h，蠕变强度是增加的（见表5.6），作为参考，图6.11中还包括了室温下的屈服应力值[6.5]。

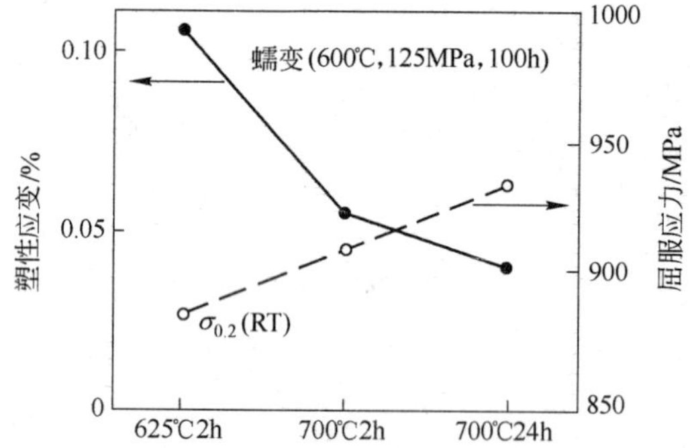

图6.11 时效处理100h后有双相微结构的IMI834蠕变形变的影响
（同时表示出了室温屈服应力值）

对于Ti-6Al-4V合金，图6.12中说明了β相中的次生α相，也就是所谓的双片层微结构对抗蠕变形变的影响，这种双片层微结构的产生，见图5.44的例子，已在5.2.5节中讨论过。图6.12中的曲线与图5.45中描述其他力学性能的曲线是一致的，即蠕变形变描述为从880℃中间退火温度开始的冷却速率的函数，且在1℃/min的冷却速率下见到了初始粗片层微结构。从图6.12中可见，双片层结构比粗片层初始结构表现出较好的抗蠕变性，即由次生α相引起的β相硬化有效地减少了β相内的蠕变应变对微结构总蠕变应变的作用（见表5.6）。

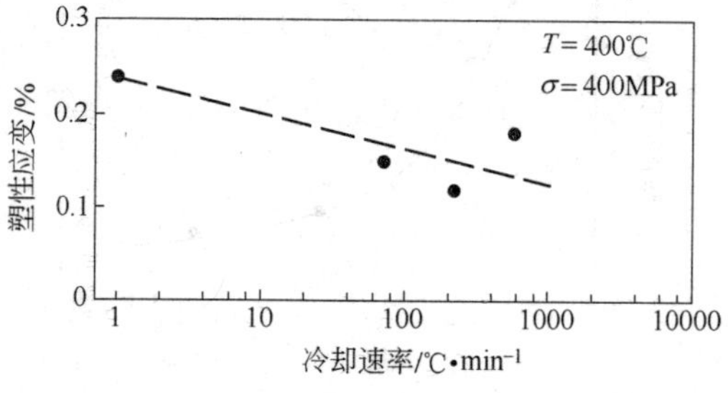

图6.12 β相中次生α相（双片层微结构）对蠕变形变的影响
（从880℃的中间退火温度开始标绘冷却速率，见图5.45，1℃/min：片状；其他：双片状，Ti-6Al-4V）

晶体结构和测试方向对蠕变强度的影响与对屈服应力的影响直接相关（见表5.6），通过测试在RD和TD方向有显著T形结构，图5.46（a）所示的Ti-6Al-4V材料，可以证明这一点[6.6]，TD方向的蠕变强度较高，这与该方向在蠕变试验温度以及室温下的屈服应力较高是一致的[6.6]，见图5.47（b）。

迄今本节所讨论的微结构参数和力学性能之间的所有相关关系与材料的Si含量无关，因为，它们对都含硅的Ti-6242和IMI 834以及不含硅的Ti-6Al-4V都是有效的。Ti-6242和IMI 834中的硅，正如本章先前描述的那样，是以（Ti，Zr)$_5$Si$_3$颗粒的形式主要存在于α“片层”边界和晶粒边界，同Ti-6Al-4V相比，硅提高了这些材料的绝对蠕变强度，当然，除了提高蠕变强度之外，硅化物也会对力学性能有负面影响，如果在α“片层”边界硅化物体积分数太高的话，对室温延展性的负面影响尤甚，这是在600℃下经过延长蠕变试验（500h）后的IMI834材料上发现的[180]。对于双相微结构，氧化层完全去除后的室温拉伸伸长率从大约10%减小到大约7%，这是在α“片层”边界处硅化物的体积分数增加的结果[6.7]。全片层微结构的纯净原材料，其初始延展性非常低，这种延展性的降低会导致令人无法接受的低延展值。

6.3 性质和应用

Ti-6242和IMI834这类高温钛合金的主要应用是制作航空发动机压缩机部分的叶片和圆盘，这些合金被用于高压（HP）压缩机时，其温度超过350℃。由于蠕变原因，该部位不能使用Ti-6Al-4V。

一个好的例子是如图5.52所示并在5.3节中论述过的HP压缩机主轴，有5个Ti-6Al-4V前级，接着是两个Ti-6242后级。由于Ti-6242的最高使用温度大约是500℃（IMI 834大约是550℃），所以，航空发动机的HP压缩机末级由镍超级合金制成，即压缩机主轴例子中镍部件用螺栓与钛部件连接，如图5.52所示。正如在5.3节中已经提到的那样，压缩机主轴的各Ti-6242级（以及各Ti-6Al-4V级）使用的是双相微结构，因为，对于这类应用，LCF强度是最重要的力学性能（除足够的蠕变强度外），且与全片层微结构相比，双相微结构显示出更好的LCF强度（见图5.31）。近年来，全片层条件的Ti-6242已经引入到一些蠕变受到限制的应用中，这些全片层组织是由β锻造引起的，β锻造产生了一个细长的不可再结晶的β晶粒结构，见5.1.1节和图5.5（a），这些伸长的晶粒形状使在β晶界的连续α层对力学性能的副作用变得最小（见第7章中的详细论述）。

具有双相微结构 Ti-6242 材料的另一个应用实例是图 6.13 所示的叶轮，叶轮在小型低流量航空发动机中以及辅助动力设备（APUs）中用作最后的压气机级，图 6.13 所示的叶轮直径为 350mm，安装在支线喷气飞机的小型发动机上，这种引擎的风扇和叶轮之间有几个轴级。

图 6.13 用于小型支线喷气飞机发动机的叶轮，
Ti-6242，双相微结构
（由 J. A. Hall，Honeywell 引擎和系统公司提供）

较新的能应用到高达约 550℃ 温度的 IMI834 合金，用来制作 EJ200 航空发动机[5.25]以及罗尔斯-罗伊斯（Rolls-Royce）TRENT800 发动机的叶片和叶盘，图 6.14 所示的部件是一个用于 EJ200 航空发动机的 HP 压缩机部件的 IMI834 叶盘。叶盘从一个超尺寸的圆盘锻件开始制造，在其边缘加工出翼剖面。对于图 6.14 所示的直径为 480mm 的叶盘，用固态

图 6.14 用于 EJ200 航空发动机的高压压缩机叶盘，
IMI834，双相微结构
（由 MTU 公司 D. Helm 提供）

线性摩擦焊接新技术把叶片连接到圆盘上是不经济的，因为叶片太小（见3.6.2节）。IMI 834合金也可用作加拿大PW公司PW300发动机中的推进器材料。

IMI 834合金的所有这些应用，使用的是一种具有相对低的α_p体积分数（大约15%～20%）的双相微结构，这种微结构能很好地协调LCF、HCF和蠕变性能。这是因为低的α_p体积分数减少了合金元素分配对后两个性能的负面影响，（见5.2.2节中的图5.26和6.2节中的图6.8）。Ti-6242和Ti-6Al-4V合金的双相微结构也将受益于α_p体积分数的减小，它们通常使用的α_p体积分数大约为35%～40%，但是由于相对小的退火温度“窗口”，很难进行工业规模的热处理来降低α_p体积分数，对于IMI 834，该退火温度“窗口”由于加入0.06C而被拓宽了[6.8,6.9]。

用包括IMI685和IMI829等“老”合金在内的高温钛合金制造压缩机部件的详细资料可在文献[5.25，5.26]中找到。

6.4 第1版以来的新进展

6.4.1 静态疲劳强度

这里所描述的静态疲劳现象在常温下极为显著，而在约200℃时基本消失，这种现象主要出现在作为本章主题的高温合金中，因此，即便不是一种高温效应，本章也将进行论述。

在寿命试验期间，当载荷保持在最大值而不是不断循环时，Ti-6242，IMI 685和IMI 834这类高温（α+β）钛合金的疲劳寿命显著减小，这种减小也具有内部裂纹萌生的特征，在起源区域中的失效模式是一种小平面断裂[6.10]，该小平面位于$(0002)_\alpha$附近，其取向几乎与载荷轴垂直（明显地远离最大剪切应力取向）。静态疲劳强度表象学是有很多文献资料的，但详细的失效机理仍在研究之中，因此，这里讨论的重点将集中于静态疲劳强度表象学。静态疲劳强度的主要特征如下：

（1）合金效应；

（2）微结构效应；

（3）载荷效应；

（4）室温蠕变效应；

（5）断裂行为。

这些特征都将分别进行讨论。

通常用连续循环寿命与静态测试寿命的比值表示静态疲劳强度敏感性，该比值被定义为静态疲劳强度量，其数值范围可从非敏感合金及合金条件的低值接近 1 到高敏感条件时超过 10，很明显，疲劳寿命数量级的减小是关注的主要原因。

有关静态疲劳强度的文献资料表明，合金组成和静态疲劳强度之间有密切关联，特别是 Ti-6242，IMI 685，IMI 829 和 IMI 834（见第 2 章，表 2.6）这类 β 相体积分数非常低的高温（α + β）合金是对静态疲劳强度最敏感的合金，但常用的（α + β）合金和 β 合金，如 Ti-6Al-4V，Ti-6246 和 Ti-17 显示出非常低的效应或者根本不受影响，对于 Ti-6246 合金，图 6.15 说明了这一点。

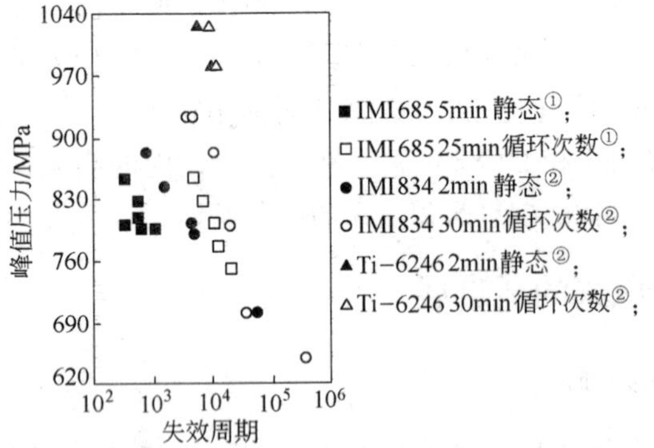

图 6.15 三种钛合金在有无静态停留时间的 *S-N* 曲线表明了静态疲劳强度敏感度随合金和应力水平而变化的关系

① [6.11]；② [6.12]

特定合金的微结构状态也影响着静态疲劳强度变化量的范围，图 6.16（a）~图 6.16（d）展示了 Ti-6242 合金中的 4 个微结构状态，与这些微结构相关的静态疲劳强度值见表 6.1。与静态疲劳强度敏感度有关的最重要的微结构特征是微组织（见 3.9.1 节和 3.9.2 节），微组织由具有共同 α 相晶向的微结构区域组成。在加工处理期间，如果使用的温度和应力允许保持先前的（α + β）晶团组织的取向，则微结构逐渐发展成一个（α + β）结构。对于静态疲劳强度的客观存在，原因之一是光学明场像不能对微结构的存在进行深入的观察（见图 3.80），扫描电子显微镜中的晶向图像显微术（见图 3.91）使得微结构的性质及范围定量化，但这种技术是费时的，需要复杂的仪表装置，因此，使用费用很昂贵。

静态疲劳寿命值的强度系数取决于静态周期和最大应力水平，和连续循环相比，将停留时间增加到大约 2min 会导致更大的疲劳寿命减小。停留时间超过 2min 的试验使得寿命值的进一步增加最小化，在非常长的时间

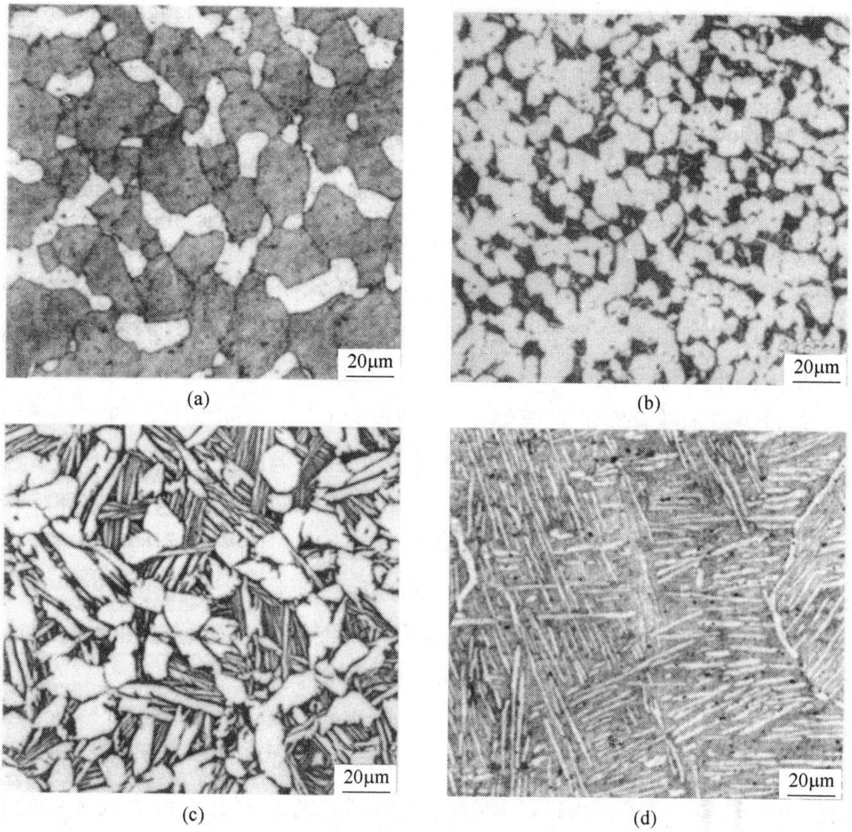

图 6.16 具有不同微结构和静态疲劳敏感性的 Ti-6242 合金的 4 种微结构
（a）具有最少微织构的锻造（α+β）；（b）具有高微织构的锻造（α+β）；
（c）20 世纪 80 年代生产的具有高微织构的典型锻造（α+β）；（d）锻造 β

表 6.1 图 6.16 所示的 Ti-6242 合金 4 种微结构的静态疲劳值[6.10]

材　料	R-值	σ_{max}/MPa	静态时间	N_F	静态疲劳强度量
扁平锻造 1 号	0.1	870	1min	>32684	
（随机），图 6.16（a）	0.1	870	无停留时间	160031	>4.9
扁平锻造 2 号	0.1	870	1min	4097	
（高显微组织），图 6.16(b)	0.1	870	无停留时间	37724	9.2
20 世纪 80 年代的最佳材料	0	870	2min	2492	
（锻造 α+β），图 6.16(c)	0	870	无停留时间	27755	11
扁平锻造 3 号	0	917	2min	11887	
（锻造 β），图 6.16（d）	0	917	无停留时间	30197	2.5

内，停留时间影响的观察值相当少，因为，进行长期停留时间的试验需要的总的时间相当长（例如，一个停留 5min 的 10000 次循环试验持续约 35 天），试验费用非常昂贵。在有高或低的峰值应力停留时间和没有停留时间的试验时，与 IMI834 合金的行为相比，正如图 6.15 中所看到的，表明停留时间有很强的相关性，因此，对于静态疲劳强度，大部分已用资料与在高应力时进行的试验相符（但不到屈服应力的 0.2%）。实验室静态疲劳试验使用的应力比燃气涡轮发动机片组中的工作应力高很多，尽管如此，静态疲劳破裂在运行期间仍有发生，这种明显的矛盾正成为燃气涡轮发动机制造商和操作员的关注点，同时也是理解静态疲劳敏感性内在机制的一个原因。

人们认识到钛合金的室温蠕变已经有相当一段时间[6.13,6.14]了，直到静态疲劳强度的观点变得重要起来后，才认识到室温蠕变的主要含义是高应力部件的尺寸稳定性。近年来，已经认识到随时间变化的内部应力再分布现象中蠕变的作用，并且已经用有限元和包含随时间变化的应变在内的晶体塑性方法建模[6.15,6.16]，在数分钟时间之后，随着总蠕变形变逼近一个渐进值，蠕变似乎是彻底的。对于较高的应力，随着应变增加和时间减小，最大塑性形变和达到最大塑性形变所需的时间都与应力有关（全部在宏观屈服应力以下）。图 6.17 所示为一个典型的蠕变形变随时间变化的曲线[6.17]。蠕变倾向是可以修复的，正如通过卸载试样并将它在环境温度下搁置 11 个月后再加载所确认的那样，图 6.17 也表示出了再加载之后的高蠕变速度，目前，还不完全清楚静态疲劳强度恢复的具体原因。

如前所述，静态疲劳裂纹萌生位置的特点是在表面以下的地方存在小

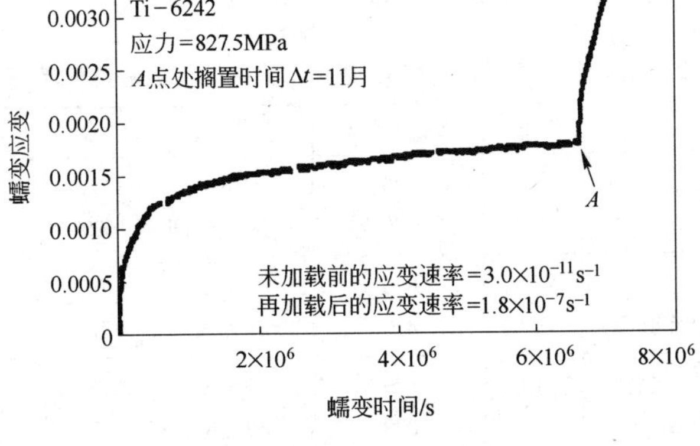

图 6.17 室温下蠕变形变随时间的变化

（A 点表明室温下长卸载周期后再加载时的蠕变速率[6.17]）

平面裂纹[6.10]。图 6.18（a）显示的是低放大倍率时这种裂纹发生的一个示例，而图 6.18（b）显示了在裂纹源附近所观察到的小平面裂纹的生长细节。小平面有一个物理取向，几乎垂直于载荷轴，小平面的面通常在 $(0002)_\alpha$ 的几度之内[6.18]。如图 6.18（b）所示的小平面断裂通常是在 Ti 疲劳破坏的源点附近观察到的，并且与低 ΔK 值时的疲劳裂纹扩展相符。随着裂纹扩展和 ΔK 值增大，断裂类型转变成条纹生长，如图 6.19 所示。静态疲劳裂纹和普通疲劳裂纹之间的主要差异是静态裂纹萌生位置总是更接近于最大常规应力方位而不是最大切应力方位。

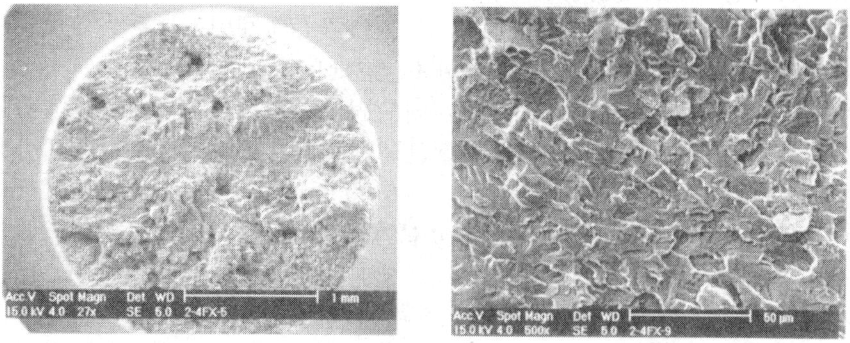

(a)　　　　(b)

图 6.18　Ti-6242 合金静态疲劳试样的破裂面

（a）显示表面下裂纹萌生的低放大倍率镜像；（b）取自裂纹萌生位置附近的高放大倍率镜像，显示出静态疲劳裂纹生长期间有小平面的断裂[6.10]

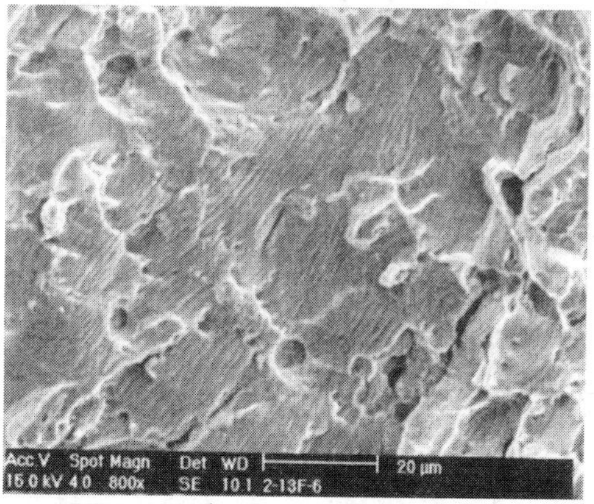

图 6.19　远离裂纹萌生位置的 Ti-6242 合金静态疲劳试样破坏面显示出了条纹裂纹生长的情况[6.10]

在模拟静态疲劳破裂研究方面，已经付出了相当大的努力，这使人们在概念上对这种失效模式增进了理解，定性地讲，静态疲劳量的基本起因与 α 相的弹性各向异性和塑性各向异性有关，这种各向异性在微结构中产生硬区和软区。当与（α+β）合金在环境温度下的蠕变倾向耦合时，在施加最大荷载的情况下这种各向异性会使材料内部发生内应力再分布。蠕变，尤其在恒定载荷条件下的蠕变，以及附带的荷载再分布，能产生具有足够高应力的区域引发裂纹。随着硬区尺寸增大和周围的软区尺寸增大或者随着这些软区变得更软，形成裂纹的倾向变得更大，因为它们有利于定向滑移，因为软硬区之间的应力重新分配是与时间有关的，速度取决于蠕变方程式中的应力指数 m 和外加应力，通过静态时间引发这种失效模式是不寻常的，但对于该现象，仍有各种不包含时间变量的模型存在。

用包括有限元法和晶体塑性法在内的固体力学方法，模拟静态疲劳强度已经取得了显著的成果，这些模型已印证了微结构中内部载荷重新分配到硬区的概念且提供了定量的数值。图 6.20 所示为一个微结构的有限元模型，它的中心包含了一个由软基体包围的硬区。用实验确定的关系，收集 α 相的弹性各向异性和塑性各向异性并把时间相关性结合到模型中，已表明高应力在硬区边界扩大（如图 6.20 中显示的顶部和底部用 A 标记的阴暗区域）。这个模型中应用的本构关系用实验方法从 Ti-6242 合金的单群体试样的微型张力试验中获得，时间依赖性从 Ti-6242 合金的实际室温蠕变测量获得。发生在硬软区之间边界的局部应力扩大图见图 6.21，图 6.21 中的曲线表明蠕变方程中应力指数 m 在 0.02 和 0.05 之间变化时的影响，

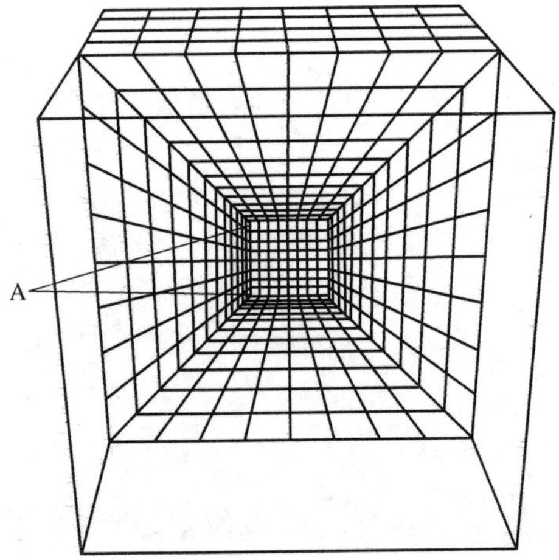

图 6.20 在塑性非均匀材料静态疲劳载荷期间使用的模拟荷载分布的有限元图，硬区中的高应力区域用 A 标记[6.15]

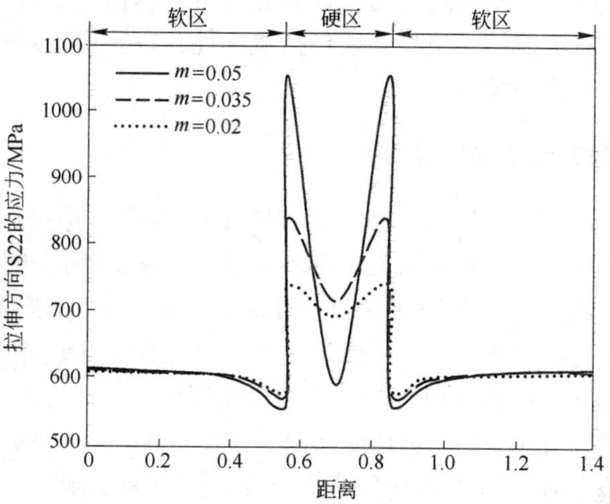

图 6.21 局部应力随距离的变化表明微结构中软硬区之间边界应力陡增[6.15]

这也说明材料蠕变速度越快，那么在一个给定的时间之后应力聚集越高。

尽管这种模拟效果一直非常成功地为有关定性静态疲劳原因的观念以更多信息定量地提供支撑，但仍然不具备预测裂纹萌生的能力，部分原因是目前的模型并不包含微结构的长度标尺，这将是继续研究的重点，此外，由于应用于模拟 Ti-6242 的本构关系和蠕变行为是试验得到的，对其他合金的模拟将需要大量的平行试验结果。

在宏观裂纹生长期间，静态载荷的作用已经确定，看来在连续循环和有最大载荷保持时间两者之间在裂纹生长速度上并没有本质差异，由此可以得出结论：在静态试验期间静态效应主要与裂纹萌生加速及微细裂纹生长加速有关。

静态疲劳的出现对航空发动机制造商和操作者提出了一个严峻的问题，部分原因是因为连续循环试验是钛合金疲劳试验以获得用于转子设计数据的通常方法，正如前面提到的，如果静态疲劳是失效的一个可能原因，那么，这些试验提出了非保守的寿命估值。转子在服役期间破裂的结果是不可接受的，因此在服役期间普遍需要对转子进行定期检查，在几个例子中，这些检验已经成为需要拆除转子的裂纹识别，随后对这些裂纹的分析已经得出这样的结论，即它们是由静态疲劳引起的。与实验室静态试验中使用的应力相比，转子在低得多的应力下运转，当校正实验室试样的时候，图 6.15 中表示出的应力依赖性似乎不能代表大型转动部件中的情形。任何一个能精确成功地表示静态疲劳的模型，都必须证明有能力解释实验室里和实验室外实验之间的明显差异，虽然目前还未得到对这个挑战的回应，但很有可能的模型将必须包括概率性，以获得所观察到的静态敏感性随应力值变化的关系。

6.4.2 镍杂质对蠕变强度的影响

近来已经注意到，Ti-6Al-2Sn-4Zr-2Mo 的蠕变强度存在相当大的变化，根据微结构来解释这一现象的尝试都不成功，材料的不同热量详细评价表明，蠕变行为和少量杂质 Ni 的浓度变化之间存在一个定性的相关关系，类似的变化似乎也适用于例如 Fe 和 Co 这样的其他杂质，这些杂质全都以痕量级存在。对铁影响的认识，已经有一段时间了[6.19]，为了使蠕变强度最佳，材料生产商对 Ti-6242 和其他高温合金中铁的浓度实现了任意有效的控制，这主要是通过选择低海绵铁作为合金配方来实现的。在钛生产中，杂质 Ni 和 Fe 是特别讨厌的，因为，在用克劳尔反应器生产海绵钛以及海绵钛在还原之后的真空蒸馏时使用了含 Ni 的不锈钢容器，如图 3.3 所示，此外，世界范围的现行实际方法都涉及使用真空蒸馏而不赞成用酸浸法从海绵钛中脱盐，见 3.1 节，因此，从大方面上讲，现今生产的所有海绵钛在生产期间都已经暴露于含 Ni 合金中，含 Ni 的痕量浓度不可避免，因此，在一定时间范围内，Ti-6242 蠕变强度的降低成为一个问题，它与从酸浸过渡到普遍使用真空蒸馏之间存在着一个定性的相关关系。

在 475 ~ 550℃ 的温度范围内，蠕变能力的降低对航空发动机制造商是非常重要的，因此，已经启动了一些研究工作以获得对“Ni 效应”更基础的理解，结果，在文献资料中能找到若干关于这个效应的有趣并偶尔相矛盾的结论。对于 Ti-6242 这类合金，第一个问题是 Fe 和 Ni 的作用是否影响 α 相或 β 相的蠕变特性，因为这些元素在 α 相中的溶解度极为有限，早期的报道基本上认为 β 相首先受到影响[6.19,6.20]。近年来，对含有不同数量 Ni（Fe 含量也有小范围变化）的 Ti-6242 和 Ti-6Al 二元合金的研究已经表明，在二元合金和（α + β）合金中，Ni 对抗蠕变强度都有很大的影响[6.21,6.22]。因为二元合金不含 β 相，初期关于 β 相作用的假设无疑被质疑，正如 2.9.1 节中简要描述的那样，德国 Muenster 大学的 Herzig 研究小组[2.35,6.23]已经研究了 Ni、Fe 和 Co 在 α 相中的扩散并已发现，当这些杂质甚至以痕量（1.7×10^{-6}）存在时，存在反常的快速自扩散，也有报道称 αZr 中的 Fe 杂质对自扩散也有同样的影响[6.24]。Herzig 研究小组把这种反常的高扩散速率归因于这些杂质是作为间隙原子而不是作为代位原子扩散。基于 Ti、Zr 和 Hf 这类“开放” HCP 金属对原子半径比率具有大的离子半径特征，他们对这一惊人论点提出了一种解释，这种解释由在超纯 α

钛和含有数个 10^{-6}Ni 的 α 钛之间测量到的自扩散活化能大大减小所支撑。在超纯的 α 钛中，活化能与标准的空位扩散相符合，在有极小浓度的 Fe、Ni 或者 Co 存在的情况下，这个活化能减小到更低的值，导致间隙式扩散的产生，这种加速扩散的准确机理仍处于争论之中。

返回到蠕变行为变化的讨论，将 Ti-6242 合金中 Ni 杂质含量从 0.005% 增加到 0.035%，这会使得蠕变强度大大减小，如图 6.22 所示[6.21]。低 Ni 材料的蠕变活化能与 α 钛的本征（空位）自扩散活化能相比毫不逊色，这是一种扩散控制的蠕变机理。对蠕变之后位错结构的详细 TEM 研究表明，α 相中的蠕变主要通过一个典型的位错运动发生[6.22]，而且，对蠕变形变后的 β 相进行详细考察后发现位错极少，这说明蠕变是受 α 相的形变控制的。在蠕变状态试样中，位错环和螺旋位错上的大滑移是普遍存在的，这种亚结构类型与这些位错的非守恒（扩散控制的）运动一致。图 6.23 和图 6.24 表示出两种 Ni 杂质含量（0.005% 和 0.035%）的材料在不同应力水平下的最小蠕变速率随温度变化的阿累尼乌斯（Arrhenius）曲线[6.21]。这些曲线的斜率为蠕变活化能，看来在所考察的应力和温度范围内，增加 Ni 浓度（即便总量很少），平均活化能会从大约 330 kJ/mol（见图 6.23）降到大约 280kJ/mol（见图 6.24）。蠕变活化能的这种减少定性地说明，随着 Ni 杂质含量的增加，Ti-6242 的蠕变抗力减小。

根据上述讨论来看，Ni 杂质对蠕变的有害影响是由这些杂质在 α 相中的扩散影响所引起的，而且，α 相中扩散控制的位错运动已被证明是速率

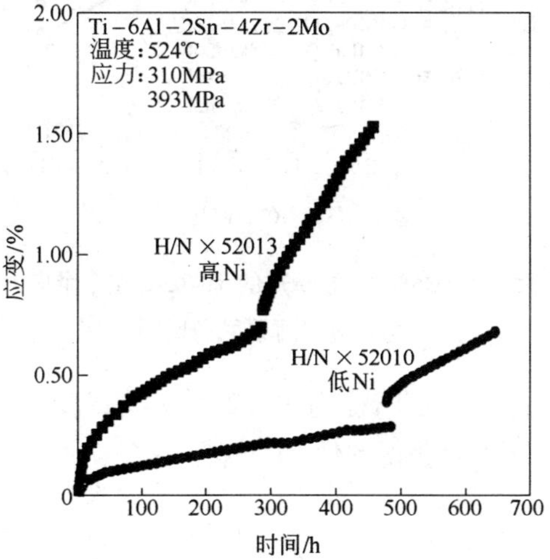

图 6.22 两种不同 Ni 杂质含量（0.005% 和 0.035%）的 Ti-6242 在两种应力水平下的蠕变形变随时间的变化关系[6.21]

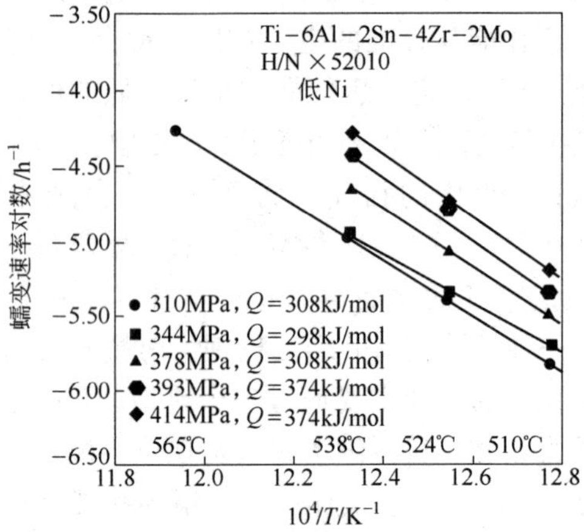

图 6.23 含 Ni 0.005%(低 Ni)的 Ti-6242 在 5 个应力水平下的最小蠕变速率阿累尼乌斯图[6.21]

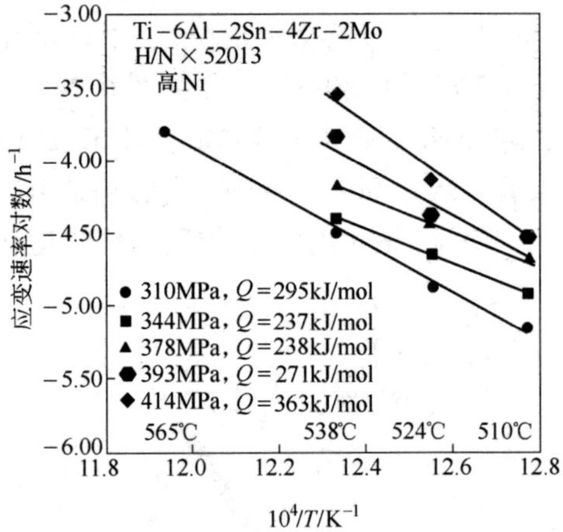

图 6.24 含 Ni 0.035%（高 Ni）的 Ti-6242 在 5 个应力水平下的最小蠕变速率阿累尼乌斯图[6.21]

控制的蠕变机理，因此，不断提高 Ti-6242 这类高温合金的蠕变强度，将需要使用商业上实际可以获得的低 Ni 材料。

7 β 合金

与（α+β）合金不同，β 合金淬火到室温不发生马氏体转变，而是产生一个亚稳态的 β 相。α 相能从亚稳态 β 相中以一种非常细的、具有高体积分数的不可变形颗粒（片晶）析出，见 2.8.2 节，因此，β 合金的主要特征是可以硬化到比（α+β）合金高得多的屈服应力水平。β 合金的另一个优点是加工处理温度低于（α+β）合金，且某些高稳定 β 合金是可冷变形的。此外，β 合金的耐腐蚀性相当或优于（α+β）合金，β 合金在可能吸氢的环境中尤其有效，因为，β 相比 α 相有更高的容性氢。近年来，β 合金的使用缓慢但稳定地增长，这不足为奇。

在 β 合金系列中，有所谓的“高强度”β 合金和所谓的“高稳定”β 合金之分，“高强度”β 合金的组成位于 β 合金到（α+β）合金边界附近（见图 2.19），因此其中 α 相的体积分数高，而“高稳定”β 合金的组成位于图 2.19 的伪二元相图中更靠右的位置。后者（“高稳定”β 合金）的 α 相体积分数低得多，因此与高强度 β 合金组成相比，其最大可达强度较低。从表 2.6 中的 β 合金列表看，第一组合金的典型例子是 Ti-6246、Ti-17、β-CEZ 和 Ti-10-2-3，而合金 β21S、Ti-15-3 和 β-C 则属于第二组合金。因为本书的重点主要是高强度 β 合金组，且绝大多数示例均来自该组，故术语“β 合金”用于该组合金。如果讨论到高稳定的 β 合金组，将会作明确说明。

第 7 章关于 β 合金的结构遵循第 5 章关于（α+β）合金的结构。7.1 节将概括各种不同的加工处理方法和由此产生的微结构。7.2 节将讨论这些不同的微结构对力学性能的影响，在本章结尾将给出一些应用实例（7.3 节）。

7.1 加工工艺和微结构

首先，将讨论由纯粹的热处理产生的所谓 β 退火微结构（7.1.1 节），这种 β 退火微结构能很好地说明所有 β 合金的关键微结构特征，即在 β 晶粒边界的连续 α 层变化。对于高强度 β 合金，随后介绍 3 个加工工艺的主要目的是为了产生限制连续 α 层形成的微结构，也就是 β 加工工艺（7.1.2 节）和完全转变处理工艺（7.1.3 节），或者限制这些 α 层对力学性能影响的双相微结构（7.1.4 节）。

7.1.1　β 退火微结构

图 7.1 所示为 β 退火微结构的基本加工工艺路线，从图 7.1 中可见，β 退火微结构是以一种简单的方法获得的，即在 β 相域中的再结晶（第Ⅲ阶段）和在（α + β）相域中的时效处理（第Ⅳ阶段），从而以微细 α 片晶的形式析出 α 相，这样的微结构见图 7.2。所有 β 合金的主要特征，正如第 2 章中已经讨论过的那样（2.8.2 节），是 α 相在 β 晶界优先形核并形成一个连续的 α 层。毗邻此连续 α 层的是所谓的 PFZ（无析出区），它不含任何 α 片晶，见图 7.2（b），因此，相对于时效硬化基体，其硬度低。对于力学性能（7.2 节），软区和基体之间的强度差异（即屈服应力）和软区中的滑移长度（即 β 晶粒尺寸）两者都是很重要的，这些参数都受合金组成的影响，即连续 α 层对高强度 β 合金的影响较大，而对高稳定 β 合金的影响较小，这就是在任何应用中高强度 β 合金不能以 β 退火状态使用的原因。这种状态还将在 7.1 节和 7.2 节中加以讨论，因为它能很好地阐明连续 α 层对力学性能的影响并提供一个有效的对比照，对于高稳定 β 合金，β 退火状态是最常用的微组织，本节将先讨论该组合金。

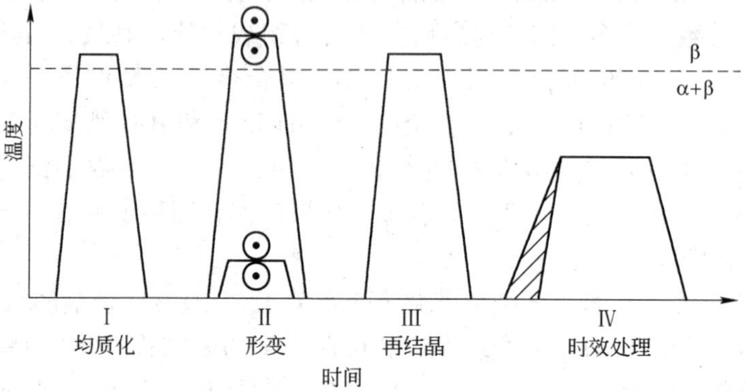

图 7.1　高稳定 β 钛合金的 β 退火微结构加工工艺路线

对于高稳定 β 合金，其主要特征是相对较低的 β 转变温度，即为 800℃甚至更低（见表 2.6），这意味着通常是在稍高于 β 转变温度进行的形变过程（见图 7.1 中的阶段Ⅱ）能在相对低的温度下完成，某些高稳定 β 合金甚至能发生冷变形。通常都避免发生在（α + β）相区中的热变形，因为，α 相的存在增加了流动应力。再结晶（见图 7.1 中的阶段Ⅲ）是在稍高于 β 转变温度下完成的，且时间不长（不超过 1 小时），因为无需溶解任何α相，例如，在Ti-15V-3Cr-3Al-3Sn的商用加工过程中，退火时间只有短短5min。一旦超过β转变温度，晶粒将按指数规律随绝对温度长大，再结晶温度约为800℃的高稳定β合金的β晶粒尺寸比1000℃以上再结晶的（α+β）合金全片状组织中的小得多，例如，β21S合金中普遍的晶粒尺寸是40～50μm，见图7.2（a）。时效处理（见图7.1中的阶段Ⅳ）通常是在500℃和600℃的温度范围进行的，即高于亚稳态共格粒子ω和β′的固溶温度（见第2章，2.8.2节），但正如2.8.2节中已指出的那样，这些亚稳态颗粒起着α片晶形核前驱体的作用，因此在加热到时效温度期间，它们的存在对获得细粒α片晶的均匀分布是有利的，因此，对于高稳定β合金，时效温度的加热速率是一个重要的参数[7.1]，表7.1列出了高稳定β合金的重要加工参数和由此产生的显微结构特征。亚稳态前驱体的作用也说明直接时效和时效前冷却到室温的实际自然时效之间观察到的差异[7.1]。时效处理（见图7.1中的阶段Ⅳ）的一个重要参数是时效温度的选择，因为这决定影响屈服应力水平的α片晶的体积分数（见7.2节），时效处理期间，位于β晶粒边界的连续α层的形成是不可避免的（见表7.1）。

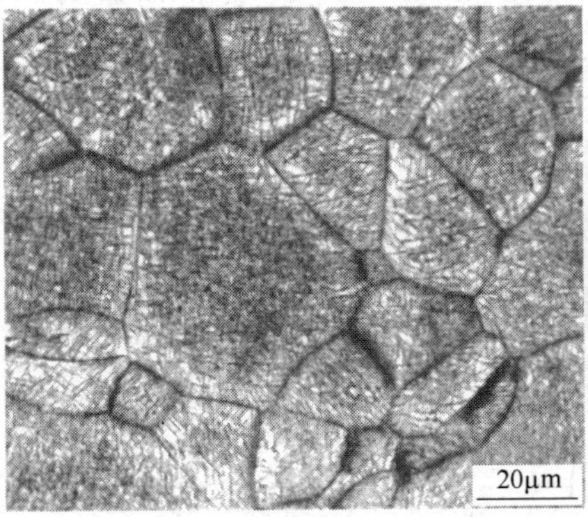

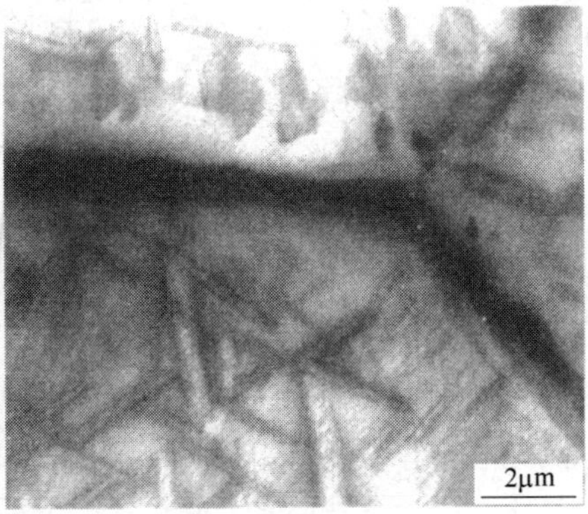

图7.2 高稳定β合金β21S的β退火加时效处理的微结构

（a）LM；（b）TEM

表7.1 高稳定β合金的β退火微结构的重要工艺参数和所形成的微结构特征

加工阶段（见图7.1）	重要参数	微结构特征
Ⅲ	再结晶温度	β晶粒尺寸
Ⅳ	加热速率 时效温度	α片晶的分布 –α片晶的尺寸和体积分数 –GBα层 –α片晶的分布

正如在第 2 章中已经指出（2.8.2 节）的那样，对于高稳定 β 合金（尤其是较高时效温度的），用图 7.1 所示的常规一步时效处理来获得 α 片晶的均匀分布有时是比较困难的，这是因为在加热到时效温度期间，必要的前驱体（ω 或 β′）的形成可能太缓慢而不能产生，图 2.28 以 βC 为例表明，室温预时效处理能使 α 片晶的分布更均匀[2.32]，包括这种两步时效处理的加工路线如图 7.3 所示。在预时效期间（见图 7.3 中的阶段Ⅳa），形成极细 α 片晶的均匀分布，在正常时效处理（见图 7.3 中的阶段Ⅳb）期间这些细粒 α 片晶仅长大或者变粗到期望的粒度水平，此时，在Ⅳb 段内到时效温度的加热速率并不重要，见表 7.2。对于高稳定型 β 合金 β21S，预时效处理影响由此产生的微结构的另一个实例如图 7.4 所示[7.2]，可见，8h、690℃的时效处理产生较粗的 α 片层的不均匀分布，见图 7.4（a）。对于高温应用，合金生产者建议用图中说明指示的附加 8h、650℃的时效处理来稳定这种合金的微结构，即使对一个 24h、725℃的最终时效处理，8h、500℃的预时效处理也能引起 α 片晶的均匀分布，见图 7.4（b）。当与 24h、725℃的一步时效处理产生的微结构比较时，预时效处理对微结构的显著影响可以看得更清楚，见图 7.4（c）。不均匀的再结晶也导致时效处理后 α 片晶的不均匀分布，这是由于在未再结晶区域内形核点的密度较高所致。

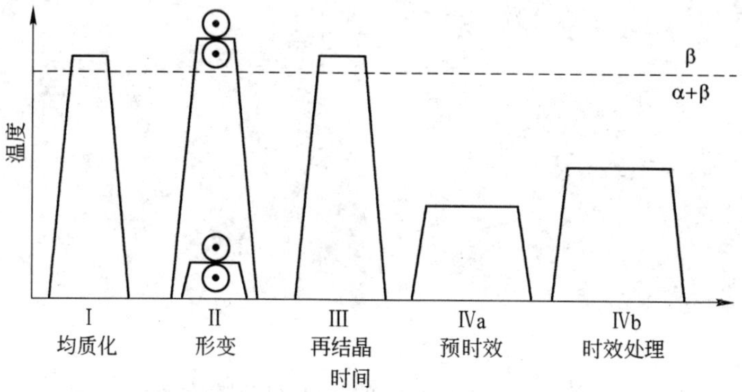

图 7.3　预时效工序的高稳定 β 钛合金 β 退火微结构的加工工艺路线

对于高强度 β 合金，β 退火微结构的加工方法与高稳定 β 合金的不同，原因是 β 转变温度以及 α 相的体积分数均比较高，加工处理方法如图 7.5 所示，该图说明了各种不同的加工工序。表 7.3 总结了各加工工序的重要参数和由此形成的微结构特征。

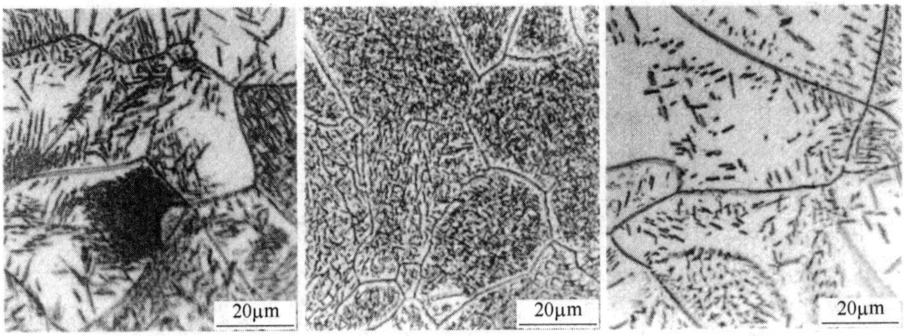

图7.4 预时效（8h 500℃）对高稳定β合金β21S微结构的影响（LM）
（a）8h 690℃+8h 650℃；（b）8h 500℃+24h 725℃；（c）24h 725℃

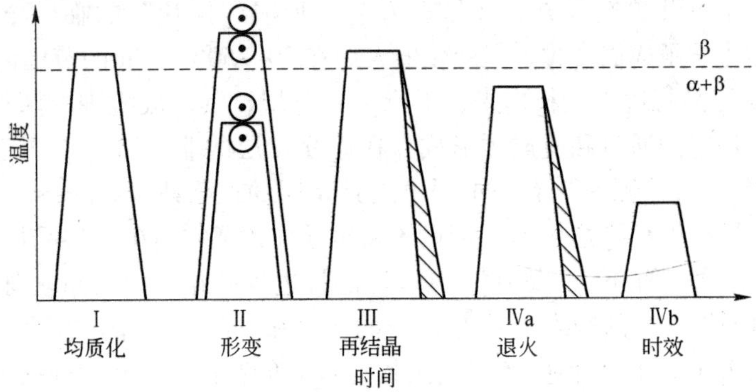

图7.5 β钛合金的β退火微结构加工工艺路线

表7.2 经预时效工序的高稳定β合金的β退火微结构的重要工艺参数和所形成的微结构特征

加工阶段（见图7.3）	重要参数	微结构特征
Ⅲ	再结晶温度	β晶粒尺寸
Ⅳa	预时效温度	α片晶的均匀分布
Ⅳb	时效温度	-α片晶的尺寸和体积分数 -GB α层

表7.3 β退火微结构的重要工艺参数和所形成的微结构特征

加工阶段（见图7.5）	重要参数	微结构特征
Ⅲ	冷却速度	-GBα层 -GB处的“侧片”
Ⅳa	退火温度和冷却速率	α片层的尺寸和体积分数 （→在工序Ⅳb中α片晶的体积分数）
Ⅳb	时效温度	α片晶的尺寸和体积分数

均质化作用（阶段Ⅰ）以后，形变处理（阶段Ⅱ）能在β相域中或者（α+β）相域中完成，后者有利于在第Ⅲ阶段的再结晶中产生较小的β晶粒尺寸。β退火微结构的晶粒尺寸比（α+β）合金全片状微结构中的β晶粒尺寸稍小。与经历相当处理过程且再结晶温度超过β转变温度30～50℃的（α+β）合金大约600μm的粒度相比较，β合金典型的晶粒尺寸约为400μm，β合金晶粒尺寸较小是β转变温度较低的结果。第Ⅲ阶段中最重要的参数是从再结晶温度开始的冷却速率，因为它控制了β晶界上连续α层的宽度和长度（见表7.3）。应该强调，即使在工业实践中的快速冷却速率（如600℃/min）下，连续α层的形成也是不可避免的，图7.6（a）给出的β-CEZ合金以100℃/mm的速率冷却时，β晶界处形成连续α层就是一个实例。在这些高强度β合金中，在β晶界存在的所谓“侧片”，可能是冷却速率足够缓慢形成的（见表7.3）。形成“侧片”的临界冷却速率随合金的化学组成而变化，但变化值大约在30～50℃/min的范围内。“侧片”从α层晶粒边界生长出来，平行于α片层，其形成机理有两种可能，一种可能是它们通过和应成核形成并在连续α层的非共格α/β界面生长，在这种情况下，“侧片”有一不同于晶界α层的伯格斯（Burgers）取向关系变异；另一种可能是α/β晶界的不稳定性导致了它们在α层晶粒边界处生长，在这种情况下，“侧片”与α层晶粒边界有相同的结晶取向。决定哪一种可能性发生的因素是α/β晶界的性质和过冷度，部分这种“侧片”可以在图7.6（a）中β-CEZ显微照片的右上角看到，而在以50℃/min速

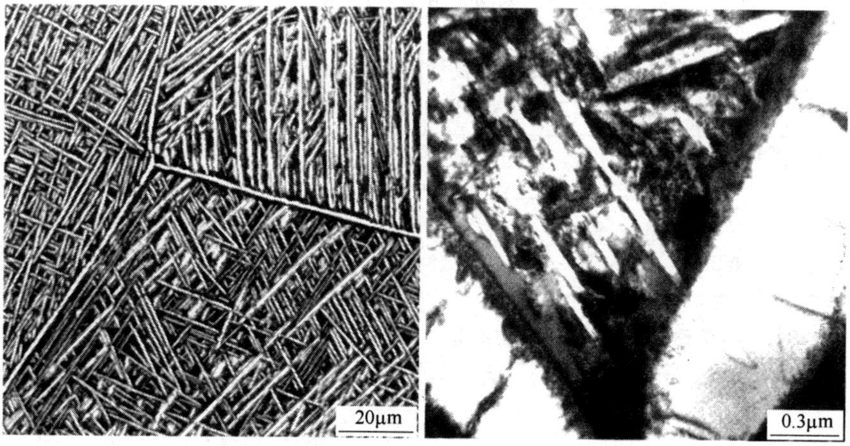

(a) (b)

图7.6 β退火微结构实例，β-CEZ
（a）LM；（b）TEM

率冷却的 Ti-6246 合金中却更加显著，见图 7.8（a）。

对高强度 β 合金，在（α + β）相区中的最终热处理通常分两个阶段完成，见图 7.5。第一阶段Ⅳa 在（α + β）相区高端完成，作为一个中间退火步骤析出期望体积分数的粗 α 片状体，见图 7.6（a）。应该指出的是，随着从退火温度开始降低冷却速度，粗 α 片状体的尺寸和体积分数将增大（见表 7.3），在接下来的时效阶段Ⅳb 中，在约 500 ~ 600℃ 的温度下，形成微细的 α 片晶，见图 7.6（b），这些微细片晶决定材料的屈服应力水平。因为 α 相（粗 α 片状体加微细 α 片晶）的总体积分数是由合金化学组成固定的，粗 α 片状体的体积分数对微细 α 片晶的体积分数和尺寸有直接的影响，进而会影响材料的屈服应力水平。

7.1.2 β 加工工艺微结构

形成 β 加工工艺微结构的加工工艺路线图如图 7.7 所示，各加工工序的重要参数以及由此形成的微结构特征列于表 7.4 中。从图 7.7 中可见，为了形成一个高形变的 β 晶粒边界非再结晶结构，加工工艺路线中再结晶工序Ⅲ完全省略了。在从 β 变形温度开始的冷却过程中，α 层在 β 晶界上形成并呈现变形晶界的局部形状，图 7.8（a）显示的是 Ti-6246 合金的一个例子，从这个例子中可以看出，α 层仍然是相对连续的但有明显的波浪形状，仅具数个短的直线段。在其他情况下，α 层在大多数 β 晶界上被分解成更多单独的片段，只有少数长片段保留在部分边界上。不考虑加工过程，在高强度 β 合金的 β 加工材料中完全避免 α 层几乎是不可能的，这是因为 β 晶界是 α 形成的很强的非均匀形核点。

因为最终形变过程必须是没有重新加热的连续操作，所以需要很好地控制加工温度和时间。关键控制参数是过程的总时间，这取决于形变速率

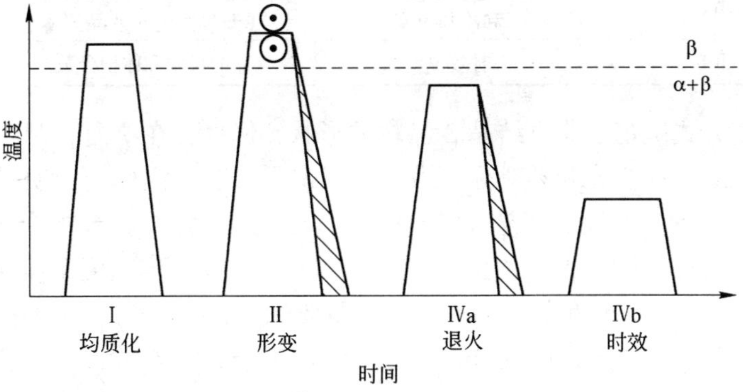

图 7.7 β 钛合金的 β 加工微结构的加工工艺路线

和所有保持时间（各变形工序间的保持时间及形变过程后的保持时间）以及形变程度（见表7.4）。

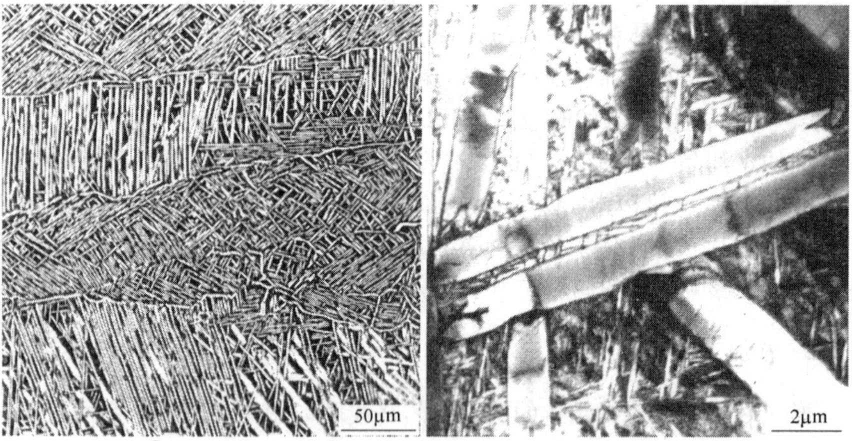

(a) (b)

图7.8 β加工微结构实例，Ti-6246

（a）LM；（b）TEM

表7.4 β加工微结构的重要工艺参数和所形成的微结构特征

加工阶段（见图7.7）	重要参数	微结构特征
Ⅱ	形变时间 形变模式 形变程度 冷却速率	非再结晶结构 β晶粒形状 －β晶粒宽度 （→α片状体的最大尺寸） －GBα层的几何形状 －非再结晶结构 －GBα层 －位于GB的“侧片”
Ⅳa	退火温度 和冷却速率	α片状体的尺寸和体积分数 （→Ⅳb阶段中α片晶的体积分数）
Ⅳb	时效温度	α片晶的尺寸和体积分数

形变方式决定了非再结晶β晶粒的形状，例如，在单向轧制时形成椭球体形状或者在横轧和轴对称顶锻时形成扁平形状，因此，很明显，那些受α层影响的力学性能将是各向异性的，这将在后面7.2节中讨论。

在决定α层和β晶界处的“侧片”大小时，从形变温度到淬火介质温度间的冷却速率，包括转变时间是极其重要的（见表7.4），正如前面已经指出，“侧片”的形成在Ti-6246合金中是一个关键参数，如图7.8（a）所示。β加工材料的最后两步工序，即中间退火阶段Ⅳa和时效阶段Ⅳb，原则上和β退火材料是一致的（比较可见图7.5和图7.7，表7.3和表

7.4)，图7.8（b）显示的是Ti-6246合金β加工材料的粗粒α片状体之间小α片晶的一个例子，应该注意的是，具有高延伸率β晶粒的β加工材料中，β晶粒的宽度限制了粗α片状体的最大尺寸。

7.1.3 完全转变加工工艺微结构

法国CEZUS已经就β-CEZ合金完全转变加工方法进行了广泛的研究[7.3]，该加工工艺路线的目的是为了把在β晶界的连续α层转变成单个的球形α颗粒。从完全转变加工工艺路线（见图7.9）中可见，除了变形阶段Ⅱ的细节以外，该加工工艺路线和β加工材料的加工路线是一致的(见图7.7)，即略去再结晶阶段Ⅲ以预期一个未再结晶的β晶粒结构。与β加工工艺路线相比，完全转变加工工艺路线第Ⅱ阶段中的形变温度和时间的控制要苛刻得多[7.4]，在完全转变加工期间需要进行严格的控制，因为在形变过程末期，材料在（α+β）相区仅能短暂保持，在此期间α相在β晶界上析出，接着α相也发生形变并在未再结晶的、拉伸的β晶粒边界处再结晶成球状晶粒，图7.10（a）所示为Ti-6246合金在第Ⅱ阶段完全转变形变后这类微结构的一个例子，可见α颗粒仅存在于β晶界，并不存在于拉伸β晶粒的内部，CEZUS将其β-CEZ合金的这种微结构称作“项链”微结构[7.5]。图7.10（b）所示为一种完全热处理材料的更高倍率的显微结构照片，该图清晰地显示出了在β晶界的球状α颗粒以及在晶粒内部的α片状结构。

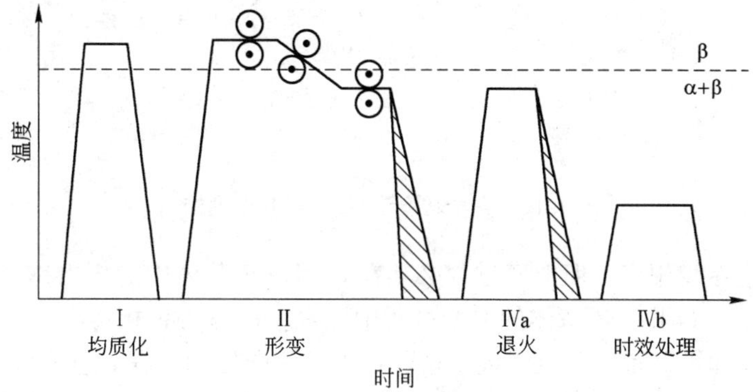

图7.9 β钛合金完全转变加工微结构的加工工艺路线

获得项链形微结构最重要的工艺参数是第Ⅱ阶段（α+β）相域中的形变时间（见表7.5），这一点已在时间-温度-转变图中第Ⅱ阶段示意说明(见图7.11)，变形时间应该足够长，以使α相在形变了的β晶界处析出

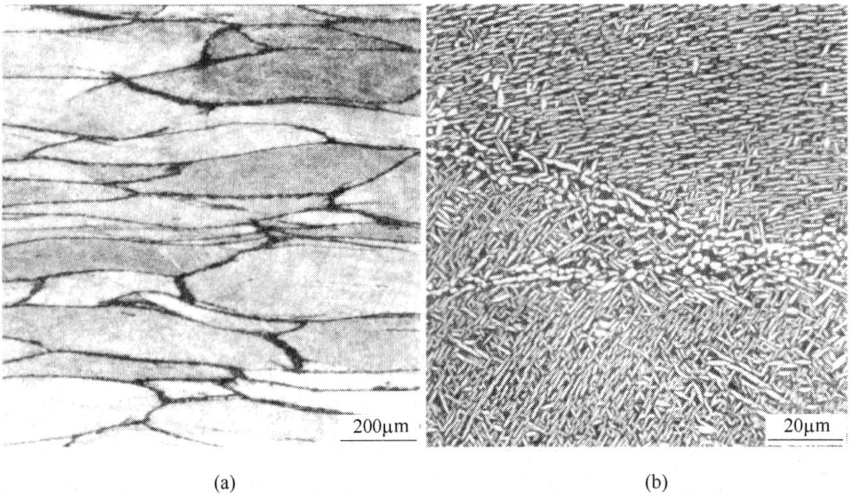

图 7. 10 Ti-6246 合金完全转变加工微结构（“项链”微结构）实例 LM
（a）形变；（b）热处理

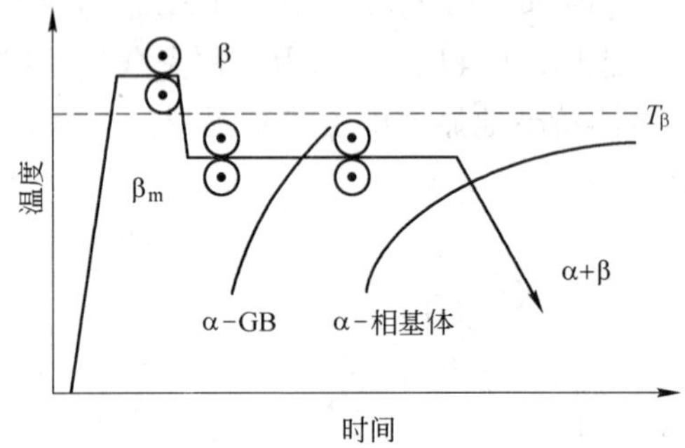

图 7. 11 完全转变形变的时间/温度控制

并且与边界线相交，但形变过程必须在 α 相在 β 基体中的析出越过边界线之前完成。如果在 β 基体的形变过程中发生颗粒内的 α 相析出，那么 α 相也要形变和再结晶，这会导致球状 α 晶粒的产生而不是产生所需要的板状，见图 7. 12（a）[7.4]。图 7. 12（b）说明了另一个与完全转变加工有关的问题，即形变过程的时间必须足够长以使 α 相在 β 晶界上析出，重要的是要限制在 β 相域中的时间以避免形变了的 β 晶粒再结晶，如图 7. 12（b）中看到的那样[7.4]。在 β 加工材料中，β 晶粒再结晶并不常见，因为在这种情况下，形变时间没有必要遵守一定的时间间隔（见图 7. 7），因此，时间应尽可能缩短，但冷却速率是关键。

表 7.5 完全转变加工微结构的重要加工参数及所形成的显微结构特征

加工阶段（见图 7.9）	重要参数	微结构特征
Ⅱ	β 相域中的形变： －形变时间 －形变方式 －形变程度 （α＋β）相域中的形变时间	非再结晶结构 β 晶粒形状 β 晶粒的宽度 （→α 片状体的最大尺寸） “项链形”微结构
Ⅳa	退火温度和冷却速率	α 片状体的尺寸和体积分数 （→第Ⅳb 阶段中 α 片晶的体积分数）
Ⅳb	时效温度	α 片晶的尺寸和体积分数

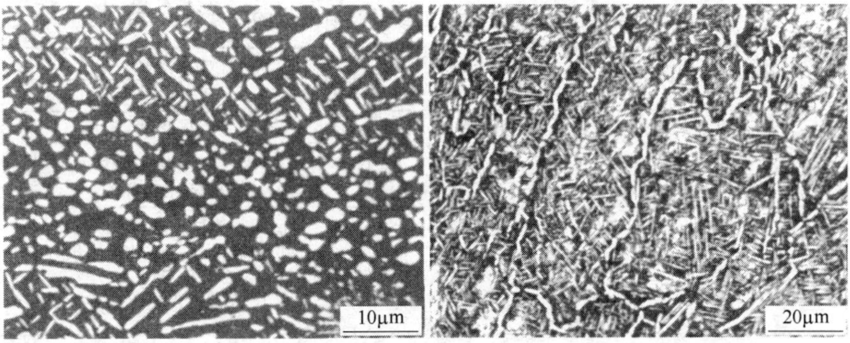

(a) (b)

图 7.12 与完全转变加工有关的问题，β-CEZ（LM）
（a）由于在（α＋β）相域中的形变时间太长，β 晶粒内部出现的等轴 α 相；
（b）由于在 β 相域中的形变时间太长，β 相开始再结晶

与 β 加工工艺相比，完全转变加工工艺路线的唯一优势是形变过程后的冷却速率并不那么苛刻，因为在项链形微结构中，α 相已经在 β 晶界上析出，见表 7.4 和表 7.5，此外，项链形微结构的最终热处理，即Ⅳa 阶段中的中间退火处理和Ⅳb 阶段中的时效处理，与对 β 加工微结构和 β 退火微结构的处理是相同的。

7.1.4 双相微结构

双相微结构通过产生足够小的 β 晶粒以抵消 β 晶界上连续 α 层的形

成，使 α 层对力学性能的影响几乎可以忽略，获得双相微结构的加工工艺路线如图 7.13 所示，重要加工参数及由此形成的微结构特征概述于表 7.6 中。完全热处理条件下 β-CEZ 合金的双相微结构实例见图 7.14（a）。

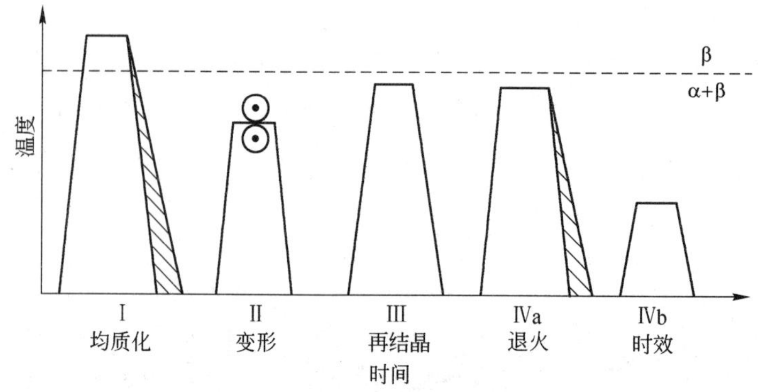

图 7.13 β 钛合金双相微结构的加工工艺路线

表 7.6 双相微结构的重要加工参数及所形成的显微结构特征

加工阶段（见图 7.13）	重要参数	微结构特征
Ⅰ	冷却速率	GBα 层
Ⅱ	变形程度	位错密度
Ⅲ	退火温度	α_p 的体积分数（→Ⅳa 段中 β 晶粒尺寸和 α 片状的体积分数）
Ⅳa	退火温度和冷却速率	α 片状的尺寸和体积分数（→第Ⅳb 阶段中 α 片晶的体积分数）
Ⅳb	时效温度	α 片晶的尺寸和体积分数

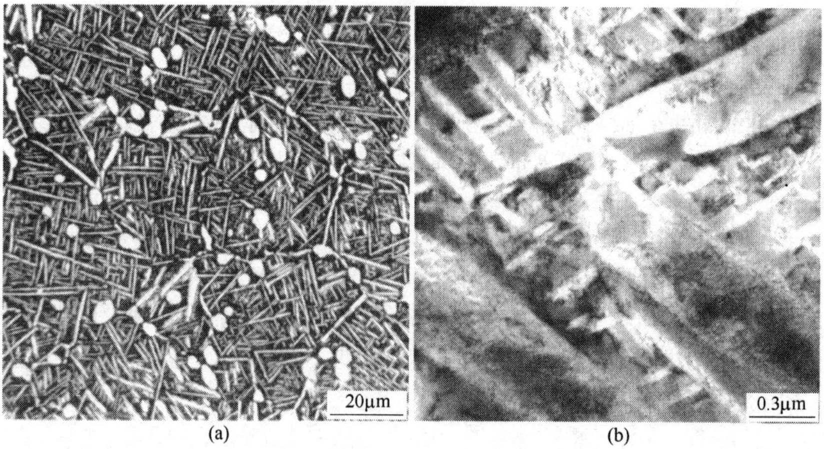

图 7.14 双相微结构实例，β-CEZ
（a）LM；（b）TEM

在高强度β合金中双相结构方面的问题可能起因于加工工艺路线中的初级阶段，例如，β均质处理后的冷却速度太慢（见图7.13的阶段Ⅰ），正如7.1.1节中所指出的，β晶界处连续α层的厚度随着从β相区开始的冷却速率的降低而增加，而厚的α层在后续处理过程中则更难去除。通过在（α+β）相区中的形变和再结晶（加工工艺路线中的阶段Ⅱ和Ⅲ，见图7.13），把厚晶界α层转变成单独的等轴α颗粒要比薄晶界α层的转变困难得多，这涉及扩散距离和所有β合金相对低的处理温度。图7.15表示出的是尽管其他材料都已转变成均匀的双相结构，但却仍然保留在原β晶界α层的情况[7.4]。如果在加工过程中，不重视阶段Ⅰ中冷却速率的重要性，那么消除任何继续延伸的α层就需要重复不必要的、代价高昂的阶段Ⅱ和Ⅲ，图7.15所示即为一个例子。

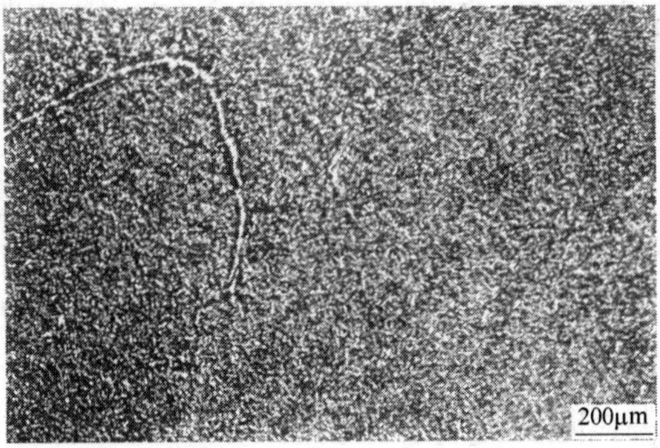

图7.15 加工阶段Ⅰ太慢冷却速率下完全热处理双相微结构中原β晶界保留α层的例子（见图7.13和表7.6），β-CEZ（LM）

再结晶退火温度（图7.13中阶段Ⅲ）决定原生α相的体积分数，因此，它对再结晶的等轴β晶粒尺寸（等于等轴的原生α相间的距离）也有影响，从再结晶退火温度开始的冷却速率并不是一个关键参数，因为，在小的β晶粒边界上的连续α层，见图7.14（a），对性能的危害较小因而可以接受。

阶段Ⅳa的中间退火工序是为了析出粗α片状体，当为双相微结构选择中间退火温度时，应该认识到此时粗α片状体的体积分数决定于再结晶退火温度（形成原生α相）和中间退火温度之间的温差。

对双相微结构进行最终时效处理以形成小的α片晶，见图7.14（b），和其他已经讨论的微结构是相同的，很明显，球形的原生α相和粗α片状体的体积分数之和决定了在时效处理过程中可以形成微细α片晶的体积分数，α片晶的体积分数及α片晶的尺寸一起又依次决定了最终条件下的合金强度。

7.2 微结构和力学性能

本节将讨论7.1节中概述的不同微结构的力学性能，微结构/力学性能间相关定性关系的总结见表7.7，表7.7的结构与5.2节中用于（α+β）合金的相同。对表7.7中用来描述力学性能所使用的符号说明，读者可参阅5.2节中绪论部分表5.6中对这些符号的解释，此外，符号（+，0，–）用于定性地表明当微结构变化时力学性能变化的方向。表7.7中的第一行描述了β退火结构中连续α层对力学性能的基本影响，第二行比较了双相结构和β退火结构的力学性能，两者都有连续α层。实际上由两个子行a和b组成下一行，表明未结晶结构对力学性能的影响。对β加工结构和完全转变加工（“项链”）结构之间没有作任何区别，因为这两种结构的力学性能表现出相同的基本趋势。在行子行a中，对未结晶结构的性能和β退火结构的性能作了比较，在行子行b中，对未结晶结构的性能与双相微结构的性能作了比较。应注意到表7.7中的这种比较，它对未再结晶结构取的是纵向（*L*方向）的机械性质，即在力学性能测试中应力轴平行于纵向加工方向，因此平行于拉伸β晶粒的长度方向，这样做是因为未再结晶结构的力学性能是各向异性的，并且通常产生最好力学性能的纵向试验方位对大多数应用来说都是最相关的应力方位，当然，未再结晶β加工微结构力学性能上的这种各向异性还将在7.2节中详细讨论，从而指出，在存在更复杂应力状态的组件中，应当谨慎使用这种微结构。由高强度β合金的不同加工路线（β退火的、双相的和β加工的）衍生出各种微结构之间力学性能的比较概述于7.2.1节中，这些数据是根据一个恒定的最终时效处理，即在一恒定的屈服应力水平下得出的。

表7.7 β钛合金（高强度和高稳定，如注释）**的重要微结构参数和力学性能之间的定性关系**

项　目	$\sigma_{0.2}$	ε_F	HCF	微细裂纹 ΔK_{th}	微细裂纹 ΔK_{th} $R=0.7$	K_{IC}	ΔK_{th} $R=0.1$	蠕变强度 0.2%
β退火结构中的GBα层	0	–	–	–	0	+	0	0
双相结构①	0	+	+	+	–	–	–	0
L向的项链形结构①	0	+	+	+	–	+	–	0
或β加工结构②	0	–	–	–	+	+	+	0
递减的时效硬化	–	+	–	+	+	+	+	–
β退火结构中的小β晶粒尺寸③	0	+	+	+	–	–	–	0

①和β退火结构相比；
②和双相微结构相比；
③仅适用于高稳态合金。

7.2.2 节将讨论时效硬化对力学性能的影响，在表 7.7 中，这种影响由“递减的时效硬化”行，即微细 α 片晶的粗化来描述。表 7.7 中，该行所表示的力学性能定性趋势对于 7.2.1 节中将讨论的高强度 β 合金的各种不同微结构状态的大多数在不同程度上都是正确的，对于 β 退火微结构，时效硬化对力学性能的影响是非常显著的，由于仅高稳定 β 合金用于这种 β 退火状态，故时效硬化的影响对这些合金尤为重要。

表 7.7 中的最后一行描述了因 β 退火微结构中 β 晶粒尺寸减小所导致的性能趋势，这种影响将在 7.2.3 节中讨论，它对高稳定 β 合金是很重要的。

7.2.1 加工工艺路线的影响

7.2.1.1 拉伸性能

高强度 β 合金的力学性能受 β 晶界处沿连续 α 层的优先塑性形变支配，图 7.16 所示为这种优先塑性形变的一个例子，在图 7.16 所示的显微照片中，拉伸应力轴是水平的，β 晶界处深色表面条痕的大塑性位移清晰可见，沿着连续 α 层的这种优先塑性形变可以非常简单地视为逆着邻近晶界三相点的位错塞积，滑移长度等于晶界三相点之间的距离[7.6]。晶界三相点处的局部应力集中引起裂纹形核，晶粒边界长度 D 和拉伸破坏性能之间的关系可以描述为与 $D^{-1/2}$ 成比例的 σ_F（实际破坏应力）以及与 D^{-1} 成比例的 ε_F（实际断裂应变）[7.6]。通过比较 β 退火状态（大的 β 晶粒尺寸）和双相状态（小的 β 晶粒尺寸），从表 7.8 中可见晶粒尺寸对延展性和破

图 7.16 高强度 β 钛合金中 β 晶界处沿着连续 α 层的优先塑性形变（见深色表面条痕的大位移），拉伸应力轴水平（SEM）

（由 J. C. Chesnutt 提供）

坏应力的预测影响。正如在图7.6（a）和7.14（a）的微结构中可以看到的那样，这两种状态都有β晶界处的连续α层，表7.8中的用β-CEZ合金比较作为例子，加工工艺路线中的最后两个阶段（中间退火和时效处理）与对不同微结构的加工工艺是相同的。由于体积分数低，连续α层对屈服应力没有可测定值的影响，这可以从表7.8中通过比较β退火状态和双相状态的屈服应力值看出，总之，高强度β合金在β退火状态下难以接受的低延展性可以通过（α+β）加工获得具有小β晶粒尺寸的双相微结构而极大地改进，这可参见表7.7中关于定性总结的ε_F列。

表7.8 β-CEZ合金的拉伸性能

项　目		$\sigma_{0.2}$/MPa	*UTS*/MPa	σ_F/MPa	*T. E.* /%	*RA*/%
β退火双相结构		1180	1280	1415	4	10
		1200	1275	1660	13	34
β加工结构	L	1190	1275	1480	10	16
	45℃	1145	1200	1220	2	2
	ST	1185	1280	1410	6	10

在具有未再结晶拉伸β晶粒的β加工状态下，通过表7.8中纵向L和全厚度方向的短横向ST试验结果，以及通过与L方向成45°倾角的试验和ST试验方向45°的试验，说明了拉伸性能的各向异性，然而，与其他两个方位相比，45°试验方位较低的屈服应力可以由β基体的晶体结构解释，断裂性能由含α层的具有拉伸β晶界的拉伸应力轴的角度控制。如果大而平的晶体边界面位于最大剪应力方位，即与拉伸应力轴成45°，那么，与平行（L试验方位）或者垂直（ST试验方位）方位相比，沿着α层优先塑性形变的影响应当显著得多，从表7.8中可以看出45°测试方位的断裂应力和延展性值为最小。从表7.8也可以很明显地看出ST方位中的值比L方位的值低，尽管它们应该大致相等（对一个沿着β晶粒边界的纯剪应力自变量，假定晶粒形状非常简单）。通过包括30°和60°的试验方位及标绘拉伸延展性（*RA*值）随倾角变化的曲线，可以更清楚地看出这种影响（见图7.17），作为讨论，图7.18所示为可能有助于显示拉伸β晶粒和所有试验方位的简图。从图7.17中显然可见，延展性随倾斜角变化的关系并不是对称关系，相反，分别与30°和L试验方位相比，60°和ST试验方位的延展性值较低，把从开始直到断裂的总塑性形变分为两部分（一部分发生在裂纹形核之前，另一部分发生在裂纹扩展期间），可以解释这种结果。在裂纹形核的简单堆积模型中，图7.18中的短晶粒边界长度D_2是L和ST

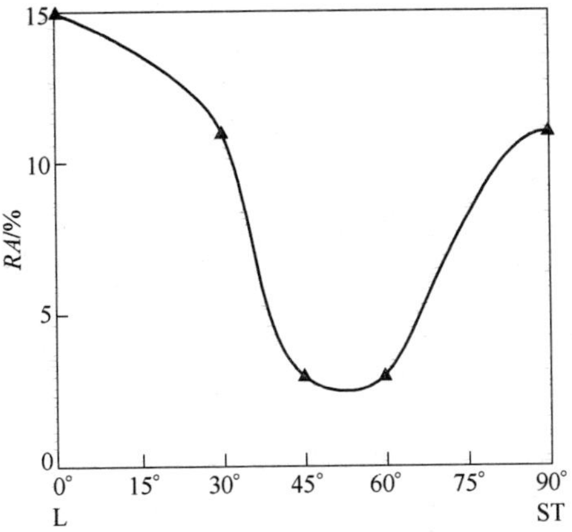

图 7.17 拉伸延展性随 β 加工材料 Ti-6246 试验方位的变化

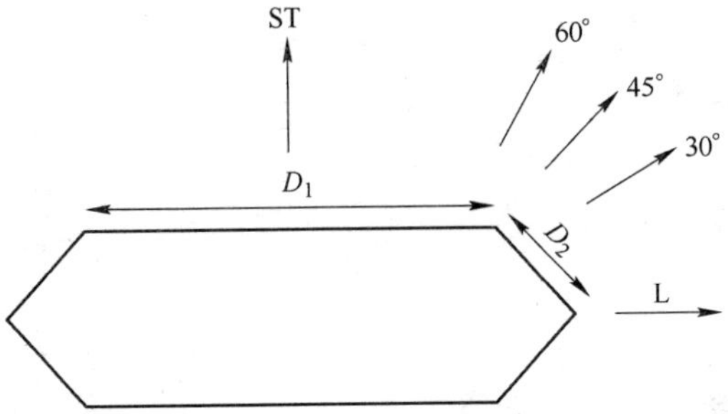

图 7.18 具有 GB α 层的扁平状晶粒的几何模型

方位的临界滑移长度，而图 7.18 中粗晶粒边界长度 D_1 是 30°、45°和 60°方位的临界滑移长度，说明 45°以下延展性出现最小值，然而，在别的方面也预测了一个相当对称的相关性，而为了解释图 7.17 中所观察到的非对称性，则需要另外的理由。一旦裂纹形成并且沿着晶界扩展，作用于裂纹的常规应力（模式Ⅰ）就成为裂纹扩展的一个重要因素，分别与 30°和 L 方位相比，60°和 ST 方位的这个常规应力要高得多，这就解释了图 7.17 中曲线的非对称形状，还应该提及的是，在含很少析出区（PFZ）的高强度 Al-合金中沿扁平状晶粒结构中的晶界获得了与图 7.17 所示相似的结果。

7.2.1.2 疲劳性能

钛合金在 10^7 次循环时的 HCF 强度通常确定为疲劳裂纹形核的阻力，图 7.19 和图 7.20 分别示出 β-CEZ 和 Ti-6246 合金在 β 加工条件下的疲劳

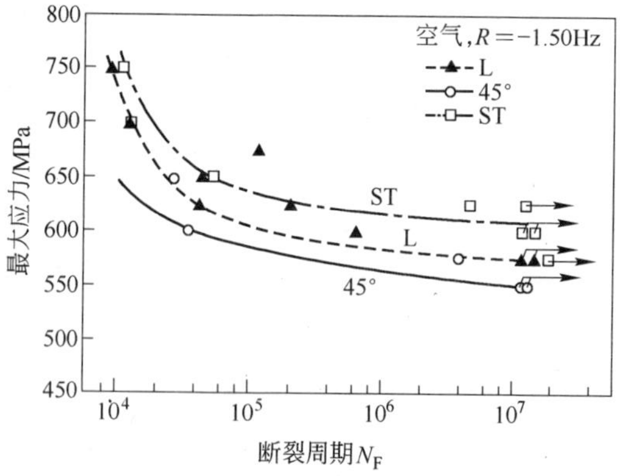

图 7.19 β 加工材料 β-CEZ 锻造矩形板坯的 *S-N* 曲线

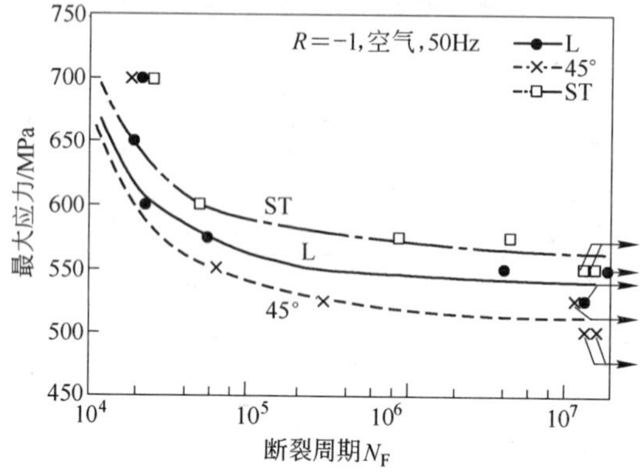

图 7.20 β 加工材料 Ti-6246 锻造圆盘的 *S-N* 曲线

情况，图中有 3 个试验方位，即 L、ST 和这两个方位之间的方位（45°），β-CEZ 相应的屈服应力值见表 7.8，Ti-6246 的数值服从相同的趋势。对于 Ti-6246 合金，材料被镦锻成一个对称的圆盘（扁平状晶粒），而 β-CEZ 材料则被单向地锻造成一个长方形板坯（雪茄形晶粒）。从图 7.19 和图 7.20 中可见，两种合金在 45°试验方位的 HCF 强度最低，两种合金在 ST 试验方位的 HCF 强度均比 L 方位高，这种行为一种可能的原因将在后面进行讨论。两种合金细晶粒双相微结构的 HCF 强度比粗晶粒 β 退火结构的更高，这可以从用 β-CEZ 合金作为例子的图 7.21 看到（拉伸性能见表 7.8），应该强调的是，对于两种合金，与粗晶粒 β 退火微结构相比，β 加工状态 45°试验方位的 HCF 强度甚至更低，如图 7.21 所示。

β 退火微结构和双相微结构的典型疲劳裂纹形核点如图 7.22 所示，对

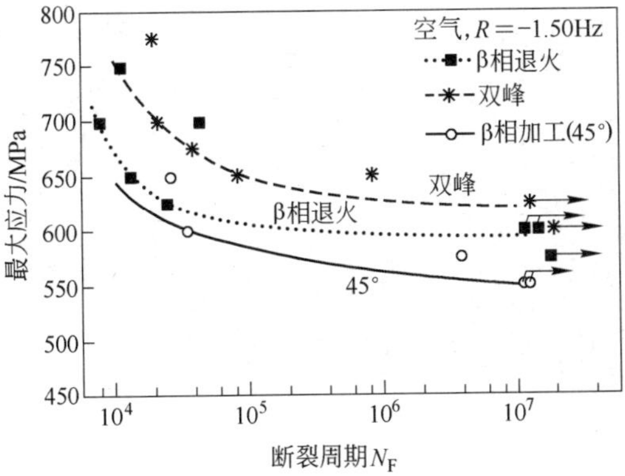

图 7.21 β-CEZ 不同微结构的 S-N 曲线

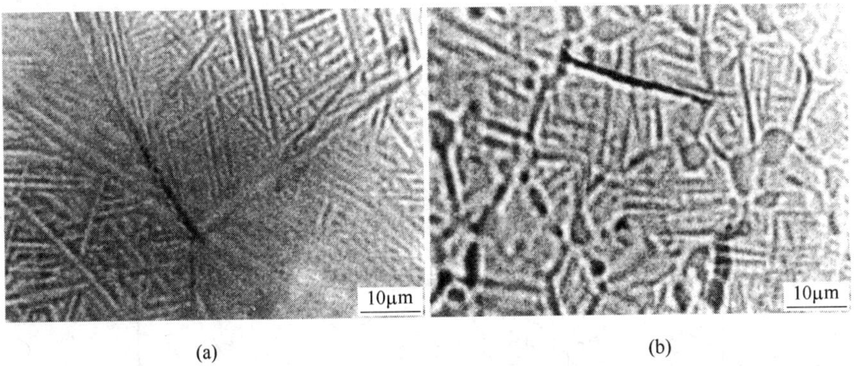

图 7.22 β-CEZ 合金的疲劳裂纹形核（LM）
（a）β 退火显微组织；（b）双相显微组织

于粗晶粒的 β 退火结构，疲劳裂纹总是在 β 晶界的连续 α 层上形核，见图 7.22（a）。对于细晶粒的双相结构，疲劳裂纹要么在 β 晶界的连续 α 层上，要么在最大颗粒内的 α 片状体上形核，见图 7.22（b）。在这种细晶粒双相微结构中，最大的 α 片状体在很多情况下和 β 晶粒一样大，β 加工状态在 L、45°和 ST 试验方位的疲劳裂纹形核点的典型例子如图 7.23 所示，为了更好地说明，图 7.24 给出了一个具有指定裂纹形核点的扁平状晶粒结构示意图，对于 45°试验方位的试样，裂纹总是在大而平的晶界平面与试样表面相交处形核，如图 7.24 所示。从图 7.23（b）的显微照片中可以看出，裂纹在 α 层和 β 基体之间的界面上形成，并不在 α 层晶界内部。在 L 和 ST 方位测试试样的裂纹形核也在与应力轴大约 45°角处发生，但如图 7.24 所示的是发生在拉伸晶粒的短片段处，当然，应该指出的是尤其对于

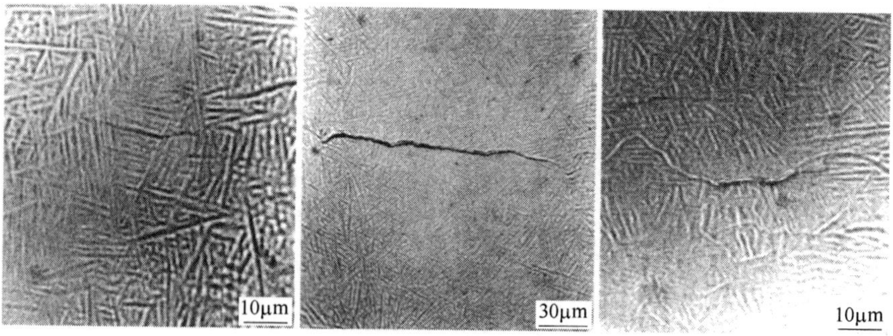

(a)　　(b)　　(c)

图 7.23　β 加工材料不同试验方位的疲劳裂纹形核，β-CEZ（LM）
（a）L；（b）45°；（c）ST

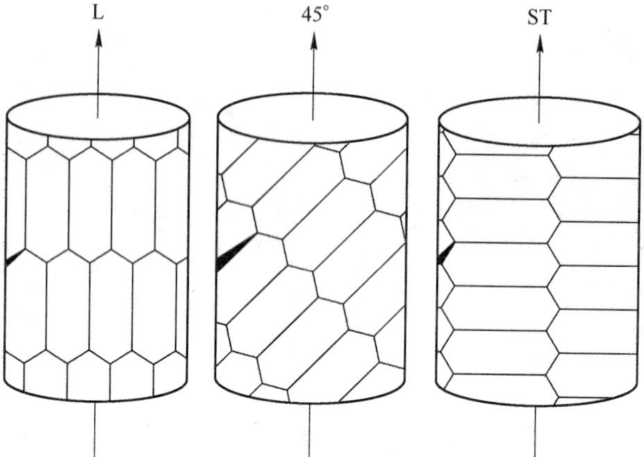

图 7.24　具有 GB α 层的扁平状晶粒的疲劳裂纹形核点

L 试验方位，裂纹也在宽大 α 片状体的界面上形核，该界面由于位置靠近材料的相邻体积而具有相关的晶粒边界片段[7.8]，两种情况的例子见图 7.23（a）（在宽大的 α 片状体上形核）和图 7.23（c）（在晶粒边界 α 层上形核）所示，目前，与图 7.22 和图 7.23 相应的表示具有裂纹形核点的断裂表面的例子已有报道[7.8]。

与 L 试验方位相比，在图 7.19（β-CEZ）和图 7.20（Ti-6246）中观察到 ST 试验方位的 HCF 强度较高，一种可能但很简单的解释可能是图 7.18 和图 7.24 中的二维示意图太过于简化，以至于使临界滑移长度 D_2 对两个试验方位都是相等的，对于两种晶粒形状（扁平状和雪茄状），晶界

片段长度 D_2 的三维估算值将导致 ST 试验方位与 L 试验方位相比具有较短的平均 D_2 值，由此说明 ST 试验方位具有较高的 HCF 强度，这与具有 PFZ 和扁平状晶粒的时效硬化铝合金众所周知的其 ST 试验方位 HCF 强度最低的行为不一致，铝合金中的这种影响是由于在晶界处的孤立列阵中排列富 Fe、富 Si 夹杂物的存在引起的，这些列阵起着裂纹形核点的作用，如果极大地降低这些合金中的 Fe、Si 含量，那么 ST 试验方位也具有比 L 试验方位较高的 HCF 强度[7.9]，与高强度 β 合金的结果相符。

对于不同的微结构（见图 7.22 和图 7.23），微小的自激发表面裂纹（微观裂纹）的扩展速率以及利用 CT 试样获得的宏观裂纹扩展速率如图 7.25 所示，从图 7.25 中可见，β 退火结构的微观裂纹扩展速率最快，在这种微结构中，沿着 β 晶界的连续 α 层形核的裂纹以极快的速率沿着这些边界扩展，直到到达第一个晶界三相点为止。由于几何学的原因以及裂纹尖端处的塑性区尺度小，大部分裂纹不能延伸到相邻晶粒的晶界，相反，它们偏离边界进入晶粒内部并且扩展速率减慢，甚至生长最快的微观裂纹也在约为 1000μm 的表面裂纹长度 2c 处，也就是当裂纹前缘遇到约 3 个 β 晶粒时，到达较慢的宏观裂纹的裂纹扩展曲线（见图 7.25），与粗晶粒 β 退火结构相比，细晶粒双相微结构中微细裂纹的扩展速率大约慢一个数量级（见图 7.25），这是由于双相结构小尺寸（约 30μm）的 β 晶粒减慢了即便尺寸非常小的裂纹的扩展速率。此外，双相结构的微细裂纹扩展曲线

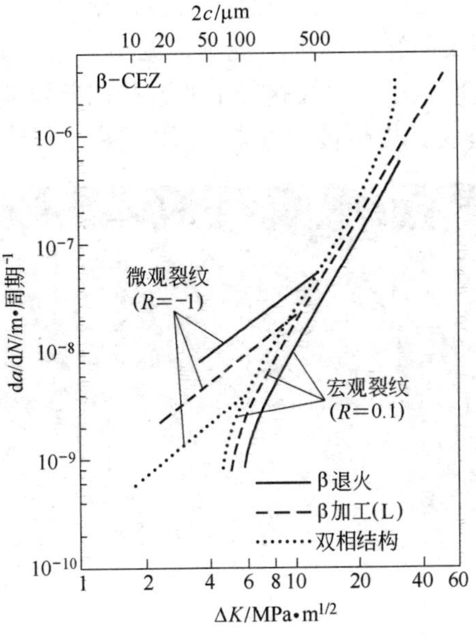

图 7.25 显微组织对微细裂纹和宏观裂纹扩展的影响，β-CEZ

与宏观裂纹扩展曲线在大约几个晶粒直径的裂纹尺寸时融合在一起，此时 $2c$ 约为 100μm。具有雪茄形晶粒结构的 β 退火态在 L 试验方位的微细裂纹扩展曲线位于 β 退火结构曲线和双相结构曲线之间，如可从图 7.25 中看到的那样，在这个例子中，小的裂纹部分沿着与应力方向成大约 45°的短晶界段扩展，部分通过 β 基体扩展，这种混合扩展途径解释了图 7.25 中扩展曲线的位置。应该提到的是，这种 β 加工态的微观裂纹扩展曲线在 ST 方向测试时位于 L 方位曲线之上，但低于图 7.25 中 β 退火态的曲线[7.10]。

宏观裂纹（CT 试样中的全厚度裂纹）的疲劳裂纹扩展速率测量结果表明，所测试的不同微结构（β 退火的、β 加工的和双相结构的）的影响是相当小的，见图 7.25，这种行为是因为裂纹前缘的塑性区域尺寸小，结果，裂纹只会在其裂纹前缘总长（试样厚度）的短片段内沿着微结构的软区（在 β 晶界的 α 层）扩展，其余裂纹前缘则通过含有粗粒 α 片状体和细粒 α 片晶混合物的 β 基体扩展。对于所测试的不同微结构，由于最终退火和时效处理保持不变，β 晶粒内的 α 片体和 α 片晶尺寸和分布与这些微结构的情况是相似的，正如通过比较图 7.6、图 7.8 和图 7.14 可以看到的那样，图 7.25 中各种宏观裂纹的三条 da/dN-ΔK 曲线的排序可以通过考察这三种微结构裂纹前缘几何形状的详情（见图 7.26）来解释。由于双相微结构的 β 晶粒尺寸小以及由于粗粒 α 片体的最大尺寸也受制于 β 晶粒尺寸的事实，这种微结构的裂纹前缘轮廓是非常光滑的，见图 7.26（b），这种平滑度与三种测试的微结构中最快裂纹扩展速率相关联，见图 7.25。对于其他两个微结构，裂纹前缘轮廓更不规则，见图 7.26（a）和图 7.26（c），这可使裂纹扩展速率减小。裂纹路径中的这些偏差可能由 β 晶界处沿着 α 层的局部扩展引起或者更可能由粗粒 α 片体处的裂纹偏转引起，平均来

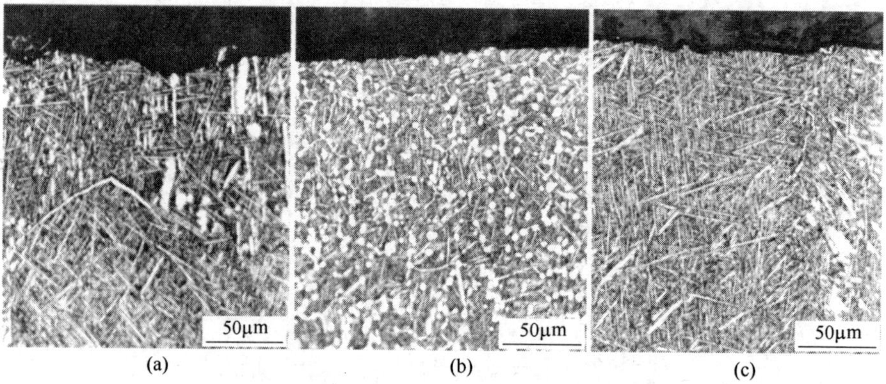

(a) (b) (c)

图 7.26 β-CEZ 宏观裂纹在约 10^{-9} m/周期时的裂纹前缘轮廓（LM）
（a）β 退火结构；（b）双相结构；（c）β 加工结构（L）

说，β 退火结构中的粗粒 α 片体比 β 加工结构中的大，这是因为后者结构中的晶粒宽度减小，粗粒 α 片体尺寸的这种变化可以解释图 7.25 中这两种微结构的 da/dN-ΔK 曲线的排序（见表 7.7）。

7.2.1.3 断裂韧性

Ti-6246 的 β 退火微结构和双相微结构以及 β 加工态的微结构在 3 个不同测试方位（L，45°，ST）的断裂韧性值如图 7.27 所示，正如可以看到的那样，β 退火态的断裂韧性比双相状态的高得多，这两种微结构从预断裂过渡到不稳定断裂的断裂表面如图 7.28 所示。β 退火微结构很清晰地表现为沿 β 晶界的韧性断裂模式，见图 7.28（a），显然，在急速裂纹扩展的开始期间形成的宽大裂纹尖端塑性区尺寸与全部的 β 晶粒交汇，在这种情况下，裂纹能在 β 晶界沿着 α 层随高度形变区域变化，这与上面 7.2.1.2 节中所描述的小塑性区在缓慢扩展状态下进行疲劳裂纹扩展试验中出现的情况形成对比，应该提及的是，这些小和大的塑性区不同裂纹扩展机理也可在含很小无析出区的高强度铝合金晶界处观察到[7.11]。在 β 退

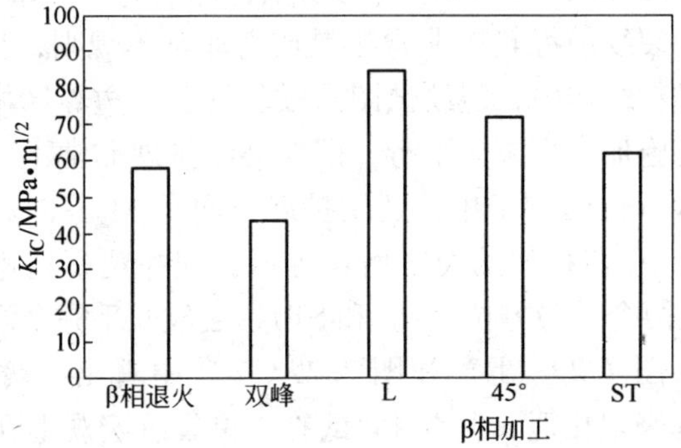

图 7.27 Ti-6246 不同微结构在不同测试方位的断裂韧性（β 加工材料）

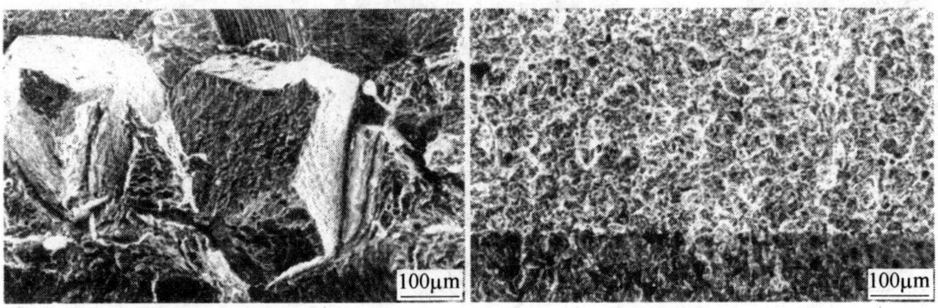

(a) (b)

图 7.28 K_{IC} 试样的断裂表面，Ti-6246（SEM）

（a）β 退火结构；（b）双相结构

火态下，简单负荷裂纹扩展的粗糙裂纹前缘轮廓特征与相对高的断裂韧性值有关，相反，细晶粒双相微结构显示出了一个非常光滑的断裂表面形貌，见图 7.28（b），导致比 β 退火结构低很多的一个断裂韧性值（见图 7.27）。裂纹前缘轮廓对裂纹扩展阻力的这种影响在 5.2.1 节中作过详细论述，如果把沿着滑移带的断裂与沿着 β 晶界的 α 层断裂互换，那么 β 退火结构中产生高断裂韧性的裂纹扩展机理类似于图 5.24 所示的机理，很显然，对于 β 退火结构，粗糙裂纹前缘轮廓对断裂韧性的积极作用和来自弱区内沿 β 晶界的连续 α 层较易断裂路径的消极作用相比，前者居支配地位，见表 7.7 中第一行的 K_{IC} “ + ” 号。在前面的综述文章[7.12,7.13]中，该处使用了“ - ” 号以指出在没有任何裂纹前缘轮廓效应时断裂韧性会降低，即在软区内沿着连续 α 层的固有裂纹扩展阻力比基体的裂纹扩展阻力低。

β 加工状态的断裂韧性显示出 L 试验方位的值最高，接着是 45°试验方位，在 ST 试验方位观察到最低的断裂韧性值（见图 7.27）。三种不同试验方位的断裂表面如图 7.29(a) ~ (c)所示，比较这 3 个 SEM 照片说明，L 试验方位试样的裂纹前缘轮廓非常粗糙或者非常不规则，见图 7.29（a），在这种扁平状晶粒结构中，裂纹试图沿柔软的晶粒边界区域扩展，但晶界被排列成主要与施加应力方向平行，即对裂纹扩展非常不利的方向，在这里给出的 L 试验方位的例子中，裂纹扩展方向是 ST 方向。当裂纹扩展方向是 ST 方向时，存在相似的裂纹增长延迟机理并观察到相似的高断裂韧性[7.14]，在其他两个试验方位（45°和 ST），裂纹几乎完全沿着 β 晶界的 α 层扩展，这可从图 7.29（b）和图 7.29（c）中看出。两种断裂表面在 SEM 照片中看起来很相似，但在 45°试验方位裂纹宏观上在与作用应力成 45°的方向扩展，而在 ST 试验方位，裂纹沿垂直于作用应力的方向扩展，

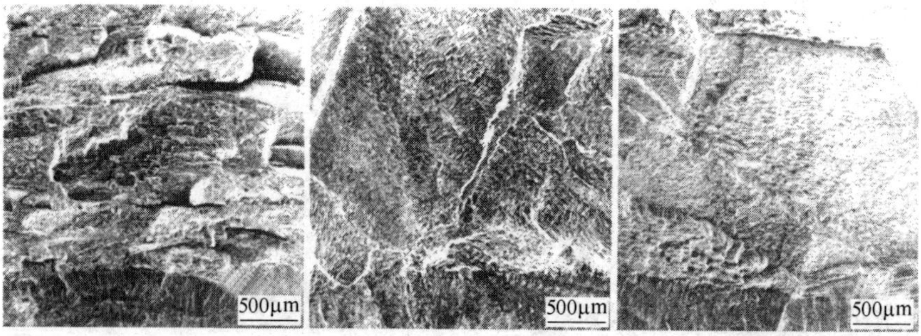

(a) (b) (c)

图 7.29 Ti-6246β 加工材料在不同测试方向的 K_{IC} 试样断裂表面（SEM）

（a）L；（b）45°；（c）ST

这在裂纹路径剖面图（图7.30（b）和图7.30（c））中看得更清楚。在图7.30的显微照片中，作用应力方向是垂直的，正常的裂纹扩展方向是水平的，与ST试验方位（见图7.27）相比，45°试验方位的断裂面在与施加应力方向成45°方向上的宏观排列，见图7.30（b），是所观测到有较高断裂韧性值的主要原因，裂纹的这种扩展方式是Ⅰ型裂纹和Ⅱ型裂纹混合扩展模式，用K标准模式Ⅰ解法计算断裂韧性时，其结果需加倍。

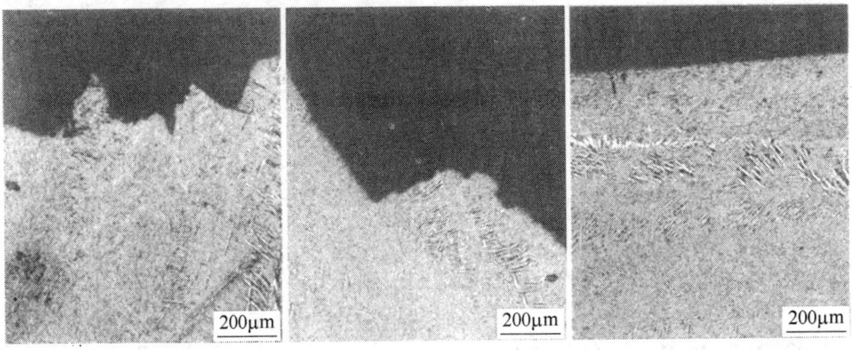

(a) (b) (c)

图7.30 Ti-6246β加工材料在不同测试方位K_{IC}试样的裂纹路径剖面（LM）
（a）L；（b）45°；（c）ST

7.2.2 时效硬化影响

非共格α片晶的屈服应力与d^{-1}成比例（奥罗万（Orowan）关系），其中d是颗粒间距。时效硬化曲线，即在恒定时效温度下屈服应力随时效时间而变化的曲线，在该温度下实现平衡体积分数时达到最大值。随着时效温度的增加，时效硬化曲线中的最大值降低（α片晶的平衡体积分数降低），但达到最大值的时效时间缩短了。在工业实际中，一般避免长时效时间（超过24h），因此，通常通过升高时效温度来获得较低的屈服应力（高稳定β合金，见图7.1和表7.1中的阶段Ⅳ）。正如已在7.1.1节中指出，高强度β合金过时效也可以通过降低中间阶段Ⅳa的退火温度或者减慢从该温度开始的冷却速率来实现（见图7.5和表7.3），两者都引起粗α片状体的体积分数增加并从而引起α片晶体积分数的减小。

为了说明时效硬化对力学性能（拉伸性能、断裂韧性、宏观裂纹疲劳裂纹扩展）可能产生的最大影响，生产了两种β-CEZ在β退火态下的极端微结构（见表7.9中的A和C）。在非常细的β退火微结构A（见图7.31）中，只有小的α片晶存在，即图7.5中的中间退火阶段Ⅳa被完全取消，

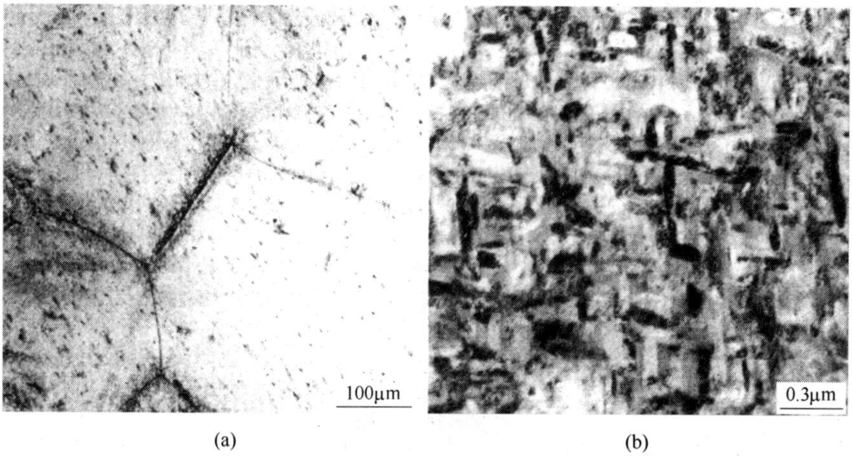

图 7.31 细粒β退火微结构β-CEZ（只有α片晶）
（a）LM；（b）TEM

而且920℃的β退火后使用600℃/min的快速冷却速率（图7.5中的阶段Ⅲ）。在非常粗的β退火微结构C（见图7.32）中，只存在巨大的α片体，此时，从820℃的中间退火温度开始使用1℃/min的缓慢冷却速率冷却。表7.9中的β退火微结构B是在β退火之后以及中间退火阶段之后，通过使用一个冷却速率为100℃/min的更工业化的热处理实践来实现的，这种微结构可在图7.6中看到。将这类用更工业化操作进行热处理和加工的微结构用于7.2.1节中的不同加工路线之间进行比较，对3个微结构A、B

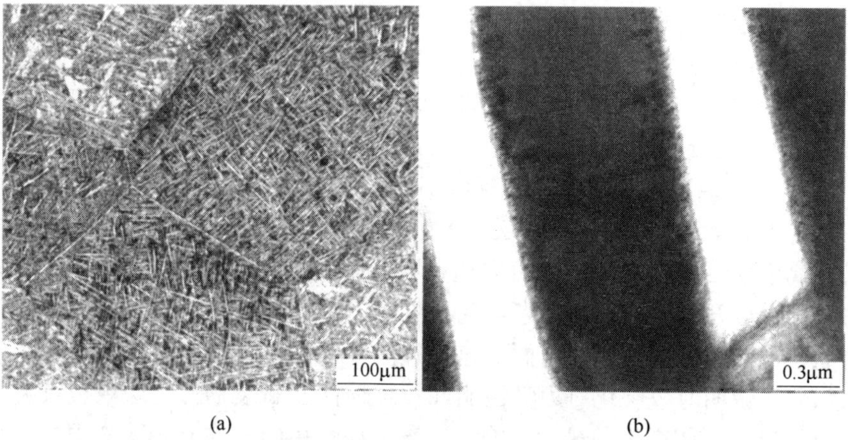

图 7.32 粗粒β退火微结构β-CEZ（只有α片体）
（a）LM；（b）TEM

和C的最终热处理是相同的（8h 580℃），关于A、B和C完整处理的更多细节可以在文献［7.10］中找到。从表7.9中可以看出，条件A在“弹性”区失效，即不能达到屈服应力$\sigma_{0.2}$，显然，基体和β晶界处沿着连续α层软区之间的强度差太大了，在软区内的优先塑性形变很集中以至在基体的任何可测的宏观塑性形变发生之前裂纹就产生了；降低屈服应力水平（条件B和C）可以把基体和软区之间的强度差异减少到一定的水平，即在软区内断裂发生之前，基体的塑性形变增加，也就是观察到拉伸延展性增加（见表7.9）。所有的断裂表面看起来都与图7.28（a）所示的断裂表面（断裂韧性试样的不稳定裂纹延伸部分）相似，表现为一种沿β晶界的韧性断裂模式和部分延性穿晶断裂，其主要差异是延性穿晶断裂的百分数从条件A的大约10%增加到条件C的大约25%。

表7.9 时效硬化对β退火微结构β-CZE拉伸性能和断裂韧性的影响

（热处理A、B、C见正文）

项目	$\sigma_{0.2}$/MPa	*UTS*/MPa	σ_F/MPa	*T. E.*/%	*RA*/%	K_{IC} /MPa · $m^{1/2}$
A	σ_0 = 1370	1370	1370	0	0	33
B	1180	1280	1415	4	10	52
C	1030	1110	1315	12	17	73

断裂韧性从33MPa · $m^{1/2}$（条件A）增加到73MPa · $m^{1/2}$（条件C），见表7.9，增加部分是因为软区内沿晶界的不稳定裂纹扩展开始之前基体塑性形变增加的结果[7.15]，但是正如在最近研究中所揭示的，随着强度水平从A降到C，粗糙裂纹前缘轮廓的延迟效应增加了，这也显著地有助于所观测到的断裂韧性增大[7.15]。

虽然到目前为止，还不能由实验确定，但早期在软区内扩展（见7.2.1.2节）的微观裂纹疲劳裂纹扩展速率应该是A条件的比C条件的以及中间条件B的快，从图7.25（微观裂纹β退火曲线）中可见后者的曲线居中，这种预期的趋势在表7.7中也用“+”号表示。

条件A和C的宏观裂纹疲劳裂纹扩展速率如图7.33所示[7.10]，因为宏观裂纹像7.2.1.2节中详细讨论的那样是通过基体扩展，图7.33中两条曲线的差异很可能代表α片状体尺寸变化对β钛合金中疲劳裂纹扩展速度的最大可能影响，在极限区中的差异大约是2MPa · $m^{1/2}$（或者1.5的影响因子），应该提及的是，中间条件B的曲线（可从图7.25所示的宏观裂纹的β退火曲线中看到）位于图7.33中的两条曲线之间，但非常靠近粗粒β退火条件C的曲线，这表明存在于中间条件B（见图7.6）中

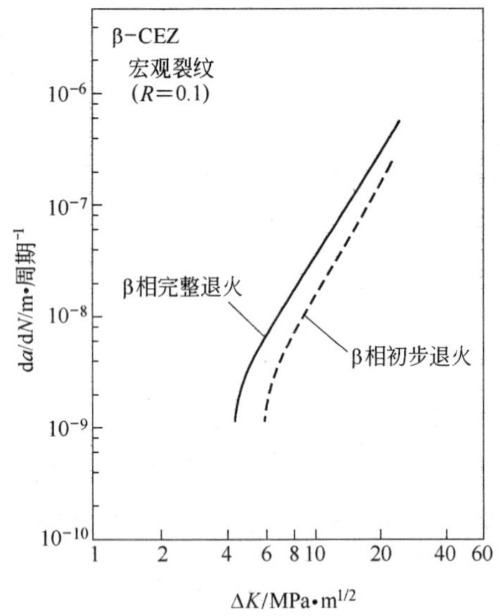

图 7.33　图 7.31 和图 7.32 所示的 β 退火微结构 β-CEZ 的宏观裂纹疲劳裂纹扩展

的粗粒 α 片体的较小体积分数为裂纹生长延迟产生了足够的局部裂纹挠曲，同时表明，在粗 α 片体间有（条件 B）或没有（条件 B）另外的小 α 片晶的存在，对这两种条件 B 和 C 的疲劳裂纹扩展曲线均没有明显的影响。

和微观裂纹扩展情况一样，到目前为止还没有测量条件 A 和 C 的 S-N 曲线，因此，以两种不同时效处理的 β 退火态高稳定 β 钛合金 β21S 为例来说明减少时效硬化对 HCF 强度的影响，用于比较的两个微结构如图 7.2（a）（$\sigma_{0.2}$ =1040MPa）和图 7.4（b）（$\sigma_{0.2}$ =890MPa）所示，相应的 S-N 曲线示于图 7.34[7.2] 中，由图 7.34 中可见，与两阶段时效处理（8h 500℃ + 24h 725℃）条件相比，8h 593℃（$\sigma_{0.2}$ = 1040MPa）的时效处理条件显示出较高的 HCF 强度（500MPa）及 890MPa 的较低屈服应力，该屈服应力对应的 HCF 强度仅为 450MPa。在两种 β 退火状态下，正如在 7.2.1.2 节中所总结的，见图 7.22（a），在软区沿着晶界发生裂纹形核，因此，HCF 强度基本上随时效硬化的减少而降低，见表 7.7 中的“ - ”号，但并不与屈服应力成比例。在图 7.34 所示的例子中，随着时效硬化的减少，HCF 强度与屈服应力的比值增加，这说明了时效硬化基体和软区之间的强度差异对疲劳裂纹形核的影响，这种趋势在反映预时效处理（见图 7.3）对高稳定 β 钛合金 βC 的微结构、屈服应力和 HCF 强度影响的出版物中也注意到

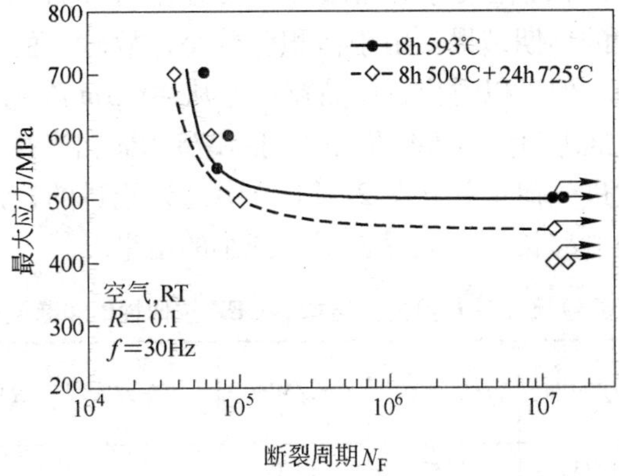

图7.34 高稳定β21S合金不同时效的β退火微结构S-N曲线

了[2.32]，结合这一更新的出版物[7.16]，可以推知就所研究的βC的各种微结构，HCF强度与屈服应力的比值随屈服应力水平的增加从约0.55减小到约0.45。

虽然β相的蠕变强度比α相的低，其原因是bcc晶格中的扩散速率要比六方晶格中的快得多（见图2.30，2.9.1节），但如在7.3节中将看到的，一些高强度β合金，例如，Ti-17和Ti-6246仍用于温度高达约400℃的航空发动机中。蠕变强度相对好的原因是由于存在于这些合金中的高α片晶体积分数所产生的不可变形的α片晶的颗粒间距小，由于颗粒间距也决定屈服应力，因而蠕变强度随着时效硬化的减少而降低，见表7.7中的“-”号。从表7.7中还可进一步看出，所有在第7章中讨论的β合金的其他微结构特征对蠕变强度没有显著的影响，见表7.7中用符号“0”表示。

7.2.3 β晶粒尺寸影响

通过比较双相微结构（小β晶粒尺寸）和β退火微结构（大β晶粒尺寸），β晶粒尺寸对β退火微结构力学性能的影响已经在7.2.1节中原则性地论述过。本节将再给出几个关于β-CEZ的β退火微结构的例子，其β晶粒尺寸对于常规的β退火实践（炉子加热）而言非常大（400μm），在（α+β）钛合金一章中已经提到过，通过使用感应加热的快速加热速率能显著地减小β晶粒尺寸，例如对于β-CEZ合金获得了60μm的β晶粒[7.17]，虽然β-CEZ和其他高强度β合金的β退火状态没有得到应用，但下面得到的结果可以作为高稳定β钛合金中晶粒尺寸效应的一个例子。

β-CEZ合金400μm和60μm晶粒两种状态的拉伸试验结果见表

7.10[7.17]，可见，β晶粒尺寸对屈服应力没有任何影响，这是通过非共格颗粒硬化微结构的预期结果。由于体积分数小，故软区的存在对屈服应力也没有任何影响，但可以看出，β晶粒尺寸从400μm降到60μm后，拉伸延展性从1%增加到21%（*RA*值），鉴于1275MPa相当高的屈服应力，这是一个显著的改进，但正如在7.2.1.1节中已讨论过的，这种延展性的改进是由于软区中滑移长度（晶界长度）减小的结果。

表7.10 β晶粒尺寸对β退火微结构β-CEZ拉伸性能和断裂韧性的影响

β晶粒尺寸	$\sigma_{0.2}$/MPa	*UTS*/MPa	σ_F/MPa	*T. E.* /%	*RA*/%	K_{IC} /MPa · $m^{1/2}$
400μm	1275	1335	1350	1	1	39
60μm	1275	1350	1590	8	21	35

图7.35就两种晶粒尺寸的β-CEZ，说明β晶粒尺寸对退火状态HCF强度的影响情况[7.17]，疲劳裂纹形核的阻力通过减少软区内的滑移长度而增加，这和对拉伸延展性机理的讨论相似，在图7.35的例子中，HCF强度从大约650MPa增加到大约700MPa，这意味着HCF强度与屈服应力的比率从0.51增加到0.55。

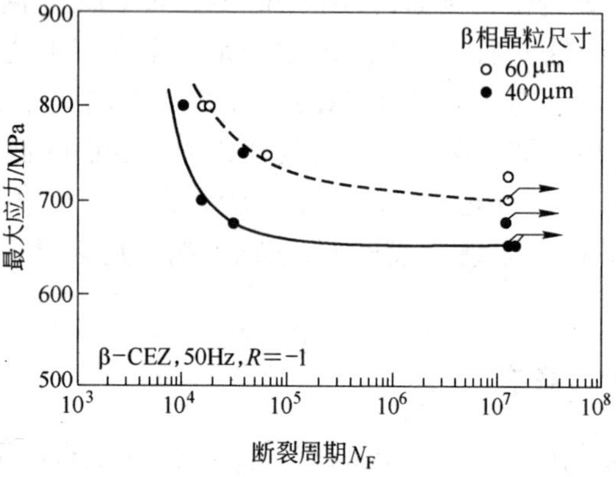

图7.35 β退火微结构β-CEZ晶粒尺寸对HCF强度的影响

图7.36就两种晶粒尺寸的β-CEZ，表示出了β晶粒尺寸对显微裂纹和宏观裂纹疲劳裂纹扩展的影响情况[7.17]，从图7.36中可见，反映最初少数晶粒形核后在软区内沿β晶界扩展的典型行为（见7.2.1.2节）的微观裂纹，在其生长的早期阶段，其在粗晶粒材料中比在细晶粒材料中具有快得多的扩展速率，相反，对两种晶粒尺寸，宏观裂纹都显示出几乎同样的扩展曲线，从趋势看是细晶粒材料中的扩展速率稍快（见图7.36）。β退火

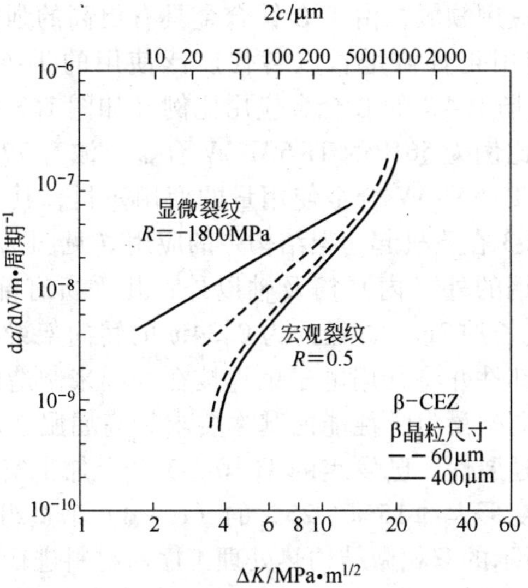

图 7.36 β 退火微结构 β-CEZ 晶粒尺寸对显微裂纹和宏观裂纹疲劳扩展的影响

微结构中晶粒尺寸的这种不敏感性是基于这样的事实，即宏观裂纹的疲劳裂纹扩展几乎完全通过基体发生，仅偶尔在软区内沿晶界出现，正如在 7.2.1.2 节中已详细讨论过的那样。裂纹前缘轮廓，见图 7.26（a）由沿着晶界的扩展引起，在粗晶粒材料中扩展较快，这与排序趋势原因有关，见表 7.7 中的“－”号。

不同 β 晶粒尺寸两种 β 退火状态的断裂韧性值以及拉伸性能见表 7.10，在两种状态下，裂纹扩展几乎完全在软区内沿着 β 晶界发生。与细晶粒材料 $35MPa \cdot m^{1/2}$ 值相比，粗晶粒材料 $39MPa \cdot m^{1/2}$ 的较高数值表明：当 β 退火微结构中 β 晶粒尺寸变化时，断裂韧性的两种作用（固有阻力和裂纹前缘粗糙度）中，裂纹前缘粗糙度的作用（在 7.2.1.3 节中详细论述过）超过“延展性”项（在 7.2.2 节中详细论述），其作用居于支配地位。

7.3 性能和应用

关于 β 钛合金应用的问题，本节并不是对它们所有可能的应用领域都给出完整的评述，而是就像在 5.3 节中对（α + β）钛合金（Ti-6Al-4V）和 6.3 节中对（α + β）合金的高温应用所做的那样，以一些精选的例子说明加工工艺、微结构、性能和应用之间的关系，涵盖 β 钛合金应用方方面面的优秀论文可以在相关文献中找到[5.19,5.20,7.18,7.19]。

在航空航天应用领域，由于β钛合金具有更高的强度，因而总的趋势是β合金的应用正日益增长以替代广泛使用的Ti-6Al-4V合金，如1998年，美国市场上4%的β合金应用比例（如图1.3所示）正在稳定增长以替代应用比例为56%的Ti-6Al-4V合金。波音777飞机是β合金使用量首次超过Ti-6Al-4V合金使用量的商用飞机，其主要原因是高强度β合金Ti-10-2-3在飞机起落架结构中的应用（见图7.37），在飞机起落架结构中除了钢的外（内）筒及轴以外，几乎所有部件都用Ti-10-2-3，最大的单件是长约3m、直径约为0.34m的转向架梁。起初转向架梁是通过锻造3个部件并将其用电子束焊接在一起来制造的，后来才变为单件锻造。对转向架梁力学性能的基本要求是高屈服强度和具有最小断裂韧性值的良好延展性，已发表的Ti-10-2-3合金加工实践表明，它由β锻造和后面塑性变形大约15%～25%的（α+β）锻造组成[7.20]，接着用类似于图7.13所示的双相微结构热处理工序对材料进行热处理，在这种情况下，转向架梁的力学性能应当类似于双相结构的性能——假定在（α+β）相区中15%～25%的塑性变形足够形成等轴的原生α相和小的、等轴的β晶粒，类似于图7.14所示的微结构。Ti-10-2-3合金再结晶比大多数高稳定β合金更迅速，因为，它不含任何缓慢扩散元素（Mo、Nb），但含有快速扩散元素Fe（见2.9.1节）。正如7.2.1节中所阐明

图7.37　使用Ti-10-2-3合金的波音777飞机起落架
（由波音公司R. R. Boyer提供）

的，这种双相微结构在高强度水平下具有高延展性，但断裂韧性值低，即转向架梁材料断裂韧性的最小值用双相类型的微结构，这甚至用原生 α 相小体积分数从而 β 晶粒尺寸稍大的双相型微结构都将很难实现。根据 7.1 节和 7.2 节的讨论，假如主要使用应力是在转向架梁的轴向，那么这类应用最好的微结构将是一种拉伸的 β 晶粒结构（雪茄形的），这种微结构在 L 方向除有非常高的延展性外，还有高的断裂韧性（见表 7.8 和图 7.27），但是由于转向架梁尺寸大，通过正常的 β 处理很难形成一个未再结晶的、拉伸的 β 晶粒结构，同时在处理过程中很难防止再结晶。

这种高强度 β 合金 Ti-10-2-3 的较小部件较容易锻造，一些精密锻件的例子见图 7.38，图 7.38 中所示的部件用于波音 777 飞机货物装卸系统，由于只有大约 800℃的低 β 转变温度（见表 2.6），较低的锻造温度和较好的可锻性使这些 Ti-10-2-3 锻件的成本（计入同样较低的加工成本）比 Ti-6Al-4V 锻件的较低[7.21]。

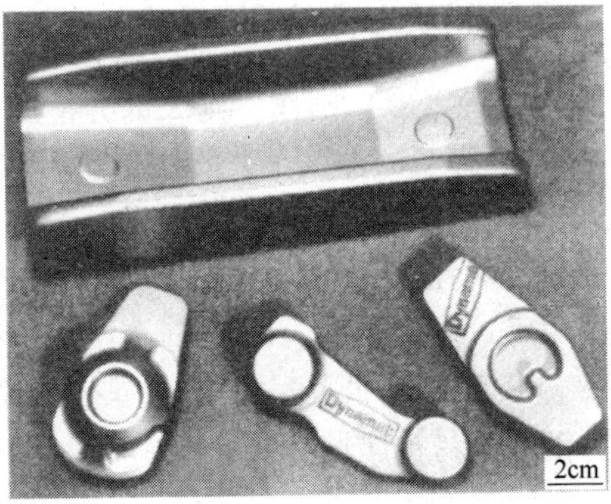

图 7.38 用于波音 777 飞机的 Ti-10-2-3 货物装卸配件
（由波音公司 R. R. Boyer 提供）

钛螺母固定夹具是另一种有趣的应用（见图 7.39），这些虽然是小部件，但它们以每架飞机 15000 ~ 20000 件的数量用于波音 777 飞机，如用来把金属板结构附着到组合板横梁上[7.18]，这些钛质固定夹具取代了镀镉钢夹并且耐腐蚀性更强，螺母固定夹由高稳定 β 合金 Ti-15-3 的薄板通过一个简单的片材成形过程和时效处理制成，因此，其加工工艺路线类似于图 7.1 所示的 β 退火加工工艺路线。

由高稳定 β 钛合金制造的各种形状和尺寸的弹簧也应用于飞机，主要原因是使用这些合金的低弹性模量和相对高的屈服应力，一些例子如图

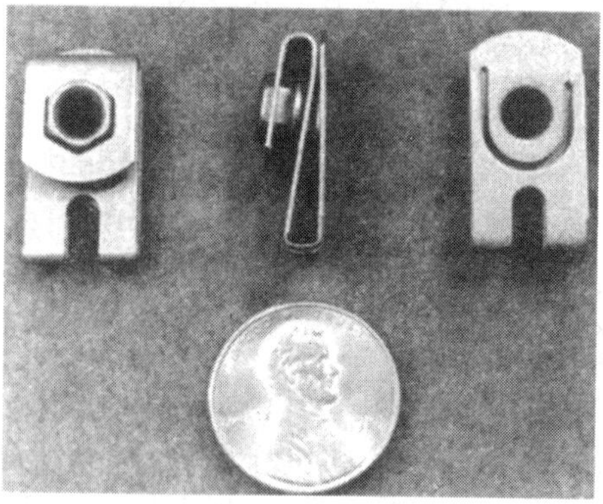

图 7.39 用于飞机的高稳定 β 合金 Ti-15-3 螺母固定夹
（由波音公司 R. R. Boyer 提供）

7.40 所示，为了说明弹簧的尺寸，图 7.40 中弹簧（a）的直径大约是 200mm，关于图 7.40 中弹簧特殊使用的详情可以在其他论文中找到[7.18]。如果弹簧用带材制作，则通常使用 Ti-15-3 合金（图 7.40 中的弹簧（a）），如果弹簧用线材（圆形或者方形）制作，则大部分使用 βC 合金（图 7.40 中的弹簧（b）和（c））。弹簧的加工工艺路线是图 7.1 所示的通常用于高稳定 β 合金 β 退火微结构的加工工艺路线。如果对弹簧的要求主要是非常低的弹性模量和并不很高的强度，例如在图 7.40 中钟表弹簧（弹簧（a））的情况下，则材料不用经过时效处理，因为随着 α 相体积分数的增加，弹性模量是增加的。钛合金弹簧有两个主要的优势，首先，它们能减轻近 70% 的质量，其次，钢弹簧易被腐蚀需要涂漆，而钛弹簧则不用。

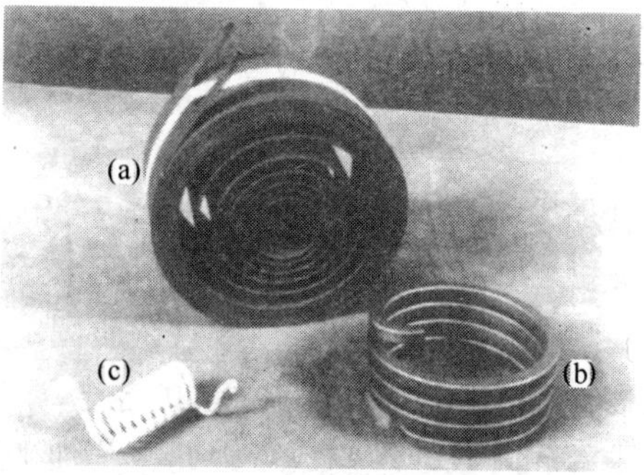

图 7.40 高稳定 β 合金制作的飞机用弹簧
（a）Ti-15-3；（b），（c）βC
（由波音公司 R. R. Boyer 提供）

另一个值得一提的应用是高稳定 β 合金 β21S 在波音 777 飞机的所有航空发动机的短舱结构（排气口塞、喷嘴和后部舱罩）中的应用[7.21]，虽然短舱结构原则上是航空发动机结构的一部分，但通常由飞机制造商而不是航空发动机制造者对短舱结构负责，这种应用使用 β21S 薄板，因为这种合金具有优异的抗氧化性能，它允许长期在 480～565℃的温度范围内工作，短期可高达 650℃[5.26]。含 15% Mo 和 2.7% Nb 的 β21S 合金（见表 2.6）是专门为高抗氧化性设计的，因而可用于这种情况，并且在高温工作期间，作用于发动机短舱结构的应力很小。当在高温下暴露于液压流体时，β21S 合金也有极好的抗脆性，β21S 薄板基本上是以 β 退火状态应用的（见图 7.1），但波音公司使用两种不同的最终时效处理[5.26]，这两种不同的时效处理产生两个不同的微结构，这两种微结构与图 7.2（a）和图 7.4（a）中所示的类似，具有完全不同的屈服应力水平。欧洲最近启动了一项重要的研究计划，拟在直升机发动机的排气结构中使用 β21S 合金薄板以有效地降低民用直升机的噪声等级。

铸件也可以由高稳定 β 合金制成，例如 Ti-15-3、βC 和 β21S[7.22]，这类铸件的例子之一是如图 7.41 所示的用于战斗机的制动转矩管，在本例中，Ti-15-3 铸件取代了 Ti-6Al-4V 铸件且 Ti-15-3 铸件较高的强度使得转矩管的体积减小，这又依次允许在制动器中使用较高体积的含碳量，从而延长制动器寿命[5.26]。铸造过程之后，部件在 β 相区进行热等静压压制，随后进行时效处理，因此，这些高稳定 β 合金铸件中的微结构基本上与锻造产品的 β 退火微结构相同。在加工工艺路线（见图 7.1）中，对于铸件仅省去形变阶段Ⅱ而再结晶处理（图 7.1 中的阶段Ⅲ）代之以热等静压压

图 7.41 用于战斗机的 Ti-15-3 制动转矩铸管

（由波音公司 R. R. Boyer 提供）

制，因此，与锻造产品相比，铸件的β晶粒尺寸将会稍大（这取决于断面尺寸），导致延展性降低（见表7.7），这个因素限制了可以浇铸的最大有效截面尺寸，但它还与合金类型和铸造过程有关，只要从热等静压压制温度开始的冷却速率快到足以防止粗粒α片状体在冷却期形成，铸件的屈服应力就将和锻造产品一致，最后的这个要求是高强度β钛合金不能用于铸件的主要原因。

高强度β钛合金Ti-17和Ti-6246因其基本强度较高，取代了Ti-6Al-4V合金用于航空发动机的压缩机部件，一个好的例子是图3.24所示的用于GE-90航空发动机的大型Ti-17风机圆盘，该图所示的风机圆盘外径大约为800mm，由三件单独的锻件用固态惯性摩擦焊接技术焊合而成（见3.6.2节）。3个部件是采用β锻造并按常规进行热处理的，即对它们进行了图7.7所示的二段热处理（阶段Ⅳa和Ⅳb），因为风机圆盘锻件中的β晶粒将是扁平状的典型β加工材料（见7.1.2节），其平行于圆盘轴向的尺寸小，因此作用在风机圆盘的主要外加应力将平行于β晶粒的扁平形平面，只有具有7.2.1节中所描述的性质，作为β加工材料的L试验方向的性能（见表7.7）才是重要的。

正如已在5.3节中描述的，LCF强度，也就是疲劳裂纹形核阻力和微细裂纹扩展阻力的结合，对压缩机圆盘是重要的设计准则，鉴于扁平形β晶粒的各向异性，这两个性能在L试验方位都是很好的（见表7.7），然而，应该指出的是双相微结构的那些性能会更好，而且双相微结构断裂韧性低（见图7.27）的主要缺点对压缩机圆盘并不重要，因为断裂韧性对寿命没有显著影响而且对每次检验时间间隔没有任何影响，见5.3节中的讨论，因此，正如已在5.3节中指出的那样，对于根据疲劳裂纹扩展数据计算的圆盘疲劳寿命，重要的是利用微观裂纹扩展数据，因为宏观裂纹扩展数据会引起对疲劳损坏周期数的过高估计（见图7.25）。

正如在7.2.2节的结尾所描述的那样，高强度β钛合金也应用于高达约400℃的航空发动机压缩机的较热部件，一个例子是图3.78中由高强度β钛合金Ti-17制成的两级HP压缩机转子，该HP压缩机转子的生产方法与上述风机圆盘相同，即单个圆盘或单独阶段是β处理、热处理、惯性焊合和最后的机加工。这种高强度β合金Ti-17在时效之后的高屈服应力导致所需的足够蠕变强度和良好的LCF强度，风机圆盘的LCF强度已经在上面讨论过，而蠕变强度是高温应用的另一要求。

使用高强度β合金Ti-10-2-3制作较大锻件的另一个应用是如图7.42所示的超级大山猫直升机旋翼桨毂，图7.42示出有三种由Ti-10-2-3制成

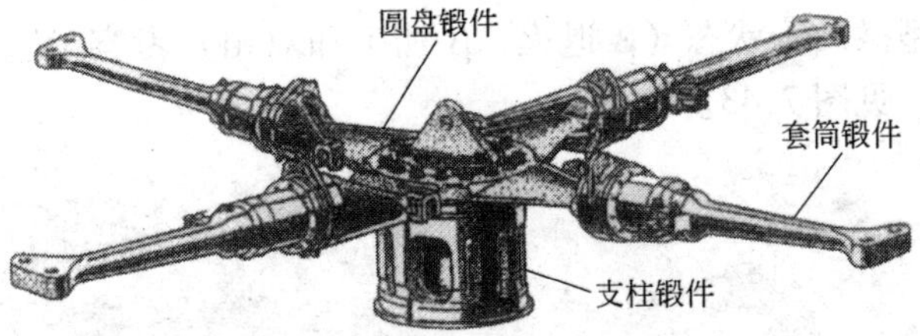

图 7.42 使用 Ti-10-2-3 的直升机旋翼桨叶锻件
（由 Otto Fuchs Metallwerke 公司 G. Terlinde 提供）

的不同锻件，在此例中，HCF 强度是最重要的设计标准，与前面讨论的大型 Ti-10-2-3 锻件（要求图 7.37 中转向架梁锻件断裂韧性高）相比，这是一种完全不同的要求，为了锻造直升机旋翼桨毂部件，显然使用最终的（α+β）锻造（虽然在公开的文献中没有讨论过）以产生某种双相微结构组织（见图 7.13 和图 7.14），这种微结构是获得高 HCF 强度的适宜微结构，该强度甚至比 L 测试方位的 β 加工材料更高，见 7.2.1.2 节。根据旋翼毂臂圆盘锻件的例子，测定了各种微结构参数对力学性能的影响并进行了详细讨论，结果可参见文献[7.23]，这些结果中的绝大部分是一篇论述 β 钛合金的微结构/性能关系的综述性论文[7.24]的基础，该论文也有一个与表 7.7 相似的摘要表。

另一个应用高稳定 β 钛合金的领域是所谓的“向下打眼”服务领域（汽油和天然气钻井及其生产，地热井等）。对于这类应用，这些 β 合金与 Ti-6Al-4V 相比的主要优势是屈服应力较高和弹性模量较低以及在侵蚀性环境中有相等的或者更好的耐蚀性，常规 β 退火和时效处理的 βC 微结构用于这些领域时尤为突出[7.25]，应该再次提及的是，对于这种 β 退火微结构，其力学性能必须通过等轴晶粒尺寸（见 7.2.3 节）或者时效处理（见 7.2.2 节）进行调整。

β 钛合金的其他应用领域是生物医学领域、汽车和体育用品领域，这些应用将在第 10 章的相关部分讨论。

7.4 第 1 版以来的最新进展

7.4.1 屈服应力对 Ti-6246 性能的影响

理解高强度 β 钛合金性质的关键是明白时效硬化基体和在 β 晶界沿着连续 α 层软区之间强度差异的作用，对 Ti-6246 合金进行屈服应力（基体强度）从约 1000MPa 变化到约 1700MPa 的研究，利用不同的热处理获得了屈服应力变化情况[7.26]，此外，对7.1.1节、7.1.2节和7.1.4节中描述的三种不同类型微结构状态（β退火、β加工和双相）考察了这种屈服应力的变化情况，见图7.43。

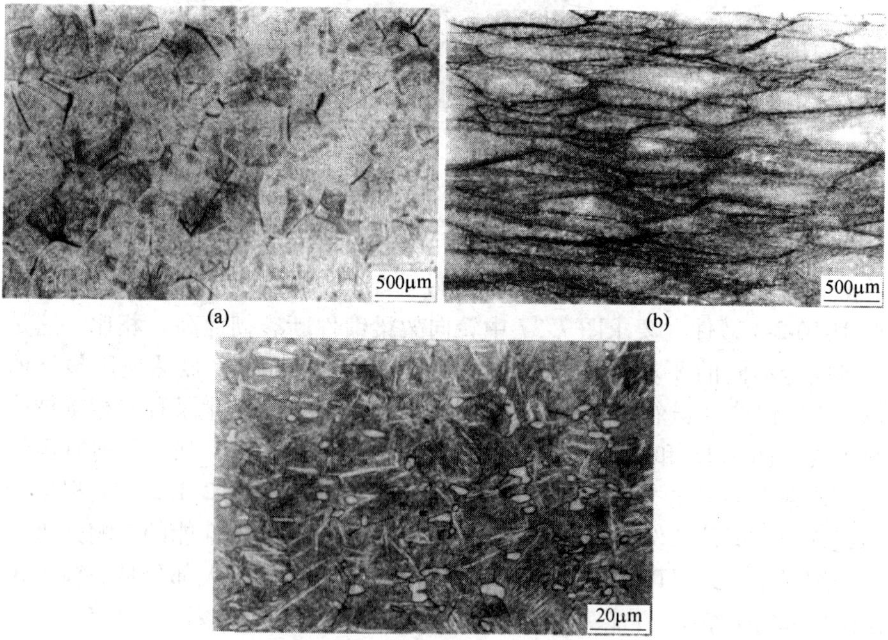

(a) (b) (c)

图7.43　Ti-6246合金中三种微结构状态的β晶粒大小和形状（LM）
（a）β退火；（b）β处理；（c）双相

β退火状态显示了一个β晶粒尺寸约为500μm的再结晶等轴晶粒结构，见图7.43（a），在β加工状态下，β晶粒结构是未再结晶的扁平状，见图7.43（b），平均尺寸为L和T方向约800μm、ST方向200μm，见图7.24。如7.2.1节中所描述的那样，这种β加工状态的断裂相关性质是各向异性的，与其他两个微结构相反，β加工状态的性能只在L方位（应力轴）进行评价，因为这可以被当作是压缩机圆盘的相关方位，通过(α+β)加工和随后在（α+β）相区中再结晶获得的双相微结构（见图7.13），所产生的等轴β晶粒尺寸约为20μm，见图7.43（c）。

在拉伸试验中，裂纹形核过程将受时效硬化基体和软区β晶界处沿着α层强度差异的影响，同时还受软区内滑移长度即β晶粒尺寸和晶粒形状的影响，图7.44所示为拉伸伸长率随所考察的三种不同微结构状态的屈服应力的变化，从图7.44中可见，在大约1300MPa的屈服应力水平下，β退火状态和β加工状态的拉伸延展性都减小到零，在相同的强度水平下，双

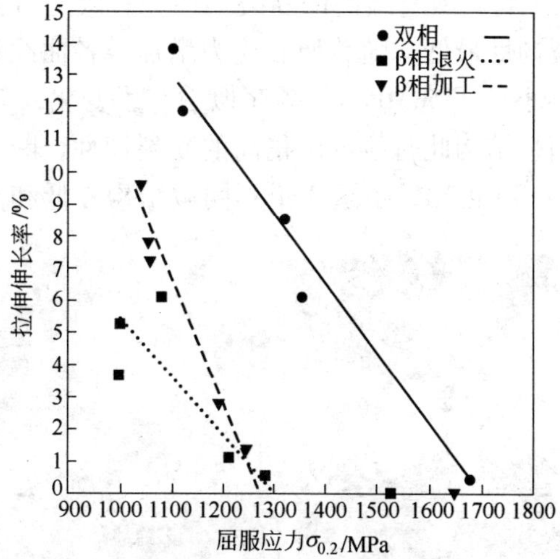

图 7.44 拉伸伸长率随屈服应力的变化情况，Ti-6246

相微结构显示出大约10%的拉伸伸长率。

即使在最高的屈服应力（1680MPa）时，双相微结构也显示出可测量的延展性（拉伸伸长率0.5%），而在这个高屈服应力区域，β退火和β加工微结构在宏观规模屈服之前断裂，在微观尺度下，这些试样表现为韧窝状韧性断裂模式，断裂路径沿着β晶界，即毗邻连续α层的软区。

3个微结构状态的断裂韧性随屈服应力的变化如图7.45所示，从图7.45中可见，在低屈服应力区域（不大于1150MPa），断裂韧性遵循众所

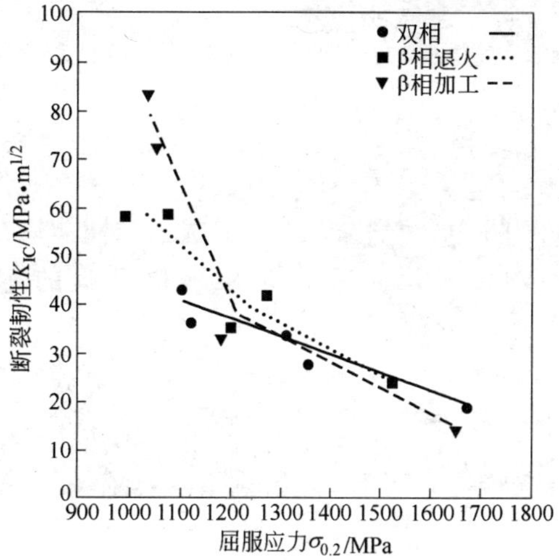

图 7.45 断裂韧性随屈服应力的变化情况，Ti-6242

周知的趋势，β加工材料具有最高的断裂韧性，其次是β退火材料，细晶粒双相材料的断裂韧性最低。随着屈服应力增加，各曲线相互接近，在高屈服应力区域（不小于1350MPa），顺序似乎有了变化，与β加工和β退火结构相比，双相微结构此时显示出稍高的断裂韧性，断裂表面的例子如图7.46所示，图7.46也比较了这3个不同微结构在低和高屈服应力状态

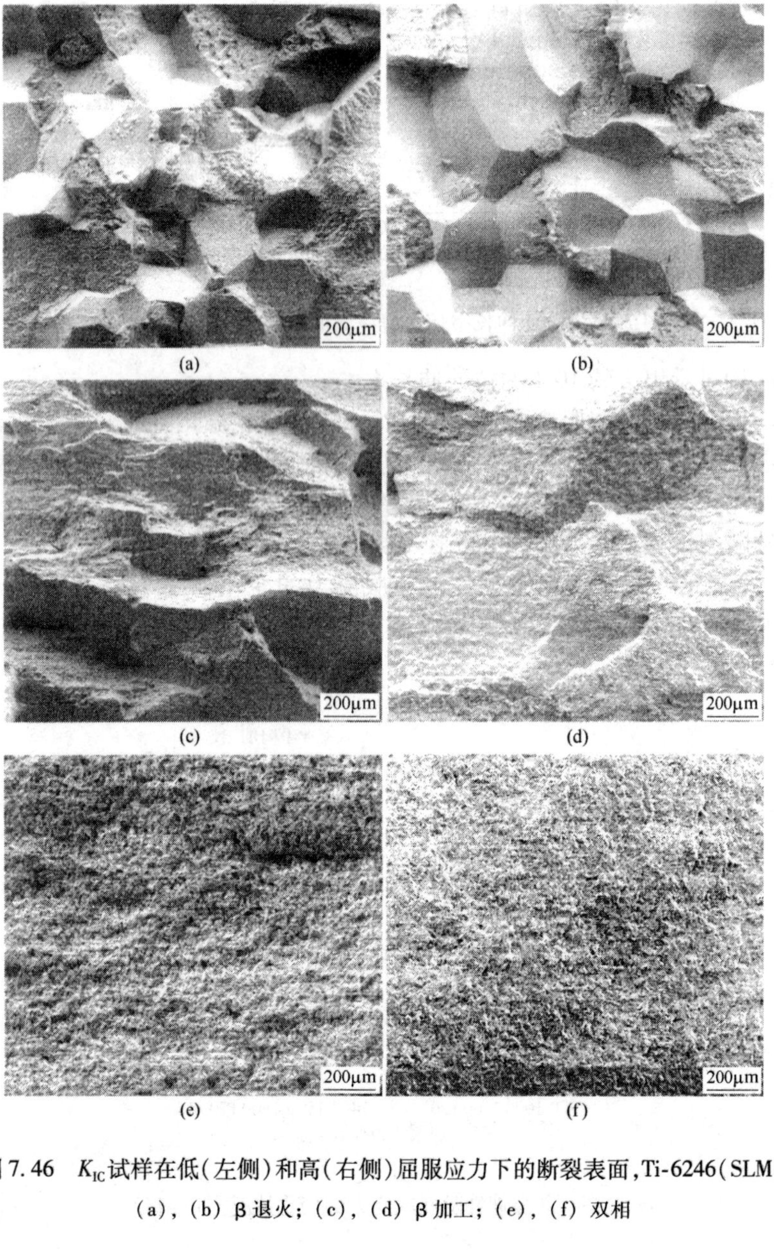

图7.46 K_{IC}试样在低(左侧)和高(右侧)屈服应力下的断裂表面，Ti-6246(SLM)

(a)，(b) β退火；(c)，(d) β加工；(e)，(f) 双相

下的断裂表面。

首先，能够看出，与其他两个微结构相比，双相状态的断裂表面是非常平坦的，其次，在低和高屈服应力状态下，断裂类型定性方面是相同的，趋势是沿着β晶界即在毗邻连续α层的软区内，裂纹扩展的百分率随屈服应力水平的增加而稍稍增加，这可从图7.46中的β退火和β加工状态中看出。对于双相状态，为了便于比较，图7.46中使用了相同的放大倍率，但放大倍率太低而不能提供更多详情，用更高放大倍率摄制的显微照片也显示出了上述趋势。

图7.45所示三种微结构状态的断裂韧性随屈服应力的变化，可以通过考察影响断裂韧性的两种单独作用而定性得到理解，一个是内在的影响，另一个是裂纹前缘几何形状的影响，如在5.2节和7.2节中所讨论的那样，在示意图7.47中这些影响是独立的。断裂韧性的内在影响描述的是软区内裂纹扩展倾向，它受基体和软区之间的强度差即屈服应力水平的影响以及滑移长度（晶界长度）的影响。与双相微结构相比，β退火和β加工微结构中这种固有影响（见图7.47）随着屈服应力增加而快速地降低，这是因为β退火和β加工微结构有比双相微结构更长的滑移长度（晶界长度），图7.47中的曲线反映出了这两个内在影响的作用。

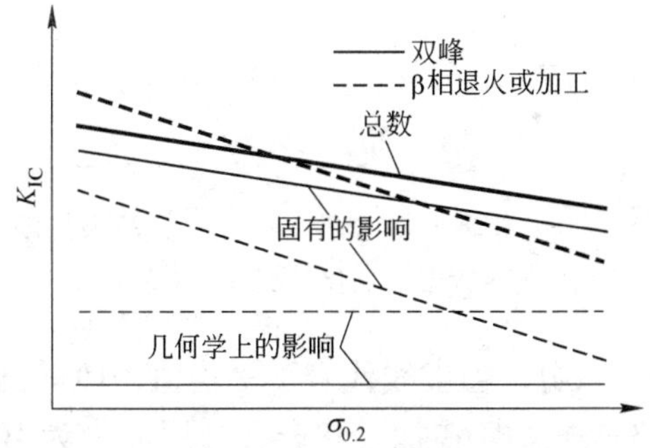

图7.47　β钛合金三种不同微组织的断裂韧性随屈服应力的变化情况

裂纹前缘几何形状对断裂韧性的影响在粗晶粒β退火和β加工中要比在细晶粒双相微结构中大得多，正如可以从图7.46中断裂表面推断出，这种影响在很大程度上并不依赖于屈服应力水平，因此，这个因素对断裂韧性的作用基本上与屈服应力无关，从图7.47中可看出，两条曲线的几何形状影响斜率非常小，两种影响的总和代表了断裂韧性，这解释了观察到的强度-韧性趋势（见图7.45），即：与β退火和β加工微结构相比，双相微结构在低屈服应力状态下有较低的断裂韧性，但在高屈服应力状态下断裂韧性较高，这是因为图 7.47 中两个总和曲线相交，与图 7.47 中两个总和曲线交点对应的屈服应力，不但取决于内在影响曲线的斜率，而且还取决于裂纹前缘几何形状影响曲线的高度，这意味着交点的屈服应力将取决于合金类型以及所采用的形变热处理过程的详细参数。

除拉伸和断裂韧性试验外，对三种微结构状态的 *S-N* 曲线进行了测量，把从 *S-N* 曲线得到的 10^7 循环疲劳强度值对屈服应力作图，见图 7.48，从结果可以看出，三种微结构在屈服应力值达到 1200MPa 时的高循环疲劳（HCF）强度几乎是相同的。

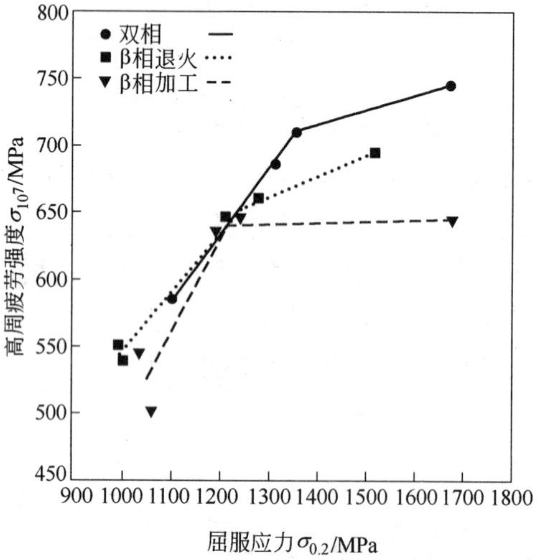

图 7.48 HCF 强度（*RT*，*R* = −1，75Hz）随屈服应力的变化情况，Ti-6246

β 加工状态的点较分散但虚线代表了平均值，HCF 强度与屈服应力的比率再次约为 0.53——忽略 β 加工状态在屈服应力为 1060MPa 时的低值 0.47 以及 500MPa 时的 HCF 强度，在高于 1200MPa 的高屈服应力区域，三条曲线相互偏离。与 β 退火和 β 加工状态相比，双相微结构显示出高得多的 HCF 强度，这清楚地说明短滑移长度对疲劳裂纹形核的有利影响，在所有试样中，疲劳裂纹形核均发生在包括一个 β 晶界的试样表面，即在接近 α 层的软区域。

总之，当屈服应力值大于 1300MPa 时，与 Ti-6246 的 β 退火和 β 加工微结构相比，双相微结构显示出了较高的拉伸延伸性、较高的 HCF 强度和稍高的断裂韧性，这种总趋势也应该适用于断裂相关性质受 β 晶界处毗邻 α 层软区存在不利影响的其他 β 钛合金。

7.4.2 Ti-5553 性能的优化

新型β钛合金 Ti-5553（Ti-5Al-5V-5Mo-3Cr）是以前俄国合金 VT22（Ti-5Al-5V-5Mo-1Cr-1Fe）的一种改进品种[7.27]，Ti-5553 的β转变温度大约是860℃，与其他β钛合金，例如与 Ti-10-2-3 相比，这种合金的优势是动力学上α相的缓慢析出，因此，这种新合金可以用于厚截面锻件的高强度机身部件[7.28]，例如飞机起落架和襟翼导轨等，波音公司[7.28,7.29]和空中客车公司都在评估这种合金在未来飞机结构部件中的应用[7.30]。对β退火和双相微结构，不同的热处理对微结构的影响已有报道[7.31]，根据7.2.1节中的讨论，对于具有复杂几何形状和有多轴向负荷的飞机机架组件零件，使用β加工状态是不可取的，原因是由于扁平状β晶粒结构和产生与之毗邻软区的晶界α层会导致其性质的各向异性。

Ti-5553 合金在β晶界附近微结构的例子如图7.49所示，这些显微照片显示出了沿β晶界的连续α层（标记为A），毗邻的β相（B）无析出（软）区和基体（C）中的α片状体结构，在电子透射电子显微照片图7.49（a）中可见的软区内有规则间隔的平行线是一个薄箔的假象（见3.9.2.1节），这些线是软区，即β相存在的一个证据，α层和软区之间的连续界面在图7.49（b）中清晰可见，在这些例子中软区的宽度大约是0.5μm。

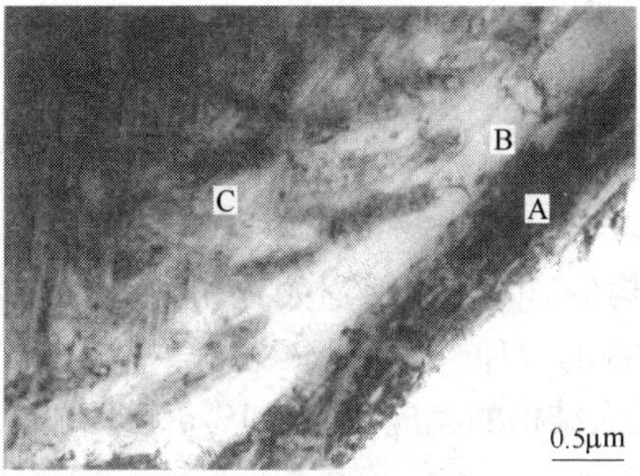

(a)

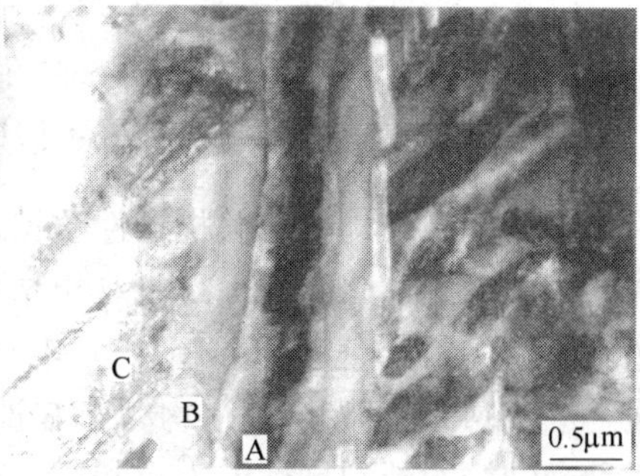

(b)

图7.49 β钛合金 Ti-5553 中连续α层（A）毗邻的β相无析出区（B）及基体α片体结构（TEM）

在一个联合开发项目（Otto Fuchs KG，迈纳茨哈根（Meinerzhagen）；德国空中客车，不来梅（Bremen）；Timet，法国及 TU 汉堡-哈堡）中，Ti-5553的微结构通过形变热处理得到优化，在1000MPa 的最小屈服应力条件下实现了拉伸延展性、断裂韧性和HCF强度间的很好平衡，正如上面所讨论过的，β加工状态不能考虑用于飞机机架，因而，把重点放在β退火结构和双相结构上。早期，由Ti-6246在低屈服应力状态下获得的结果（见7.4.1节）表明，细晶粒（20μm）双相结构有高的拉伸延展性和高的HCF强度，但断裂韧性低，把这些性质与β退火材料的性质作比较，可以断定20μm的晶粒尺寸对包括断裂韧性在内的机械性质的优化来说作用太小，因此，选择用于双相微结构（（α+β）加工和（α+β）再结晶，见7.1.4节）的形变热处理以产生中等尺度的β晶粒，最终比较的两个显微结构状态如图7.50所示，β退火结构的晶粒尺寸约为400μm，见图7.50（a），双相结构的β晶粒尺寸约为125μm，见图7.50（b），对于后者的显微照片，使用偏振光以确保双相结构的晶粒结构中存在大角度的晶间界。

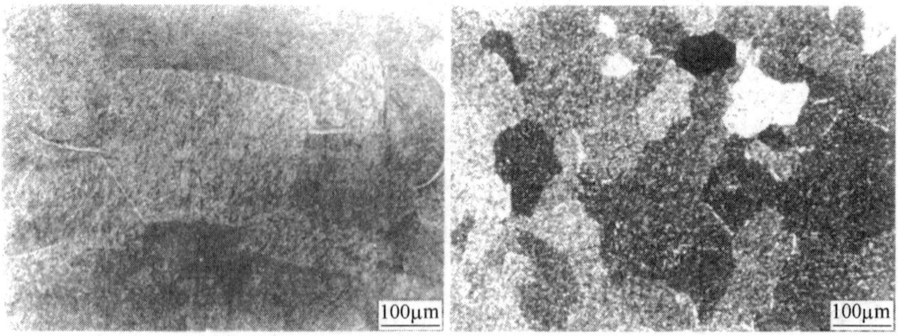

(a)　　(b)

图7.50　Ti-5553中的晶粒结构（LM）

（a）　β退火状态；（b）双相状态，偏振光图像

这两种微结构的相关机械性质见表7.11，从表7.11中可见，β退火结构的屈服应力（1100MPa）和双相结构的（1090MPa）大致相同，两者均超过所需的最小值1050MPa。双相结构的拉伸伸长率及$R=-1$时的HCF强度（13.4%，575MPa）均高于β退火结构的相应值（6.4%，500MPa）。两种微结构的断裂韧性值大致相同（66MPa·$m^{1/2}$），显然，125μm晶粒双相状态断裂韧性的内在影响要比400μm晶粒β退火状态高，与较细晶粒的双相状态相比，较大裂纹前缘几何形状对粗晶粒β退火状态断裂韧性的影响大致抵消了这种内在影响的差异（见图7.47）。

表7.11　Ti-5553的力学性能

微结构	$\sigma_{0.2}$/MPa	*UTS*/MPa	*El.*/%	K_{IC}/MPa·$m^{1/2}$	σ_{10^7}/MPa
β退火	1100	1145	6.4	66.1	500
双相	1090	1150	13.4	65.8	575

7.4.3 β21S 中 α 析出物分布

如7.1.1节中所述，亚稳态的 ω 和 β′颗粒充当 α 片晶形核的前驱体，因此，它们对在时效期间形成 α 片晶的尺寸和分布有显著影响，这在高稳定 β 合金中尤其准确，能说明这一点的一个例子是最近获得的对意欲用于直升机引擎排气喷嘴的 β21S 薄板的研究结果，见7.3节。

生产商提供的 β21S 是在固溶条件下，即从约820～830℃（β 转变温度810℃）通过空气冷却得到的，在推荐的8h、600℃最终时效处理后，这些薄片中的微结构如图7.51（a）所示。排气喷嘴部件是在约830℃（高于 β 转变温度）热成形的，随后空气冷却至室温。在8h、600℃的最终时效处理后，在热成形薄片中所生成的微结构如图7.51（b）所示，比较图7.51（a）和图7.51（b）中的显微照片，表明两种微结构完全不同，虽然两者在名义上都有相同的热处理，即从高于 β 转变温度开始的空气冷却和8h、600℃时效处理。实际上，两个试样是同时在一个预热到600℃的氩气炉中一起进行时效处理的，原始薄片的微结构，见图7.51（a）特征是

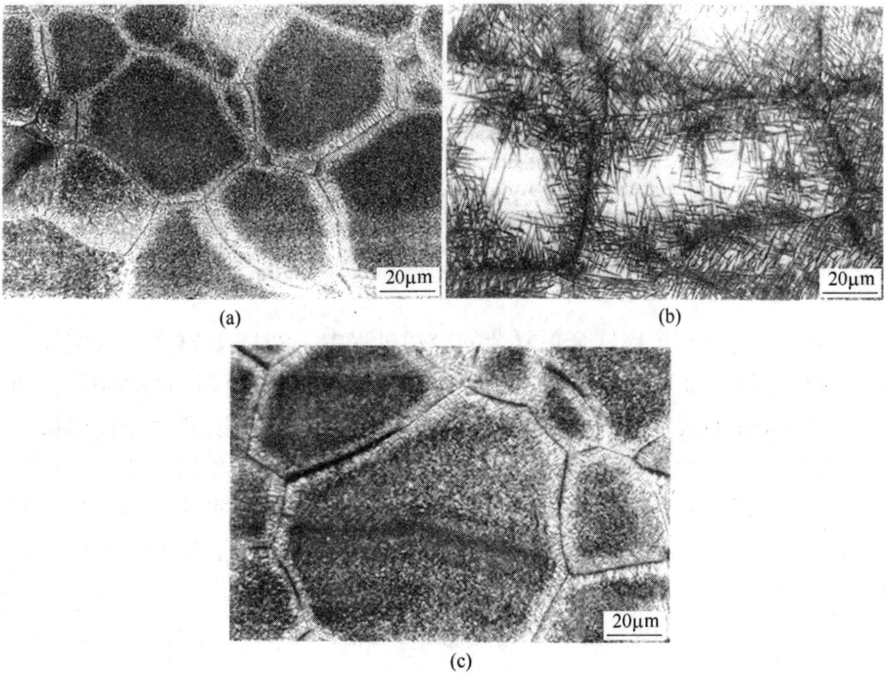

图7.51 不同 β21S 薄片在预热氩气炉中经相同时效处理（8h、600℃）的微结构（LM）

（a）原始样品薄片；（b）热成形薄片；（c）模拟生产冷却过程的薄片[7.33]

细粒α片晶在β晶粒内部均匀分布，在β晶界的微结构则不同，由连续α层和邻近区域组成，在显微照片中很明亮，具有粗粒α片体。与此相反，在热成形薄片的微结构中，见图7.51（b），在β晶粒内部不含任何小的α片晶，只有非常粗大的α片体存在，它们形核于β晶界（有连续α层）并开始向中心区域仍然有过饱和β相组成的β晶粒内部生长，从表7.12中可见，热成形薄片的屈服应力和10^7周期HCF强度（$R=0.1$）均比原始样品薄片的低得多，如果对原始样品薄片进行高于β转变温度的热处理，随后空气冷却并进行后续时效处理，可获得与图7.51（b）中相同的微结构，这表明原始样品薄片在制作期间已经以一个比简单空冷更复杂的方式冷却，通常，在生产过程中，薄片材料将直接由最后轧制道次进入一个设定在期望温度（高于β转变温度，本例为820~830℃）的连续退火炉内，退火之后被绕成卷并且在空气中冷却，如图7.52所示。虽然薄片名义上是空气冷却的，但卷材的冷却速率在某个温度以下将比单独的薄片（例如热成形的排气管喷嘴部件）慢得多。

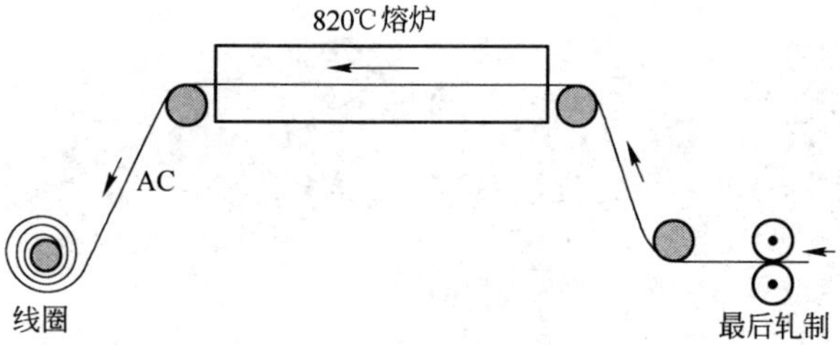

图7.52　β钛片材的最终轧制、退火过程和盘卷

在一次尝试模仿比这个更复杂的冷却过程中，β21S片材在实验室加热到820℃（高于β转变温度），持续30min，接着空气冷却到约400℃，而后以1℃/min的缓慢冷却速率在炉内冷却到室温[7.33]，该薄片经过模拟的生产冷却和标准的时效处理（8h、600℃）后的微结构如图7.51（c）所示，可见所形成的微结构与从原始片材上获得的微结构非常相似。与相似的微结构一致，模拟生产冷却过程薄片的屈服应力和HCF强度值与原始片材的值也很相似（见表7.12），为1120MPa和1160MPa。屈服应力（1120MPa对1160MPa）的差异是模拟生产和实际生产过程中缓冷起始温度不同的结果。

上面描述的冷却对β21S片材的微结构和力学性能的影响，可以通过考察已绘出的β21S时间-温度-相变（*TTT*）图（如图7.53所示）加以解释，从820℃开始空气冷却，然后在经预热的氩气炉中快速加热到600℃的时效温度，使材料只通过（$\beta+\alpha_{g.b.}$）相变区（见图7.53），在此过程中α相只在β晶界形核，在进入（β+α）相变区以前形成连续α层，当出现这种情况且β基体中α片晶均匀形核所需的ω前驱体没有形成时，图7.51（b）所示的微结构就形成了，在这种情况下，600℃时粗α片体将在β晶界和α层边界形核，并在粗片状体边界作为额外的α片状体形核点的地方生长进入晶粒内部，见2.6.2节和2.8.2节。

表7.12 不同热处理的β21S薄片的屈服应力和*HCF*强度值[7.33]

薄　片	$\sigma_{0.2}$/MPa	*HCF*强度/MPa
原始样品	1160	500
热成形	985	350
模拟生产冷却过程	1120	500

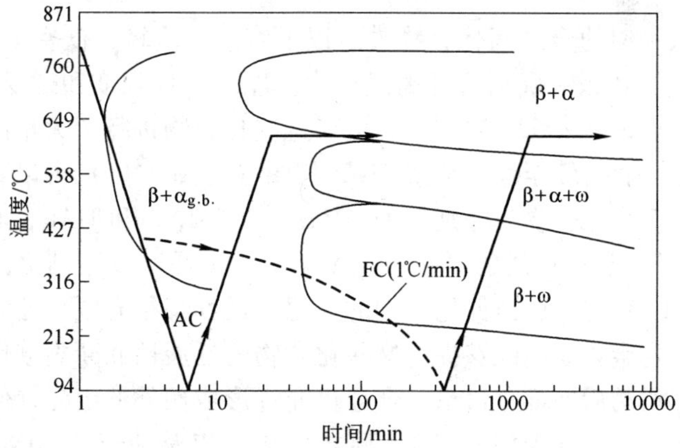

图7.53 包括空冷和模拟生产冷却的β21S的时间-温度-相变曲线[7.34]

在400℃以下缓慢冷却（模拟生产冷却）时，材料将冷却通过（β+ω）相变区（见图7.53所示），ω晶粒形成并充当α片晶均匀形核的前驱体，然后α片晶均匀分布于整个基体，见2.8.2节，由此形成的微结构看起来就像图7.51（a）和图7.51（c）中所表示出的微结构。

自然，通过一个低温下的单独预时效处理（二段时效处理）过程或者通过一个缓慢加热过程，材料空冷到室温也可以达到图7.53中的（β+ω）相区，如用真空炉在600℃进行时效处理的情况。

8 钛基金属间化合物

金属间化合物，尤其是那些在轻元素，如钛和铝之间形成的金属间化合物，由于它们的密度低、高温强度好，因此非常有吸引力，然而金属间化合物的形成通常都会减少母体金属晶格的对称性，相应地增加了有效形变模式的限制，这些限制通常表现为强度增加，至少在升高温度时增加，延展性和断裂韧性降低。发展史上，一直认为与延展性和断裂韧性降低相关的问题比强度增加更有利，因此，在结构材料应用中金属间化合物的使用一直非常有限。

基于钛和铝的金属间化合物具有以下特点：质轻（低密度）、相对刚性（高模量）以及有吸引力的高温力学性能（拉伸强度和蠕变强度）。由于有这些特点，从 1953 年起[8.1]，就对这些化合物进行了大量的研究，这些研究工作一直持续至今。考察 Ti-Al 相图（见图 2.11）可以看出，在这个体系中有 3 个化合物，分别是 $Ti_3Al(\alpha_2)$、$TiAl(\gamma)$和 $TiAl_3$，其中，只对 Ti_3Al 和 TiAl 进行过广泛的研究。Ti_3Al 具有六方晶系 DO_{19}结构，而 TiAl 具有四方形 $L1_0$ 结构，这两种化合物的室温延展性都很有限，尤其是处于二元状态时。合金化表明能够提高这些化合物的延展性和断裂韧性，关于这一点将在本章的后面部分讨论。合金也允许形成额外的组元，例如无序的 β 相（A2）、有序的 β 相（B2），称之为 β_2，以及基于 Ti_2AlNb 的有序斜方晶相，称之为 O 相。

在某些方面，把这些化合物引入到结构应用的尝试说明了与任何新种类的材料引入有关的困难，那就是，虽然已经过去了 40 多年，但是铝化钛却依然被认为是试验性材料，一直关注的主要问题就是脆性，但是 Ti_3Al 和 TiAl 的较新合金类型能使这种关注减少许多了。目前，主要关心的是成本和可得到的性能改良。本章将简要讲述钛铝化合物的基本冶金学，概述它们的一些潜在应用并总结当前将其引入产品的主要障碍。有许多较新的综述性论文就 γ 合金[8.2～8.14]、α_2 合金和斜方晶系合金[8.15～8.20]的各个方面进行了详细的论述。

8.1 合金化和微结构

前面已经提到，在 Ti-Al 系中有两个人们感兴趣的二元金属间化合物，第一个是基于组成为 Ti_3Al、具有 DO_{19}结构的六方晶系 α_2 相，这种化合物的长程有序排列影响了在第 2 章中所阐述的 α 钛形变模式，结果能够容易激活的形变模式极少，特别是在这种化合物中观测不到孪晶现象并且 $\boldsymbol{c}+\boldsymbol{a}$ 滑移也极少观测到，此外，这种有序化使得基面上的 $\boldsymbol{a}$ 滑移($1/3\langle 11\bar{2}0\rangle$ 所指的无序六方晶格）更加困难，因为这种位错运动产生无序。具有相同伯格斯（Burgers）矢量的二次位错有可能跟随第一个位错并且修复这种“无序”，虽然移动这些位错对应的应力大约是移动单个位错所需应力的一半，但是 Ti_3Al 中的高反相边界仍然能使借助 $\boldsymbol{a}$ 位错的大范围基面滑移非常困难，这是因为交叉滑移到达棱柱或棱锥面是受约束的，结果，如果观察到基面滑移，那么它是非常平坦的，正如能从图 8.1 中看到的那样。马辛科夫斯基（Marcinkowski）[8.21]第一次研究了 $\boldsymbol{a}$ 滑移对 DO_{19}超晶格完整性的影响，他指出 $1/3\langle 11\bar{2}0\rangle$ 位错（参考的无序晶格）在基面上的运动总是形成横穿分开晶格的剪切区和非剪切区滑移面的无序，图 8.2 表明了 DO_{19} 晶格基平面内的原子排列，这里“小”原子属于刚好位于图平面上方的密排面，可见具有一个 $\boldsymbol{a}$ 向量的基面滑移产生两个最邻近差错，进一步分析表明，4 个次邻近差错也产生了，这与在棱柱面上的剪切形成对比。在 DO_{19} 晶格中的原子排列导致两种类型的棱柱剪切，对此 Blackburn[8.22]已经做了详细的分析，并在图 8.2 中标记为类型 1 和类型 2。从图 8.2 中可以看出，类型 1 的棱柱剪切不产生任何最邻近差错，事实上仅产生总数为 2 的次邻近差错，而类型 2 的棱柱剪切产生两个最邻近差错和 4 个次邻近差错，这些在图 8.2 中分别标记为“易”和“难”棱柱切变。DO_{19}超晶格的原型体

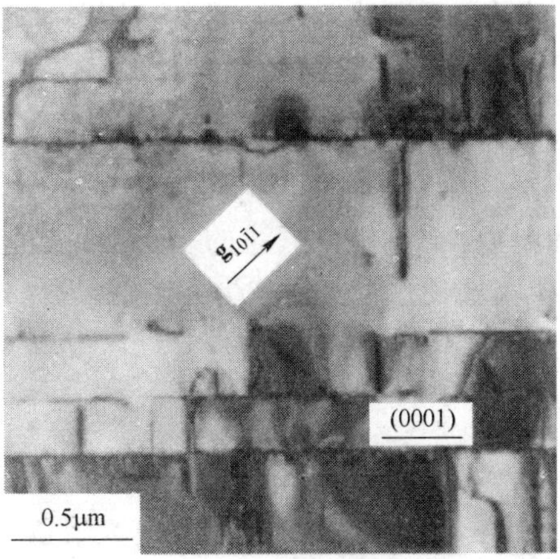

图 8.1 显示 Ti-25Al 中基面滑动带和棱柱平面上的 $\boldsymbol{a}$ 位错的显微照片（TEM）

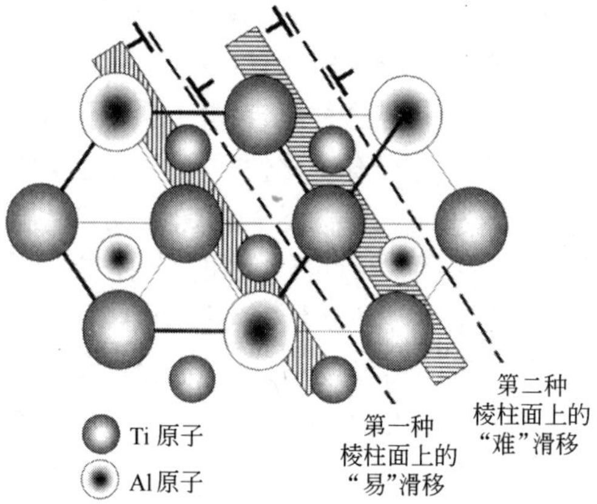

图 8.2 指示棱柱平面上“易”滑移和“难”滑移的 DO_{19} 晶格基面

系是 Mg_3Cd，由此可见 Mg-25% Cd 合金的有序形式令人惊奇地比无序合金的延展性更好，这是因为“易”滑移棱柱面的产生有利于有序晶格中的棱柱滑移，尽管 c/a 比大（这通常有利于基面滑移），因为长程有序促进了附加形变模式的作用，Mg_3Cd 的延展性在有序条件下比在无序条件下更好，除了 $\boldsymbol{a}$ 滑移，六方晶系金属需要一种有一非基面分量的滑移模式作用，以满足关于多晶体塑性的泰勒-范米塞斯（Taylor-Von Mises）准则。在 α 钛中，最普遍的非基面变形模式是 $\boldsymbol{c}+\boldsymbol{a}$ 滑移[2.8,2.10]，在 DO_{19} 晶格中，$\boldsymbol{c}+\boldsymbol{a}$ 滑移矢量有一个在移动过程中产生的无序 $\boldsymbol{a}$ 分量，这就使得 $\boldsymbol{c}+\boldsymbol{a}$ 滑移模式在有序的 DO_{19} α_2 相中比在无序 α 相中更难于激活。一般而言，长程有序的存在也抑制了交叉滑移，这就产生了如图 8.3 所示的平面滑移，

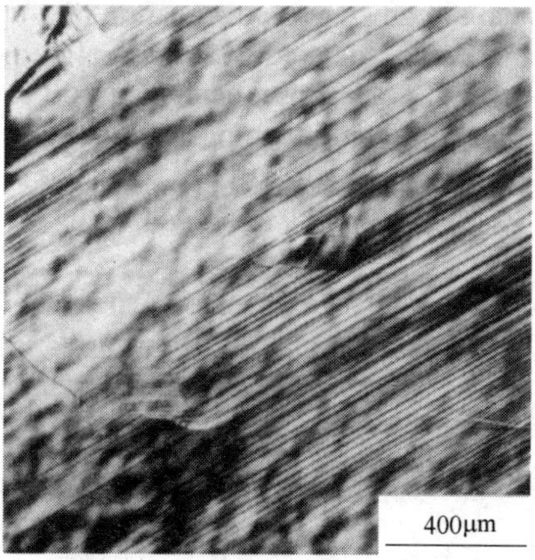

图 8.3 Ti-25Al 抛光面上的平面滑移线（LM）

在这种情况下，位错塞积发生在位错带的最前面，并且与这些积塞有关的应力能够引起如图 8.4 所示的解理裂纹，结果，在多晶的形式下，相对于无序 α 相来说，有序的 α_2 相表现出有限的延展性，滑移系减少和平面滑移的出现看来是 α_2 相在室温和温度约 600℃ 时延展性低的最主要原因。

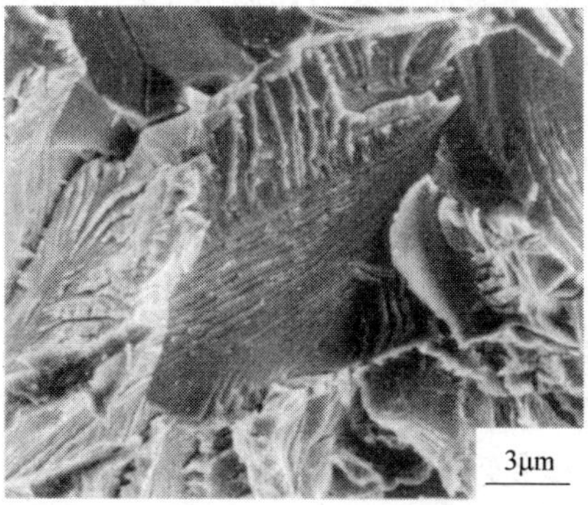

图 8.4 显示解理裂纹的 Ti-25Al 断裂表面（SEM）

Ti-Al 系中另一个有趣的化合物是具有 $L1_0$ 结构的 γ 相（TiAl）[8.21,8.23]，因为钛和铝的原子半径不同，这种结构中的长程有序能在无序的面心立方点阵（$c/a=1.04$）中产生轻微的四方畸变，有序化也能使 6 个可能的 1/2〈110〉滑移向量中的 4 个运行，从而产生下一个最邻近差错，因此，γ 相中能够运行的滑移系的总数也被分为“易”系和“难”系，这一点由图 8.5 中的图解说明，如同 α_2 相的情形，有序的存在减少了 γ 相的塑性变形能力，温度高达约 750℃ 时多晶 γ 相的延展性非常低。

根据前边关于 α_2 相和 γ 相晶体塑性的讨论，近年来为了提高这些化合物的延展性，大部分努力都致力于合金化的效果，原则上，从延展性来

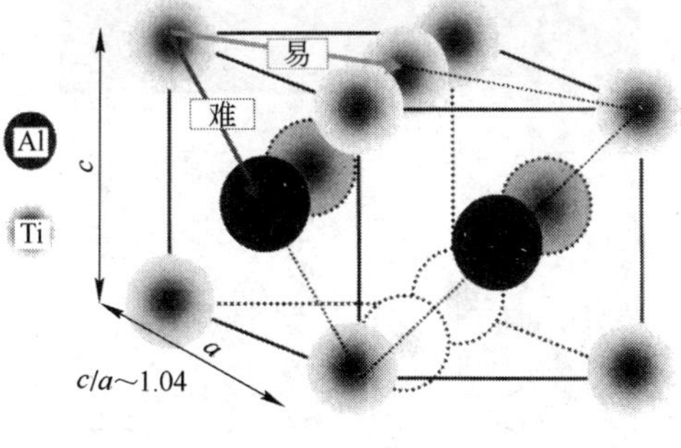

图 8.5 显示“易”滑移和“难”滑移方向的 $L1_0$ 结构晶胞示意图

说，合金金属间化合物有 4 个方面的有益效果。第一，能够减轻对滑移方式的业已描述的限制；第二，能够减缓有序化的动力学或者改变长程有序的程度；第三，通过引入作为韧性次相的 β 相或 β_2 相改变合金结构，韧性次相能阻止或阻碍在脆性主要组元（α_2 相和 γ 相）中形成的微观裂纹的生长；第四，能够改变在热处理和加工过程中的转变行为以使微结构得到精细和控制。还没有明显的证据表明任何一个已经实验过的合金元素对 α_2 或 γ 相的本征晶体塑性有显著的影响，虽然已有报道 ***c + a*** 滑移在 O 相中（后面叙述）比在 α_2 相中较活跃[8.24]，添加 Nb 确实能够改变 $\alpha \rightarrow \alpha_2$ 有序化反应的动力学，但是对 α_2 组元有序化的平衡程度并没有显著影响。如有意在高温使用的合金，因为在应用中能够发生有序化，所以动力学效应是没有多少帮助的，合金添加剂对结构的作用已经证明对 α_2 类和 γ 合金类都是有效的，尽管合金化通过相变动力学的作用对 α_2 合金是有用的，但它对 γ 合金的适用性有限，此类例子之一是在 α_2 合金中添加 Nb、Mo 和其他 β 稳定剂来改变 $\beta \rightarrow \alpha$ 转变的动力学。对于 DO_{19} 和 $L1_0$ 结构的化合物来说，最常用的合金化添加剂都是 Nb，但是 W、V、Mo、Mn、Si 和 Cr 也已经被添加到两类化合物或其中之一种中，它们都有明显的效果，或者说至少对所选择的性质效果明显。

合金化的主要好处，尤其在 α_2 相合金中的好处是使微结构改变并且通过热处理进行细化[8.25]，合金添加剂如 Nb 和/或 W 改变 $\beta \rightarrow \alpha$ 反应的动力学，并且产生如图 8.6 所示的尺度更细小的微结构[8.26]，在这个结构中，单个不同取向的 α_2 片体每一个都属于伯格斯（Burgers）关系的不同变体，这个结构通常叫做维德曼司特顿（Widmanstätten）结构或者带状编织结构，因此，这个结构有减少滑移长度及减少与错位堆积有关的相应应力大小的作用。当 Nb 浓度大于约 8% 时，还有小体积分数的 Nb 稳定 β_2 相存在，尽管文献中的专业术语在这一点上稍有矛盾，但在这类合金中，当有

图 8.6 基体中的晶粒边界 α_2 和 α_2 片体，Ti-24Al-11Nb（LM）

体心立方组元存在时，这个组元总是有序的 β_2 相。在其他合金中，比如那些含 W 的合金中，在 W 的浓度低至 1% 时 β_2 相也出现，这大概是因为 W 在 α_2 相中的溶解度的缘故。图 8.7 表示出在一含 2% W 的合金中的 β_2 相，这种 β_2 相具有延展性夹杂物的行为，它能使在脆性 α_2 相中形成的微裂纹尖端处的应力松弛。其他一些合金含有足够的 Nb 以稳定小体积分数的体心立方相，因此，Ti-24Al-11Nb 的室温延展性通常是 4% ~5%，这与非合金化的二元化合物 Ti_3Al 的室温延展性基本为 0% 是截然相反的，Nb 添加剂对延展性的有益影响也增加了合金的密度但降低了蠕变强度，这大致因为是 Nb 稳定的 β_2 相存在的缘故。由于合金化对 α_2 合金微结构可能的影响范围，已有无数开发 α_2 相合金的尝试，合金 Ti-24Al-11Nb 是一种大量制造并用于构建制造示范的早期合金[8.27]，与常规钛合金或者 Ni 基合金相比，这种合金和类似三元合金的密度修正强度是勉强合格的，因此，开发了其他更为复杂组成的合金，这些合金的开发在确定若干种其他组成时达到顶点，但是作为第二代 α_2 相合金最广泛认可的是 Ti-25Al-10Nb-3V-1Mo[8.25]，这种合金有时被称为超 α_2。

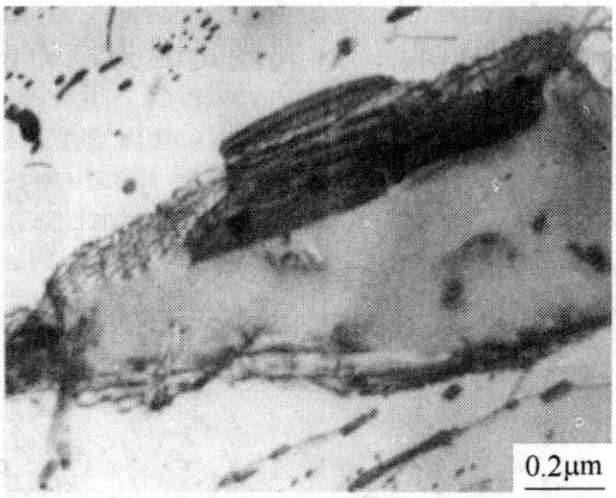

图 8.7 含 2% W 的 α_2 合金中小的 β_2 析出物（TEM）

当 Nb 浓度为 15% 或者更高时，高温 bcc 相能作为亚稳相在淬火时保留下来，但显示出一个有序的 B2（CsCl）结构[8.28]，有序的 β_2 相比无序的 bccβ 相有更为有限的延展性，例如，一种含 25% Al 和 15% Nb 从 β 相区迅速淬火的合金由 100% 的 β_2 相组成，而且极脆，这很可能是因为介稳态 β 相能经历一系列的快速分解反应[8.28,8.29]，这些反应强化并脆化了 β_2 基质，这个效应，加上由于 Nb 导致的密度增加，限定了可以有效地添加到 α_2 相合金中以改进延展性的 Nb 浓度上限，至少对于合金可能潜在遭受快速冷却（例如在接合期间）从而导致保留的亚稳态 β_2 相的应用场合，情况确实如此，这种组成的合金（Ti-25Al-15Nb）从非常高的温度淬火时，在 β_2 相中出现很多反相边界（APBs），表明在淬火期间发生了有序化反应。相同合金从（$\alpha_2+\beta_2$）相区的高温淬火表明基本上没有 APBs，但衍射图表明 bcc 相有 B2 结构，这与在某一中间温度下 bcc 相中有一个有序/无序转变存在是相吻合的，$\beta\rightarrow\beta_2$ 有序化转变的确切温度看来取决于合金中 Al 和 Nb 两者的浓度[8.29]，这种相关性还没有系统地确定下来。

含 Nb 不小于 10%（或者当量的其他 β 稳定剂）α_2 合金的各种合金形式和所谓的斜方晶系合金对形变热处理的响应与在第 5 章和第 7 章中所描述的常规钛合金（对形变热处理）的响应相似[8.30,8.31]，在这类基于 α_2 相的合金中，从全片层微结构到双相微结构再到等轴微结构，所有的微结构都可以用适宜的加工和热处理方法产生出来[8.30]，在 Ti-25Al-10Nb-3V-1Mo（超 α_2）中可获得的微结构范围示于图 8.8，α_2 相的形态对性质的影响与在常规钛合金中观察到的影响方式类似，由于 α_2 相合金主要感兴趣的是高温应用，全片层微结构也许是最吸引人的，因为它具有最好的蠕变强度。（$\alpha+\beta$）合金的情况亦如此，但其全片层微结构的拉伸延展性要比双相结构或等轴结构的低，对于 α_2 相合金，这是一个更为严格的限制，因为这些合金中组元的固有室温延展性低，这大概是因为六方晶系 α_2 相和体心立方 β_2 相长程有序的缘故。

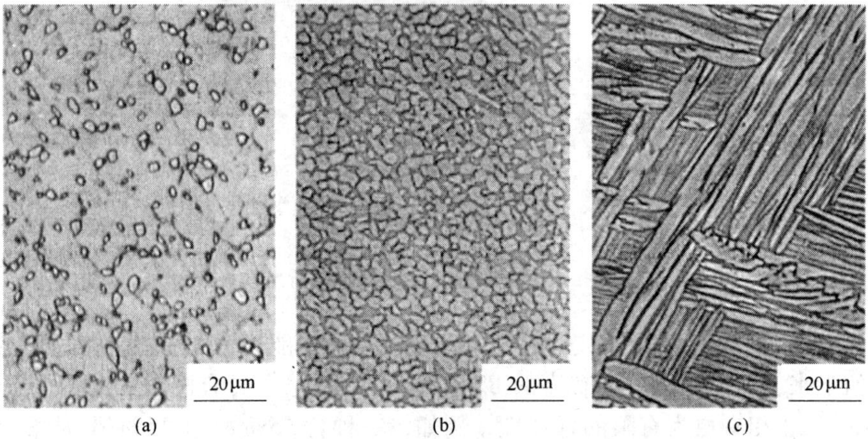

图 8.8 由不同形变热处理产生的超 α_2 微结构，最终热处理 2h 830℃（LM）

（a）双相的；（b）等轴的；（c）片层的[8.30]

另有一类含 25% Al 和 12.5% ~24% Nb 的金属间合金，以 Ti_2AlNb 组成为基础，它们形成一个有序的斜方晶相（O 相）[8.32]，当 Nb 浓度高于与 α_2 相稳定性范围相应的合金时形成斜方晶相，该相的结构和斜方晶胞（粗实线）示于图8.9中，因为Nb和Al的原子半径不同，这种结构在沿着Ti和Nb组成的行和沿着Ti和Al组成的行有不相等的轴长，因此，六方晶系α_2的结构是扭曲的，必须用一个斜方晶胞表示，正如将在后面讨论的那样，这些所谓的斜方晶合金有比超α_2合金显著改良的室温延展性和较好的密度修正强度。O相的一种形成模式是在富Nb区域内形成，该区域是在缓慢冷却期间或者老化期间，由于Nb从α_2相中排出所导致的溶质分配结果，有人认为斜方晶相的形成是Ti_3Al－Nb系中溶混间隔的结果[8.33]，这解释了随后要求形成Ti_2AlNb斜方晶相的富Nb区的形成，对含20%～30% Al和15%～30% Nb合金中的相平衡已有研究和记述，已经证明，($O+\beta_2$)、($O+\alpha_2$)和($O+\alpha_2+\beta_2$)结构都是可能的，但($O+\beta_2$)的存在遍及大量前面引用的组成范围[8.33]。

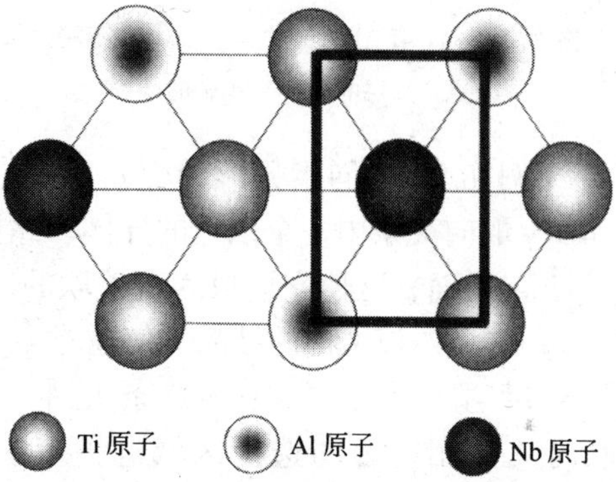

图8.9 斜方晶胞（暗线）及其与DO_{19}结构的关系

在高温行为方面，γ合金一直是较有前景的钛铝化合物类[8.34]，它们存在的最大挑战性问题是在低温下延展性低和断裂韧性差，已证明合金化在一定程度上对提高室温延展性是有利的，但其值仍然较低（伸长率约为2%）。γ合金中最重要的成分效应是Al浓度对结构的影响，这主要因为在γ相中，Nb、Mo、W和V是相对不溶的，在室温下，含45%～48% Al的合金处于($\alpha_2+\gamma$)的两相区，从单一α相区冷却进入($\alpha_2+\gamma$)相区，结果产生了如图8.10（a）所示的全片层结构[8.35,8.36]。如果冷却速率足够慢，有些γ相也在α晶界三相点处不均匀形核，在这些合金中也有可能有一个等轴的($\alpha_2+\gamma$)结构，见图8.10（b）或者有一个由等轴γ晶粒和片晶组成的双相结构。片层结构由散布在γ条板之间的α_2条板组成，这些条板有一个以平行的密排面和平行的密排方向为特征的取向关系[8.35]，即$(0002)_\alpha // (111)_\gamma$和$[11\bar{2}0]_\alpha // [1\bar{1}0]_\gamma$，忽略$\gamma$相的小四方性，这与在

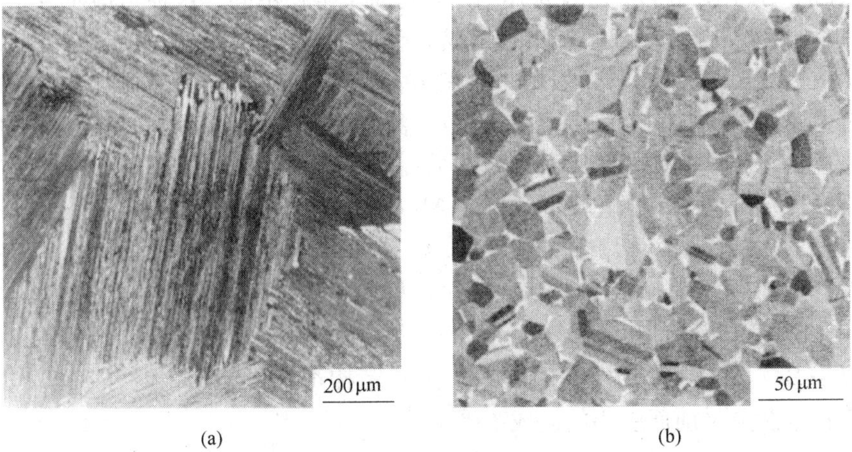

图 8.10 Ti-48Al-2Cr 的显微结构（SEM）
（a）全片层的；（b）等轴的[8.36]

许多 hcp 到 fcc 转变（例如 Co 的同素异形转变）中观察到的取向关系相同。γ 条板也属于 α_2/γ 取向关系中一个以上的异体，并且相邻的条板通常享有一个共同的 $\{111\}_\gamma$ 平面，这使它们成为有关联的双晶。当“易”滑移系排列成行时，$(\alpha_2+\gamma)$ 条板结构的结晶学使越过 α_2/γ 条板边界的滑移传递更有利，图 8.11 显示出了 $(\alpha_2+\gamma)$ 条板结构，图 8.12 显示的是与前面描述的取向关系相符合的选择区域电子衍射图样，如果两相 $(\alpha_2+\gamma)$ 合金在一个非常高的温度（大于 1300℃）淬火，那么 α_2 相含有反相边界，这与冷却期间出现有序化相吻合，图 8.13 显示出 α_2 条板中的 APBs，这将在后面讨论，这种条板结构对延展性有重要影响。

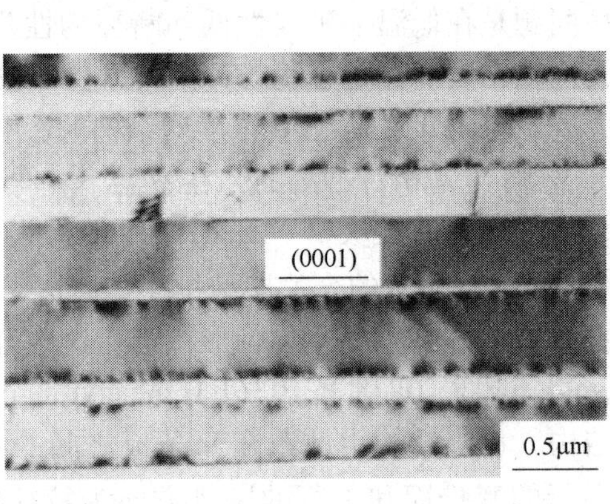

图 8.11 Ti-44Al 中的片状 $(\alpha_2+\gamma)$ 结构（TEM）

图 8.12 α_2 基体中有两个孪晶 γ 变体的片层（$\alpha_2+\gamma$）结构选择区域衍射（TEM）

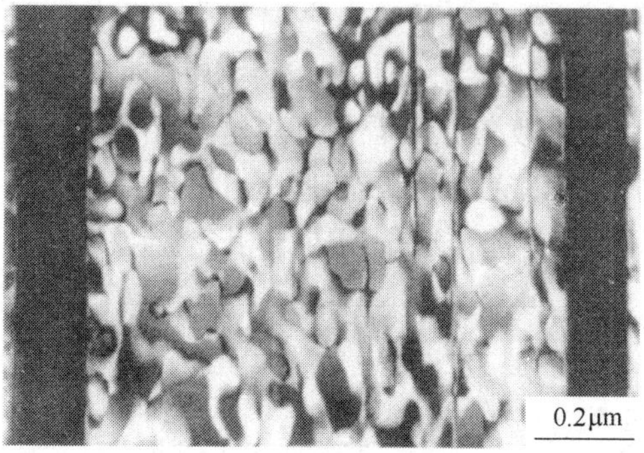

图 8.13 显示 Ti-44Al 从（$\alpha+\gamma$）相区淬火 α_2 相中 APBs 的暗区电子显微照片（TEM）

添加 Cr 和 Nb 对 γ 相的低温延展性也是有利的，一种进行过很多研究的早期合金是 Ti-48Al-2Cr-2Nb，在这种合金中，Cr 和 Nb 对延展性的固有影响还不清楚，在较高温度下将（$\alpha_2+\gamma$）相界向右移动，这个组成显然为产生全片层结构开启了热处理窗口。另一种受到关注的 γ 合金是 Ti-47Al-5Nb-1W，因为它有较好的蠕变强度[8.37]，就像在 α_2 合金中一样，W 在 γ 相中的溶剂度也极其有限，因此，这种合金和其他含 W 添加剂合金的微结构中有小的 β_2 相颗粒存在，图 8.14 显示的是这些 β_2 相晶粒的一个例子，这些 β_2 颗粒太过粗大且间隔太宽而不能析出或者弥散硬化，它们确实倾向于形成有待细化的显微结构，使得在温度高达约 700℃ 时仍有较高的强度。

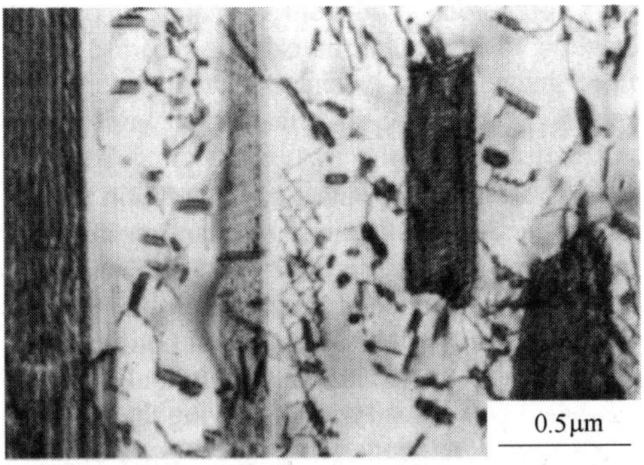

图 8.14 含 2% W 的 γ 合金 Ti-49Al 中的细粒 β_2 析出物（TEM）

任何合金添加剂都不会对表面氧化物的稳定性产生不利影响，这一点也是很重要的，因为，这些材料的主要吸引力是在无涂层条件的高温应用。早期一代的 γ 相合金是 Ti-48Al-1V，由此人们弄清楚了 V 添加剂对低温延展性有利，后来还弄清楚了 V 对高温氧化和耐热腐蚀性是有害的，这使人们对这个合金失去了兴趣。Nb 和 Cr 添加剂对氧化行为有益，这种关系如图 8.15 所示[8.38]，改善原因看来是当这些元素存在时对 Al_2O_3 鳞片的稳定作用，可以预料，以无涂层状态使用 γ 相合金，无论从成本观点还是从可靠性观点出发都是首选，这是期望 γ 相合金化的另一个原因。

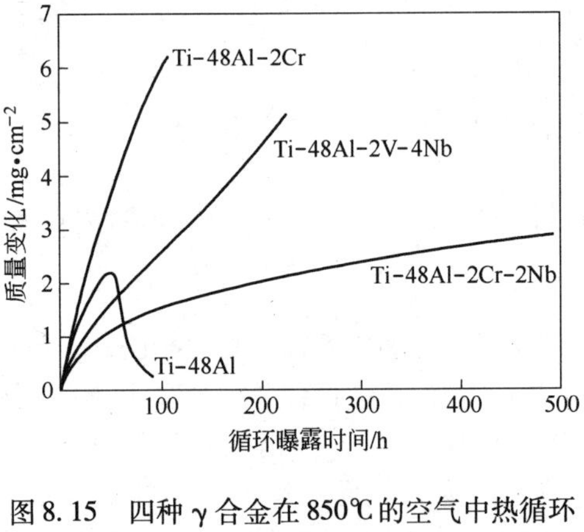

图 8.15 四种 γ 合金在 850℃的空气中热循环曝露期间的质量变化曲线[8.38]

8.2 微结构和性能

在本节开始时，有必要清楚地阐明，目前，钛铝化合物没有较大的或者批量的生产应用，而且，由于环境引起的开裂问题（后面将讨论），应用属于 α_2 类和正交晶类合金的兴趣已显著降低了。人们一直保持对 γ 合金的兴趣并对其终极应用持审慎乐观的态度，和传统钛合金相比，实际应用经验的缺失增加了确定结构/性能关系范畴中最重要问题的难度，这使得旨在通过成分或处理的增量变化来优化性能的研究有些不成熟，因为没有任何"硬性"目标可以界定。

原则上，钛铝化合物很有吸引力，因为，它们扩展了钛基合金的温度承受能力，尽管这类材料的延展性较低而使风险有所增加，另外，它们在约 500 ~ 700℃ 的温度范围内填补了轻型材料性能的一个重要空缺，本节主要论述一些已经用来了解和提高诸如强度和延展性等各种性能的方法。

8.2.1 α_2 合金和斜方晶系合金

各种 α_2 合金和斜方晶类合金具有很高的强度，尤其在 550 ~ 650℃ 的温度范围内，而在该温度范围内常规钛合金的强度则随温度升高迅速开始减弱，这部分原因是长程有序赋予有序的 α_2、O 和 β_2 组分的屈服应力一种不同的温度依赖关系，另外，部分原因是显微组织非常细，对屈服应力产生了显著的边界强化作用。在某些方面，后者的加强作用与第 7 章中讨论过的在时效 β 合金中观察到的相似，很难直接把 α_2 合金或者斜方晶系合金与常规钛合金作比较，这是因为组成差异导致转变动力学的巨大差异，使得具有可比较长度尺度显微组织的形成难以产生，这即使在实验室内也很困难。一个较实用的方法是在不变的冷却速率下比较显微组织和性能，因为这是在生产应用过程中处理这些合金的典型方法。

表 8.1 显示了粗片层状态、等轴晶状态和双相状态的 Ti-25Al-10Nb-3V-1Mo（超 α_2）的一些拉伸性能，为了评价结构性能关系的一些基本点，粗片层状态和等轴晶状态是在非常低的冷却速率下产生的[8.30]，在实际操作中不会遇到这些显微组织。表 8.1 中的数据把超 α_2 的性质和常规高温合金 IMI834 的性质做了比较，与超 α_2 合金相比，600℃ 下 IMI834 合金的屈服强度和拉伸强度要低得多，比较两种合金缓慢冷却的全片层状态，超 α_2 也较强，但强度差异要小得多，这表明超 α_2 中的主要强化作用是边界强化。考察两种合金双相微结构中的片层区域尺寸大小，表明超 α_2 的相变组织比 IMI834 的更细小，如图 8.16 所示。冷却速率对超 α_2 合金 β 转变区域的范围有巨大的影响，这对该合金在双相状态的强度有大的影响，见表 8.2[8.39]。

表 8.1 超 α_2 在室温和 600℃时的拉伸性能及与 IMI 834（双相微结构）的比较[8.30]

合金和微结构	试验温度/℃	$\sigma_{0.2}$/MPa	*UTS*/MPa	*El.*/%	*RA*/%
超 α_2（双相）	室温	1010	1235	5.2	8.6
超 α_2（片层）	室温	585	615	0.3	1.3
超 α_2（等轴）	室温	835	900	1.8	4.6
IMI834（双相）	室温	950	1055	11.8	17.0
超 α_2（双相）	600	790	1045	8.0	19.4
超 α_2（片层）	600	370	560	6.3	16.7
超 α_2（等轴）	600	575	740	10.5	23.2
IMI834（双相）	600	545	700	13.8	45.0

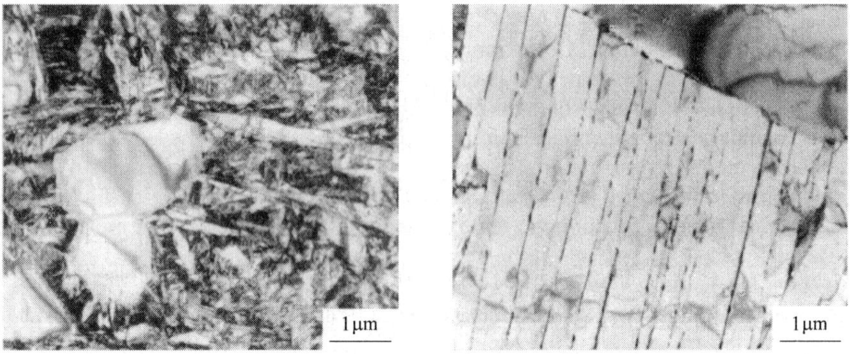

(a) (b)

图 8.16 双相微结构的片层区域显微照片比较（TEM）

（a）超 α_2；（b）IMI 834[8.30]

表 8.2 双相微结构超 α_2 以不同冷却速率到室温和 600℃时的拉伸性能[8.39]

冷却速率 /℃ · min^{-1}	试验温度/℃	$\sigma_{0.2}$/MPa	*UTS*/MPa	*El.*/%	*RA*/%
1100	室温	1130	1335	6.1	9.2
450	室温	1010	1235	5.1	8.6
100	室温	935	1180	6.4	10.9
25	室温	765	930	2.8	8.6
1100	600	890	1110	5.9	17.2
450	600	790	1045	7.8	19.3
100	600	690	965	7.0	21.3
25	600	550	825	11.2	20.9

超 α_2 的拉伸延展性比 IMI834 的稍低，但除了粗片层组织的室温延展性以外，都降到了可以接受的范围（见表 8.1），相反，片层组织的室温韧性大概是任何双相状态的两倍[8.39]，这表明在片层组织中裂纹萌生是相对容易的，但裂纹扩展能比双相组织的高，这与片层结构较之双相结构中相当粗糙和更不规则的断裂路径相吻合，这再次与第 5 章中讨论的常规($\alpha+\beta$）合金相似。

与常规高温合金不同，超 α_2 中精细双相结构的蠕变强度比全片层结构的更好，例如，图 6.7 就 IMI834 说明了这一点，此外，当结构中相变区域范围减小时，超 α_2 的蠕变强度提高，这与传统合金如 IMI834 在快速冷却速率条件下的行为截然相反，见图 6.7。尽管尚未完全明白这种不同蠕变行为的原因，但表明 α_2 中的长程有序和有序的 β_2 组织提供了很好的内在高温强度。

如前所述，基于 Ti_3Al 组成的合金 Nb 含量较高时形成 O 相，这些合金有比 α_2 基的 DO_{19} 和超 α_2 材料更诱人的力学性能，这主要是因为它们在可比较的冷却速率之后有更细小的微结构，例如，与超 α_2 中可比较的微结构状态相比，Ti-22Al-27Nb 有较高的室温强度（与大约 1000MPa 相比为 1075MPa)。此类合金是唯一一类密度归一化强度超出从锻造 Ni 基合金，如 IN-718 中很容易获得数值的合金，正如能从密度归一化屈服应力随温度变化图（见图 8.17）中所看到的那样[8.40]，在图 8.17 中还可见，斜方晶系合金在约 750℃时比第一代 α_2 合金（Ti-24Al-11Nb）或者超 α_2 的强度更

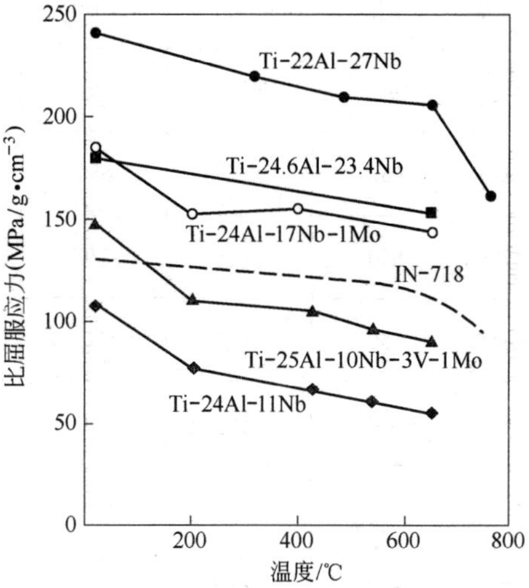

图 8.17 两种 α_2 合金和三种 α_2 斜方晶系合金及 Ni 基合金 IN-718 的密度归一化屈服强度随温度的变化曲线[8.40]

高，表8.3中包括斜方晶系三种合金的拉伸性能，其中两种合金含（$O+\beta_2$）相，第三种含（$O+\alpha_2$）相，这些数据表明，（$O+\alpha_2$）相比（$O+\beta_2$）相更弱，拉伸延展性也较低，室温下尤甚[8.41]，这里引用的Ti-22Al-27Nb合金的性质是极有限微结构优化的结果，已经看到[8.41]这种合金对不同的热处理做出响应，但实现最优化所需的详细知识还未得出，也还有一些关于斜方晶系合金长期高温辐照时微结构稳定性的疑问，已证明在高达540℃的温度下暴露100h后，强度和延展性基本上保持不变，在650℃下暴露100h之后开始下降，在760℃下暴露100h后显著降低[8.41]。

表8.3 斜方晶系合金在室温和650℃时的拉伸性能[8.41]

合金和状态	退火温度/℃	试验温度/℃	试验环境	$\sigma_{0.2}$/MPa	*UTS*/MPa	*El.*/%
25Al-21Nb（$O+\alpha_2$）	1050+815	室温	真空	845	880	0.4
25Al-21Nb（$O+\alpha_2$）	1175+760	室温	真空	—	925	0.1
22Al-25Nb（$O+\beta_2$）	1000+815	室温	真空	1245	1415	4.6
22Al-25Nb（$O+\beta_2$）	1125+815	室温	真空	1135	1175	0.9
22Al-27Nb（$O+\beta_2$）	815	室温	真空	1295	1415	3.6
22Al-27Nb（$O+\beta_2$）	1000+760	室温	空气中	1040	1120	2.8
22Al-27Nb（$O+\beta_2$）	1000+760（1000h 650）	室温	空气中	1085	1145	2.6
25Al-21Nb（$O+\alpha_2$）	1050+815	650	真空	680	935	18.1
25Al-21Nb（$O+\alpha_2$）	1175+760	650	真空	730	945	2.5
22Al-25Nb（$O+\beta_2$）	1000+815	650	真空	1005	1110	9.9
22Al-25Nb（$O+\beta_2$）	1125+815	650	真空	880	1015	3.1
22Al-27Nb（$O+\beta_2$）	815	650	真空	1120	1275	8.5
22Al-27Nb（$O+\beta_2$）	1000+760	650	空气中	800	940	13.4
22Al-27Nb（$O+\beta_2$）	1000+760（1000h 650）	650	空气中	800	945	10.7

斜方晶系合金的蠕变强度比 α_2 和超 α_2 材料的蠕变强度稍好，后者比最好的常规高温钛合金，例如，IMI834 稍好[8.30]，此外，斜方晶系合金有比超 α_2 较好的室温延展性和断裂韧性，至于疲劳寿命，没有斜方晶系合金的大量数据，但是，认为用屈服强度测量 10^7 次循环的疲劳强度是合理的，这已从超 α_2 材料中得到证明[8.42]，并且从图 8.18 中三种前面讨论过的微结构状态（见图 8.8 和表 8.1）的 S-N 曲线也可以看出[8.30]。图 8.18 也包含一条 IMI834 的 S-N 曲线，这些数据与钛合金长周期疲劳强度和屈服强度之间普遍接受的关系是相吻合的，因为斜方晶系合金比超 α_2 材料更强，这些合金很可能也会有较好的疲劳强度。

就蠕变强度和疲劳强度两者来说，重要的是要强调致力于这些性质优化的尝试极少，因此，有理由认为至少有机会对这些性能进行有限的改进以使其应用于受限的场合，与 IMI834 相比，看来这些合金的蠕变强度可能是性质改进最少的了，因此，如果考虑将这些材料用于超过常规高温钛合金的温度承受能力（大于 625 ~ 650℃）的温度以及蠕变主要受限的温度，都应该十分谨慎。

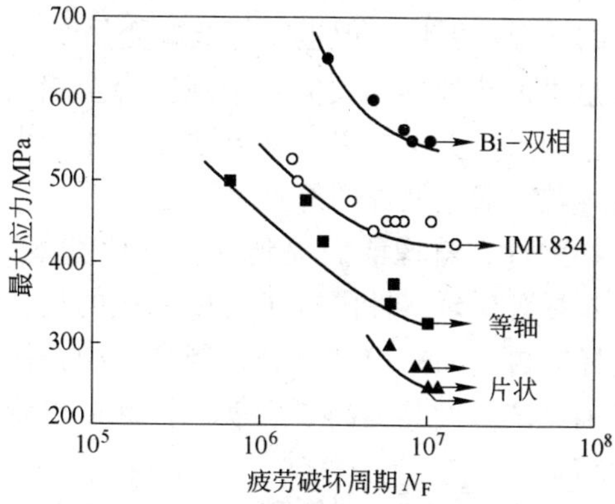

图 8.18 600℃时超 α_2 的 S-N 曲线（$R=0.1$）及与 IMI834（双相微结构）的比较[8.30]

把 α_2 合金或者斜方晶系合金用于极端重要的应用场合，还有另一个主要的技术障碍，这就是在高于 600℃ 的高温下，在空气中以正常应变速率（$10^{-4}s^{-1}$）进程测试时，这些合金的拉伸延展性将严重受损[8.43]，例如，650℃时在空气中和真空中进行试验，双相状态中的超 α_2 材料拉伸延展性减少约 65%[8.43]，在相同的研究中，当试验在 $8\times10^0s^{-1}$ 下进行时，空气中和真空中的延展性差异基本上消失，这表明[8.43]环境效应是拉伸试验期间氢通过运动位错加速转移的结果。氢和氧都是使钛基合金变脆的元素，但是其详细机理还不能确定，在另一个研究中，研究了双相超α_2的断裂韧性和疲劳裂纹生长，没有看到环境对断裂韧性的影响，但报道了疲劳裂纹扩展速率中两倍以上的加速度[8.44]，当把断裂韧性和疲劳裂纹扩展试验期间裂纹尖端的变形速率和任何裂纹尖端体积单元暴露于环境中的时间一起考察时，这些结果看来是一致的。

8.2.2 γ合金

已经研究过的γ合金有三种产品形式：铸件、锻件或者其他压力加工产品、薄板，因此，有若干已经有性能数据的合金组成，本节将对性能随微结构和成分变化的趋势进行总结。如果要对详情做出更全面的评价，读者可以查阅论述这个主题的众多会议论文集[8.13,8.45,8.46]。

γ合金的最常用产品形式是铸件，这将在下一部分介绍。对若干欲用于铸件的合金组成，已经进行了广泛的评价，但 Ti-48Al-2Cr-2Nb 和 Ti-47Al-2Mn-2Nb +0.8% B 的数据比其他合金要多，而且，这两种铸造合金能充分阐明铸造γ合金的行为，因此，考虑把它们作为代表来讨论铸造产品。硼添加剂的主要作用是形成能细化片层晶团尺寸的小 TiB_2 颗粒，较小的晶团能产生较好的室温延展性，但也能降低蠕变强度。

已证明γ合金是可锻造处理的，但与常规钛合金相比较，低的延展性是一个长久的限制，如果这类材料以这种方法处理用于生产应用的话，最终将成为一个经济难题。锻造处理的好处是通过热处理和再结晶的结合可以获得较大的微结构弹性，就像前面提到的在其他类型钛基合金中那样，如果包括含硼合金，尽管低延展性限制了可以完成的加工量，并需要较高的加工温度，但这样对再结晶的控制就和常规合金中控制有可比性了，锻造处理γ合金最有前途的方面是提高了延展性，这可以认为是较细的双相或者等轴微结构的结果。

γ合金薄板的加工已经试验证实[8.47]，由于γ合金有限的延展性和伴随轧制过程的平面应变状态，这是一个重大的突破，薄板有非常细的晶粒尺寸，并且温度高于950℃时 Ti-48Al-2Cr 合金的等轴组织显示出超塑性行为，这为生产由这种γ薄板制成的装配式结构留下了许多有意义的可能性。

与斜方晶系合金和α_2合金相比，γ合金的室温强度相当低，虽然报道过更高的值[8.48]，但室温下典型的屈服应力变化范围从 375 ~650MPa，拉伸延展性的相应范围是伸长率的0.5% ~3%。这些合金以三种基本的微结构状态应用，即全片层结构、等轴结构和双相结构，其中两种结构如图8.10 所示[8.36]。正如通过与其他钛基合金系（常规合金、斜方晶系合金和

α_2 合金）类比可以期望的那样，这些微结构的尺度差别很大，微结构状态对性能的平衡有较大的影响，全片层微结构材料有非常低的室温强度和延展性，但抗蠕变性好，双相微结构材料有较好的强度和延展性，但蠕变强度却较差。疲劳强度用拉伸性能衡量，此时极限强度是一个较好的标准化参数，如图 8.19 所示[8.49]，全片层结构中的疲劳裂纹扩展速率也较低，与第 5 章中叙述的见于（α + β）钛合金中的微结构尺度效应一致，γ 合金中控制这些性能变化的详细机理目前还不清楚，但没有任何理由认为这些合金的微结构长度尺度、组分形态和强度之间的定性相关关系就应当与常规钛合金或者斜方晶系合金以及 α_2 合金的相应关系不同。

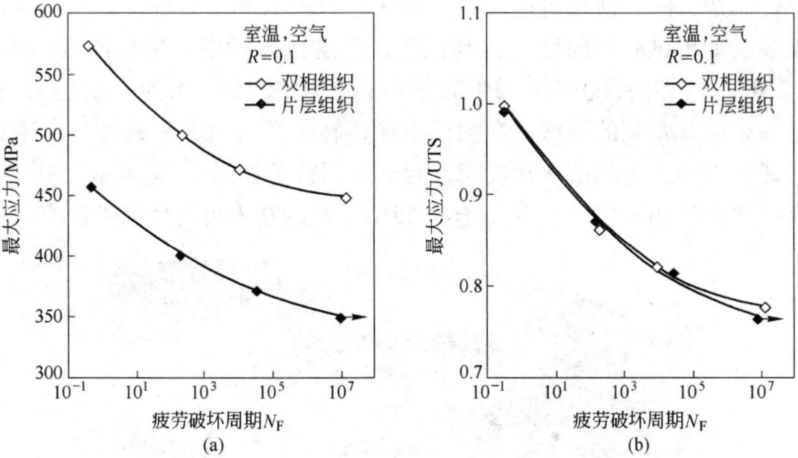

图 8.19　一种 γ 合金在双重（双相）状态和全片层状态的 *S-N* 曲线

（a）作用应力对寿命；（b）由极限拉伸应力校正的作用应力对寿命[8.49]

8.3　应用

虽然存在少数几个应用领域，但本章开篇就指出钛铝化物并没有得到大规模的生产应用，例如仅约有 10000 个铸造 γ 涡轮增压器转子在使用，γ 排气阀正被用于某些类别的赛车发动机中。以 2001 年上半年作为一个基点，准确无误的是人们对 γ 合金有强烈的兴趣，而对作为有吸引力的高温材料斜方晶系合金和 α_2 合金的兴趣已基本消失了，对后者兴趣消失的直接原因是上一节中已经论述过的环境敏感性，因此，本节将论述 γ 合金有前景的潜在应用，包括为什么这些合金对此类应用有吸引力的一些理由，即便如此，很显然，所描述的只是应用的前景，而不是现状。

也许目前 γ 合金唯一最有吸引力的应用是航空发动机的低压涡轮（LPT）叶片，对于 LPT 叶片，γ 合金会取代通常由超级合金（例如，

Rene77）制成的铸造镍基 LPT 叶片，此类叶片的最大使用温度约 750℃，而 γ 合金在此温度下拥有足够的蠕变强度，而且 γ 合金在此温度下还拥有足够的表面稳定性，因此应该能保持强度延长服役期限而不脆化。因为叶片是转动部件，所以减少质量就转化为降低 LPT 圆盘的载荷，故当维持恒定操作应力水平时就可以减少镍基合金圆盘的质量。在前面图 1.6 中所示的大型航空发动机，如波音 777 级引擎中，两级 γ 合金 LPT 能使圆盘和叶片的质量比全镍基合金结构减少约 100kg，在质量起决定作用的航空发动机行业中，这被认为几乎是闻所未闻的一次材料改变，因而极具吸引力，另外，这些 LPT 叶片会用铸造而非锻造制作，铸造是 γ 合金潜在的更经济的部件制造方法，使用铸造 γ 合金 LPT 叶片的技术可行性，数年前在广泛的工业发动机试验期间已经得到证实，在这次试验中，装有铸造 Ti-48Al-2Cr-2Nbγ 合金叶片的末级 LPT 转子运行了超过 1600 次的中断起飞周期，这是一个极其苛刻的测试，在测试中途，转子还被拆开了，叶片上未见任何损坏，因而认为测试非常成功，测试所用转子如图 8.20 所示，单个 LPT 叶片的实例见图 8.21。既然 γ 合金 LPT 叶片的技术可行性已被证实，那么

图 8.20 经广泛测试运行的工业发动机 747 级引擎用含铸造 γ 合金叶片的低压涡轮（LPT）转子

（由通用飞机发动机公司提供）

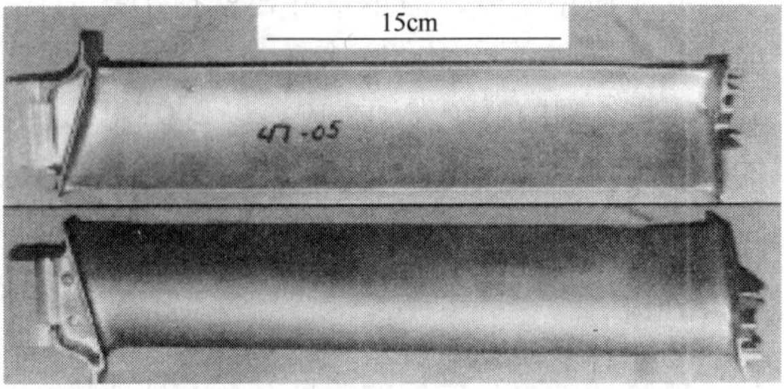

图 8.21 待加工的铸造态低压涡轮（LPT）γ 合金叶片

（由通用飞机发动机公司提供）

将其引入商业应用的障碍是什么呢？这便是所需的各类额外数据，但没有任何理由认为其中任何数据是技术上引入的阻碍，包括镍合金圆盘和γ合金叶片间的微振磨损、γ合金长期运行后的表面稳定性、更广泛的高平均应力高周期疲劳数据库（即古德曼图）、对热盐应力腐蚀裂纹不敏感的确定性，以及可以安全使用而不会产生损坏的机械加工参数范围的更好界定，实际上真正的问题是成本，在过去的5～7年里，已花费数百万美元用于开发γ合金铸造技术，其结果是，在提升成品率和最终成形加工能力方面已取得了重大进步，然而，还有若干重要的涉及传统供应链参与者的企业及相关的或"文化"的问题，其中包括定价、新产品取代现有产品、高风险因素和市场规模的不确定性等问题，这些问题本质上并不是计算方法问题，根本原因在于与进行数值计算所需的某些变量难于定量化，结果，这些问题产生了真实的和感知的风险并继续成为了重大障碍，这些问题的解决更多是商业行为，对此进行继续讨论将与本书的目的不符。

γ合金另一个经常讨论的潜在应用领域是航空发动机高压压缩机（HPC）叶片，许多属于LPT叶片的相同益处也与HPC叶片有关，但许多刚描述过的问题也是相同的，也许最大的技术障碍是γ合金因其低延展性和低屈服强度导致的相对差的抗冲击损坏性能，因此，对冲击损坏的敏感性是一个关注点。另外，HPC叶片更大地暴露于航空发动机里的外界物质中，因为，当气流中夹带的颗粒通过引擎时没有相当于燃烧器的物体来"过滤"，γ合金HPC叶片的另外一个障碍是成本。HPC叶片的横截面比LPT叶片薄得多，因此，铸造它们将比铸造LPT叶片更具有挑战性，这是因为铸造时，填充更薄的HPC叶片前缘和后缘的难度要大得多，锻件可作为铸造HPC叶片的替代物，但有很清晰的数据表明，锻造γ合金制品比铸件更昂贵，因此，锻造并不"解决"γ合金HPC叶片的成本问题。

γ合金还有若干其他潜在的结构材料应用领域，但它们在真实产品应用中实际出现的时机也是变化的，另外，对于传统的钛合金和镍合金，结构铸件与机加工锻件存在成本竞争，因为，它们是非常近净成形的，就这点而论，它们的形状很不规则、很不对称，且横截面面积变化很大，因此，很难完全充满壳形，在铸造状态经常出现缩孔、裂痕和其他铸造缺陷，结果，传统镍合金和钛合金结构铸件一直是成功的，主要因为在铸造后经焊接可以对其进行大量的修复（见3.5.1节）。γ合金的焊接已证明可行，但很困难，因为，它需要足够的预热和缓慢的焊后冷却，两者都使成本增加，γ合金的低延展性也会增加焊接难度并由此增加了焊接修复所必需的填充金属线的生产成本，就LPT叶片而言，已在改进γ合金铸造技术上取得了显著的进步。γ合金用于潜在的静态结构件应用领域，其最吸引人之处在于其低密度和足够的强度或高温性能，使其能够替代镍基铸件或锻件，一个例子就是超音速飞机的排气喷嘴，在这里，质量显著减轻的潜在优势是应用γ合金的最重要理由，这一点尤其有吸引力，因为大型超音速飞机中的排气喷嘴位置远在重心之后，其质量要求极其严格，排气喷嘴部件的尺寸取决于喷嘴的设计和飞机的大小，但会很大，这就对铸造技术提出了挑战，但铸造大部件的能力已经得到实证，图8.22所示为铸造排气喷嘴部件的一个例子。如果制造大型超音速飞机的时间适宜，那么γ合金在大型结构铸件如排气喷嘴中的应用就是一种实实在在的必然，相关的应用如单级航天飞机、轨道航天飞机等对质量要求也极其苛刻，γ合金结构铸件也有希望用于这些未来的领域。轻质、高截面模数的结构件是用经激光焊接成理想薄板的热成形桁条γ合金薄板制成的，图8.23所示为这类结构的一个例子[8.47]，将γ合金薄板制成可以在高达约750℃温度下运行的结构部件的能力对于制造超高音速飞行器是很有用的。

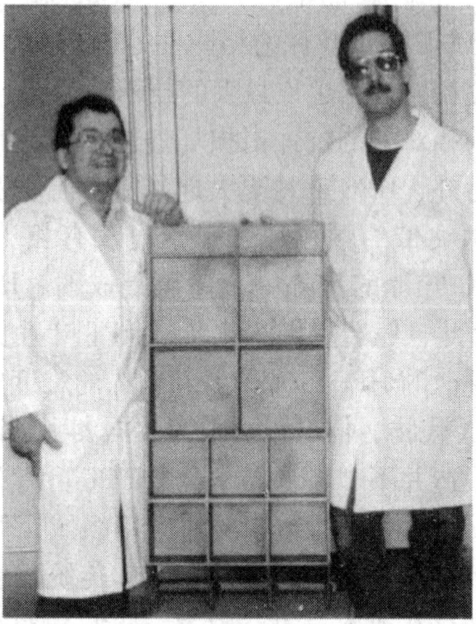

图8.22 用于超音速运输机的大型γ合金排气喷嘴止回阀铸件
（由通用飞机发动机公司提供）

γ合金用于内燃机排气阀也有吸引力，其诱人之处在于质量和高温性能，一低质量的气门组，据说能使一辆中型美国车每加仑多行驶5英里，节省燃料，如转换成燃料消耗则从8L/100km降低到约7L/100km。与航空航天应用相比，用于汽车的成本要高得多，因此，γ合金用于生产汽车看来不太可能，除非在节约燃料方面另有强制性的改进。即便是在燃料价格

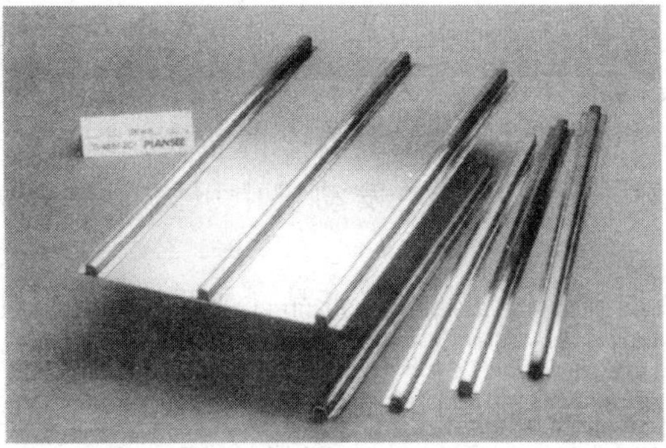

图8.23 由γ合金薄板制造的高刚度结构板和热成形桁条（另见单件展示）[8.47]

远高于美国的欧洲，自愿采用γ合金这种高成本材料的经济性似乎也不太可能，这里所讨论的γ合金阀的竞争对象是钢质阀，其成本增加十分巨大，这只会起到减少自愿采用γ合金阀可能性的作用。

近期将γ合金引入任何部件生产的可能性都很小，这是不幸的。假如γ合金的新材料中，如果出现几种应用，如果这些应用都用相同或相似的合金，那么，就存在一个很清晰需要考虑的经济规模，这是因为重大的应用能产生经济吸引力，从而进一步降低引入新材料的成本。从历史发展情况看，引入新型材料总存在一个使用门槛值，一旦超过该值，就会发生材料使用量的非线性增长。这将会在第9章中论述，目前影响钛基化合物使用的障碍，也许这一点是最好的解释。

8.4 本书第1版以来的新进展——γ合金LPT叶片

在8.3节中描述了将γ-TiAl合金用于飞机发动机低压涡轮（LPT）叶片中的潜在优势，当本书第1版付印时，这种应用技术的可行性已通过广泛的工业引擎测试得到证实，继续阻碍使用的因素当时也总结出来了，这其中绝大部分都具有商业特征而非材料本身的固有技术局限，商业问题大多数情况下是通过产品需求解决的，产品需求产生巨大的渴望以刺激着手解决这些问题所需的必要投资，很显然，在航空发动机中引入γ-TiAl合金叶片就是这样一种情形。2005年，通用飞机发动机公司决定在他们的下一代50000～75000lb_f（225～340kN）推力系列发动机中的LPT上采用γ-TiAl合金，这种发动机最初打算用在波音787飞机上，两级γ-TiAl合金叶片的LPT能使发动机质量减少数百磅，但将需要数百万美元的附加研发成本。本节将概述通用电气及所涉及的供应商为了确保这种引入成功正在进行的尝试，本节介绍的重点是通用飞机发动机公司，原因只有一个，即该公司是目前已知的唯一一家以工业生产规模应用 γ-TiAl 合金的企业，随后的讨论将作为一个代表性的案例，研究在航空发动机中引入一种新材料所需要的条件。

将任何一种新材料或新方法引入产品（或两者同时引进，如本例）都是一项巨大的工作，它需要从小试规模或实验室规模的试验成功地过渡到在生产车间，靠生产工人而非工程师操作的日常生产，需主要关注的是要具有重现性，即能制造与原先用来证明材料资质和潜在测试样品有相同性能产品的能力。至少，这需要对材料冶金学的若干重要方面有所了解，以便制定材料和/或工艺规范，只要严格遵守此规范，就能保证所有的制品都具有可以接受的性能标准。这些关键特征如下：

（1）材料各种性能（包括热腐蚀和氧化）对组成的敏感性；

（2）组成与实现期望微观结构能力间的关系；

（3）临界性质对微结构的变化及敏感性；

（4）所选制造工艺可重现地制造外形理想、公差合格的产品能力。

总之，在建立过程窗口和材料规范之前，必须清楚这些敏感问题，另外，大量的部件都需用一套实际的生产设施来生产，对过程产量需要一个真实的估计，从而可以对每件产品的成本作出可靠的估算，如前曾提及，获得支撑没有实际生产历史的材料的引入所需的数据是极其耗时的，并且需要实实在在的资源，下面将概述本书第 1 版以来通用公司及相关供应商准备将 γ-TiAl 引入发动机生产所做的工作。

γ-TiAl 是一种金属间化合物，因此，其性质比其他类别的钛合金更具成分敏感性，为生产目的确定可以接受的化学成分范围，需要对这种敏感性有很好的认识。此外，最终的化学成分范围必须足够广泛，以便在使用生产设备大规模生产时能够很容易地实现，否则，将买不起这种材料。通用公司选择的用于 LPT 叶片的具体材料是 Ti-48Al-2Nb-2Cr（Ti-48-2-2），其中 Al、Nb 和 Cr 的质量分数大约分别为 33.4%、4.8% 和 2.7%，这种材料是通用公司在 20 世纪 80 年代开发的，并于 1989 年获得专利[8.50]。在过去的 20 年间，大约生产了 45000kg 的此类合金锭，主要作为重熔坯料用于熔模铸造，这种新材料的单项成本已超过 200 万美元，这说明了把一种全新材料在有限基础上引入到产品中的成本。

把一种新材料引入到产品生产阶段时，经常会出现关键技术要素缺失，而这些要素是在实验室中无法发现的，这些问题需要在产品引入之前着手解决，例如，γ-TiAl由试验材料过渡到产品引入的过程中，很清楚地出现了一个问题，即没有现成的常规方法分析含铝在30%～35%之间的钛基合金中的铝含量，这便需要开发X射线荧光化学分析法，同时还必须建立化学成分标准，以便能采用此法进行精密分析。这是一个在开发方案期间就能够快速分析材料相变热的例子，因此，适当地考虑引入一种可靠的分析方法所需的时间及累积成本就成为考虑成本和计划的主要部分。

认识到通过热处理可以改变Ti-48-2-2和其他类似γ-TiAl合金的微结构，以及不同的微结构具有不同的强度、韧性和抗蠕变性，已有相当一段时间了，由于LPT叶片将采用熔模铸造并在1185℃下进行热等静压压制（HIP），HIP热循环对可视为用于微结构控制的附加热循环的范围增加了约束，因此，需要进行详细的热处理研究，以便确定为获得这些性质很好平衡所需的最佳热循环。所选择的系列热处理工序如下：

（1）在1093℃，HIP预固溶处理4h；

（2）在1185℃，HIP固溶处理4h；

（3）在1260℃，进行HIP后固溶处理2h，再进行控制冷却。

经过这一系列热循环后的Ti-48-2-2合金，具备了可接受的强度和延展性，而且这些性能的重现性很好，随之产生的微结构是具有等轴γ-TiAl的双相结构和其中存在最少量有序B2相的片层（$\alpha_2+\gamma$）晶团组织，这种结构实例如图8.24所示。

一旦建立起微结构，就需要评估各种性能对于微小化学成分变化的敏感性，尤其是，TiAl的强度和延展性对铝含量变化的敏感性，对该问题的认识已有相当一段时间了[8.51,8.52]，在含铝46%～48%的范围内，Ti-48-2-2的屈服应力和延展性变化如图8.25所示，针对此种灵敏性，有必要在材料规范中确定铝的组成范围，可接受的铝浓度范围在图8.25中标记为“规格范围”，太严格的组成范围，日常操作将难以满足，并将以材料的高成本形式反映出来，类似的，Ti-48-2-2的蠕变强度也对组分十分敏感，铝含量在规格范围内时，蠕变性能良好，可以用LPT叶片在感兴趣的应力和温度范围内的拉森-米勒（Larson-Miller）表达式来表示，如图8.26所示。一旦认识到组成敏感性，并将其归入到设计性能中，假定工作载荷和温度为已知，那么通过调节局部断面尺寸就可以计算出最小蠕变强度。正如已讨论过的，这里的作用是强调具有良好成分控制能力的必要性，很显然，获得这些数据需要花费大量的时间和金钱。

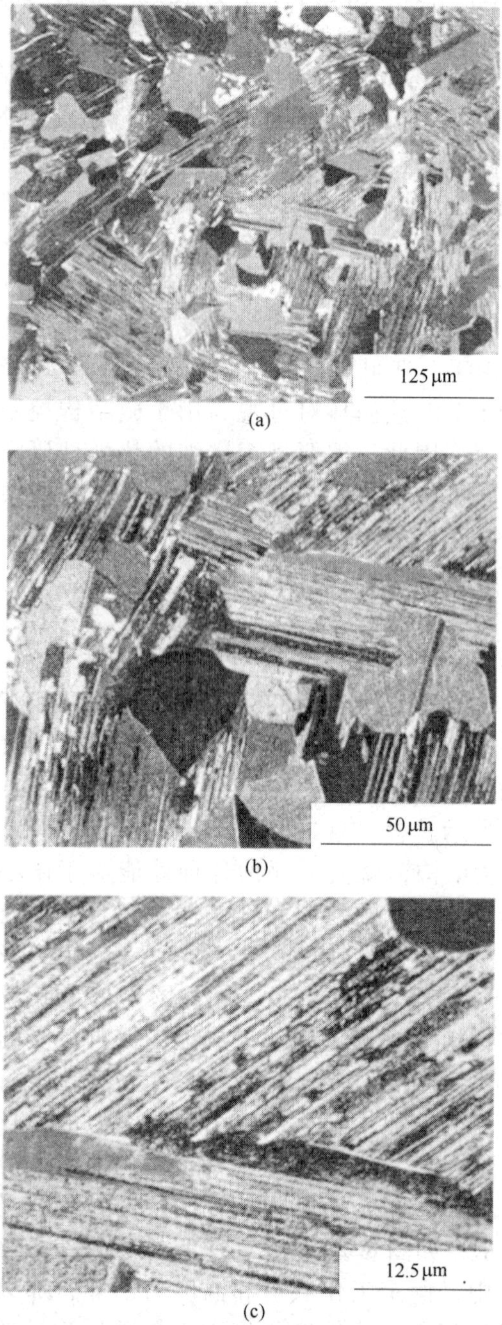

图 8.24 Ti-48-2-2 经过优选条件 HIP 和热循环后的微结构
（由 GE 飞机发动机公司提供）

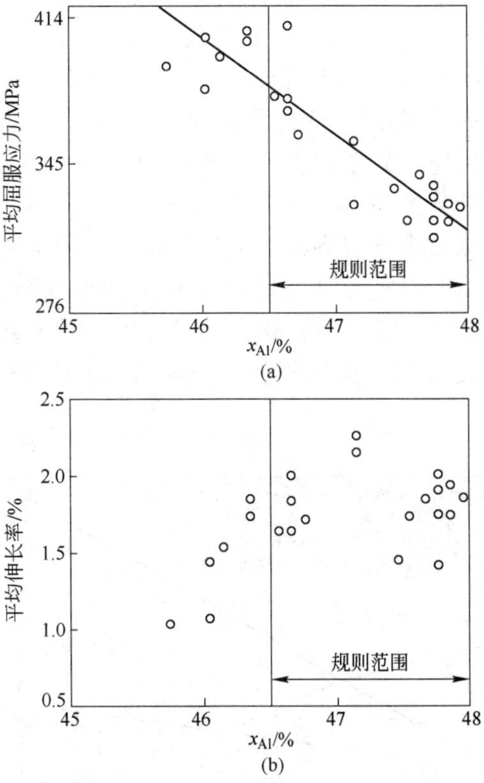

图 8.25 Ti-48-2-2 的拉伸性能随铝含量的变化情况

（由 GE 飞机发动机公司提供）

（a）平均屈服应力；（b）平均拉伸伸长率

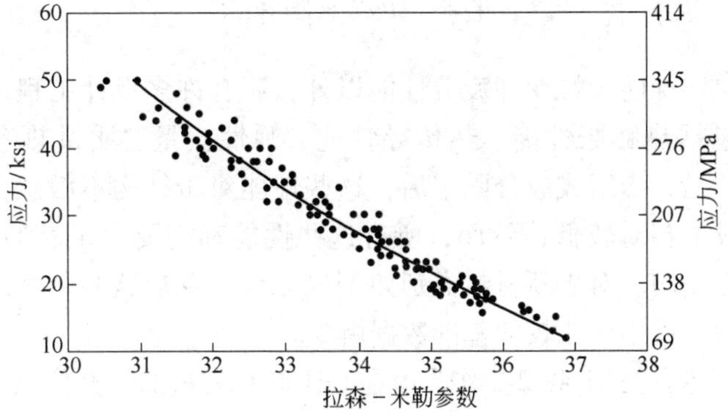

图 8.26 Ti-48-2-2 的蠕变断裂应力随拉森-米勒参数的变化情况

（由 GE 飞机发动机公司提供）

由图 8.21 可见，LPT 叶片很长很薄，这在后面还将说明，当转动的叶片通过相邻的定子（叶片）时，这种几何结构容易发生震动，因此，高周疲劳（HCF）将可能成为 LPT 机翼一个限制性的材料性能，因这种可能性，就有必要开发为双相微结构状态 Ti-48-2-2 设计的许可 HCF 性能，这些数据都以古德曼图的形式表示于图 8.27 中，图 8.27 中还表示出一种典型镍基 LPT 叶片的 HCF 性能。当因密度差值大而纠正这些数值时，Ti-48-2-2 比较起来就非常有利。由于 γ-TiAl 的拉伸延展性相对较低，在较低温度下更甚，因而还需要担心叶片根部的低周疲劳（LCF）强度，该处的运行温度比机翼部位的更低，Ti-48-2-2 的 LCF 数据表明，其 LCF 性能按绝对基是足够的，按密度校正基则优于可比较的镍基 LPT 叶片合金。

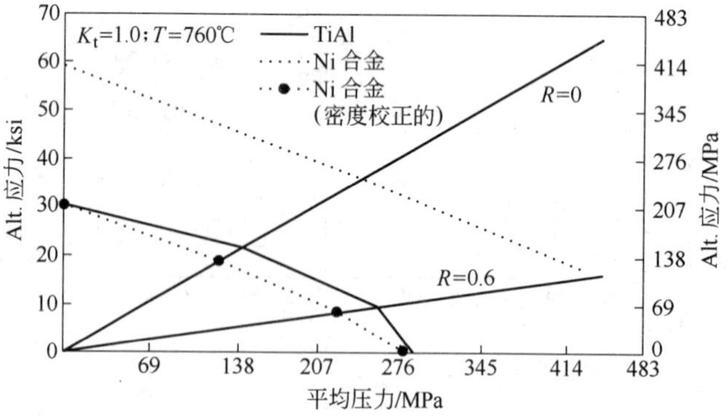

图 8.27　表示 760℃时 Ti-48-2-2 的 HCF
（10^7 周期）性能的古德曼图
（由 GE 飞机发动机公司提供）

除了拉伸性能、蠕变和疲劳性能以外，还有许多设计工程师必须知晓的性能，包括热膨胀性能、热传导性能、弹性模量、质量热容和泊松比等，有利的是，当组成成分固定后，这些性能对于结构不敏感，因而获得可靠值的成本相对较低，然而，所有这些性能都需要有足够的测量精度，以便能放心使用。对于新材料类别如 TiAl 来说，获取这些数据需要额外的努力，因为，可用于比较的基准数据极少。

鉴于上述有关 Ti-48-2-2 作为潜在 LPT 叶片材料的补充信息，通用航空发动机公司承诺将这种密度更低的材料用于他们最新商业发动机的最后两级中，铸件叶片如图 8.28（a）所示，而 LPT 部分圆盘与待组装叶片则如图 8.28（b）所示。

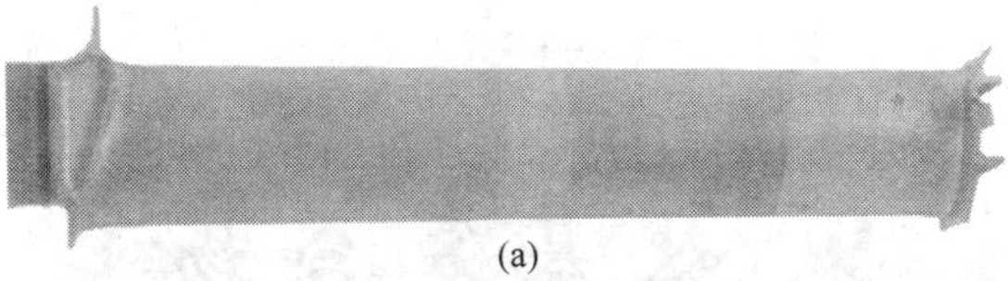

(a)

(b)

图 8.28 拟生产的 Ti-48-2-2 LPT 构件照片

（由 GE 飞机发动机公司提供）

（a）LPT 叶片铸件；（b）部分圆盘与一些待组装的叶片

9 钛基复合物

钛基复合物（TMCs）由含有连续加固纤维的钛基体组成，这些材料的开发始于20多年以前，当时认为主要的强化纤维是硼，从那时起，TMCs开始发展并由于SiC纤维的有效利用而得以改进。TMCs吸引人的主要是强度和刚度，基于密度修正值，由连续纤维（SiC）强化的TMCs，在平行于纤维的方向测得的极限强度和刚度是常规钛合金的两倍。原则上，这些性质使它们位居已知的在结构上最有效的工程材料之列。在实际中，由于通常都存在轴外载荷，构件中TMCs的单向性能很难全面评估，这减少了TMCs的影响，而且，和通常情形一样，成功的材料应用涉及许多其他方面而仅非一两个材料性能（此时为极限抗拉强度和伸长率），同时，还包括要考虑性能的可重现性、变异性，材料的成本、有用性以及由材料制成的成品构件成本。当材料与被替代材料差异很大时，还存在设计方法问题等。由于纤维强化，TMCs各向异性非常明显，这对最大限度地消除较差的横向性能带来了不利影响，同时，最大限度地使用较优越的纵向性能提出了挑战，如果达到设计要求，那么TMCs还有很多可以利用的领域。

本章将描述TMCs的特征、生产方法、一些潜在的应用以及一些对其广泛应用仍然存在的障碍。本章的编排与每章分别论述一类钛合金的前几章稍有不同，这主要是因为理解TMCs的重要部分与其加工过程，即把纤维加入到材料中的方法有关，一旦材料制成后还与用于将TMC制成构件的工艺有关，这不存在直接的对等关系，因为单件钛合金和金属间化合物都不存在。

9.1 加工工艺

典型的钛基复合材料含增强纤维的体积分数为35%～40%，早期（大约1970年）尝试生产TMCs，是利用涂有SiC的硼强化纤维，称为Borosic™纤维[9.1]，这种纤维非常昂贵，当人们认识到钛硼碳化硅复合物没有成本效益时，大多数关于TMCs的工作就中断了，这已经有好几年了。目前，首选（而且真正能利用的）的TM强化材料是一种SiC纤维，这种材料是在高温细丝上分解硅烷和甲烷通过化学气相沉积法生长的。过去，最普通的细丝由无定形碳或者钨丝制成，无论哪一种情况，细丝都被插入到纤维中心。在显示含纤维的复合物横截面或仅是单根纤维横截面的显微照片中，细丝好像是 SiC 纤维中心处的环形核心。TMCs 主要用来自 3 个生产商的纤维生产，第一种最早的纤维，SCS-6™，是由美国的德事隆(Textron)公司在炭芯上生产的；第二种纤维，在 W 线芯上生长，是由英国石油公司（BP）开发，由英国的防御评估和研究机构(DERA)和美国的声学研究中心（ARC)(称 Trimarc）生产的，它被称为 σ™（σ 单丝 MMC，BP 信息表，1991 年 11 月)，关于这些纤维和含这些纤维复合物的其他信息可以在相关文献中找到[9.2]；最近，ARC 已经生产出 Trimarc-2 纤维，它是在炭芯上生长的，这种纤维和含此纤维的复合物现在由 FMW 复合物系统有限公司(FMW Composite Systems, Inc.)进行商业化生产[9.3]。图 9.1 所示为所有纤维都有垂直于抛光面的单向定向 TMC 微结构的一个例子，这些 SiC 纤维的典型直径为 140μm，并且以单丝的形式置于复合材料中。已开发出若干种用来生产含连续 SiC 纤维钛基体的加工方法，每一种方法都有其优缺点。这些方法包括：箔-纤维-箔法[9.4,9.5]、物理气相沉积法(PVD)[9.6]、喷雾-风-喷雾法[9.7]和粉末包衣法[9.8]。箔-纤维-箔法，采用多层（二层或更多）钛合金箔，中间加纤维生产“三明治”结构，然后对这种“三明治”进行热压使钛箔层以及纤维层和钛箔层结合；在 PVD 法中，钛合金基体材料通过物理气相沉积法直接沉积在纤维上，在纤维中心产生一个钛合金圆筒体，这些圆筒体并排排列，同时热压生成复合材料；喷雾-风-喷雾法，采用钛合金等离子体喷涂技术，首先，用粉末在等离子炬下转动的芯子上敷一层基体合金，纤维用缠绕的方法放置到基体层上，然后，再在其上喷涂另一层基体以形成复合物；在粉末包衣法中，纤维阵列被有机黏结剂混合的钛合金粉浆包裹，形成一个预成形压坯，该预成形压坯经

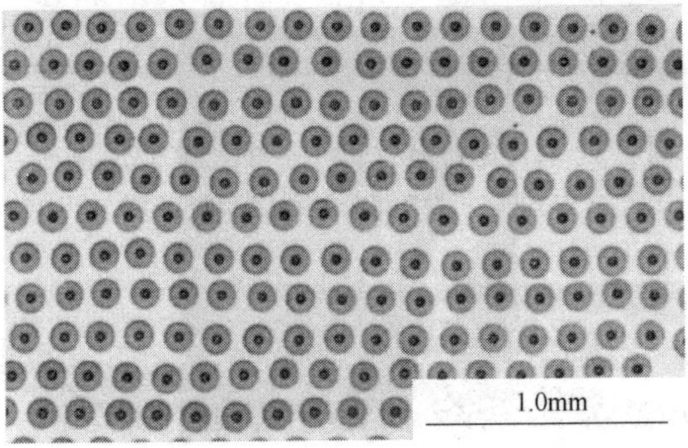

图 9.1 所有层都处于相同取向的 TMC 断面（LM）
（由 GE 飞机发动机公司 J·杰克逊提供）

烧结而使基体固结并排出黏结剂，形成复合物。

无论使用任何方法，重要的是要使最后的复合物中纤维互不接触，由于在固结过程中，纤维之间不会相互结合[9.6,9.9]，纤维-纤维接触会极大地降低 TMC 的强度，因此，这些纤维互不接触的材料表现出在性能上有很大差异，这些差异甚至不能接受。为避免纤维横向运动和接触，发明了一种方法，该法之前生产的一种早期 TMCs 实例如图 9.2 所示，含有彼此相互接触纤维的 TMCs 在拉伸强度和疲劳强度方面都有很大的降低（多达50%）。为确保纤维互不接触，需要相当小心，这对工业规模大量生产 TMCs 提出了挑战，这种要求也转化为其高生产成本，因为，自动放置纤维工序也存在困难。在 TMCs 中，与常规合金的轧制成品（薄板，板材，棒材或者方坯）相当的是单带，单带是一种含一层（单层）置于厚度方向中间面的单向纤维钛基薄板（故称单带）。单带的横断面如图 9.3 所示，从图 9.3 中可以清晰地看到核心和碳化硅纤维，仔细观察图 9.3 也能发现有无定形碳的暗薄层存在于纤维/基体界面，最大限度地减少了反应产物的形成。单带是用如图 9.4 所示的方法轧卷或盘绕的，这些卷板是制造 TMCs 制品的“原料”，生产 TMC 构件时，将单带开卷，并将其以在处理

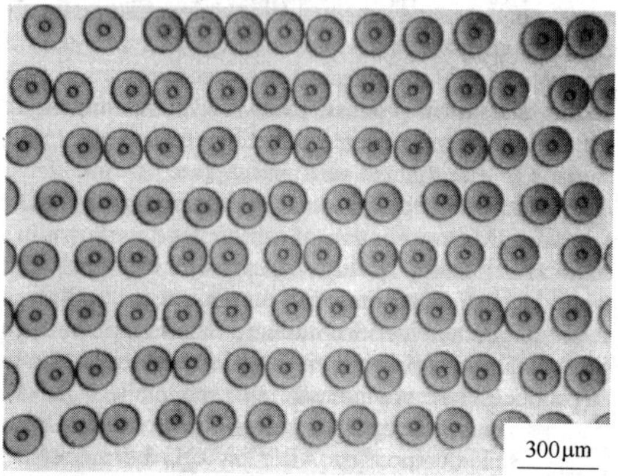

图 9.2 有纤维接触的早期箔-纤维-箔 TMC 断面
（由 GE 飞机发动机公司 J · 杰克逊提供）

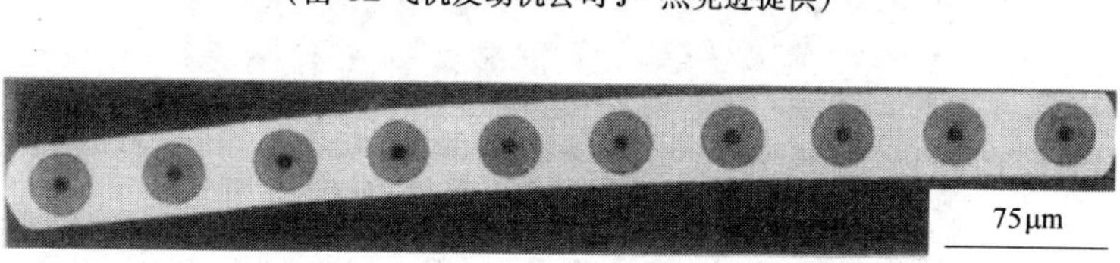

图 9.3 单带的横切面
（由 GE 飞机发动机公司 L · 约翰逊提供）

图 9.4 在具有多向纤维结构的制品中单层使用的 TMC 单带卷
（由 GE 飞机发动机公司 L·约翰逊提供）

连续碳纤维聚合物基复合物的过程中放置预浸料坯同样的方式放置，放置好后，单带通过扩散结合而固结，一般在真空下热压成形。由于单带中的纤维单一取向，通过每个单带在预定方向上取向的交叉叠置产生具有期望性能的多层复合物从而实现双轴向上的硬化和强化。TMCs 潜在的好处之一是通过控制 TMC 每一个层面上的纤维取向，具有在不同的面方向上确定性能的能力，很明显，垂直于纤维平面方向上的性能总是会较低，结果，厚度方向上 TMCs 的性能很低，幸运的是，在许多应用中，厚度方向上的负载都是很小的，因此，这极少会成为限制使用因素。

制约 TMCs 开发速度的另一个问题是单带生产期间以及单带扩散结合生产复合物期间 SiC 纤维和钛合金基体之间的反应，假如反应产物是一个脆性相，那么横向强度就会急剧下降，回到 Borosic 纤维时代，碳化硅涂层覆盖在硼纤维上，阻止了纤维/基体界面上 TiB_2 的形成[9.10]，这总体上是成功的，但是假如黏合时间长或者黏结温度高，就会有一些基质与纤维发生反应，在这种情况下，典型的反应产物为 TiC。目前，所使用的 SiC 纤维表面上覆盖有无定形碳，使得纤维/基体间的相互作用最小，同时，在热循环过程中添加了一些柔性物使界面损坏最小。涂层也提供了一个很薄的纤维/基体界面，使得在垂直于纤维方向上的裂纹生长偏离，σ™纤维在无定形碳表面也形成一个起扩散障碍作用的 TiB_2 层[9.11,9.12]，该法已证明非常有效。另外一个较早提到过的加工工艺问题就是纤维的运动导致其接触，如前所述，任何纤维接触点都是一个内在缺陷，因为纤维彼此之间不结合，这类缺陷的结果是将极大地降低诸如疲劳寿命、断裂应变等性能，这个问题将在性能部分作进一步的讨论。在箔-纤维-箔法中，通过在垂直于轴向的纤维间编织细钛丝或细钼丝以阻止其运动，使纤维在单带生产期间的横向移动最小[9.13]。钼丝主要和较高温度的基质材料，例如 α_2 合金 Ti-24Al-11Nb（原子分数）一起使用，这类应用的示意图如图 9.5 所示[9.14]，很显然，这种编织作业是劳动密集型的，因而增加了复合物的生产成本；使用钼丝来使纤维横向最小移动，另一个不利因素是如果这些钼丝暴露于大气中或者 TMC 在高温下使用，那么，它们非常容易被氧化，这种暴露会在基体处破裂，或者对复合物基体进行机加工时在暴露的部位或其他部位（如螺栓孔）处发生破裂。由钼丝氧化形成的缺陷例子如图 9.6 所示[9.14]，正因为这个原因，钼丝已经不再用于高温 TMCs 的制造。

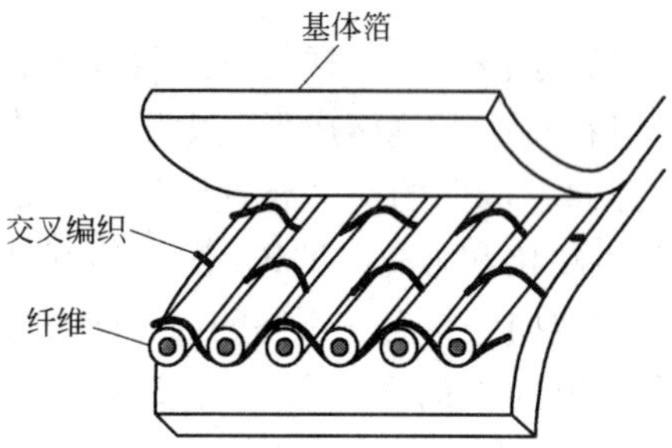

图 9.5　使用金属交叉编织线以确保 TMC 中纤维不接触的示意图[9.14]

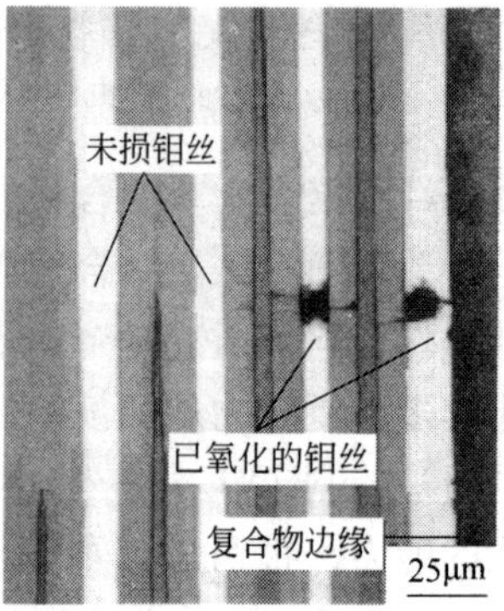

图 9.6　图 9.5 中示意的 TMC 在 815℃的空气中曝露 2h 后的横截面（LM）[9.14]

PVD 法具有吸引力的原因之一是它取消了必要的纤维编织操作。箔-纤维-箔法的另一个问题是用钛合金制造箔的成本，用在第 3 章中所描述及图 3.21 中图解说明的森吉米尔轧机有可能用如 Ti-6Al-4V[9.15,9.16] 这类合金生产出 125μm 厚的箔，但这种箔非常昂贵。箔的成本和可用性提升了 β 钛合金作为 TMCs 基体的应用，因为这些钛合金更容易冷轧成箔。使用 β 合金的另一个优点是在 β 相中增加了 C 和 Si 的溶解度，这降低了先前提到的形成脆性界面反应产物的风险。β 合金 β21S 可能是最常使用的 β 合金，这种合金的组成归纳于表 2.6 中。在 β21S 中添加 Nb 赋予合金高抗氧化性，这有助于加工过程并有利于高温应用。

9.2 性质

正如本章导言中提及，通过引入 SiC 纤维显著提高钛基材料性能的潜力是制作 TMCs 的动因。本节将考察这些性能可以改进的程度以及这种改进的局限性。

9.2.1 拉伸性能

TMCs 的静态强度和刚度取决于纤维的模量、体积分数以及纤维和基体的取向。连续的单向纤维复合物的模量可以用混合物规则计算得出。在实际中，单相负荷构件并不常见，因此，单向纤维排列很少采用，因为这种纤维结构的最大好处是在单向负荷状态下实现的。纤维和纤维结构的存在对若干种有代表性纤维结构的 TMCs 模量的影响如图 9.7 所示，图 9.7 中同时给出两种不同的基体合金的模量随温度的变化[9.17]。这个图包括有两种不同的基体合金(Ti-24Al-11Nb 和 β21S)的 TMCs 数据。这个图形还显示了两种常规的、未强化钛合金的模量以供比较。从这些数据看，当纤维轴平行于荷载方向时，TMCs 模量的增长是很明显的。同样清晰的是当载荷方向与纤维轴不平行时（见标记为 90、0/90 和 0/ ±45/90 的曲线），这种改善急剧降低。低的离轴刚度和强度是弱纤维/基体界面的直接结果，因为这抑制了载荷向纤维传递。矛盾的是：这种弱界面对使纤维/基体界面处的裂缝偏转从而获得可以接受的抗断裂性能是必要的。

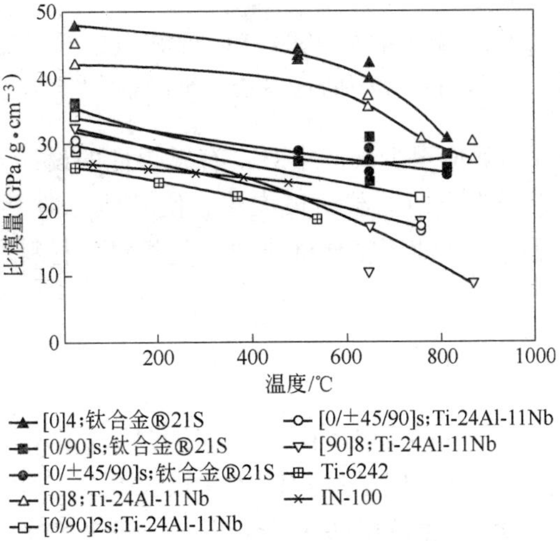

图 9.7 TMCs 和两种未加强金属合金
(Ti-6242 和 IN-100)的密度校正模量随温度的变化[9.17]

纤维取向对极限强度的影响也很显著。与图 9.7 中所示相似但用于极限强度的数据，如图 9.8 所示[9.17]。使用极限拉伸强度是适宜的，因为 TMCs 的失效塑性应变很小，使得 0.2% 屈服应力的决定作用不可靠。图 9.8 中的数据表明 β21S 基体较高的室温强度的作用以及 Ti-24Al-11Nb 基体在超过 650℃ 时较高温度能力的益处。两种未加固基质合金的曲线使这一点非常清楚。和模量的情形一样，当荷载与纤维轴不平行时，由于弱纤维/基体界面的分离因纤维所致的强化要弱得多。当施加法向应力横穿界面时，这种不牢固的纤维/基体界面结合就会引起过早失效。

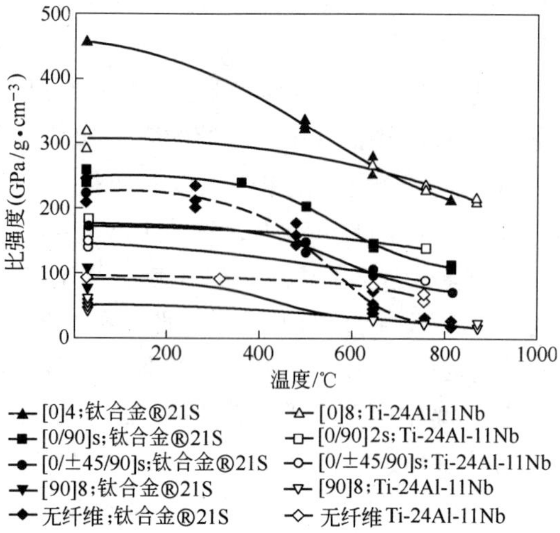

图 9.8 有不同基体合金和纤维结构的 TMCs 的密度校正 UTS 随温度的变化（同时示出未加固基体合金的曲线）[9.17]

这种强纤维取向效应至少会产生对富有思想性的设计方法的需求，即通过设计使平行于纤维方向的载荷最大化，使其他方向上的载荷最小化。缺乏这些设计方法时，从使用复合材料中获益相对于材料成本而言是不具吸引力的。

9.2.2 疲劳性能

基体为 Ti-24Al-11Nb 的 TMCs 在 650℃ 时的疲劳强度比未强化基体在 10^3 循环周期时好约 50%，但是这种优势在较长寿命（10^6 循环周期）时降低到约为 15%。这些数据如图 9.9 所示[9.17]。对于 TMC，载荷轴平行于纤维轴。图 9.9 中基体为 Ti-24Al-11Nb 的 TMC 的曲线形状及未强化基质的曲线形状值得作些讨论，因为这些曲线不平行，它们实际上看来像在 5 ×

10^6 和 10^7 循环周期之间相交。这表明两种材料中的裂纹形核阻力基本上相同，但在未强化的材料中，微细裂纹扩展较快。这与纤维在恒定驱动力（ΔK）作用下桥连裂纹并延缓裂纹生长的作用是一致的。目前，还没有TMCs中微观裂纹扩展速率的直接证据。然而，图9.10清晰地表明纤维的存在延缓了宏观裂纹的扩展速率[9.17]。图9.9中β21S基复合物的曲线也表明了当载荷平行于纤维轴施加时，纤维增强的显著好处。在这种情况下，还没有不加固基体在650℃时的数据，部分原因是因为相对于β合金，这是一个很高的温度。当纤维轴和载荷轴并不总在一条直线上时，如在(0/90)上排列；或当纤维轴结构已经几乎改变为各向同性材料时，如在

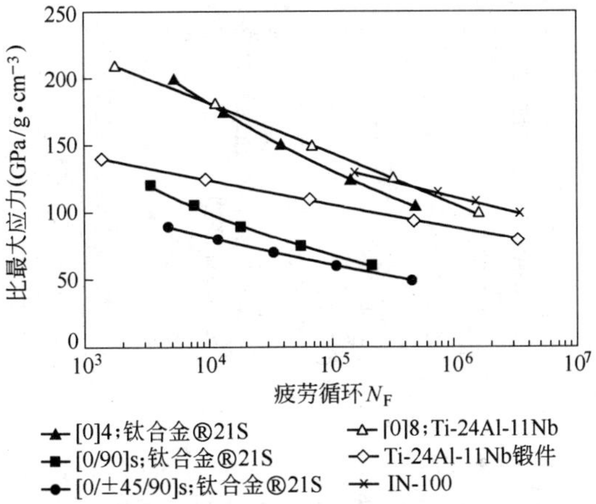

图9.9　TMCs和两种未强化的金属合金的密度、校正最大应力（$R=0$）随疲劳损坏循环的变化[9.17]

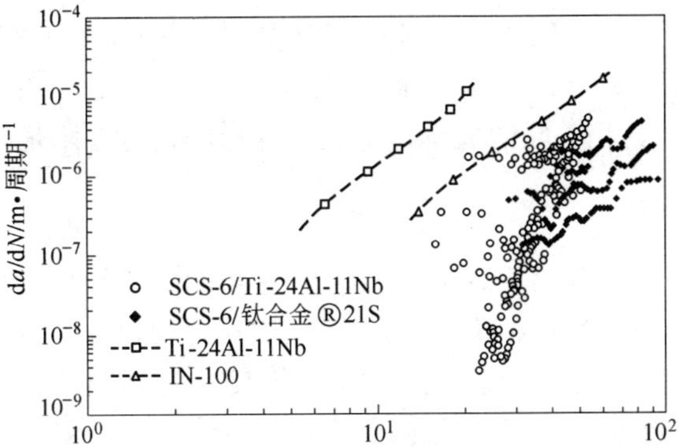

图9.10　在两种TMCs和两种未强化金属合金中宏观裂纹的裂纹扩展曲线[9.17]

(0, ±45, 90) 上排列，β21S 基复合物的曲线是非常有意义的。在两种情况中，(0，90) 和 (0， ±45，90)，疲劳强度比单向材料 (0) 的低得多。这表明轴外的叠层并没有因为纤维的存在而获益，也表明这些叠层控制复合物的总体行为。另一组说明弱纤维/基体界面效应的数据是疲劳循环期间弹性模量的减小，示于图 9.11[9.18]，从图 9.11 中可以看出疲劳降低时 TMC 的刚度比初始刚度低很多。初始刚度是在弱纤维/基体界面未扰动时测量的。当外加应力超过结合强度时，纤维/基体界面发生分离，此后，较低的复合物刚性表明了荷载向纤维传递的缺失。

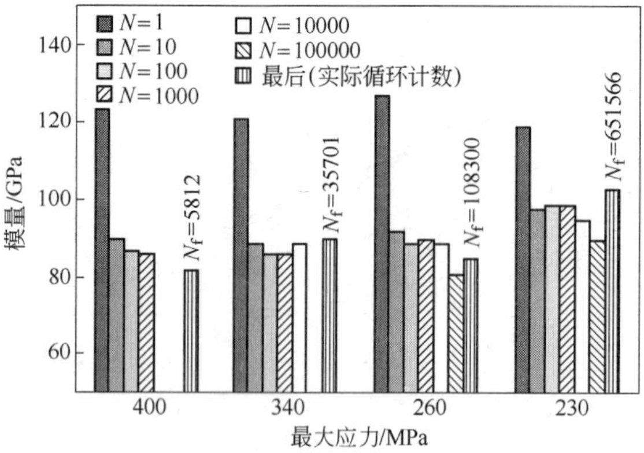

图 9.11 一种 β21S 基复合物(0, ±45,90)在 4 种不同的最大应力值下循环后的表观模量（柔度）[9.18]

如同静负载结构，很显然可以从使用 TMCs 中获取疲劳性能的好处，严格依靠于所使用的设计原则。假如一个部件是这样设计的，那么，除了纤维轴以外的任何方向上都基本没有载荷，TMCs 的结构效率显著优于单体材料。考虑到 TMCs 的成本，如果从应用 TMCs 中获得的利益将大到足以证明值得付出其相关联的成本，那么，这样的设计原则是必需的。

9.2.3 蠕变性能

TMCs 在高温下持续负载期间的性能与其他已经讨论过的性能一样取决于纤维取向。β21S 基和 Ti-24Al-11Nb 基复合物以及未强化基体合金和另外两种未强化高蠕变强度材料的蠕变断裂行为如图 9.12[9.17] 所示。图 9.12 中的所有数据都是密度校正的。从这些数据可以看出当载荷平行于纤维轴施加时，TMCs 具有非常好的断裂性能。负载垂直于纤维的 β21S 基复合物的断裂行为由于弱纤维/基体界面的作用比未强化基体的稍差。图 9.12 中还示出（0/90）和（0/±145/90）方向纤维结构的数据。在

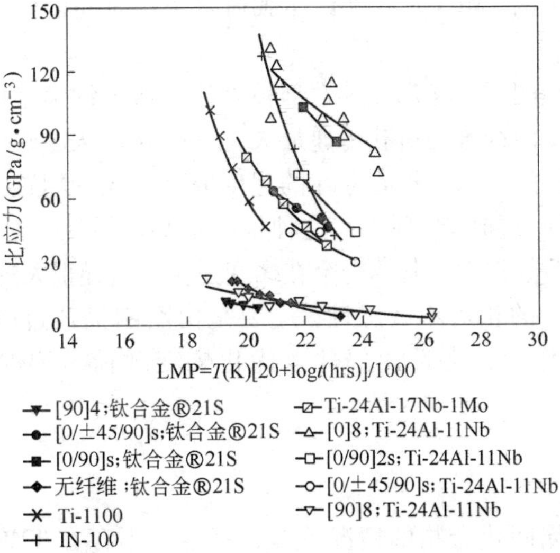

图 9.12　TMCs、未强化基体合金和其他两种金属合金的使用密度校正应力的蠕变断裂数据和拉森·米勒（Larson Miller）参数[9.17]

各种情况下，断裂行为都与采用与荷载轴成直线的纤维体积分数的混合物规则相符。

关于 TMCs 的蠕变行为尚有两点需要关注。一是由于氧的作用基体随时间老化，而更担心的是纤维/基体界面的老化。已经证实当纤维和基体失去结合以后 TMCs 的耐蠕变性极低。基体裂纹的出现及其随后的氧化和纤维/基体界面的老化如图 9.13 所示。第二个关注点是把从试验试样获得的蠕变数据应用于实际构件与设计有关。与单体金属不同，在位移受控情

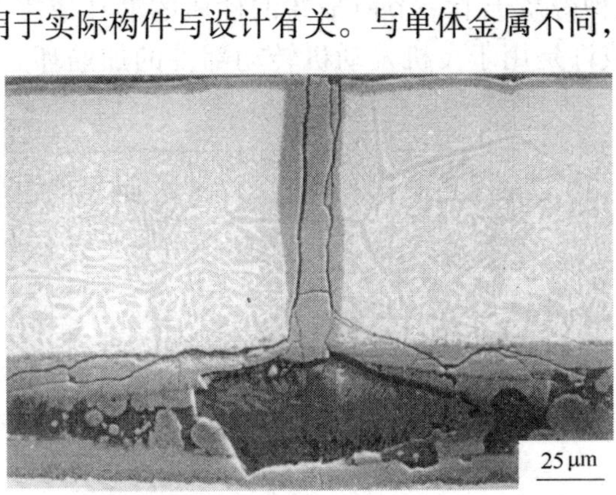

图 9.13　β21S 基复合物中严重氧化的基体裂纹和老化的纤维/基体界面（SEM）[9.17]

况下，纤维增强的 TMCs 向纤维传递载荷是依赖时间的，原因是蠕变应变在基体内积累。

大部分试验测试试样都在其端部被夹住，通过约束基体，来自压紧装置的压紧荷载使向纤维的荷载传递最大化，因此，从这些样品测试中得到的数据是不守恒的，这种担心存在的程度取决于部件配置。例如，在一个主要加载于圆周方向的圆环中，这种担心很小。另外，对于自由端部件，例如机翼，误差会很大。基体合金在蠕变强度上差异很大的 TMC 实验室测试样品断裂行为的相对不敏感性，主要是由刚刚描述过的末端约束产生的。在实际操作中，当设计部件以优化蠕变载荷传递时，一定要特别注意。

9.3 应用

与钛基金属间化合物的情况一样，基本上不存在 TMCs 的生产应用。这是因为这些材料还不能真正实现工业规模生产，因此，这些材料的价格还很高。普遍认为：引用的“闸门价格”，按 1998 年美元价值，大约是每公斤 1000 美元。对价格-数量关系已经进行了模型研究，当数量小（小于 5000kg/a）时，TMCs 价格的数量敏感性非常高。这种关系如图 9.14 所示。图 9.14 中的企业模型和成本模型之间存在差异是因为企业模型中包括生产复合材料所需的厂房和设备的价格。当量足够大时，成本的作用就被稀释成一个难以觉察的小量，两条曲线会合。很显然，有必要把 TMCs 引进到若干生产应用以实现每千克材料更低的成本。为稳定和维持 TMC 供应商基数，每年使用约 5000kg 是必需的。

TMCs 有几种得益于上一节所描述的性质的潜在应用。风险最高、盈利最大的应用或许是用于飞机发动机转动部件的加筋环。TMCs 的高强度

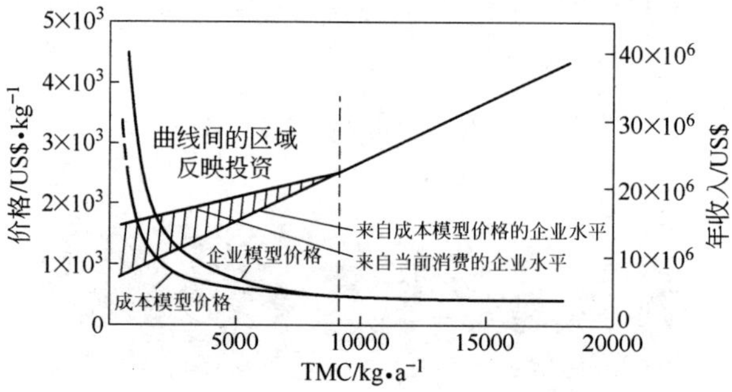

图 9.14 由成本模型和企业模型推导的成本随数量变化的曲线

（蒙 GE 飞机发动机公司 L · 约翰逊供图）

和高刚性允许消除旋转级中圆盘上的钻孔，比如图3.55的横截面所示的那些钻孔。消除圆盘钻孔会使旋转级直径显著减少并伴随质量减轻。小直径引擎（恒定推力的）也会产生配置于新型飞机的机会。这对引擎经常安装在机身内的军用飞机尤其有利。TMC环的实例如图9.15所示，这些环将被嵌入到钛转子铸件中用以制造旋转级。在转子中只需要应力取向为圆周方向，所以，TMCs的性能非常适合于这种应用。尽管如此，必须十分小心地把径向的应力水平维持在很低，因为TMCs在这个方向上的性能差。设计附件（法兰组等）时也必须十分小心地避开复杂的应力状态，否则，在平行于高度各向异性TMCs的纤维以外的方向上至少会有一个部件超过临界低性能值。圆环中的纤维是连续缠绕的，所以，先前讨论的自由端问题并不成其为问题。

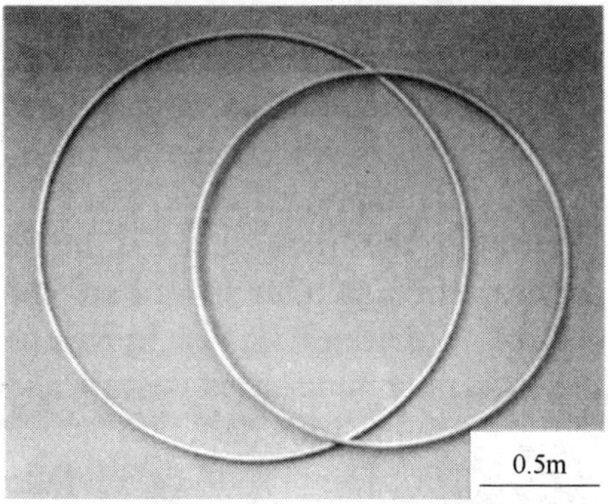

图9.15　两个可以置入飞机发动机旋转级的TMC环的照片
（蒙GE飞机发动机公司L·约翰逊供图）

如果设计中已经包括使用TMC环的转子，那么沿着发动机中心线的环形区域尺寸也减小。此时，连接旋转风扇和压气级及涡轮级的轴直径会变得具有一定的限制。幸运的是，TMC轴的扭矩性能足以使这种局限最小化。轴上的主要应力是扭转型的，所以，用与轴成45°缠绕纤维制成的轴能传送极高的扭矩。此时，同样必须使除了轴两端的纤维取向以外的其他方向上的应力最小化，因为轴在端部与旋转级连接，示例轴如图9.16所示，在照片中可以看到保持连接点低应力所需的大端部。

TMCs早期小批量但重要的生产应用是在1999年用于大型（F-16级）军用发动机的推力增强装置执行机构连接器。这些连接器大约500mm长，其中之一如图9.17所示（照片上部），图9.17中还示出了它所取代的镍基超合金连接器（照片下部）。这种应用风险低，但回报高，因为增强装

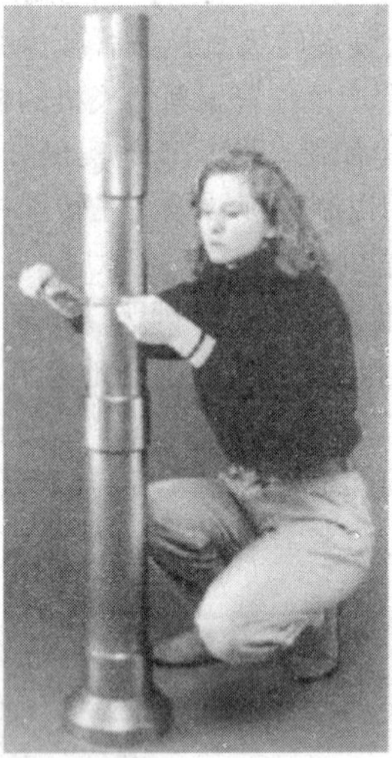

图 9.16 飞机发动机 TMC 轴的照片
（蒙 GE 飞机发动机公司 L·约翰逊供图）

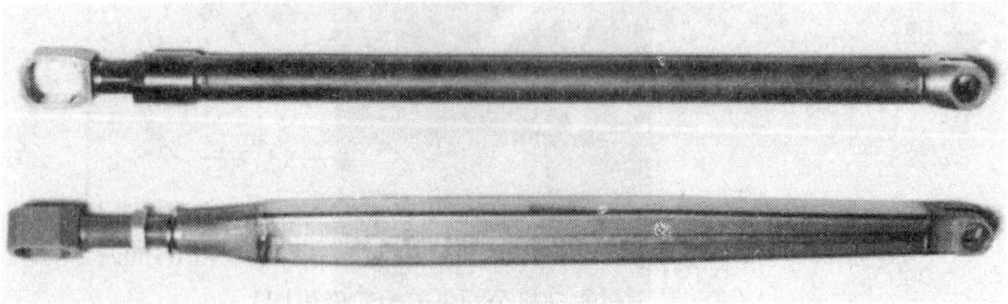

图 9.17 两种推力增强装置连接器的照片，上部是 TMC，下部为 Ni-基合金
（蒙 GE 飞机发动机公司 L·约翰逊供图）

置连接器安装于飞机的最末端。这个位置使连接器的重量极为重要。TMC 连接器的重量约为超合金连接器重量的 50%，这使得成本的增加可以接受。以较低总成本使用 MMCs 的替代手段是选择性强化的应用。在选择性强化中，MMC 被优先地安装到部件的性能将产生最大效益的区域，例如，在弯曲刚度限制的应用中，只有部件的外部才是 MMC。选择性强化对于平均切面应力很低（小于 $0.5\sigma_{0.2}$）的刚度限制应用最有吸引力。这是因为 MMC 和未强化合金结合的区域将容易受到巨大的剪切应力。引进选择性强化的一种手段是一个称之为“双铸造”的过程[9.19]。这些过程中 MMC 嵌入物被放置在熔模铸造壳内的希望位置，并将未强化金属浇注到嵌入物周

围，组成整体式部件。

到 2002 年，TMCs 的商业化有了许多重要的发展。TMC 棒的估计成本已经下降到每千克 2200 美元以下，并且 TMC 生产水平的实质提升有着极好的前景[9.3]。除了刚才提到的增强连接器的持续生产外，ARC 和 BF 古德里奇着陆系统部之间已经签署了联合开发协议共同生产供许多大型商用飞机（比如波音 747 型和 777 型）用的商用起落架部件[9.20]，（美国）国家航空和航天局（NASA）正在考虑使用 TMCs 以满足在宇宙飞船和哈勃望远镜中的特殊需求。

10 钛的特殊性质和应用

最后一章包含一些描述一系列钛应用领域的短小章节，这些章节从逻辑上说不适于放入第4章~第9章中，这些领域中有些并不是专属的合金类，因而难于把它们归入前面各章。

第一组应用领域至少与钛的一种“非传统”性质或特性有关，这其中包括超导性、形状记忆能力、阻燃性、吸氢性能及脱氢性能等，与其把对具有这些特性的单独合金的讨论放入按合金类别组织的各章，还不如根据某种特性将其分组来得更有效。

钛也有这样一些应用需求，其中大多数正因市场的原因应运而生，这些需求可以由不止一类的合金材料来满足。在这里按应用领域而非按合金类别讨论这些应用也会更有效。这一组中包括生物医学器具、汽车部件、体育设施及与外观相关的应用（珠宝和建筑设计），后面的应用类别中有些是由一些非同寻常的性能组合所驱使的，因为，当前钛在消费者眼中享有的魅力，其他应用是可行的，但从性价比的角度看，并不是总能严格支撑的。

10.1 超导性

超导性是昂内斯(Onnes)在1911年首先发现的，当时他发现，当冷却到足够低的温度（约4K）时，水银几乎完全失去电阻率而且基本上能传导无限大的电流，电阻随温度的变化，如图10.1所示，昂内斯把这种电阻消失的现象称之为超导性，这种显著的特性后来通过其他的纯金属如铅、锡、铟得到证实。就每种金属来讲，从正常行为到超导行为的转变温度是不同的，但在所有情况下，这个温度都很低，仅为数K的数量级。超导现象在物理文献中一直有着广泛的研究和深入的讨论，但材料工程师却不太知晓，所以，在此将对与超导行为有关的基本特性作简要的评述和总结。

如前面提及，超导现象是一种在非常低的温度下发生于许多金属材料中的电阻率随着温度急剧降低并在某一临界温度（T_c）基本上变为零的现象。对于超导状态的纯金属，其与所传导电流相关的内部磁场在相当低的场下穿透材料并破坏了超导特性。当有一外场（包括与电磁体相邻的导体所产生的）存在时，这种转变在临界场（H_c）及临界电流强度（I_c）下发

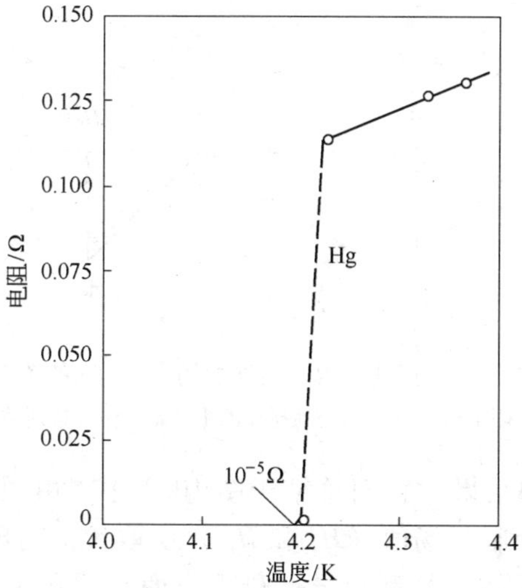

图 10.1 汞的电阻随温度变化关系
（表明电阻实际消失温度约为 4.2K）

生，后面两个临界参数，即 H_c 和 I_c，使得用超导体获得高场强电磁体是不可能的，即使原则上能携带非常大的电流并伴生强磁场的超导体也不行。在 1933 年，发现了另一种与超导性有关的效应，即处于超导状态的材料可以从超导体的内部排斥磁场，因而表现出极强的反磁行为（磁化率约为 1）。到 1933 年，人们还在期望这个场会被根据法拉第定律产生的表面涡流捕获在导体内部，这种预期是错误的，这种在临界场中对磁场的排斥突然发生又完全可逆，这种产生完美反磁状态的磁场排斥称之为迈斯纳效应（Meissner effect），也被称为迈斯纳-奥克森菲尔德效应（Meissner-Ochsenfeld effect）[10.2]，所观测到的可逆性也使得热力学可应用于超导转变，因为超导状态可以作为一种物质状态处理。

大多数纯金属在一个适度的临界场（H_c）中丧失其超导性，并同时失去完全抗磁性，当 $H>H_c$ 时，它们不再拥有高抗磁性，不再是超导体，这些金属被称为 I 型超导体，这种性能用磁化外加场曲线（见图 10.2）图解总结，图 10.2（a）表示的是导体携带无限电流而没有磁通排斥的关系，图 10.2（b）表示的是产生 I 型超导性的磁通排斥效应，当外加场低于 H_c 时，内场 B 为零，材料是超导的。

除纯金属外，低温下某些合金也表现出由普通电导率状态向超导状态转变的性质，这其中许多合金的转变并不像 I 型超导体那样剧烈，而且某些超导行为在较高的外加场中仍然得以保留，这种行为是超导材料

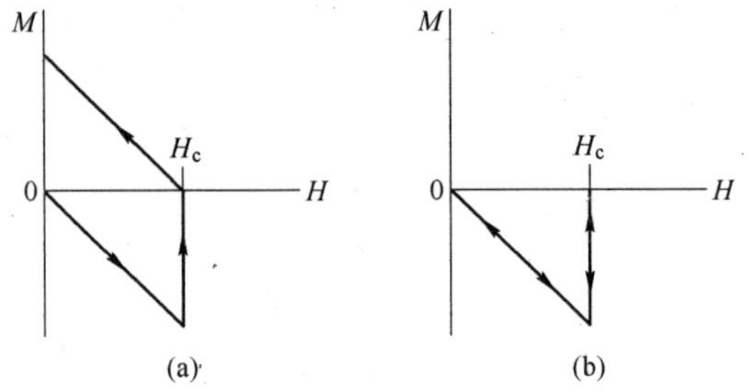

图 10.2 磁化（M）与外加场（H）间的关系
（a）无限电流；（b）有磁通排斥的 I 型超导体（迈斯纳效应）

和普通材料混合的结果，它们总结于图 10.3 中，由图 10.3 中可见，临界场（H_c）被两个临界场值（H_{c1} 和 H_{c2}）所取代，表现出这种行为的超导体称为Ⅱ型超导体。Ⅱ型超导体最先由谢普尼科夫（Schibnikow）于 1930 年在俄国报道的数种铅合金[10.3]中发现，但是没有引起广泛关注，结果，直到 20 世纪 60 年代，才对Ⅱ型超导行为产生广泛的认识，这是一种存在于 H_{c1} 和 H_{c2} 之间的混合状态，借此可以正视昂内斯待认定的高强磁场。

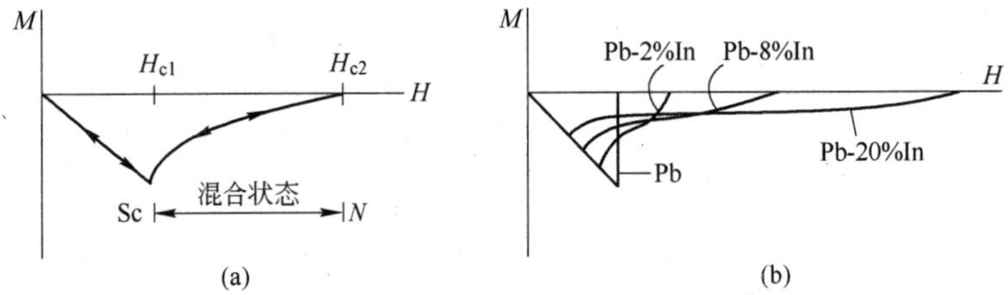

图 10.3 在 H_{c1} 和 H_{c2} 间存在混合状态的Ⅱ型超导体的磁化随外加场的变化情况
（a）一般图解；（b）Pb-In 合金中的实际曲线

Ⅱ型超导体中的混合状态使外部磁场得以部分穿透，但这种穿透在材料体积内部并不均匀，如前所述，正是这种状态使人们伴随着强电磁体在粒子加速器、基于核磁共振的医学成像（现称为磁共振成像或者 MRI）设备、储能装置和实验性的磁悬浮列车中的应用而获得了强磁场。现在，这些装置中的大部分都是以超导磁铁为基础的，其线圈是由 Ti-Nb 合金、纯 Nb 和/或纯 Cu 细丝制成的。Ti-Nb 合金在超导性的这类应用中的主要作用，是在这儿讨论这个主题（超导）的理由。

在混合状态，材料包含一个称之为全磁通的具有线性特征的阵列，该阵列嵌入超导基体内，每一个全磁通都可以被看成是有正常电导率（与超导性相反）的中心处有材料的圆筒形区域，且该区域已经被外部磁场穿透。全磁通彼此相斥，它们的轴变得像一规则的二维阵列或点阵一样分布，全磁通的半径限定了阵列平面，已应用了许多试验技术作出了全磁通点阵的图像，并进而证明其存在。在混合状态下，Ⅱ型超导体以热力学有利的超导状态保持其大部分体积直到临界电流（I_c），超过 I_c 以后，就会发生磁场的完全穿透，超导性就不存在了。在任意外场中，类磁通钉扎中心的密度和空间分布与临界电流之间存在着关系，因此，在给定的外加场中实现高临界电流的关键是超导材料的微结构。目前，最流行的低温、高电流超导体是由 Nb-47% Ti 合金制成的。Ti-Nb 系是一种 β 类质同晶结构，在高于 β 转化温度时，它的两种元素连续互溶。Nb 是相对弱的 β 稳定剂，因此，Nb-47Ti 的转变约在 450℃。Nb-47% Ti 线（丝）的阵列见图 10.4，更高倍率的阵列见图 10.5。每根线都经过特殊加工，目的是产生尺寸非常

图 10.4　显示装配在 Cu 基体中的 Nb-47Ti 丝线的超导体 SEM 照片
（由俄亥俄州立大学 E. W. Collings 提供）

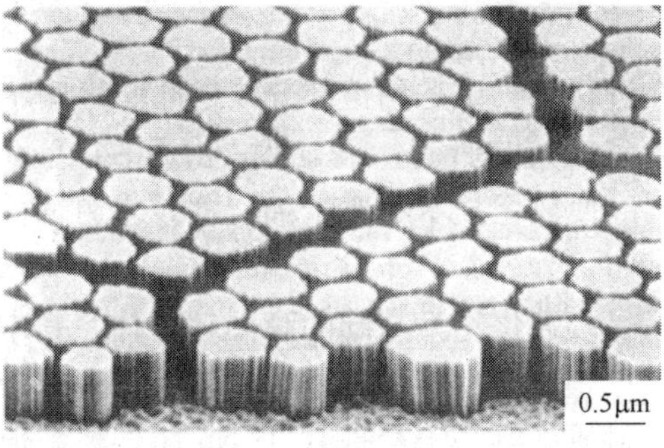

图 10.5　显示单根 Nb-47Ti 丝较图 10.4 更高倍率的 SEM 照片
（由俄亥俄州立大学 E. W. Collings 提供）

细小的高度拉伸 α 相析出物，这些 α 相析出物变成全磁通，因为在 α 析出物和 β 基体之间存在着由于合金元素分配所致的组分差异，这些位置是固定的，自动地满足了锁定全磁通的要求。超导导线的加工流程基本上是粗锻，接着冷拔，然后在 350 ~ 375℃ 进行时效处理以析出均匀分布的 α 相析出物，最后再拉拔，使这些析出物产生高度定向的分布。正如本书（第 2 章和第 7 章）早先讨论的，冷加工的 α 相析出物形成了高密度的形核。最大临界电流性能的平衡全磁通间距取决于外场，最佳间隔随着场的增强而减小，例如，在 5T 的外场中，最佳间隔约为 20nm，很显然，在 Ti-Nb 合金线生产过程中，从化学成分均匀的锭子开始是很重要的，这对 Ti-Nb 合金是一种挑战，因为两种元素的熔化温度不同。尽管 Nb-47Ti 合金超导丝的加工需要极其小心，但这种合金的加工是可行的，因为这种合金在全 β 状态下延展性很好，即便在形成 α 相析出物之后，它仍然有很好的延展性，这部分是因为析出物的体积分数仅约 25%，这种实际好处使 Nb-47Ti 合金成为超导电磁铁应用的选择。比较起来，有一种金属间化合物 Nb_3Sn，实际上它具有更高的临界电流值，但加工成导线并绕进磁铁非常困难，因此，它的实际使用非常有限。目前，生产相对紧凑的 5 ~ 10T 超导电磁铁的能力，已经使人们能够开发和生产医学成像装置和离子加速器，没有这种能力，这些都是不可能的。

最近，有一些人为地把钉扎中心引入到超导材料中的尝试，采用的手段是把 Ti-Nb 机械地装配到 Nb 环形区内部，并把此装配件拉拔到期望的超导丝尺寸之下，用这种方法制作的材料已被特称为人造钉扎中心（APC）材料。虽然从实验室生产的材料中已经获得了一些振奋人心的结果，但大概因为加工技术差，仍有许多令人失望的结果报道。看来 APC 材料的生产将比用常规加工方法生产 Ti-Nb 合金需要更加小心，这种额外的小心至少会转化为高成本。

也有一些正在进行的尝试是用钽部分或全部取代超导线中的 Nb，但这些都还仅仅是实验室规模的研究，很显然，由 Nb-47Ti 线制成的超导电磁铁的有效利用，已经使成像技术和离子加速器技术方面的主要装置都取得了进步。

有一类新的以复合氧化物为基础的高温超导体，其中之一是 Y-Ba-Cu-O，这些超导体的 T_c 值高于 90K，这意味着它们可以在液氮中而非液氦中工作，尽管这些材料或许有一天会取代 Ti-Nb 超导体，但在实现更高的临界电流和临界场以及克服由复合氧化物的脆性造成的加工挑战面前，这似乎是不大可能的。

10.2 阻燃性

当Ti和氧结合时会发生很强的放热反应，这个反应在大气压和氧分压的空气中不能像在Mg中一样自发进行，镁一旦点燃就很容易燃烧，然而，在高温、高压和高质量流量条件下，例如存在于喷气发动压缩机中的钛，点燃后就能自发进行，在过去的20多年里，就有无数的喷气式发动机中钛燃烧的例子，典型的起因是旋转式压缩机叶片对静态的钛部件（叶片或外壳）产生强烈的摩擦或者松动的压缩机叶片对钛壳体产生冲击，一旦点燃，燃烧就会传播到其他钛部件，并对发动机产生普遍的破坏。图10.6所示的是经历钛燃烧后的一个军用发动机压缩机段，可以看到压缩机壳体已经被火完全烧裂[10.4]。有时候，大火甚至可能蔓延到机身，引起飞机受损和给机组人员带来很大的危险，特别对于引擎包含在机身内且离机组人员、机身和机翼执行装置非常近的军用飞机，这样的危险尤其容易发生。钛燃烧已经引起很大的关注，已对发动机设计作出了很多重大变革，尽力将燃烧的危害降到最低，其中的措施有停止使用钛质压缩机外壳；在许多发动机中采用钢质外壳或者在钛质外壳上涂覆一层“维腾”合成橡胶（Viton™）。后者是一种附着性的高弹性橡胶，能最大限度地减少新钛暴露在压缩机内的高压、高速气流中。

图10.6 军用飞机引擎压缩机段钛燃烧烧裂后的外壳照片[10.4]

近年来，也有一些研究项目开发不像钛合金那样容易起火的新合金，这些尝试一直将研究重点放在鉴别对燃烧较不敏感的合金组成上。连同这些项目，还有一些鉴定试验测试方法的开发计划，即对合金阻燃倾向作定性的排序。本节将描述钛燃烧的现象学，接着讨论开发所谓阻燃钛合金的物理冶金基本原理，在这点上，重要的是要认识到所有的金属在适当的压力，流速和温度等条件下都会燃烧，因此阻燃剂最多是一个相对的概念。

10.2.1　钛燃烧现象学

在飞机发动机中，钛着火的过程及随后产生的破坏可认为按下列 4 个阶段发生。

第一阶段：第一阶段是钛的引燃，这被定义为取决于下列因素组合的持续燃烧：局部燃料（钛）数量、从外源输入能量的速率和水平、氧化反应的焓、吸收能量局部熔化的出现、氧化剂（此时为高压空气）的有效性、任何可能发生的固/液化学反应、改变钛“燃料”表面积与体积比的几何形状。

第二阶段：第二阶段是钛燃烧蔓延到其他下游的可燃部件。这取决于许多因素，主要是：燃烧产物的数量和温度、其他下游可燃部件（例如钛）的存在、燃烧产物的体积校正热焓、氧的供应、“自热”反应发生的可能性、燃烧产物传播的距离等。

第三阶段：这一阶段涉及燃烧产物从安全壳（通常为压缩机箱体）中的释放。决定第三阶段发生的难易程度因素包括：保护壳材料性能，例如热容、热导率、熔化温度和强度随温度的变化；另外，所有在第二阶段重要的因素在这里也是非常重要的；最后，由于第三阶段的影响范围取决于保护壳的破裂，因此安全壳内的压力也是很重要的。

第四阶段：这一阶段包括钛燃烧造成的对其他部件的二次损坏。在此阶段，影响二次损坏的因素包括：关键部件的相对位置、保护壳的体积校正热焓、关键部件的热容及其热量、关键部件的燃烧性以及所有在第二阶段重要的因素。

认识钛燃烧的各个阶段以及倾向于导致这样一种事件（包括其严重性）的影响因素，就可以通过设计使这种可能性最小，很显然，既定钛合金的固有可燃性是不能改变的，但是通过把先前提到的各种因素都考虑在内的有效设计就可以使钛燃烧出现的概率降低，正如下一部分将要论述到的，合金组成也影响燃烧的可能性和严重性。

10.2.2　降低燃烧危险的合金选择

在过去的 10～12 年间，有若干重要尝试致力于开发防火钛合金，目前已有几种专用钛合金，看来比现有常用于喷气引擎合金的着火敏感性要低得多，这些合金包括：C 合金（Ti-35V-15Cr）、BurTi（Ti-25V-15Cr-2Al-0.2C）和 Ti40（Ti-25V-15Cr-*x*Si）等，它们分别由美国、英国和中国开发出来。基本上采用两种试验方法来评估钛合金的阻燃性，第一种（1 型）是在合金上滴落一滴熔融金属并观察反应；第二种（2 型）是在氧逸度受控的条件下（可以是流速、压力或密闭舱内的氧分压），引燃合金棒末端，此时需要测量的是在火熄灭前，钛合金棒的消耗量。基于前边讨论的4个阶段，第一种测试方法与第二阶段的关系更密切，而第二种测试方法则与第一阶段关系密切。

钛燃烧热力学分析[10.5]表明，下列反应对理解合金组成和可燃性效应间的关系是很重要的。

$$Ti(l) + O_2(g) \longrightarrow TiO_2(l)$$

$$\frac{4}{3}Al(l) + O_2(g) \longrightarrow \frac{2}{3}Al_2O_3(s)$$

$$\frac{4}{3}V(l) + O_2(g) \longrightarrow \frac{2}{3}V_2O_3(s)$$

$$\frac{4}{3}Cr(l) + O_2(g) \longrightarrow \frac{2}{3}Cr_2O_3(s)$$

这里，g、l和s分别表示气态、液态和固态；每个反应的自由能，用kJ/mol表示，分别是 -517，-632，-410和 -360，因此，倾向于较少的Ti、无Al、多Cr或V的合金组成，这与第一阶段局部点火期间减少热量释放是相吻合的。在2型测试方法中的点火条件试验表明，当Ti-6Al-4V与一种阻燃合金比较时，点火的压力和温度值更高。C合金和Ti-6Al-4V间的具体比较示于图10.7[2.39,10.6]中，因此，由阻燃钛合金制成的压缩机箱体与Ti-6Al-4V外壳相比，将减少燃烧的风险，或者假如用它代替钢质壳体，将减少发动机的质量。两个结论都具有吸引力，但是阻燃合金的附加成本特别高。

阻燃钛合金还没有得到广泛应用，主要原因是因为它们的成本，将阻

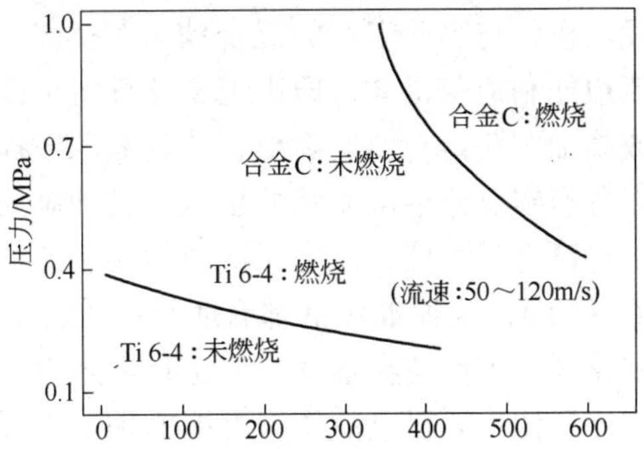

图10.7 一种较之Ti-6Al-4V阻燃合金燃烧的温度压力组合改进情况

燃合金设计到发动机中的决定取决于设计理念和重量需要减轻的程度，可能性更大的是这类合金用于军用发动机，这是因为，通常军用发动机的重量更重要，并且以成本换质量更值得[10.7]。

10.3　储氢

前面已讨论过，钛具有吸收氢的亲和力，在 α 合金中，这种亲和力表现为相对低的溶解度和氢化钛相 TiH_2 的伴随生成，这使得合金很不适于储氢，因为它限制了单位体积钛合金所能储存的氢量，而且，与氢以固溶体形式存在于其中的材料相比，钛合金对氢的吸收和逸出都要困难得多，然而，钛基储氢系合金仍然有吸引力，因为用钛作为储存基体的热力学可行性以及钛的轻质性能，因此，一直有适度的持续尝试来开发钛基储氢介质，直到最近，这种努力都集中于金属间化合物 TiFe 和 TiMn，这些化合物的另一特点是非常脆、极易破碎。由于氢的吸收速率和逸出速率是表面反应和体扩散相结合的结果，因此粒状介质具有吸引力，因为它的表面积与体积的比值高，且最大扩散距离被限制在约为最大颗粒尺寸的一半。

氢动力车在环保方面有吸引力，因为他们是完全零排放的，事实上，有一个成功的概念为示范证据，即美国国家邮政局曾在 20 世纪 80 年代用几辆氢动力车投递邮件，这些车用氢作为燃料，在一个未经优化的内燃机内燃烧，不幸的是，这种示范后出现的经济问题使人们对这种技术的兴趣迅速减小，这种现实性强烈地受到低油价的影响，以及当前对汽车和卡车排放的 NO_x 和 CO_2 极小经济惩罚的影响，同时，即使是一个最小氢气供应系统的成本也会很高。随着研制燃料电池装置的复苏，该装置能通过氧和氢的结合发电，使人们对氢作为燃料又有了新的兴趣。实验用燃料电池动力车目前已在运行，但是广泛接受这种车的障碍还相当大。这些车是电动的，不需要汽油发动机，与当前生产的混合动力车类似，基于能源可靠的燃料电池，要求能很便利地获得氢，原则上，这种氢可以从汽油或者其他碳氢燃料如甲醇或柴油中获得，但实际上，从碳氢源中提取氢需要一套催化重整装置，用以分裂碳氢分子从而释放出氢和其他副成品，这里需再次说明，这种重整工艺已有了实证，但是所涉及的典型催化剂都含高含量的贵金属，主要是 Pt 和 Pd，这种催化剂都有明显的附加成本问题。寻找更低成本、更有效催化剂的工作还在继续，但是目前还没有看到任何实际解决的方案，因此，广泛使用燃料电池作为电能的重要来源看来还有很大一段距离，尽管如此，燃料电池是紧凑的、高效的和无排放的，因为简单和小巧，它们长期被应用在宇宙飞船中，燃料电池可能还有其他的市场定位，如果实现这种可能性，就需要一个安全、可靠的（否则买不起）氢来源，此时，钛基储氢装置将会极有魅力。同时，随着氢作为燃料来源的市场经济选择了氢本身，那么，关于储氢就有一些重要的技术问题有待讨论，因此，近几年期刊中的储氢论文集就作为证据记录了正在进行的基础研究[10.8~10.10]，这些最近的研究都集中在 Ti-V-Cr-Al 类合金上，研究者主要关注的是可以被吸收的氢量，以及吸收和解吸过程随基体的组成、加工工艺、使用过程、基体平均吸氢时间和随后的耗氢时间等动力学变化参数。发现之一是在许多使用周期之后，吸氢能力发生了变化，这与基体微结构方面的变化有关，但是许多问题仍然悬而未决，考虑到氢对常规钛合金，例如 Ti-6Al-4V 结构公认的影响，这也就不足为奇了。考虑到钛基储氢装置的成本，在预期市场有任何重大的接受能力之前，这种寿命限制问题必须得以解决，然而，钛基储氢仍然是一个有吸引力的选择，至少在经济的催化剂问题被解决之前保持其吸引力。

10.4 形状记忆效应

形状记忆合金具有很独特的性能，在对它们进行塑性变形之后，仍然能够恢复它们本来的形状，这种变形后在较低温度下的回复在数百摄氏度的温度范围内重复发生，这种几何形状的可逆性被称为形状记忆效应（SME）。认识到基于化合物 TiNi 公称成分的合金具有形状记忆效应已经很多年了，最早的形状记忆合金可以追溯到 1950 年，是基于 AuCd 的合金[10.11]。可发生可逆应变的温度范围对合金的组成很敏感，但发生在 -150 ~ +150℃之间的 SME 是可以很容易实现的[10.12]。当组成和温度条件适宜时，这类材料也在大的应变范围内表现出弹性变形能力，后面的特性被称作超弹性行为。目前，SME 合金中的 TiNi 类位于最广泛应用之列，由于这个缘故，本章包括了对形状记忆合金的简短讨论以及钛基形状记忆合金的应用，讨论从引起 TiNi 内形状记忆效应的机理描述开始，以几种形状记忆合金应用实例结束。

10.4.1 形状记忆效应现象

化合物 TiNi 具有 bcc B2（CsCl 原型）结构，当冷却到马氏体相变开始温度（M_s）之下时，发生马氏体转变，形成单斜 B19（AuCd 原型）结构，如图 10.8 所示。马氏体是内双晶的，根据马氏体的结晶学理论，使用标准术语，双晶代表晶格恒定变形模式，图 10.9（b）显示了这些孪晶。当变形时，马氏体去孪晶，如图 10.9（c）所示，使得形变相当于孪晶的体积分数乘以孪生切变，在 TiNi 内，这种可逆的形变相当于高达 8% 的剪切应变。如果含变形（非双晶）马氏体的材料被再次加热到图 10.8 所示

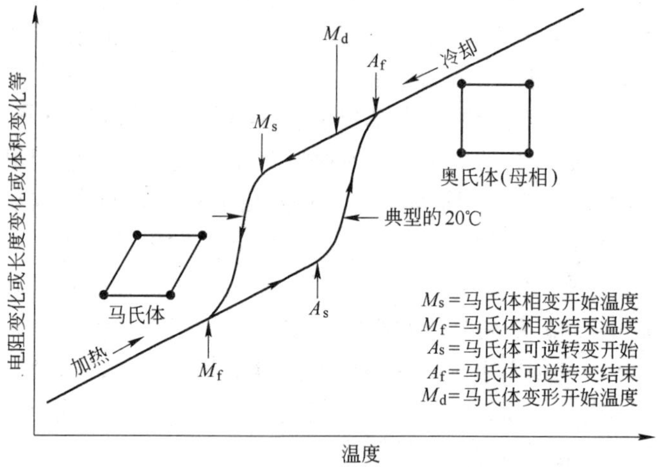

图 10.8　TiNi 合金在冷却和再加热过程中转变顺序
（同时给出马氏体转变起始温度）

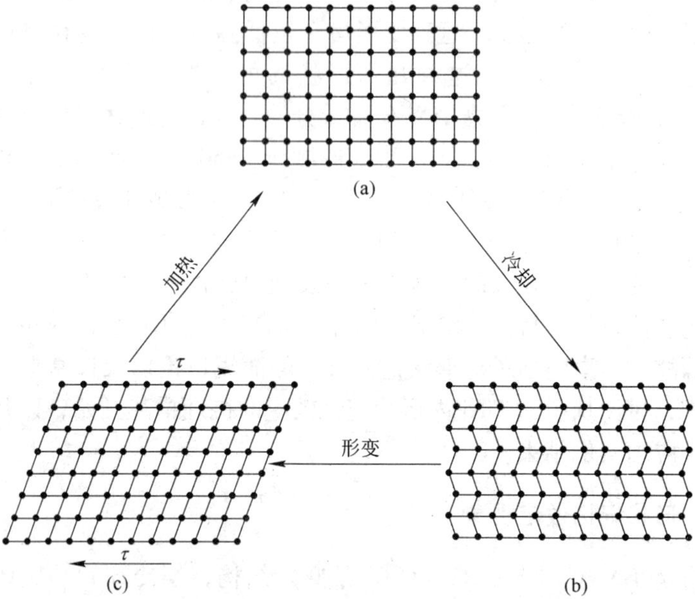

图 10.9　从奥氏体向马氏体的转变以及在变形过程中
当马氏体去孪晶时发生的形状变化
（a）奥氏体；（b）孪生马氏体；（c）形变马氏体

奥氏体的转变开始温度（A_s）以上，马氏体开始变得不稳定，并且回复到母相 B2 相，当发生这种情况时，起始部件的原来形状被恢复，如图 10.9

(a) 所示，这种可逆的马氏体相变是形状记忆效应的基础，不仅在基于 TiNi 的化合物中如此，在各种各样基于 Cu、Au、Ag 和 Fe 的其他合金中也是如此。形状记忆效应在相关文献中有更为详细的描述[10.13]。

TiNi 合金中的母相 B2 在低于称之为马氏体变形开始温度（M_d）的临界温度时是不稳定的，如果 TiNi 形状记忆合金在高于 A_s 但低于 M_d 的温度内变形，那么材料在应力作用下转变成形变诱导马氏体，但是当载荷去除后，马氏体又回复到母相（奥氏体），这就可以实现非常大的、完全可回复的应变。因为应变是完全可回复的，材料的行为就如同是完全弹性的，但弹性模量极低，由于这个原因，这种行为被称作超弹性，在其他一些文章中对超弹性现象进行了更为详细的描述[10.12~10.14]，在此，提到这种效应赋予形状记忆合金独特的具有工程重要意义的性能（如后述）就足够了。

在 TiNi 内也有一种称之为 R-相转变的马氏体前驱体效应，这与马氏体转变不同，且可以说明在形状记忆条件下最大的可逆应变值约为 1%。R-相转变也会导致超弹性，大冢（Otsuka）对 TiNi 基合金的 R-相转变作了详细的讨论[10.15]，总体上，具有较大吸引力的是与形变诱导马氏体相关的较大可回复应变，因此，这儿将不再进一步讨论 R-相转变。

与图 10.8 和图 10.9 描述的机械循环和热循环相关的应变可逆性是在一次性时间内运行的，因此被称作“单向”形状记忆效应，如果用一种特殊的方法处理材料，那么，形变过程中在奥氏体形成和马氏体形成之间取向关系的可能变化只是部分发生，在这种情况下，马氏体的形成也导致形变，很显然，在这些情况下，在热循环期间当温度高于和低于 M_s 和 A_s 时，形变就变得可逆，这种热循环过程中的形状可逆性被称作“双向”形状记忆效应，这表明用一种称之为“培训处理”的特殊形变热处理就可以把这种能力赋予形状记忆合金。

总之，TiNi 基合金中的形状记忆效应是在形变过程中可逆马氏体转变与马氏体去孪晶耦合的结果，这个体系中的形状记忆效应是可能的，原因是与这种转变相关的一些重要的冶金性能，包括一个内双晶的马氏体产物、一个伴随体积变化很小从而温度滞后极小的转变、一个既有实际意义又低到足以使马氏体或者奥氏体的竞争分解反应不存在或者非常缓慢的转变温度范围。

如果形状记忆效应发生的温度范围具有实际意义的话，先前对于形状记忆合金基本行为的讨论表明这种效应可以有力地用于各种各样的器件为了扩大这个温度范围，已经花了相当大的努力了解精确合金组成（Ti/Ni 比以及填隙杂质含量）对 M_s、M_d、M_f、A_s 和 A_f 温度的影响，也进行了向 TiNi 中添加 Cu、Pd、Pt 和 Fe 等第三组元以考察对这些临界温度影响的类似研究，在这点上，研究表明含 Ni > 50%（原子分数）的合金具有非常强的 M_s 组分依赖性[10.12]，如图 10.10 所示，这使得可再现 M_s 温度值的 TiNi 合金工业规模生产很困难且潜在成本不经济，此外，当在足够低的温度（使用中有可能碰到，如 400℃）进行时效处理时，富 Ni 合金是不稳定的。长期的暴露使析出物得以形成，并伴随着 A_s 温度有很大增加，如图 10.11 所示，这种材料性能上的变化可促使基于形状记忆效应的器件失效。

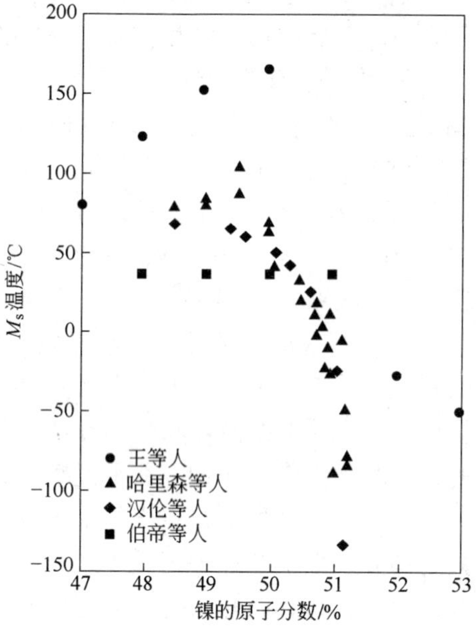

图 10.10 NiTi 的 M_s 温度随组成的变化情况

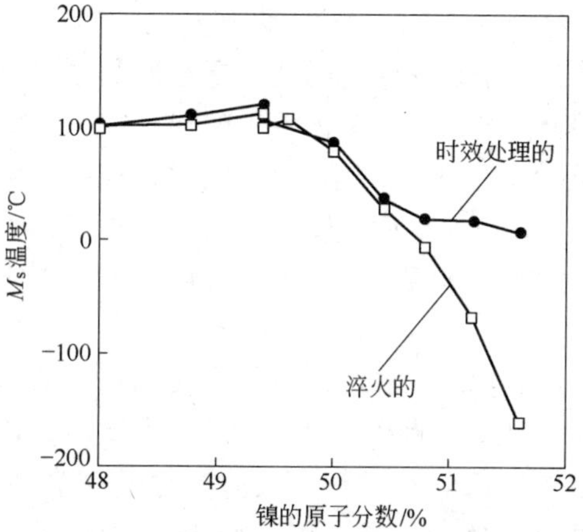

图 10.11 时效对富 Ni 的 TiNi 合金 M_s 温度的影响

这个简短总结的目的不是要对 SME 合金组成及其性能作出详尽的描述，而是要唤起对这类钛基材料的重视，并就这种新材料行为的某些方面作出阐述。

10.4.2 形状记忆合金的应用

上述讨论表明形状记忆合金有 4 种应用领域或者应用类型，这决定于形状记忆效应被利用的方式，包含以下方面：

（1）自由恢复，这有利于物体被重新加热到中温时能恢复其原来的形状，这种应用基本上是从与形状恢复有关的运动获益，或许 TiNi 合金中最实际的 SME 应用是用作可在人体内撑开以维持血管内血液流动的血管扩张器（支架），一个这样的支架如图 10.12 所示，这张照片显示的是部分散开的 TiNi 网支架，这时的支架在低温下是坍缩的，但它有一个稍微低于体温的 M_s 温度，因此植入人体内部以后能够扩张；另一个例子是 TiNi 合金用于眼镜框架，当它不小心被弯曲后可以“自矫直”；再一个 TiNi SME 线的应用是用在女性的内衣上，以保持特殊形状，例如在洗烫后能恢复原形状，这些应用是“单向”形状记忆效应有效利用的一些例子。

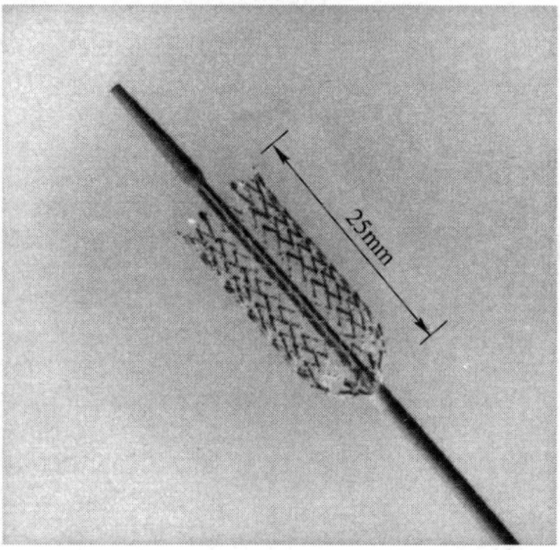

图 10.12 用于插入的盒架处部分散开的 TiNi 支架照片

（2）强制恢复，在恢复过程中要施加外力，这种应用得益于恢复发生时所产生的力，一般的这种应用使用的是“单向”形状记忆效应。TiNi 合金用于管件连接接头是强制恢复的一个例子，但 TiNi 合金相对高的成本限制了这类接头的应用，但是它们却代表了一个很好的概念应用范例，即应用强制恢复欲使一个期望的功能得以实现时，在缺乏 SEM 的情况下是不可能实现的。

（3）形状记忆合金的另一类应用是用于完成动作的执行元件，执行元件要有效运行，必须有温度变化，这时，“双向”形状记忆效应是获得渴望的往复运动的更有效手段，然而，“单向”器件也在使用之中，它利用了恒力偏动弹簧，在温度周期变化期间，使得应变倒转。

（4）超弹性器件主要用于储能和在器件内获得大的可恢复运动，这种应用局限于 M_d 和 A_s 之间的温度区间内，但在此温度范围内，可以实现的弹性位移是一个可比较的钢质弹簧所能实现的 15 倍。超弹性形状记忆合金在位移限制的应用中也有最好的疲劳能力，这是因为正是在很低的应力状态下，低的有效刚度可以适应大的弹性应变。超弹性形状记忆合金一个熟知的应用是用于移动电话的天线，如图 10.13 所示。

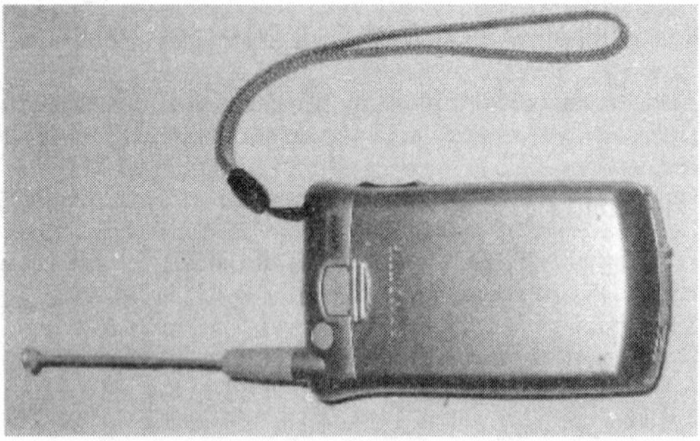

图 10.13 超弹性 TiNi 形状记忆合金用于天线的蜂窝电话

随着形状记忆合金的特殊性能被更广泛地认可，其应用不断增加，形状记忆合金的价格将总会比普通金属的高，这是因为它需要特别小心地维持严密的组成控制，就“双向”形状记忆合金而言，完成特殊加工也需要特别小心。形状记忆合金是有限量使用的，从某种意义上讲这是幸运的，因为大量生产形状记忆合金，即用大锭生产，将有极大的挑战。

10.5 生物医学应用

钛在生物医学领域的应用已经成为一个有良好基础的应用领域，因为钛比其他任何竞争性材料（不锈钢、CoCr-合金、CP 铌和 CP 钽）更能满足性能要求[10.16]，钛对于生物医学应用有意义的性质是耐腐蚀性、生物相容性、生物黏着性（骨内植入）、弹性模量（应尽可能地与骨头的 10 ~ 30GPa 的弹性模量范围接近）、疲劳强度和包括连接性能和铸造性能在内的良好的加工性能，特别是优异的耐蚀性和生物相容性使钛成为首选材料。即便是钛的价格（通常成为其应用的缺点）也只是仅略高于所使用

CoCr-合金和各类不锈钢，与 CP 铌和 CP 钽相比，钛的价格则低多了。

有无数的不同医疗器件使用钛材，如骨板、螺丝钉、髋关节植入物、支架、心脏瓣膜，以及也用于牙科领域的其他不同种类的固定器材。本书的范围只允许选择几类应用实例来说明材料选择的标准，对钛在生物医学领域应用更宽广的包括所有医学层面的描述，请读者参阅最近出版的一本关于《医学中的钛》的书籍[10.17]。用于生物医学领域的钛有三组，即 CP 钛、(α+β) 钛合金和 β 钛合金。此外，还有使用基于化合物 TiNi 形状记忆合金的器件。传统上，CP 钛和 Ti-6Al-4V 合金是最早应用于生物医学领域的钛材，直至今日，这两种材料的用途仍然是最广的。由于对钒长期毒性的质疑，于20 世纪 80 年代开发了 (α+β) 合金 Ti-5Al-2.5Fe 及 Ti-6Al-7Nb，这两种合金与 Ti-6Al-4V 合金有相似的微结构和性能。然后在 20 世纪 90 年代，又开发了各种各样的 β 钛合金，这主要是因为与 (α+β) 钛合金相比，β 钛合金具有较高的疲劳强度和较低的弹性模量。正如下文将要讨论的，这两种性质对诸如髋关节植入物之类的应用是非常重要的。

第一个例子说明钛用作骨架（见图 10.14）的情况，图 10.14 中的两个 X 光片显示了附着骨架前后的断骨，图 10.14 中的示意图更清晰地说明了骨架的实际形状。

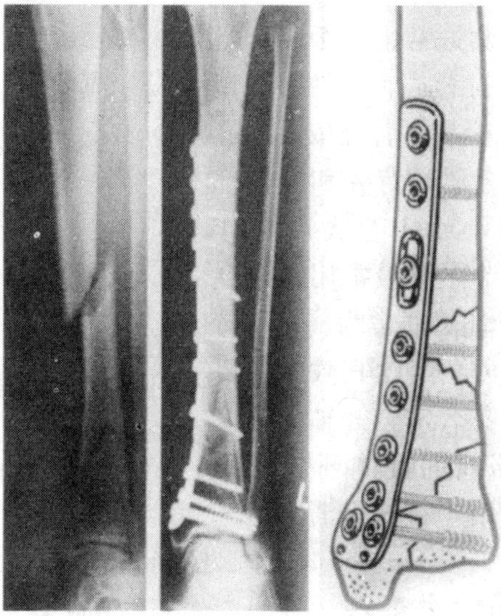

图 10.14 3 级 CP 钛骨架植入物示例图
（由德国 Waldemar Link GmbH & Co. 提供）

对于强度要求不是很高的骨架来说，选择的材料是 1 级 ~4 级不等的

CP 钛，这取决于形状的复杂程度和对单件的强度要求。在绝大部分的这类应用中，3 级 CP 钛非常好的成形性和足够的疲劳强度，成了最好的折中材料。一个典型的 HCF 强度值在 $R=-1$ 时为 280MPa（见表 4.3），用 3 级 CP 钛可以轻松地制造更复杂形状的骨架，例如，对于脊柱的紧密支撑，需要双曲面的骨架，通过热压植入低于 600℃ 的成形模，这种轮廓在 3 级 CP 钛中很容易获得。由于存在晶粒生长的可能性，应当避免更高的温度，尤其是如果使用低铁含量的材料时更应避免高温（见图 4.6，4.1.1 节）。如果骨架要求较高强度，那就使用 Ti-6Al-4V 合金或 Ti-6Al-7Nb 合金[10.18]，这两种合金仅用于比较直的骨架，因为，它们的外形制造能力有限。在大多数情况下，热压成型部件在成型后需要进行机加工，这增加了最终产品的成本。

对要求高疲劳强度生物医学植入物的最苛求应用是髋关节植入物的主干，完全人工髋关节的示意图如图 10.15 所示，钛合金主干有一个陶瓷头（一般为 Al_2O_3，ZrO_2），它可以在由超高分子量的聚乙烯（UHMWPE）制成的臼窝里旋转，这种材料的结合具有非常低的摩擦系数。UHMWPE 臼窝通常由一个咬合机构保持在一个金属衬背壳内（图 10.15 中没有显示出来），金属衬背壳依次用螺栓固定在骨头上，金属衬背壳和螺栓都是用钛（Ti-6Al-4V 或 CP 钛）制作的[10.19]。用于髋关节主干最常用钛合金是 Ti-6Al-4V，主干坯料通常为（$\alpha+\beta$）锻造件并需消除应力，因此其微结构要么是轧后退火的，要么是全等轴的，这取决于加工工艺路线的具体环节（见 5.1.3 节），这些微结构在应力消除状态的典型 HCF 强度值，当 $R=-1$ 时，大约为 400MPa（见图 5.36）。

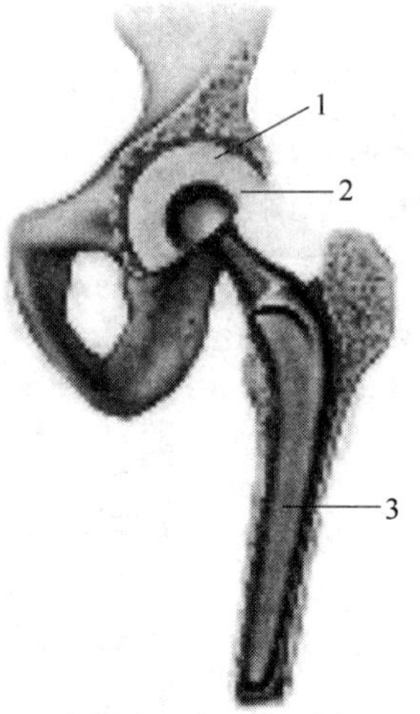

图 10.15 人造髋关节示意图
（由日本丰桥科技大学 M. Niinomi 提供）
1—臼窝：超高分子量聚乙烯（UHMWPE）；
2—球头：陶瓷（Al_2O_3，ZrO_2）；
3—主干：钛合金

为了促进更好的生物黏着（骨头内生），成品主干的表面非常重要，总体上，骨头向内生长行为会随着主干表面粗糙度的增加而得到改善，使用的表面整理法有多种（机械加工，蚀刻，用 Al_2O_3 喷射，多孔涂覆，等离子喷涂等）[10.19~10.21]。一种流行的表面处理方法是羟基磷灰石（骨组织的主要组元）等离子喷涂，作为生物活性涂层覆在钛植入物上。

作为锻造的替代制造方法，髋关节主干的制造可以采用熔模铸造法，熔模铸造时，期望的主干表面粗糙度可以通过将其设计到铸件中直接获得，一个这样的铸造髋关节主干如图 10.16 所示[10.22]。该法主要的不利条件是（α + β）钛合金熔模铸造部件的疲劳强度一般都比锻造部件的低，因为铸件的一般微结构是比较粗的全片层结构（见第 5 章，5.2.3 节）。通过简单的热处理，在铸件内创造一个所谓的双层结构（见图 5.44）是可能的，与这种微结构相关的 HCF 强度增加（见 5.2.5 节），使熔模铸造髋关节主干的使用有了吸引力。锻造髋关节主干和铸造髋关节主干试样的 *S-N* 曲线比较见图 10.17，可以看到锻造髋关节主干比具有全片层微结构铸造髋关节主干的 HCF 强度高，而具有双层微结构的铸造髋关节主干的 HCF 强度甚至比锻造材料的还要高。

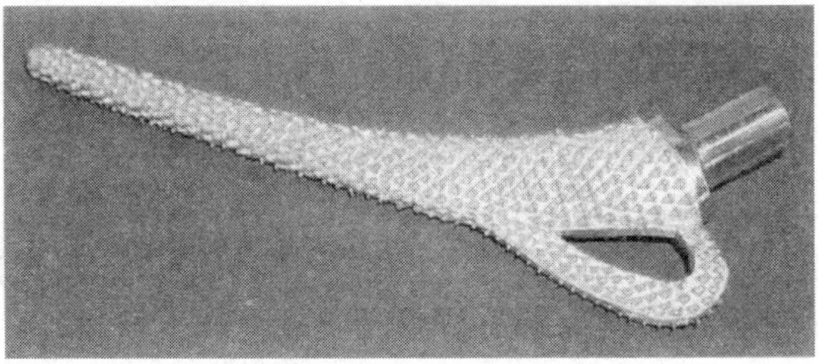

图 10.16 熔模铸造髋关节主干，Ti-6Al-4V

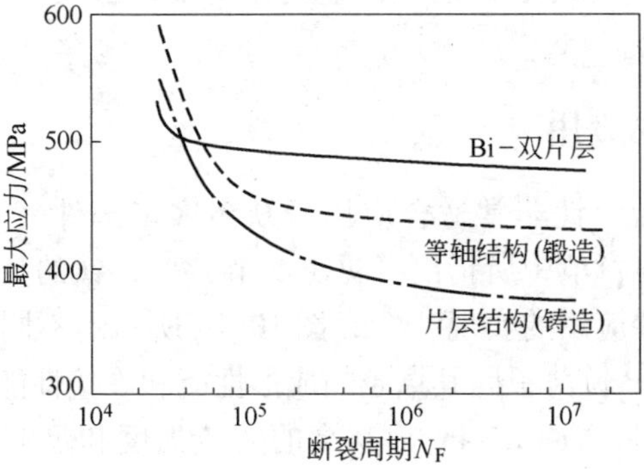

图 10.17 锻造和熔模铸造髋关节主干试样的 *S-N* 曲线（$R = -1$）
双片层：熔模铸造主干的特殊热处理，Ti-6Al-4V

除了 Ti-6Al-4V 外，先前提到的较新（α + β）钛合金 Ti-6Al-7Nb 也可用于商用髋关节主干[10.19]，如上所述，Ti-6Al-7Nb 的微结构和机械性能与 Ti-6Al-4V 的相似。关于 Ti-6Al-7Nb 合金的加工、微结构和性能的总结以及用这种合金作为关节替代物的经验总结可以在相关文献中找到[10.23]。

在过去的10年间，一直大力尝试阐明使用生物相容合金元素（Nb、Ta、Zr、Mo）的新型β钛合金作为移植材料，与（α+β）合金相比，β合金的主要性能优势是有较高的强度（见7.2节）和较低的弹性模量（见2.3节）。另一个制备方面的长处是高稳定β合金熔模铸件具有与β退火锻件（见7.3节）几乎相同的性能。

爱尔兰Howmedica开发了β合金Ti-12Mo-6Zr-2Fe（TMZF）[10.24]，并推荐在β退火状态无需任何时效处理使用这种合金。这种状态的主要优势是弹性模量极低（74～85GPa），如果需要，模数可以通过时效处理（α相析出）增加，如在2.3节中所讨论的那样（参见图2.5），未时效处理状态的劣势是伴随疲劳强度降低而有较低的屈服应力。

通过去除3%的Al，TIMET调整了β合金β21S（Ti-15Mo-2.7Nb-3Al-0.2Si）的组成，因为这被认为是唯一的潜在有害组元，调整过的β21S合金被称作β21SRx[10.25]，β21SRx的氧含量从0.10%～0.15%增加到了0.25%～0.30%，目的是获得与原先的β21S合金相同的相位稳定度，TIMET发表了未时效β退火状态的和各种不同最终时效处理之后的力学性能数据，根据热处理的不同，弹性模量的变化介于83～94GPa之间[10.25]。

其他作为植入物使用的新型β合金还有Ti-15Mo-5Zr-3Al[10.26]和日本合金Ti-29Nb-13Ta-4.6Zr与Ti-29Nb-13Ta-4Mo[1.27,10.27]，这些合金的微结构和性质与先前描述的合金类似。

基于化合物TiNi的形状记忆合金用作支架，已经在10.4节中作了讨论，参见图10.12。

10.6 汽车上的应用

从性能方面看，钛非常适合应用于众多客车部件（见图10.18），但是，就像本书引言章节中所指出（见1.5节）的，钛的高成本妨碍了大规模客车生产中这些应用的实现[10.28]，图10.18所示的不同部件可以分成不同的钛合金组，CP钛薄板因其卓越的成形性能和焊接性能，成为最佳的排气系统的候选材料；Ti-6Al-4V因其高的疲劳强度和足够的温度能力，可以用作连杆；β钛合金因其高强度和低弹性模量，成为悬挂弹簧的最好选择材料；钛基金属间化合物可以用于阀门和涡轮增压器叶片，因为，它们结合了高温性能和低密度；甚至MMC也可以找到一些相应的应用（例如，见图3.37，其显示的是用粉末冶金方法制造的颗粒强化钛连杆）。

最近，大规模客车生产中首次应用了一种常规钛合金，大众汽车在其最新的路波（Lipo）FSI型汽车上装备了用低成本β合金Ti-LCB制成的后

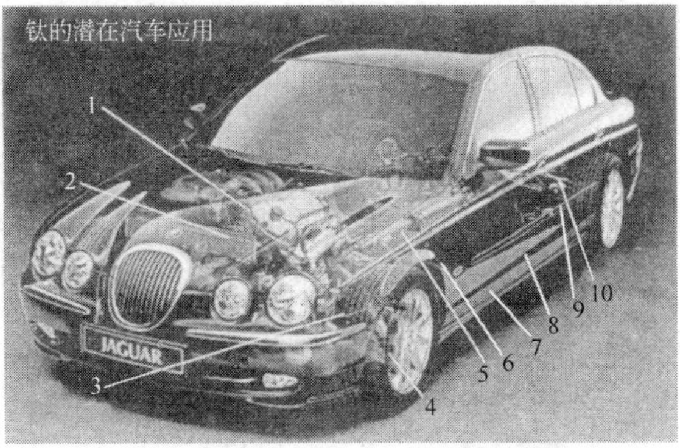

图 10.18 在美洲虎 S-type© 汽车上说明钛的潜在应用
（由美洲虎汽车公司提供）
1—阀和阀弹簧；2—连杆；3—悬挂弹簧和扭力杆；4—车轮；5—驱动轴；
6—排气系统；7—底板；8—侧冲击杆；9—半轴；10—悬挂臂

悬挂弹簧[10.29]，钛弹簧取代了钢弹簧，两种弹簧均示于图 10.19 中，从图 10.19 中可见，右边的钛弹簧比左边的钢弹簧圈数少，这可能是因为钛材料的低弹性模量与高屈服应力相结合的结果。在路波车中使用 Ti-LCB 弹簧，与使用钢弹簧比较，实际重量减轻约为 40%，Ti-LCB 作为潜在的弹簧材料用于大规模客车生产先前就已经指出过[10.30]，同一篇文章中同时指出，考虑到整个制造过程，排气系统材料将选择 2 级 CP 钛，有迹象[10.31]表明，大众汽车计划在排气系统上使用钛。

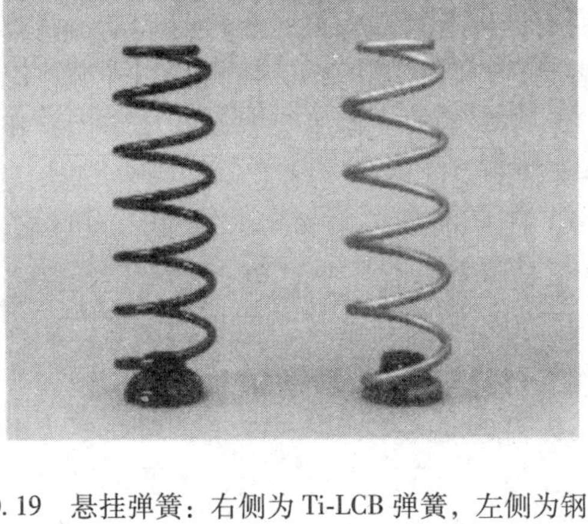

图 10.19 悬挂弹簧：右侧为 Ti-LCB 弹簧，左侧为钢弹簧
（由大众汽车 O. Schauerte 提供）

几年前，三菱汽车在客车上引入了钛金属间化合物部件，在三菱枪骑

兵（Lancer）GSR 型汽车中，增压涡轮转子装配件的旋翼毂是一种铸造 γ 合金，这种转子装配件的照片如图 10.20 所示。转子外径大约为 55mm，是由（日本）大同钢铁（Daido Steel）用勒维铸造法（Levi Cast Method）铸造的，同时，正如 8.2 节中也指出过，使用中的铸造 γ 增压涡轮转子达 10000 件以上，使用 γ 材料的好处是转子重量轻，从而使涡轮增压器起转所需时间最小，这减少了所有已知的涡轮增压引擎中所增加的动力滞后。

图 10.20 安装在三菱枪骑兵 GSR 车型上的铸造 γ 合金涡轮增压器转子照片
（由三菱汽车公司提供）

10.7 体育相关的应用

正如在导言章节（见 1.5 节）中指出过的，钛在体育设施领域有无数应用[1.23~1.26]的情况，使用钛的主要原因是高强度密度比适于制造更轻的设备，在某些情况下，钛的低弹性模量、优良的耐腐蚀性能和高温性能也很重要。对几乎所有的体育运动来说，更轻的运动器材都是一种优势，因为器材的运动或者是运动员使其运动，要么是靠外源作动力，要么是用来输送运动员，后一种情况的普通例子是赛车和比赛用摩托。对于这一组来说，在 10.6 节中所讨论的钛，在大规模客车生产中应用的例子是同样适用的。对于赛车来说，成本的支配地位并不太大，可以假定在赛车中如图 10.18 所示的绝大多数部件，甚至更多部件都是用钛制造的，性能创造竞争优势，虽然详细资料不可公开获得，但作为例子，比赛所用摩托用钛管和钛薄板制作的排气系统如图 10.21 所示。

对于靠运动员体力运动的体育器材来说，轻质更为重要，一个普通的例子便是自行车。在昂贵的赛用自行车上，几乎任何一件东西（主管、把手、杆、轴、鞍座轨底、踏板、链盒、链条、轮缘、轮毂和辐条等）都可以用钛制造[1.24]，比赛用自行车实例如图 10.22 所示，此例中，甚至整个换挡机构都是用钛制造的。应该强调的是，这种钛质自行车太过于昂贵，

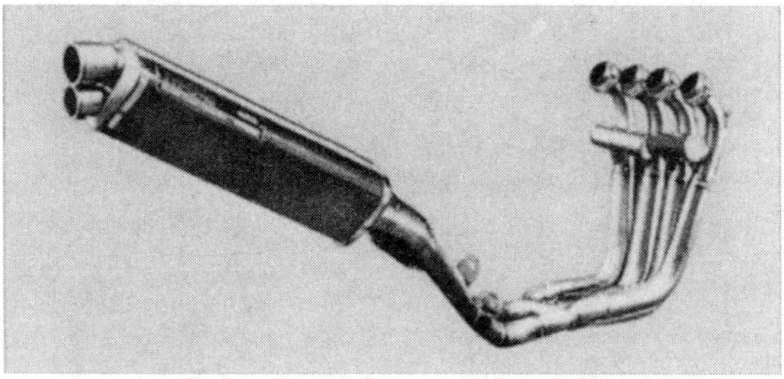

图 10.21 竞赛摩托用钛排气系统
（由 Yoshimura 日本有限责任公司提供）

图 10.22 钛质竞赛自行车
（由日本钛协会提供）

因而对业余爱好骑自行车者，甚至对非专业自行车赛赛手都不具有吸引力。

同样的论点适用于在残奥会上某些运动员使用的钛质竞赛轮椅（见图 10.23），这样的轮椅价格高达 3000 美元[10.32]，常规的钛制轮椅也因其重量轻、外观漂亮而变得非常流行。此外，擦痕和碎片都不再是问题，因为它们不需要涂漆，这些轮椅的价格低至 1500 美元。常用的材料是钛 Ti-3Al-2.5V 无缝管材，因为它的强度高且比较容易拉拔成管。

对于涉及击球的体育运动，用 Ti-6Al-4V 合金制成的铸造空心高尔夫球棒棒头在导言章节（见 1.5 节）中已经讨论过，其实例如图 1.9 所示。除了这些 Ti-6Al-4V 铸造棒头外，市面上已经出现了使用不同 β 合金（Ti-15V-3Cr-3Al-3Sn、Ti-22V-4Al、Ti-20V-4Al-1Sn）的锻造棒头[10.33]，两种合金的生产工艺路线（铸造或锻造）中，棒头都是单片生产、两片焊

图 10.23 钛质竞赛轮椅
（由日本钛协会提供）

合。垒球棒的生产用了一种粉末冶金制造方法，这种垒球棒的实例如图 10.24 所示，所使用的材料是比 β 退火的 Ti-6Al-4V 具有更高退火强度值的 Ti-6Al-6V-2Sn，如图 10.24 所示的垒球棒有 930MPa 的屈服应力值和 12% 的拉伸伸长率值。

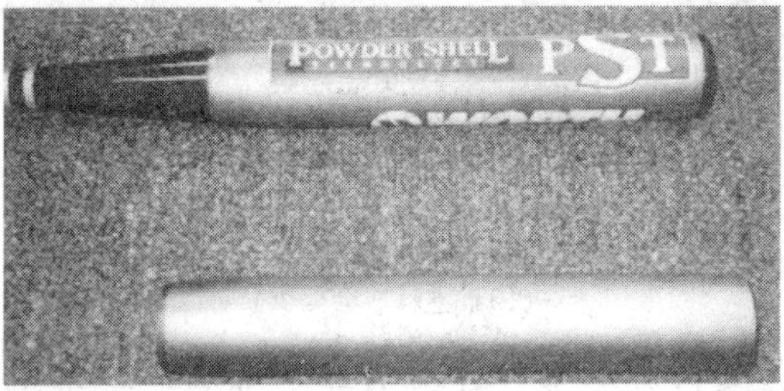

图 10.24 用粉末冶金法制造的钛质垒球棒，Ti-6Al-6V-2Sn
（由 Dynamet 技术公司 S. Abkowitz 提供）

最后，将提到一种全新类型的体育器材，即最近为潜水员开发的钛压缩空气瓶[3.10]，这种瓶对相似的铝质瓶或钢质瓶具有重量优势，压缩空气瓶也可以用于完全不同的用途，如供消防员使用[10.34]。

10.8 外观相关应用

外观相关应用有两种不同的类别，在第一类应用中，保持了钛金属的天然灰色外观，迷人的钛金属表面即便在许多年的室外暴露以后仍能保持，原因是纯金属钛一旦暴露于空气中（例如刮擦之后）就会立即在其表面形成稳定的极薄钛氧化物层，这种稳定的氧化物层是钛在许多环境中都具有优异的抗腐蚀性能的原因（见2.9.2节）；第二类应用中，钛表面的颜色故意用阳极氧化的方法加以改变，第二类应用的量很小，因为仅用于珠宝和装饰品。

钛最大量的应用是用于屋顶、穹顶、著名建筑物和纪念碑的外墙。在纪念碑中使用钛的一个著名例子是1961年，为纪念第一个宇航员尤里·加加林，在莫斯科建成的著名的加加林纪念碑，在一篇综述性论文中有这个纪念碑的照片[10.35]。在日本，从1973年以来用钛作著名建筑物的屋顶和穹顶已经非常流行了[10.33]，杰出的例子之一为如图1.8所示的福冈穹顶，由于这个多功能圆形运动场的顶是可伸缩的，这种应用也有效地利用了钛（甚至是CP级钛）的高比强度来生产轻质结构，这个可伸缩的圆顶使用了48500m^2 厚0.3mm 的 CP 钛薄板[309]。在日本还有许多其他的建筑示例[1.22,10.33,10.36,10.37]，1999年，日本用于建筑的钛年使用量达到约1300t[10.37]。日本之外的例子有建在西班牙毕尔巴鄂市的著名古根海姆博物馆[1.23]和最近（2000年）建成的格拉斯哥科学中心，该中心使用了6000m^2厚0.3mm的CP钛薄板[10.34]。

其他外观相关的应用实例，即以天然灰色颜色使用钛的有手表和相机，二级CP钛主要用于这些用途。为了防止刮痕和指纹印，还应用了无机涂料[10.33]。

使用钛的天然灰色外观的珠宝首饰物品也很流行，市场上出现了戒指、装饰品、项链、手镯、耳环等，图10.25列举了几个例子。

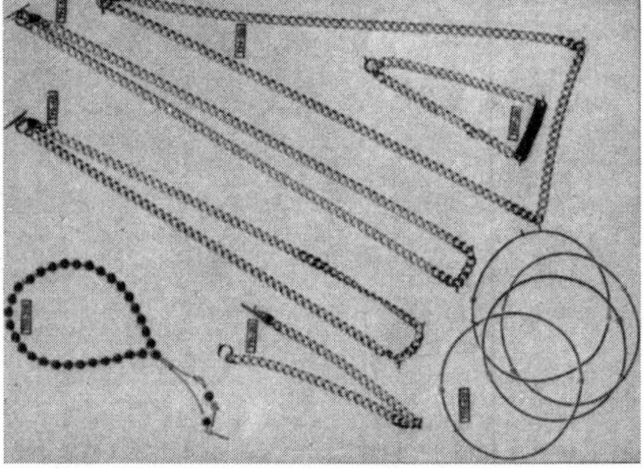

图10.25 由钛制成的珠宝饰品
（由日本金属表面工程-Horie公司提供）

在珠宝领域以及艺术品领域中，钛表面的灰色外观通过阳极氧化作用生成不同厚度的氧化物层而被选择性地改变，受控条件下的阳极氧化产生了一个赋予多种非常吸引人的色彩的表面氧化物层。阳极氧化过程中所应用的电压、表面氧化物层的厚度以及所导致的钛颜色之间的关系如图10.26所示[10.38]，从图中可见，其范围从金色（薄氧化物层）越过蓝色和绿色直到粉红色（厚氧化物层），各种颜色都可以产生。装饰艺术的一个示例如图10.27所示，在钛艺术品原件中，颜色非常抢眼，色彩从背景蓝色变化到黄色、紫色，再到鱼饰件的天然灰色，在钛基艺术品领域，公众兴趣及接受程度都在不断增长。

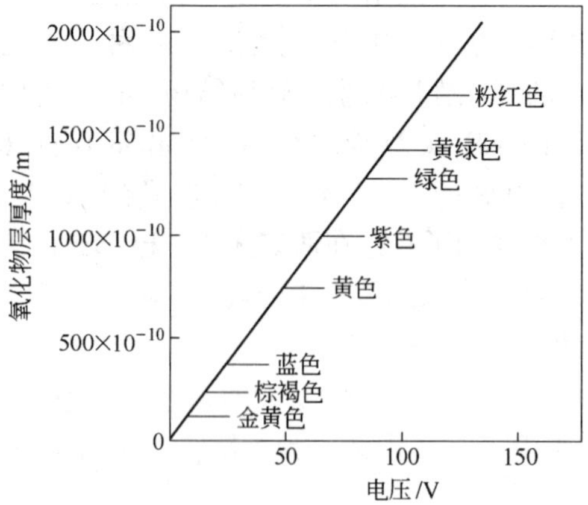

图10.26 阳极氧化过程中所施加的电压、钛氧化物层厚度和钛颜色之间的关系[10.38]

图10.27 应用钛的多彩表面外观的装饰艺术品示例
（由日本金属表面工程-Horie公司提供）

销售用钛制成的普通厨具是非常困难的，即便做了大量广告并鼓吹其质轻适于野营和搬运也难于销售，但是，与装饰艺术品相结合，“厨具”类物品就会易于出售。在一新近出版物中图解阐述了由（英国）德比大学艺术与设计学院的一位艺术家创作的一些很吸引人的实例（露营餐具，冰淇淋匙等）[10.34]。

10.9 本书第 1 版以来的新进展

10.9.1 生物医学材料

如早先在 10.5 节中所描述的，已经作了很大努力致力于开发仅仅利用其生物相容的合金化元素如铌、钽、锆、钼等的移植材料，除了它们优异的生物相容性外，这些合金还含有高浓度的 β 稳定元素，它使合金的弹性模量比（α + β）合金的低。低模数对移植应用是有利的，因为他们能更好地与低模量的骨骼（约 35GPa）匹配，这种为生物医学应用开发的低模量 β 合金的精选品种见表 10.1[10.39]，更广泛的生物医学合金目录见近期发表的一篇综述性文章[10.40]。表 10.1 中所有合金都属于所谓的高稳定 β 合金类型，这些合金重要的微观结构参数（β 颗粒尺寸、α 析出物、介稳定前驱体、连续 α 层、沿 β 晶粒边界的软区）和那些属于这个类别的结构合金相似，并已经在 7.1.1 节进行了概括和讨论，正如在 7.4.3 节中所讨论的，尤其重要的是前驱体对 α 析出物的影响。

表 10.1 为生物医学应用开发的低模量 β 合金组成[10.39]

组　成	ASTM 标准	合金类型	国　家
Ti-13Nb-13Zr	ASTM 1713	β 合金	美国
Ti-12Mo-6Zr-2Fe	ASTM 1813	β 合金	美国
Ti-15Mo	ASTM 2013	β 合金	美国
Ti-16Nb-10Hf	—	β 合金	美国
Ti-15Mo-5Zr-3Al	—	β 合金	日本
Ti-15Mo-2. 8Nb-0. 2Si-0. 26O	—	β 合金	美国
Ti-35Nb-7Zr-5Ta	—	β 合金	美国
Ti-29Nb-13Ta-4. 6Zr	—	β 合金	日本

在表 10.1 中的日本合金中，Ti-29Nb-13Ta-4.6Zr 合金（也称 TNTZ）已被详细研究并看好作为生物医学应用材料[10.40]，这种合金的弹性模量在未老化状态时大约为 60GPa，见图 10.28 中的 ST 条[10.41]，这种介稳定 β 状态的屈服应力相对较低，为 600MPa（见图 10.29），对一些荷重的生物医学应用来说不够高，通过冷变形[10.42]或者时效处理都可以增加其强度。时效（在 300℃、325℃、400℃下 72h）的影响如图 10.28 和图 10.29 所示，在 300℃和 325℃的时效处理发生在（β + ω）相区，由于延展性和疲

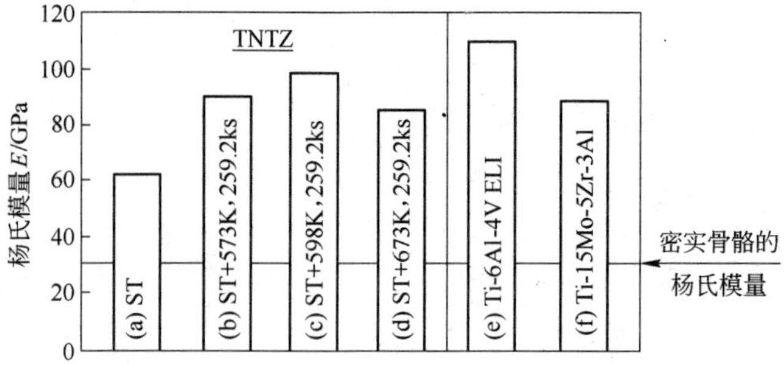

图 10.28 TNTZ（Ti-29Nb-13Ta-4.6Zr）在未时效状态时的弹性模量

（a）经过 72h、300℃的时效处理；（b）325℃的时效处理；（c）400℃的时效处理；

（d）Ti-6Al-4V；（e）Ti-15Mo-5Zr-3Al；（f）弹性模量[10.41]

劳裂纹形核问题，该工序不予推荐。400℃时的时效处理伴随 α 析出，这使性能上很好选择，即 E 约为 85GPa（见图 10.28），拉伸伸长率为 15% 时，$\sigma_{0.2}$值约为 900MPa（见图 10.29）。具有 α 析出的微结构对（β + ω）微结构的优势可以很清楚地从 S-N 曲线上看出（见图 10.30）。在 400℃时，进行时效处理材料的 HCF 强度（R = 0.1）为 700MPa，而对于在 300℃或 325℃进行时效处理的材料，该值降至 600MPa，而未时效处理状态的 HCF 强度值为 325MPa（见图 10.30）。未时效处理材料与 400℃时时效处理材料之间较大的 HCF 强度差异在磨损疲劳试验中急剧减小（未时效处理材料为 200MPa，400℃时效处理时约 250MPa）[10.40]，某些生物医学应用可能会关注磨损疲劳状态，但这个问题可以通过恰当的设计而使其影响

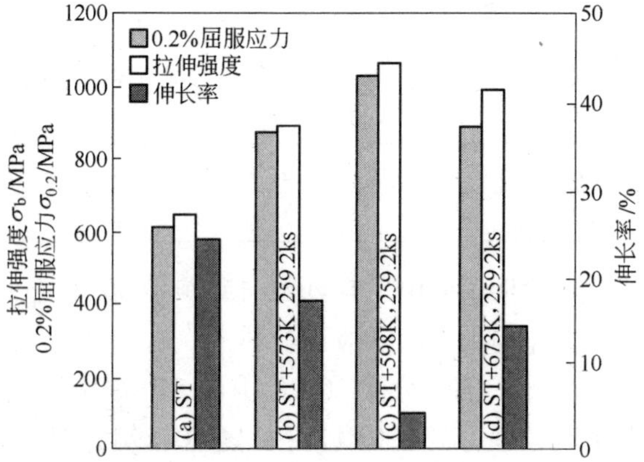

图 10.29 TNTZ（Ti-29Nb-13Ta-4.6Zr）在未时效状态下的拉伸强度

（a）经过 72h 300℃的时效处理；（b）325℃的时效处理；

（c）400℃的时效处理；（d）拉伸性能[10.41]

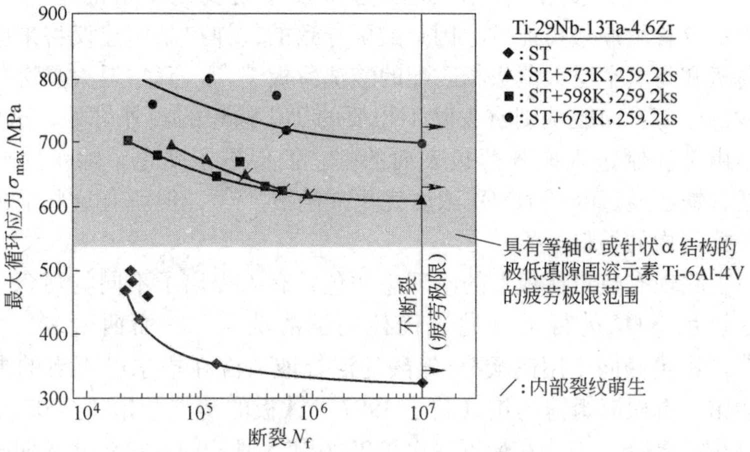

图 10.30　TNTZ（Ti-29Nb-13Ta-4.6Zr）在未时效状态和经过 72h 300℃、325℃和 400℃时效处理的 *S-N* 曲线（$R=0.1$，10Hz）[10.41]

最小。

Ti-29Nb-13Ta-4.6Zr 合金商业化应用的一个关注点是所涉及的时效处理时间非常长，即在 400℃下需要 72h，用一种两步时效处理工序（见 7.1.1 节和 7.4.3 节），使这个问题简单处理应该是可以的。首先，在(β + ω)相区的预时效处理阶段使溶质形核成为足够大的贫 ω 前驱体，接着在第二阶段，400℃的时效处理时间缩短，最终达到同样的期望屈服应力值。如果第二阶段时效温度提高到 450～500℃（这种合金的 β 转变约在 650℃），那么使用更短的时效处理时间也是可能的。

例如，对 Ti-35Nb-7Zr-5Ta 合金使用两步老化法，即在 260℃时进行 4h 的预老化后，再在 427℃进行 8h 的老化处理，其结果是获得了相对于一步老化（8h、427℃）高得多的屈服应力[10.43,10.44]，对 Ti-Ta-Mo-Fe 合金的研究[10.45]表明：ω 前驱体为后续的 α 析出物起着形核节点的作用，同时表明两步时效处理（4h、380℃之后的 4h、520℃）生成了由极细小 α 片晶组成的微结构，这种结构在该出版物中被称为“纳米结构”。

10.9.2　外观的相关问题

如在 10.8 节中所描述的，大量的 CP 钛材用于著名建筑的屋顶和外墙，主要原因是因为钛在大气环境中的优异抗腐蚀性能使其保持天然灰色的颜色。在第 10 届世界钛学术大会（Ti-2003）上，与会作者提交的论文就有一些关于建筑物上长时间变色（从灰色变为褐色或蓝色）现象的讨论[10.46~10.48]，颜色变化的原因是因为钛板表面氧化物层的增厚（见图10.26），这种增厚最可能的原因是酸雨导致的，神户制钢建议将来应用小晶粒薄板和与真空退火薄板相匹配的酸洗薄板[10.46]。真空退火具有增大晶粒尺寸的能力，而酸洗则有去除不想要的 TiC 颗粒的额外好处，这些 TiC 颗粒是由于轧制过程嵌入薄板表面的，它们促进了变色。除了这些措施外，新日铁还通过降低 HNO_3 浓度优化酸洗液[10.47]，但所有这些措施，仅适用于建筑物的材料。

对去除现有建筑钛板上的不理想颜色，有人提出了不同的观念，神户制钢建议用 SiO_2 进行机械抛光代替化学清洗[10.46]，而西班牙的 INASMET[10.48]则更倾向于用硝酸/氢氟酸的混合液清洗在毕尔巴鄂市的古根海姆博物馆。古根海姆博物馆（建于 1997）钛板的清洗开始于 2003 年，即建成仅 6 年之后[10.48]。在最近一次于 2006 年 5 月访问西班牙北部期间，本书作者之一近距离观察了古根海姆博物馆，发现钛板处于一种不能为钛薄板将来用于这种装饰用途推广的状态。古根海姆博物馆，见图 10.31（a）的全部屋顶和大部分外墙都覆盖有 CP 钛板（总共约 50000 片），每片的尺寸为 600mm × 1000mm，一张特写照片，见图 10.31（b）揭示了所有暴露于雨中的钛板，因为雨流冲刷留下了褐色和蓝色条痕。在大多数情况下，这些条痕起源于相邻两片钛板的垂直黏合处，虽然钛板如常规屋面材料一样横向重叠，但很明显，垂直重叠使雨水进入并在钛板背后形成小水池，

(a)

(b)

图 10.31　毕尔巴鄂市的古根海姆博物馆
（建于 1997 年，清洗于 2003 年）照片（摄于 2006 年 5 月）
（a）全景；（b）显示产生褐色和蓝色垂直雨流样式的钛板特写

这些小水池不能很好排干且在雨后长时间持续滴水。在横向重叠处也可能形成水池并产生滴水，这取决于水池的位置。因为水池不能很好排干，水随着时间而蒸发，这增加了残留雨水的酸浓度，在炎热的天气下尤甚。由于2006年5月间所有暴露于雨中的屋顶和侧墙钛板都有与图10.31（b）显示的钛板相似的外观，因此，很显然褐色和蓝色的雨流条痕是在几年暴露期间产生的，因此，起初所有关于冶金方法和工艺的改进（小晶粒、酸洗取代真空退火等）以便使钛板更吸引人的建议并不能解决长期的外观问题，如果要想使期望的外观长期保留的话，将来将钛用于屋顶和外墙必须辅之以更好的联合设计。当然，为取得钛在建筑方面应用的理想结果，迷人的建筑设计必须与基本的工程知识相结合。

参 考 文 献

1.1 Jaffee R. I., Promisel N. E., eds.: *The Science, Technology and Application of Titanium,* Pergamon Press, Oxford, UK, (1970)

1.2 Jaffee R. I., Burte H. M., eds.: *Titanium Science and Technology*, Plenum Press, New York, USA, (1973)

1.3 Williams J. C., Belov A. F., eds.: *Titanium and Titanium Alloys*, Plenum Press, New York, USA, (1982)

1.4 Kimura H., Izumi O., eds.: *Titanium '80, Science and Technology*, AIME, Warrendale, USA, (1980)

1.5 Lütjering G., Zwicker U., Bunk W., eds.: *Titanium, Science and Technology*, DGM, Oberursel, Germany, (1985)

1.6 Lacombe P., Tricot R., Beranger G., eds.: *Sixth World Conference on Titanium*, Les Editions de Physique, Les Ulis, France, (1988)

1.7 Froes F. H., Caplan I. L., eds.: *Titanium '92, Science and Technology*, TMS, Warrendale, USA, (1993)

1.8 Blenkinsop P. A., Evans W. J., Flower H. M., eds.: *Titanium '95, Science and Technology*, The University Press, Cambridge, UK, (1996)

1.9 Gorynin I. V., Ushkov S. S., eds.: *Titanium '99, Science and Technology*, CRISM "Prometey", St. Petersburg, Russia, (2000)

1.10 Lütjering G., Albrecht J., eds.: *Ti-2003, Science and Technology*, Wiley-VCH, Weinheim, Germany, (2004)

1.11 Niinomi M., Maruyama K., Ikeda M., Hagiwara M., Akiyama S., eds.: *Proceedings of the 11th World Conference on Titanium*, The Japan Institute of Metals Sendai, Japan, (2007)

1.12 Bomberger H. B., Froes F. H., Morton P. H.: *Titanium Technology: Present Status and Future Trends*, TDA, Dayton, USA, (1985) p. 3

1.13 Eylon D., Seagle S.R.: *Titanium '99, Science and Technology*, CRISM "Prometey", St. Petersburg, Russia, (2000) p. 37

1.14 Bania P. J.: *Titanium '92, Science and Technology*, TMS, Warrendale, USA, (1993) p. 2227

1.15 Seagle S. R.: Mater. Sci. Eng. A213, (1996) p.1

1.16 Gorynin I. V.: *Titanium '92, Science and Technology*, TMS, Warrendale, USA, (1993) p. 65

1.17 Yamada M: Mater. Sci. Eng. A213, (1996) p. 8

1.18 Boyer R. R.: J. of Metals 44, no. 5, (1992) p. 23

1.19 Combres Y., Champin B.: *Titanium '95, Science and Technology*, The University Press, Cambridge, UK, (1996) p. 11

1.20 Wilhelm H., Furlan R., Moloney K. C.: *Titanium '95, Science and Technology*, The University Press, Cambridge, UK, (1996) p. 620

1.21 Schutz R. W., Watkins H. B.: Mater. Sci. Eng. A243, (1998) p. 305

1.22 Moriyasu T.: *Titanium '95, Science and Technology*, The University Press, Cambridge, UK, (1996) p. 21

1.23 Froes F. H., Allen P. G., Niinomi M.: *Non-Aerospace Applications of Titanium*, TMS, Warrendale, USA, (1998) p. 3

1.24 Blenkinsop P. A.: *Titanium '95, Science and Technology*, The University Press, Cambridge, UK, (1996) p. 1
1.25 Boyer R. R.: *Titanium '95, Science and Technology*, The University Press, Cambridge, UK, (1996) p. 41
1.26 Shira C., Froes F. H.: *Non-Aerospace Application of Titanium*, TMS, Warrendale, USA, (1998) p. 331
1.27 Niinomi M., Kuroda D., Morinaga M., Kato Y., Yashiro T.: *Non-Aerospace Application of Titanium*, TMS, Warrendale, USA, (1998) p. 217
1.28 Fanning J. C.: *Ti-2003, Science and Technology*, Wiley-VCH, Weinheim, Germany, (2004) p. 3125
1.29 Crist E., Yu K., Bennett J., Welter F., Martin B., Luckowski S.: *Ti-2003, Science and Technology*, Wiley-VCH, Weinheim, Germany, (2004) p. 173
1.30 Kosaka Y., Fanning J. C., Fox S. P.: *Ti-2003, Science and Technology*, Wiley-VCH, Weinheim, Germany, (2004) p. 3027
2.1 Zarkades A., Larson F. R.: *The Science, Technology and Application of Titanium*, Pergamon Press, Oxford, UK, (1970) p. 933
2.2 Conrad H., Doner M., de Meester B.: *Titanium Science and Technology*, Plenum Press, New York, USA, (1973) p. 969
2.3 Fedotov S. G.: *Titanium Science and Technology*, Plenum Press, New York, USA, (1973) p. 871
2.4 James D. W., Moon D. M.: *The Science, Technology and Application of Titanium*, Pergamon Press, Oxford, UK, (1970) p. 767
2.5 Ivasishin O. M., Flower H. M., Lütjering G.: *Titanium '99, Science and Technology*, CRISM "Prometey", St. Petersburg, Russia, (2000) p. 77
2.6 Collings E. W.: *Materials Properties Handbook: Titanium Alloys*, ASM, Materials Park, USA, (1994) p. 1
2.7 Boyer R., Welsch G., Collings E. W., eds.: *Materials Properties Handbook: Titanium Alloys*, ASM, Materials Park, USA, (1994)
2.8 Partridge P. G.: Met. Rev. 12, (1967) p. 169
2.9 Yoo H. M.: Met. Trans. 12A, (1981) p. 409
2.10 Paton N. E., Williams J. C., Rauscher G. P.: *Titanium Science and Technology*, Plenum Press, New York, USA, (1973) p. 1049
2.11 Jones I. P., Hutchinson W. B.: Acta Met. 29, (1981) p. 951
2.12 Paton N. E., Baggerly R. G., Williams J. C.: Rockwell Report SC 526.7FR (1976)
2.13 Paton N. E., Williams J. C.: *Second International Conference on the Strength of Metals and Alloys*, ASM, Metals Park, USA, (1970) p. 108
2.14 Paton N. E., Backofen W. A.: Met. Trans. 1, (1970) p. 2839
2.15 Rosenberg H. W.: *The Science, Technology and Application of Titanium*, Pergamon Press, Oxford, UK, (1970) p. 851
2.16 Baker H., ed.: *Alloy Phase Diagrams*, ASM Handbook, Vol. 3, ASM, Materials Park, USA, (1992)
2.17 Hansen M.: *Constitution of Binary Alloys*, McGraw-Hill, New York, USA, (1958)
2.18 Burgers W. G.: Physica 1, (1934) p. 561
2.19 Newkirk J. B., Geisler A. H.: Acta Met. 1, (1953) p. 370
2.20 Otte H. M.: *The Science, Technology and Application of Titanium*, Pergamon Press, Oxford, UK, (1970) p. 645
2.21 Williams J. C.: *Titanium Science and Technology*, Plenum Press, New York, USA, (1973) p. 1433
2.22 Flower H. M., Davis R., West D. R. F.: *Titanium and Titanium Alloys*, Plenum Press, New York, USA, (1982) p. 1703
2.23 Peters M., Lütjering G., Ziegler G.: Z. Metallke. 74, (1983) p. 274

2.24 Benjamin D., ed.: *Properties and Selection: Stainless Steels, Tool Materials and Special-Purpose Materials*, Metals Handbook, 9th edn, Vol. 3, ASM, Metals Park, USA, (1980) p. 353

2.25 Béchel J., Hocheid B.: *Titanium, Science and Technology,* DGM, Oberursel, Germany, (1985) p. 1613

2.26 Blackburn M. J.: Trans. AIME 239, (1967) p. 1200

2.27 Williams J. C., Sommer A. W., Tung P. P.: Met. Trans. 3, (1972) p. 2979

2.28 Pearson W. B.: *Handbook of Lattice Spacings and Structures of Metals and Alloys*, Vol. 2, Pergamon Press, London, UK, (1967)

2.29 Williams J. C., Hickman B. S., Leslie D. H.: Met. Trans. 2, (1971) p. 477

2.30 Williams J. C.: *Titanium Technology: Present Status and Future Trends*, TDA, Dayton, USA, (1985) p. 75

2.31 Gysler A., Lütjering G., Gerold V.: Acta Met. 22, (1974) p. 901

2.32 Wagner L., Gregory J. K.: *Beta Titanium in the 1990's*, TMS, Warrendale, USA, (1993) p. 199

2.33 Zwicker U.: *Titan and Titanlegierungen*, Springer-Verlag, Berlin, Germany, (1974) p. 102

2.34 Liu Z., Welsch G.: Met. Trans. 19A, (1988) p. 121

2.35 Mishin Y., Herzig C.: Acta Mater. 48, (2000) p. 589

2.36 Schutz R. W., Thomas D. E.: *Corrosion,* Metals Handbook, 9th edn, Vol. 13, ASM, Metals Park, USA, (1987) p. 669

2.37 Davis J. R., ed.: *Stainless Steels*, ASM, Materials Park, USA, (1994) p. 139

2.38 Myers J. R., Bomberger H. B., Froes F. H.: *Titanium Technology: Present Status and Future Trends*, TDA, Dayton, USA, (1985) p. 165

2.39 Schutz R. W.: *Titanium '95, Science and Technology*, The University Press,, Cambridge, UK, (1996) p. 1860

2.40 Schutz R. W.: *Metallurgy and Technology of Practical Titanium Alloys,* TMS, Warrendale, USA, (1994) p. 295

2.41 Bania P. J., Parris W. M.: *Titanium 1990, Products and Applications*, TDA, Dayton, USA, (1990) p. 784

2.42 Smialek J. L., Nesbitt J. A., Brindley W. J., Brady M. P., Doychak J., Dickerson R. M., Hull D. R.: Mat. Res. Soc. Symp. Proc. 364, (1995) p. 1273

2.43 Leyens C., Peters M., Kaysser W. A.: *Titanium '95, Science and Technology,* The University Press, Cambridge, UK, (1996) p. 1935

2.44 Leyens C.: *Titan und Titanlegierungen*, DGM, Oberursel, Germany, (1996) p. 139

2.45 Johnson T. J., Loretto M. H., Kearns M. W.: *Titanium '92, Science and Technology*, TMS, Warrendale, USA, (1993) p. 2035

3.1 Kroll W. J.: Trans. El. Soc. 78, (1940) p. 35

3.2 Hunter M. A.: J. Amer. Chem. Soc. 32, (1910) p. 330

3.3 Cobel G., Fisher J., Snyder L. E.: *Titanium '80, Science and Technology,* AIME, Warrendale, USA, (1980) p. 1969

3.4 Rosenberg H. W., Green J. E.: *Titanium '92, Science and Technology,* TMS, Warrendale, USA, (1993) p. 2371

3.5 Chen G. Z., Fray D. J., Farthing T. W.: Nature 407, (2000) p. 361

3.6 Sears J. W., Young J. M., Kearns M.: *Titanium '92, Science and Technolgy,* TMS, Warrendale, USA, (1993) p. 2293

3.7 Mitchell A.: *Titanium '98,* International Academic Publisher, Beijing, China, (1990) p. 91

3.8 Buttrell W. H., Shamblen C. E.: *Titanium '95, Science and Technology,* The University Press, Cambridge, UK (1999) p. 1446

3.9 Adams R. T., Rosenberg H. W.: *Titanium and Titanium Alloys,* Plenum Press, New York, USA, (1982) p. 127

3.10 Chen C. C., Boyer R. R.: J. of Metals 31, no. 7, (1979) p. 33

3.11 Boyer R., Welsch G., Collings E. W., eds.: *Materials Properties Handbook: Titanium Alloys, Technical Note 4: Forging,* ASM, Materials Park, USA, (1994) p. 1083

3.12 Kuhlmann G. W.: *Forging Titanium Alloys,* Metals Handbook, 9th edn, Vol. 14, ASM, Metals Park, USA, (1988) p. 267

3.13 *Machining Data Handbook,* 2nd edn, Machinability Data Center, Metcut Research Associates, Inc., Cincinnati, USA, (1972)

3.14 Boyer R., Welsch G., Collings E. W., eds.: *Materials Properties Handbook: Titanium Alloys, Technical Note 7: Machining,* ASM, Materials Park, USA, (1994) p. 1119

3.15 Boyer R., Welsch G., Collings E. W., eds.: *Materials Properties Handbook: Titanium Alloys, Technical Note 3: Casting,* ASM, Materials Park, USA, (1994) p. 1079

3.16 Eylon D., Froes F. H., Gardiner R. W.: *Titanium Technology: Present Status and Future Trends,* TDA, Dayton, USA, (1985) p. 35

3.17 Savage S. J., Froes F. H.: *Titanium Technology: Present Status and Future Trends,* TDA, Dayton, USA, (1985) p. 60

3.18 Froes F. H., Eylon D.: *Titanium Technology: Present Status and Future Trends,* TDA, Dayton, USA, (1985) p. 49

3.19 Paton N. E., Hamilton C. H., eds.: *Superplastic Forming of Structural Alloys,* AIME, Warrendale, USA, (1982)

3.20 Mahoney M. W.: *Materials Properties Handbook: Titanium Alloys, Technical Note 5A: Superplastic Forming of Titanium Alloys,* ASM, Materials Park, USA, (1994) p. 1101

3.21 Winkler P.-J.: *Sixth World Conference on Titanium,* Les Editions de Physique, Les Ulis, France, (1988) p. 1135

3.22 Lee D., Backofen W. A.: Trans. AIME 239, (1967) p. 1034

3.23 Tisler R. J., Lederich R. J.: *Titanium '95, Science and Technology,* The University Press, Cambridge, UK, (1996) p. 596

3.24 Ashby M. F., Verrall R. A.: Acta Met. 21, (1973) p. 149

3.25 Kearns W. H., ed.: *Welding Handbook,* 7th edn, Vol. 4, American Welding Society, Miami, USA, (1982) p. 43

3.26 Boyer R., Welsch G., Collings E. W., eds.: *Materials Properties Handbook: Titanium Alloys, Technical Note 10: Welding and Brazing,* ASM, Materials Park, USA, (1994) p. 1159

3.27 Helm D., Lütjering G.: *Titanium '99, Science and Technology,* CRISM "Prometey", St. Petersburg, Russia, (2000) p. 1726

3.28 Juhas M. C., Viswanathan G. B., Fraser H. L.: *Friction Stir Welding,* CD-ROM, TWI, Cambridge, UK, (2000)

3.29 Wagner L., Lütjering G.: *Second International Conference on Shot Peening*, American Shot Peening Society, USA, (1984) p. 194

3.30 Niku-Lari A., ed.: *First International Conference on Shot Peening*, Pergamon Press, Oxford, UK, (1981)

3.31 Clauer A. H., Holbrook J. H., Fairand B. P.: *Shock Waves and High-Strain-Rate Phenomena in Metals,* Plenum Press, New York, USA, (1981) p. 675

3.32 Clauer A. H.: *Surface Performance of Titanium,* TMS, Warrendale, USA, (1996) p. 217

3.33 Krautkramer J., Krautkramer H.: *Ultrasonic Testing of Materials,* 4th edn, Springer-Verlag, Berlin, Germany, (1990)

3.34 Mester M. L., McIntire P., eds.: *Ultrasonic Testing,* Nondestructive Testing Handbook, 2nd edn, Vol. 7, ASNT, Columbus, USA, (1991)

3.35 Buck O., Thompson D. O., Paton N. E., Williams J. C.: *Internal Friction and Ultrasonic Attenuation in Crystalline Solids*, Springer-Verlag, Berlin, Germany, (1975) p. 451

3.36 Moyers J. C., Seagle S. R., Copley D. C., Gilmore R. S.: *Titanium '95, Science and Technology,* The University Press, Cambridge, UK, (1996) p. 1521

3.37 Libby H. L.: *Introduction to Electromagnetic Nondestructive Test Methods,* Krieger, Malabar, USA, (1979)

3.38 Birks A. S., Green R. E., eds.: *Electromagnetic Testing,* Nondestructive Testing Handbook, 2nd edn, Vol. 4, ASNT, Columbus, USA, (1986)

3.39 Thomas G.: *Transmission Electron Microscopy of Metals,* John Wiley and Sons, New York, USA, (1962)
3.40 Rhodes C. G., Williams J. C.: Met. Trans. 6A, (1975) p. 2103
3.41 Banerjee D., Williams J. C.: Scripta Met. 17, (1983) p. 1125
3.42 Blackburn M. J., Williams J. C.: ASM Quart. Trans. 60, (1967) p. 373
3.43 Blackburn M. J., Williams J. C.: Trans. AIME 239, (1967) p. 287
3.44 Spurling R. A., Rhodes C. G., Williams J. C.: Met. Trans. 5, (1974) p. 2597
3.45 Adams B. L., Wright S. I., Kunze K.: Met. Trans. 24A, (1993) p. 819
3.46 Cullity B. D.: *Elements of X-Ray Diffraction,* 2nd edn, Addison-Wesley, Reading, USA, (1978)
3.47 Kocks U. F., Tome C. N., Wenk H.-R.: *Texture and Anisotropy,* The University Press, Cambridge, UK, (1998)
3.48 Dieter G. E.: *Mechanical Metallurgy,* 2nd edn, McGraw-Hill, New York, USA, (1976)
3.49 Hertzberg R. W.: *Deformation and Fracture Mechanics of Engineering Materials,* 4th edn, John Wiley and Sons, New York, USA, (1996)
3.50 Lütjering G., Gysler A.: *Titanium Science and Technology,* DGM, Oberursel, Germany, (1985) p. 2065
3.51 Hyodo T., Ichihasi H.: *Ti-2003, Science and Technology*, Wiley-VCH, Weinheim, Germany, (2004) p. 141
3.52 EHK Technologies: Oak Ridge Nat. Lab. Report ORNL/Sub/40 000 236 941, (2003)
3.53 Kraft E. H.: *TITANIUM 2005*, CD-ROM, ITA, Broomfield, USA, (2005)
3.54 Ginatta M. V.: *Ti-2003, Science and Technology*, Wiley-VCH, Weinheim, Germany, (2004) p. 237
3.55 Cardarelli F.: World Patent WO 03/046 258 A2, (2003)
3.56 Sadoway D.: US Patent 4 999 097, (1991)
3.57 Suzuki R. O.: *Ti-2003, Science and Technology*, Wiley-VCH, Weinheim, Germany, (2004) p. 245
3.58 Abiko T., Park I., Okabe T. H.: *Ti-2003, Science and Technology*, Wiley-VCH, Weinheim, Germany, (2004) p. 253
3.59 Lienert T. J., Jata K. V., Wheeler R., Seetharaman V.: *Proceedings of the Joining of Advanced and Specialty Materials III*, ASM International, Materials Park, USA, (2001) p. 160
3.60 Prevey P. S.: US Patent 5 826 453, (1998)
3.61 Prevey P. S.: US Patent 6 415 486, (2002)
3.62 Prevey P. S., Jayaraman N., Cammett J.: *9th International Conference on Shot Peening*, IITT-International, Noisy-le-Grand, France, (2005) p. 267
3.63 Gianuzzi L. A., Stevie F. A., eds.: *Introduction to Focused Ion Beams*, Springer, New York, USA, (2005)
3.64 Uchic M. D., Dimiduk D. M., Florando J. N., Nix W. D.: Mat. Res Soc. Symp. Proc. 753, (2003) p.27
3.65 Uchic M. D., Dimiduk D. M., Florando J. N., Nix W. D.: Science 305, (2004) p. 986
3.66 Williams J. C., Froes F. H., Chesnutt J. C., Rhodes C. G., Berryman R. G.: ASTM STP 651, (1978) p. 64
3.67 Bhadeshia H. K. D. H.: ISIJ International 39, (1999) p. 966
3.68 MacKay D. J. C.: Neural Computation, (1992) p. 415
3.69 MacKay D. J. C.: Neural Computation, (1992) p. 448
3.70 Tiley J. S., Banerjee R., Searles T., Kar S., Fraser H.: *Ti-2003, Science and Technology*, Wiley-VCH, Weinheim, Germany, (2004) p. 1413
3.71 Kar S., Searles T., Lee E., Viswanathan G. B, Tiley J., Banerjee R., Fraser H. L.: Met. Trans. 37 A, (2006) p. 559
3.72 Collins P. C., Kar S., Koduri S., Viswanathan G. B, Tiley J., Banerjee R., Fraser H. L.: *Frontiers in the Design of Metals*, Indian Inst. of Metals, Univ. Press, Hyderabad, India, (2007) p. 19

4.1 Sakurai K., Itabashi Y., Komatsu A.: *Titanium '80, Science and Technology*, AIME, Warrendale, USA, (1980) p. 299
4.2 Boyer R., Welsch G., Collings E. W., eds.: *Materials Properties Handbook: Titanium Alloys*, ASM, Materials Park, USA, (1994) p. 228
4.3 Curtis R. E., Boyer R. R., Williams J. C.: Trans. ASM 62, (1969) p. 457
4.4 Margolin H., Williams J. C., Chesnutt J. C., Lütjering G.: *Titanium '80, Science and Technology*, AIME, Warrendale, USA, (1980) p. 169
4.5 Okazaki K., Conrad H.: Trans. JIM 13, (1972) p. 205
4.6 Okazaki K., Conrad H.: *Titanium and Titanium Alloys*, Plenum Press, New York, USA, (1982) p. 429
4.7 Finden P. T.: *Sixth World Conference on Titanium*, Les Editions de Physique, Les Ulis, France, (1988) p. 1251
4.8 Dieter G. E.: *Mechanical Metallurgy*, 2nd edn, McGraw-Hill, New York, USA, (1976) p. 685
4.9 Conrad H., Jones R.: *The Science, Technology and Application of Titanium*, Pergamon Press, Oxford, UK, (1970) p. 489
4.10 Fleischer R. L.: *The Strengthening of Metals*, Chapman and Hall, New York, USA, (1964) p. 93
4.11 Williams J. C., Baggerly R. G., Paton N. E.: Met. and Mater. Trans. 33A, (2002) p. 837
4.12 Boyer R., Welsch G., Collings E. W., eds.: *Materials Properties Handbook: Titanium Alloys*, ASM, Materials Park, USA, (1994) p. 247
4.13 Boyer R., Welsch G., Collings E. W., eds.: *Materials Properties Handbook: Titanium Alloys*, ASM, Materials Park, USA, (1994) p. 227
4.14 Jones R. L., Conrad H.: Trans. AIME 245, (1969) p. 779
4.15 Blackburn M. J., Williams J. C.: *Proc. Conf. on the Fundamental Aspects of Stress Corrosion Cracking*, NACE, Houston, USA, (1969) p. 620
4.16 Williams J. C., Thompson A. W., Rhodes C. G., Chesnutt J. C.: *Titanium and Titanium Alloys*, Plenum Press, New York, USA, (1982) p. 467
4.17 Boyer R., Welsch G., Collings E. W., eds.: *Materials Properties Handbook: Titanium Alloys*, ASM, Materials Park, USA, (1994) p. 238
4.18 Paton N. E., Williams J. C., Chesnutt J. C., Thompson A. W.: AGARD Conf. Proc., no. 185, (1976) p. 4-1
4.19 Boyd J. D.: *The Science, Technology and Application of Titanium*, Pergamon Press, Oxford, UK, (1970) p. 545
4.20 Paton N. E., Hickman B. S., Leslie D. H.: Met. Trans. 2, (1971) p. 2791
4.21 Williams J. C.: *Effect of Hydrogen on Behavior of Materials*, AIME, New York, USA, (1976) p. 367
4.22 Hall J. A., Banerjee D., Wardlaw T.: *Titanium, Science and Technology*, DGM, Oberursel, Germany, (1985) p. 2603
5.1 Lütjering G., Gysler A., Wagner L.: *Sixth World Conference on Titanium*, Les Editions de Physique, Les Ulis, France, (1988) p. 71
5.2 Lütjering G., Helm D., Däubler M.: *Fatigue 93*, EMAS, Warley, UK, (1993) p. 165
5.3 Frederick S. F.: AFML-TR-73-265, (1973)
5.4 Peters M., Lütjering G.: *Titanium '80, Science and Technology*, AIME, Warrendale, USA, (1980) p. 925
5.5 Lütjering G., Albrecht J., Invasishin O. M.: *Microstructure/Property Relationships of Titanium Alloys*, TMS, Warrendale, USA, (1994) p. 65
5.6 Lütjering G., Albrecht J., Ivasishin O. M.: *Titanium '95, Science and Technology*, The University Press, Cambridge, UK, (1996) p. 1163
5.7 Ivasishin O. M., Lütjering G.: *Titanium '99 , Science and Technology*, CRISM "Prometey", St. Petersburg, Russia, (2000) p. 441
5.8 Hines J. A., Peters J. O., Lütjering G.: *Fatigue Behavior of Titanium Alloys*, TMS, Warrendale, USA, (1999) p. 15

5.9 Lütjering G., Schmidt H.-J.: *Fatigue '87,* EMAS, Warley, UK, (1987) p. 1663
5.10 Tacke-Messing U., Wagner L., Lütjering G.: *Gefüge und Bruch,* Gebrüder Borntraeger, Berlin, Germany, (1990) p. 199
5.11 Torster F.: PhD Thesis, TU Hamburg-Harburg, Germany, (1995); Berichte aus der Werkstofftechnik, Shaker Verlag, Aachen, Germany, (1995)
5.12 Peters M., Gysler A., Lütjering G.: *Titanium '80, Science and Technology,* AIME, Warrendale, USA, (1980) p. 1777
5.13 Gray III G. T., Lütjering G.: *Titanium, Science and Technology,* DGM, Oberursel, Germany, (1985) p. 2251
5.14 Boyer R., Welsch G., Collings E. W., eds.: *Materials Properties Handbook: Titanium Alloys,* ASM, Materials Park, USA, (1994) p. 575
5.15 Boyer R., Welsch G., Collings E. W., eds.: *Materials Properties Handbook: Titanium Alloys,* ASM, Materials Park, USA, (1994) p. 584
5.16 Boyer R., Welsch G., Collings E. W., eds.: Materials Properties Handbook: Titanium Alloys, ASM, Materials Park, USA, (1994) p. 587
5.17 Wegmann G., Lütjering G., Albrecht J., Folkers K.-D., Liesner C.: *Titanium '95, Science and Technology,* The University Press, Cambridge, UK, (1996) p. 895
5.18 Wegmann G., Albrecht J., Lütjering G., Folkers K.-D., Liesner C.: Z. Metallkde. 88, (1997) p. 764
5.19 Schroeder G., Albrecht J., Lütjering G.: *Titanium '99, Science and Technology,* CRISM "Prometey", St. Petersburg, Russia, (2000) p. 545
5.20 Blackburn M. J., Smyrl W. H.: *Titanium Science and Technology,* Plenum Press, New York, USA, (1973) p. 2577
5.21 Adachi S., Wagner L., Lütjering G.: *Titanium, Science and Technology,* DGM, Oberursel, Germany, (1985) p. 2139
5.22 Lindemann J., Wagner L.: *Fatigue Behavior of Titanium Alloys,* TMS, Warrendale, USA, (1999) p. 47
5.23 Notkina E., Gysler A., Lütjering G.: *Fatigue in the Very High Cycle Regime,* Institute of Meteorology and Physics, Vienna, Austria, (2001) p. 149
5.24 Lütjering G.: *Compass 1999: Component Optimization from Materials Properties and Simulation Software,* EMAS, Warley, UK, (1999) p. 263
5.25 Helm D.: *Fatigue Behavior of Titanium Alloys,* TMS, Warrendale, USA, (1999) p. 291
5.26 Boyer R. R.: Mat. Sci. Eng. A213, (1996) p. 103
5.27 Boyer R. R., Williams J. C., Paton N. E.: *Titanium '99, Science and Technology,* CRISM "Prometey", St. Petersburg, Russia, (2000) p. 1007
5.28 Jaffee R. I., ed.: *Titanium Steam Turbine Blading,* Pergamon Press, New York, USA, (1990)
5.29 Puschnik H., Fladischer H., Lütjering G., Jaffee R. I.: *Titanium '92, Science and Technology,* TMS, Warrendale, USA, (1993) p. 131
5.30 Wells M. G. H., Roopchaud B., Montgomery J. S., Gooch W. S.: *Non-Aerospace Applications of Titanium,* TMS, Warrendale, USA, (1998) p. 289
5.31 Burkins M., Hansen J., Paige J., Turner P.: *Non-Aerospace Applications of Titanium,* TMS, Warrendale, USA, (1998) p. 273
6.1 Saal S., Wagner L., Lütjering G., Pillhöfer H., Daeubler M. A.: Z. Metallkde. 81, (1990) p. 535
6.2 Schauerte O., Gysler A., Lütjering G., Mailly S., Chabanne Y., Sarrazin-Baudoux C., Mendez J., Petit J.: *Fatigue Behavior of Titanium Alloys,* TMS, Warrendale, USA, (1999) p. 191
6.3 Petit J., Sarrazin-Baudoux C., Chabanne Y., Lütjering G., Gysler A., Schauerte O.: *Fatigue Behavior of Titanium Alloys,* TMS, Warrendale, USA, (1999) p. 203
6.4 Lütjering S., Smith P. R., Eylon D.: *Intermetallics and Superalloys,* Euromat Vol. 10, Wiley-VCH, Weinheim, Germany, (2000) p. 283

6.5 Daeubler M. A., Helm D., Neal D. F.: *Titanium 1990, Products and Applications,* TDA, Dayton, USA, (1990) p. 78

6.6 Gysler A., Lütjering G.: DFVLR-FB 79-24, (1979)

6.7 Daeubler M. A., Helm D.: *Titanium '92, Science and Technology,* TMS, Warrendale, USA, (1993) p. 41

6.8 Neal D. F.: *Titanium, Science and Technology,* DGM, Oberursel, Germany, (1985) p. 2419

6.9 Neal D. F.: *Titanium '95, Science and Technology,* The University Press, Cambridge, UK, (1996) p. 2195

6.10 Sinha V., Mills M. J., Williams J. C.: *Lightweight Alloys for Aerospace Application*, TMS, Warrendale, USA, (2001) p. 194

6.11 Evans W. J., Gostelow C. R.: Met. Trans. 10A, (1979) p. 1837

6.12 Evans W. J.: Mat. Sci. Eng. A243, (1998) p. 89

6.13 Thompson A. W., Odegard B. C.: Met. Trans. 4, (1973) p. 899

6.14 Odegard B. C., Thompson A. W.: Met. Trans. 5, (1974) p. 1207

6.15 Hasija V., Ghosh S., Mills M. J., Joseph D. S.: Acta Met. 51, (2003) p. 4549

6.16 Deka D., Joseph D. S., Ghosh S., Mills M. J.: Met. Trans. 37 A, (2006) p. 1371

6.17 Thirumalai N.: PhD Thesis, The Ohio State University, USA, (2000) p. 297

6.18 Sinha V., Spowart J. G., Mills M. J., Williams J. C.: Met. Trans. 37A, (2006) p. 1501

6.19 Ankem S., Seagle S. R.: *Titanium, Science and Technology*, DGM, Oberursel, Germany, (1985) p. 2411

6.20 Thiehsen K. E., Kassner M. E., Pollard J., Hiatt D. R., Bristow B. M.: Met. Trans. 24A, (1993) p. 1819

6.21 Hayes R. W., Viswanathan G. B., Mills M. J.: Acta Met. 50, (2002) p. 4953

6.22 Viswanathan G. B., Karthikeyan S., Hayes R. W., Mills M. J.: Acta Met. 50, (2002) p. 4965

6.23 Köppers M., Herzig C., Freisel M., Mishia Y.: Acta Met. 45, (1997) p. 4181

6.24 Hood G. M.: J. Nucl. Mater. 135, (1985) p. 292

7.1 Boyer R. R., Lütjering G.: *Titanium Alloy Processing,* TMS, Warrendale, USA, (1996) p. 349

7.2 Busongo F., Lütjering G.: *Ti-2003, Science and Technology,* Wiley-VCH, Weinheim, Germany, (2004) p. 1855

7.3 Prandi B., Wadier J.-F., Schwartz F., Mosser P.-E., Vassel A.: *Titanium 1990, Products and Applications,* TDA, Dayton, USA, (1990) p. 150

7.4 Peters J. O., Lütjering G., Koren H., Puschnik H., Boyer R. R.: Mater. Sci. Eng. A213, (1996) p. 71

7.5 Combres Y., Champin B.: *Beta Ttianium Alloys in the 1990's,* TMS, Warrendale, USA, (1993) p. 477

7.6 Peters M., Lütjering G.: Z. Metallkde. 67, (1976) p. 811

7.7 Lütjering G., Gysler A.: *Aluminum, Transformation Technology and Application,* ASM, Metals Park, USA, (1980) p. 171

7.8 Sauer C., Busongo F., Lütjering G.: *Fatigue 2002,* EMAS, Warley, UK, (2002) p. 2043

7.9 Sauer C., Busongo F., Lütjering G.: Materials Science Forum, Vols. 396-402, Trans Tech Publications, Zuerich, Switzerland, (2002) p. 1115

7.10 Peters J. O., Lütjering G.: Z. Metallkde. 89, (1998) p. 464

7.11 Lütjering G., Gysler A.: *Aluminum Alloys, Physical and Mechanical Properties,* EMAS, Warley, UK, (1986) p. 1547

7.12 Lütjering G.: Mater. Sci. Eng. A263, (1999) p. 117

7.13 Albrecht J., Lütjering G.: *Titanium '99, Science and Technology,* CRISM "Prometey", St. Petersburg, Russia, (2000) p. 363

7.14 Peters J. O., Lütjering G., Koren M., Puschnik H., Boyer R. R.: *Titanium '95, Science and Technology,* The University Press, Cambridge, UK, (1996) p. 1403

7.15 Benedetti M., Peters J. O., Lütjering G.: *Ti-2003, Science and Technology,* Wiley-VCH, Weinheim, Germany, (2004) p. 1659

7.16 Lindemann J.: PhD Thesis, TU Brandenburg, Cottbus, Germany, (1998); Fortschr.-Ber. VDI, series 5, no. 547, VDI Verlag, Düsseldorf, Germany, (1999)

7.17 Peters J. O., Lütjering G., Ivasishin O. M., Markovsky P. E.: *Third ASM Int. Conf. on Synthesis, Processing and Modelling of Advanced Materials,* ASM, Materials Park, USA, (1997) p. 269

7.18 Boyer R. R.: *Beta Titanium Alloys in the 1990's,* TMS, Warrendale, USA, (1993) p. 335

7.19 Froes F. H., Allen P. G., Niinomi M., eds.: *Non-Aerospace Applications of Titanium,* TMS, Warrendale, USA, (1998)

7.20 Bania P. J.: *Beta Titanium Alloys,* Société Francaise de Métallurgie et de Matériaux, Paris, France, (1994) p. 7

7.21 Boyer R. R.: *Beta Titanium Alloys,* Société Francaise de Métallurgie et de Matériaux, Paris, France, (1994) p. 253

7.22 Wheeler D. A., Vogt R. G., Cianci M. S.: *Beta Titanium Alloys in the 1990's,* TMS, Warrendale, USA, (1993) p. 375

7.23 Davies D. P., Gittos B. C., Terlinde G., Fischer G.: *Titanium '95, Science and Technology,* The University Press, Cambridge, UK, (1996) p. 1371

7.24 Terlinde G., Fischer G.: *Titanium '95, Science and Technology,* The University Press, Cambridge, UK, (1996) p. 2177

7.25 Dunlop D. C., Schutz R. W.: *Beta Titanium in the 1990's,* TMS, Warrendale, USA, (1993) p. 347

7.26 Lütjering G., Albrecht J., Sauer C., Krull T.: *Fatigue and Fracture of Traditional and Advanced Materials: A Symposium in Honor of Art McEvily's 80th Birthday*, 2006 TMS Annual Meeting, San Antonio, USA, Mat. Sci. Eng., (2007)

7.27 Moiseev V. N.: *Titanium '95, Science and Technology*, The University Press, Cambridge, UK, (1996) p. 1387

7.28 Fanning J. C., Boyer R. R.: *Ti-2003, Science and Technology*, Wiley-VCH, Weinheim, Germany, (2004) p. 2643

7.29 Briggs R. D.: European Patent Application EP 1 486 576 A2, (2004)

7.30 Rendigs K.-H.: *Ti-2003, Science and Technology*, Wiley-VCH, Weinheim, Germany, (2004) p. 2659

7.31 Harper M., Williams R., Viswanathan G. B., Tiley J., Banerjee R., Evans D. J., Fraser H. L.: *Ti-2003, Science and Technology*, Wiley-VCH, Weinheim, Germany, (2004) p. 1559

7.32 Büscher M., Terlinde G., Wegmann G., Thoben C., Millet Y., Lütjering G., Albrecht J.: *Proceedings of the 11th World Conference on Titanium*, The Japan Institute of Metals, Sendai, Japan, (2007)

7.33 Busongo F.: PhD Thesis, TU Hamburg-Harburg, Germany, (2005); Berichte aus der Werkstofftechnik, Shaker Verlag, Aachen, Germany, (2005)

7.34 Imam M. A., Feng C. R.: *Titanium '95, Science and Technology*, The University Press, Cambridge, UK, (1996) p. 2361

8.1 McAndrew J. B., Kessler H. D.: Trans. AIME 206, (1956) p. 1348

8.2 Yamaguchi M., Umakoshi Y.: Progress in Materials Science 34, (1990) p. 1

8.3 Kim Y.-W., Dimiduk D. M.: J. of Metals 43, no. 8, (1991) p. 40

8.4 Yamaguchi M., Inui H.: *Structural Intermetallics,* TMS, Warrendale, USA, (1993) p. 127

8.5 Huang S. C. Chesnutt J. C.: *Intermetallic Compounds: Principles and Practice,* Vol. 2, John Wiley and Sons, New York, USA, (1995) p. 73

8.6 Dimiduk D. M.: *Gamma Titanium Aluminides,* TMS, Warrendale, USA, (1995) p. 3

8.7 Dimiduk D. M., Martin P. L., Kim Y.-W.: Mat. Sci. Eng. A243, (1998) p. 66

8.8 Appel F., Wagner R.: Mat. Sci. Eng. R22, (1998) p. 187

8.9 Dimiduk D. M.: Intermetallics 6, (1998) p. 613

8.10 Dimiduk D. M.: Mat. Sci. Eng. A263, (1999) p. 281

8.11 Dimiduk D. M., McQuay P. A., Kim Y.-W.: *Titanium '99: Science and Technology,* CRISM "Prometey", St. Petersburg, Russia, (2000) p. 259

8.12 Kim Y.-W., Dimiduk D. M., Loretto M., eds.: *Gamma Titanium Aluminides,* TMS, Warrendale, USA, (1999)

8.13 Kim Y.-W., Wagner R., Yamaguchi M., eds.: *Gamma Titanium Aluminides,* TMS, Warrendale, USA, (1995)

8.14 Hemker K. J., Dimiduk D. M., Clemens H., Darolia R., Inui H., Larsen J. M., Sikka V. K., Thomas M., Whittenberger J. D., eds.: *Structural Intermetallics 2001,* TMS, Warrendale, USA, (2001)

8.15 Lipsitt H. A.: *High Temperature Ordered Intermetallic Alloys V,* Mat. Res. Soc. Symp. Proc. 288, (1993) p. 119

8.16 Banerjee D., Gogia A. K., Nandy T. K., Muraleedharan K., Mishra R. S.: *Structural Intermetallics,* TMS, Warrendale, USA, (1993) p. 19

8.17 Banerjee D.: *Intermetallic Compounds: Principles and Practice,* Vol. 2, John Wiley and Sons, New York, USA, (1995) p. 91

8.18 Banerjee D.: Progress in Materials Science 42, (1997) p. 135

8.19 Nandy T. K., Banerjee D.: *Structural Intermetallics,* TMS, Warrendale, USA, (1997) p. 777

8.20 Gogia A. K., Nandy T. K., Banerjee D., Carisey T., Strudel J. L., Franchet J. M.: Intermetallics 6, (1998) p. 741

8.21 Marcinkowski M. J.: *Electron Microscopy and Structure of Materials,* University of California Press, Berkeley, USA, (1972) p. 333

8.22 Blackburn M. J.: Trans. AIME 239, (1967) p. 660

8.23 Shechtman D., Blackburn M. J., Lipsitt H.: Met. Trans. 5, (1974) p. 1373

8.24 Banerjee D., Rowe R. G., Hall E. L.: *High-Temperature Ordered Intermetallic Alloys IV,* MRS, Pittsburgh, USA, (1991) p. 285

8.25 Ward C. H.: Intern. Mat. Rev. 38, (1993) p. 79

8.26 Ward C. H., Williams J. C., Thompson A. W., Rosenthal D. G., Froes F. H.: *Sixth World Conference on Titanium,* Les Editions de Physique, Les Ulis, France, (1988) p. 1103

8.27 Chesnutt J. C., Hall J. A., Lipsitt H. A.: *Titanium '95, Science and Technology,* The University Press, Cambridge, UK, (1996) p. 70

8.28 Strychor R., Williams J. C.: *Solid to Solid Phase Transformations,* AIME, Warrendale, USA, (1982) p. 249

8.29 Strychor R., Williams J. C., Soffa W. A.: Met. Trans. 19A, (1988) p. 225

8.30 Lütjering G., Proske G., Albrecht J., Helm D., Däubler M.: *Intermetallic Compounds (JIMIS-6),* The Japan Institute of Metals, Sendai, Japan, (1991) p. 537

8.31 Kumpfert J., Ward C. H., Peters M., Kaysser W. A.: *Synthesis/Processing of Lightweight Metallic Materials,* TMS, Warrendale, USA, (1995) p. 85

8.32 Banerjee D., Gogia A. K., Nandy T. K., Joshi V. A.: Acta Met. 36, (1988) p. 871

8.33 Rowe R. G., Banerjee D., Muraleedharan K., Larsen M., Hall E. L., Konitzer D. G., Woodfield A. P.: *Titanium '92, Science and Technology,* TMS, Warrendale, USA, (1993) p. 1259

8.34 Kelly T. J., Austin C. M.: *Titanium '95, Science and Technology,* The University Press, Cambridge, UK, (1996) p. 192

8.35 Blackburn M. J.: *The Science, Technology and Application of Titanium,* Pergamon Press, Oxford, UK, (1970) p. 633

8.36 Seeger J., Hartig C., Bartels A., Mecking H.: *High-Temperature Ordered Intermetallic Alloys IV,* MRS, Pittsburgh, USA, (1991) p. 157

8.37 Bhowal P. R., Merrick H. F., Larsen D. E.: Mater. Sci. Eng. A192/193, (1995) p. 685

8.38 Huang S. C., McKee D. W., Shih D. S., Chesnutt J. C.: *Intermetallic Compounds (JIMIS-6),* The Japan Institute of Metals, Sendai, Japan, (1991) p. 363

8.39 Proske G., Lütjering G., Albrecht J., Däubler M. A., Helm D.: *Titanium '92, Science and Technology*, TMS, Warrendale, USA, (1993) p. 1187

8.40 Rowe R. G.: *Titanium '92, Science and Technology,* TMS, Warrendale, USA, (1993) p. 343

8.41 Rowe R. G., Konitzer D. G., Woodfield A. P., Chesnutt J. C.: *High-Temperature Ordered Intermetallic Alloys IV,* MRS, Pittsburgh, USA, (1991) p. 703
8.42 Proske G., Lütjering G., Albrecht J., Helm D., Däubler M.: Mater. Sci. Eng. A152, (1992) p. 310
8.43 Lütjering G., Proske G., Terlinde G., Fischer G., Helm D.: *Titanium '95, Science and Technology,* The University Press, Cambridge, UK, (1996) p. 332
8.44 Takashima K., Cope M. T., Bowen P.: *Titanium '95, Science and Technology,* The University Press, Cambridge, UK, (1996) p. 340
8.45 Kim Y.-W., Boyer R., eds.: *Microstructure/Property Relationships in Titanium Aluminides and Alloys,* TMS, Warrendale, USA, (1990)
8.46 Pope D. P., Liu C. T., Whang S. H., Yamaguchi M., eds.: *High Temperature Intermetallics,* Elsevier, Amsterdam, The Netherlands, (1997)
8.47 Clemens H., Kestler H.: Advanced Engineering Materials 2, (2000) p. 551
8.48 Liu C. T., Maziasz P. J., Clemens D. R., Schneibel J. H., Sikka V. J., Nieh T. G., Wright J., Walku L. R.: *Gamma Titanium Aluminides,* TMS, Warrendale, USA, (1995) p. 679
8.49 Larsen J. M., Worth B. D., Balsone S. J., Jones J. W.: *Gamma Titanium Aluminides,* TMS, Warrendale, USA, (1995) p. 821
8.50 Huang S. C.: US Patent 4 879 092, (1989)
8.51 Austin C., Kelly T.: *Structural Intermetallics 1993*, TMS, Warrendale, USA, (1993) p. 149
8.52 Austin C., Kelly T., McAllister K., Chesnutt J.: *Structural Intermetallics 1997*, TMS, Warrendale, USA, (1997) p. 413
9.1 Prewo K. M.: *The Science, Technology and Application of Titanium,* Pergamon Press, Oxford, UK, (1970) p. 2333
9.2 Smith P. R., Gambone M. L., Williams D. S., Garner D. I.: Journal of Materials Science 33, (1998) p. 5855
9.3 Hanusiak W. M.: Atlantic Research Corporation – Advanced Materials Division, Wilmington, USA, (1999) private communication
9.4 Guo Z. X., Derby B.: *Titanium '92, Science and Technology*, TMS, Warrendale, USA, (1993) p. 2633
9.5 MacKay R. A., Brindley P. K., Froes F. H.: J. of Metals 43, no. 5, (1991) p. 23
9.6 Ward-Close M., Partridge P. G.: *Titanium '92, Science and Technology*, TMS, Warrendale, USA, (1993) p. 2479
9.7 Gigerenzer H., Kumnick A. J.: Textron Specialty Materials Report, Lowell, USA, (1990)
9.8 Brindley P. K.: *High Temperature Intermetallic Alloys II,* MRS, Pittsburgh, USA, (1987) p. 419
9.9 Vassel A., Indrigo C., Pautonnier F.: *Titanium '95, Science and Technology*, The University Press, Cambridge, UK, (1996) p. 2739
9.10 Metcalfe A. G.: J. Comp. Mat. 1, (1967) p. 356
9.11 Warren R., Anderson C. H.: Composites 15, (1984) p. 101
9.12 Clym T. W., Flower H. M.: *Titanium '92, Science and Technology*, TMS, Warrendale, USA, (1993) p. 2467
9.13 Das G.: *Titanium '92, Science and Technology*, TMS, Warrendale, USA, (1993) p. 2617
9.14 Larsen J. M., Revelos W. C., Gambone M. L.: *Intermetallic Matrix Composites II,* MRS, Pittsburgh, USA, (1992) p. 3
9.15 Jha S. C., Forster J. A., Pandey A. K., Delagi R. G.: ISI Japan 31, (1991) p. 1267
9.16 Bassi C., Peters J. A., Wittenauer J.: J. of Metals 41, no. 9, (1989) p. 18
9.17 Larsen J. M., Russ S. M., Jones J. W.: Met. and Mater. Trans. 26A, (1995) p. 3211
9.18 Larsen J. M., Russ S. M., Jones J. W.: *Characterization of Fibre Reinforced Titanium Metal Matrix Composites,* Specialized Printing Services, Loughton, UK, (1994) p. 1.1
9.19 Veeck S. J., Colvin G. N.: *Titanium '92, Science and Technology*, TMS, Warrendale, USA, (1993) p. 2495

9.20 Warner G. K.: B. F. Goodrich Landing Systems, Cleveland, USA, (2001) private communication
10.1 Onnes H. K.: Comm. Leiden 120b, (1911)
10.2 Meisner W., Ochsenfeld R.: Naturwissenschaften 21, (1933) p. 787
10.3 Buckel W.: *Super-conductivity*, VCH, Weinheim, Germany, (1991) p. 143
10.4 Kosing O. E., Scharl R., Schmuhl H. J.: *Proceedings of ASME TURBO EXPO 2001: Land, Sea, and Air,* CD-ROM, Paper no. 2001 GT 0283, ASME, Warrendale, USA, (2001)
10.5 Zhao Y., Zhou L., Deng J.: *Titanium '98,* International Academic Publishers, Beijing, China, (1999) p. 457
10.6 Advanced Materials and Processes, no. 9, (1993) p. 7
10.7 Outlook, Teledyne Wah Chang Albany, USA, Vol. 14, no. 1, (1993) p. 1
10.8 Shitazaki K., Tamura T., Kuriiwa T., Goto T., Kamegawa A., Takamura H., Okada M.: Materials Transactions 43, (2002) p. 1115
10.9 Tamura T., Hatakeyama M., Ebinuma T., Kamegawa A., Takamura H., Okada M.: Materials Transactions 43, (2002) p. 1120
10.10 Shirasaki K., Kuriiwa T., Tamura T., Kamegawa A., Okada M.: Materials Transactions 43, (2002) p. 1173
10.11 Chang L. C., Read T. A.: Trans. AIME 191, (1951) p. 49
10.12 Melton K. N.: *Engineering Aspects of Shape Memory Alloys,* Butterworth-Heinemann, London, UK, (1990) p. 21
10.13 Wayman C. M., Duerig T. W.: *Engineering Aspects of Shape Memory Alloys,* Butterworth-Heinemann, London, UK, (1990) p. 3
10.14 Duerig T. W., Zadno G. R.: *Engineering Aspects of Shape Memory Alloys,* Butterworth-Heinmann, London, UK, (1990) p. 369
10.15 Otsuka K.: *Engineering Aspects of Shape Memory Alloys,* Butterworth-Heinmann, London, UK, (1990) p. 36
10.16 Breme J.: *Sixth World Conference on Titanium,* Les Editions de Physique, Les Ulis, France, (1988) p. 57
10.17 Brunette D. M., Tengvall P., Textor M., Thomsen M., eds.: *Titanium in Medicine,* Springer-Verlag, Berlin, Germany, (2001)
10.18 Perren S. M., Pohler O. E. M.,, Schneider E.: *Titanium in Medicine,* Springer-Verlag, Berlin, Germany, (2001) p. 771
10.19 Windler M., Klabunde R.: *Titanium in Medicine,* Springer-Verlag, Berlin, Germany, (2001) p. 703
10.20 Hosonuma M., Shimamune T.: *Sixth World Conference on Titanium,* Les Editions de Physique, Les Ulis, France, (1988) p. 495
10.21 Breme J., Biehl V., Wack T., Eisenbarth E.: *Titanium '99, Science and Technoloy,* CRISM "Prometey", St. Petersburg, Russia, (2000) p. 1187
10.22 Albrecht J., Lütjering G., Nicolai H.-P., Liesner C.: *Fatigue 2002,* EMAS, Warley, UK, (2002) p. 2085
10.23 Semlitsch M., Weber H., Steger R.: *Titanium '95, Science and Technology,* The University Press, Cambridge, UK, (1996) p. 1742
10.24 Wang K., Gustavson L., Dumbleton J.: *Titanium '92, Science and Technology,* TMS, Warrendale, USA, (1993) p. 2697
10.25 Fanning J. C.: *Titanium '95, Science and Technology,* The University Press, Cambridge, UK, (1996) p. 1800
10.26 Steinemann S. G., Mäusli P.-A., Szmukler S., Semlitsch M., Pohler O., Hintermann H.-E., Perren S. M.: *Titanium '92, Science and Technology,* TMS, Warrendale, USA, (1993) p. 2689
10.27 Niinomi M., Kuroda D., Fukunaga K., Fukui H., Kato Y., Yashiro T., Suzuki A., Hasegawa J.: *Titanium '99, Science and Technology,* CRISM "Prometey", St. Petersburg, Russia, (2000) p. 1195

10.28 Froes F. H.: *Non-Aerospace Applications of Titanium,* TMS, Warrendale, USA, (1998) p. 317

10.29 Friedrich H., Kiese J., Haldenwanger H.-G., Stich A.: *Ti-2003, Science and Technology,* Wiley-VCH, Weinheim, Germany, (2004), p.3393

10.30 Sommer C., Peacock D.: *Titanium '95, Science and Technology,* The University Press, Cambridge, UK, (1996) p. 1836

10.31 Schauerte O., Kramer M., Kiese J., Walz W.: *Ti-2003, Science and Technology,* Wiley-VCH, Weinheim, Germany, (2004) p. 3403

10.32 Froes F. H.: *Non-Aerospace Application of Titanium,* TMS, Warrendale, USA, (1998) p. 327

10.33 Moroishi T., Yamada M., Fujii M., Kusano A., Kawabe A.: *Titanium '95, Science and Technology,* The University Press, Cambridge, UK, (1996) p. 1662

10.34 Ward-Close C. M.: *Titanium '99, Science and Technology,* CRISM "Prometey", St. Petersburg, Russia, (2000) p. 27

10.35 Koryagin N. I.: *Sixth World Conference on Titanium,* Les Editions de Physique, Les Ulis, France, (1988) p. 49

10.36 Fukuhara Y.: *Sixth World Conference of Titanium,* Les Editions de Physique, Les Ulis, France, (1988) p. 381

10.37 Shimizu Y.: *Titanium '99, Science and Technology,* CRISM "Prometey", St. Petersburg, Russia, (2000) p. 19

10.38 Yamaguchi H., Miki K.: Alutopia 11, (1987) p. 41

10.39 Niinomi M., Williams J. C.: *Ti-2003, Science and Technology*, Wiley-VCH, Weinheim, Germany, (2004) p. 95

10.40 Niinomi M., Hattori T., Kasuga T., Fukui H.: Titanium and Its Alloys, *Dekker Encyclopedia of Biomaterials and Biomedical Engineering*, Taylor & Francis, New York, USA, (2005)

10.41 Akahori T., Niinomi M., Fukui H., Suzuki A., Hattori Y., Niwa S.: *Ti-2003, Science and Technology*, Wiley-VCH, Weinheim, Germany, (2004) p. 3181

10.42 Hagiwara M.: Rare Metal Materials and Engineering 35, Suppl. 1, (2006) p. 48

10.43 Qazi J. I., Tsakiris V., Marquard B., Rack H. J.: *Ti-2003, Science and Technology*, Wiley-VCH, Weinheim, Germany, (2004) p. 1651

10.44 Qazi J. I., Rack H. J.: Adv. Eng. Mat. 7, (2005) p. 993

10.45 Gloriant T., Texier G., Prima F., Laille D., Gordin D.-M., Thibon I., Ansel D.: Adv. Eng. Mat. 8, (2006) p. 961

10.46 Yashiki T., Miyamoto Y., Yamamoto Y., Okamoto A., Yoshikawa E., Yanagisawa K. : *Ti-2003, Science and Technology*, Wiley-VCH, Weinheim, Germany, (2004) p. 3103

10.47 Takahashi K., Kaneko M., Hayashi T., Tamenari J., Shimizu H.: *Ti-2003, Science and Technology*, Wiley VCH, Weinheim, Germany (2004) p. 3117

10.48 Pelago A., Lano P., Vaquero M.: *Ti 2003, Science and Technology*, Wiley-VCH, Weinheim, Germany, (2004) p. 3111

索　　引

（按英文版索引顺序排列）

B

C

D

E

I

J

K

L

M

N

铂族金属(PGM)添加剂 44，46，160，173～175，177，178

R

S

T

U

V

W